电力电子技术

主　编　关　健　李欣雪

副主编　张晓亚　唐东成　郭金梅

主　审　王　健

北京理工大学出版社

BEIJING INSTITUTE OF TECHNOLOGY PRESS

内容简介

本书主要讲述电力电子器件、电力电子电路及变流技术的基本理论、基本概念、基本分析方法及应用实例。全书共分10章，第1章为绪论，主要介绍电力电子技术的基本概念、能量变换和主要应用领域。第2章介绍基本电力电子器件。第3～6章分别介绍整流电路、逆变电路、直流斩波电路和交交变换电路。第7章介绍脉冲宽度调制技术与软开关技术。第8章介绍电力电子器件的应用基础，包括电力电子器件的辅助电路及串并联。第9章介绍电力电子技术的实际应用。第10章介绍应用MATLAB进行电力电子技术仿真的实例。

本书可作为高等院校自动化、电气工程及其自动化、自动化及相关电气电子类专业的本科、专科教材，也可作为相关工程技术人员的参考用书。

图书在版编目（CIP）数据

电力电子技术/关健，李欣雪主编．—北京：北京理工大学出版社，2018.6（2025.3重印）

ISBN 978-7-5682-5768-8

Ⅰ．①电…　Ⅱ．①关…②李…　Ⅲ．①电力电子技术　Ⅳ．①TM1

中国版本图书馆CIP数据核字（2018）第132332号

出版发行／北京理工大学出版社有限责任公司
社　　址／北京市海淀区中关村南大街5号
邮　　编／100081
电　　话／（010）68914775（总编室）
（010）82562903（教材售后服务热线）
（010）68944723（其他图书服务热线）
网　　址／http：//www.bitpress.com.cn
经　　销／全国各地新华书店
印　　刷／涿州市新华印刷有限公司
开　　本／787毫米×1092毫米　1/16
印　　张／16.5
字　　数／388千字
版　　次／2018年6月第1版　2025年3月第5次印刷
定　　价／43.00元

责任编辑／陆世立
文案编辑／赵　轩
责任校对／周瑞红
责任印制／李志强

图书出现印装质量问题，请拨打售后服务热线，本社负责调换

前　言

电力电子技术是在电力、电子与控制技术基础上发展出来的一门新兴交叉学科，主要是利用电力电子器件进行电能变换和控制的技术。电能作为目前使用最方便、最清洁的能源，在推动社会进步、促进科学发展和提高人民生活水平方面发挥着极为重要的作用。近 20 年来，电力电子技术已经渗透到国民经济的各个领域，并取得了迅速的发展，未来更多的电能将通过电力电子技术处理后再加以利用。目前，电力电子技术已在高铁动车、新能源汽车、光伏风电、交直流传动、智能制造、直流输电、智能电网等领域获得极为广泛的应用，并在未来发展中进一步拓展和延伸。电力电子技术作为电气工程及其自动化、自动化及相关专业的一门重要专业基础课，主要讲述电力电子器件、电力电子电路及变流技术的基本理论、基本概念和基本分析方法，为之后学习的课程打下良好的基础。为了适应新时期发展和应用型本科的需求，编写团队结合教学经验、教学成果和科研实践编写了本书。

本书以培养应用型人才为目标，体现电力电子技术的系统性、完整性，以及学习过程的循序渐进性，各种变换电路的知识点相对集中，便于学生全面理解和掌握。本书的编写注重理论与实践相结合，使学生能够在学习理论知识的基础上，将书本的知识运用到工程实际当中，加深对知识的理解。本书各章节内容衔接紧密，知识点覆盖面全，便于学生自学。因此，在使用本书时，各学校可根据教学计划要求进行适当删减。本书授课学时一般为 40～64 学时，可根据课程体系的需要进行调整，合理安排学习计划。

本书共分为 10 章。第 1 章为绪论，主要介绍电力电子技术的基本概念、电力电子技术的能量变换和主要应用领域。第 2 章介绍基本电力电子器件，除了介绍基本的不可控器件——电力二极管、半控型器件——晶闸管外，主要介绍了全控型器件的导通与关断，如 IGBT、电力 MOSFET 等。第 3～6 章分别介绍了整流电路、逆变电路、直流斩波电路、交交变换电路，即四大变换电路（AC/DC、DC/AC、DC/DC、AC/AC），注重分析四类基本变换电路的拓扑结构、基本工作原理、不同负载下的工作状态，以及实际应用。第 7 章在前几章的基础上，着重讨论了脉冲宽度调制技术（PWM）与软开关技术，以适应当前电力电子技术的发展需要。第 8 章介绍电力电子器件的应用基础，包括电力电子器件的驱动电路、缓冲与吸收电路、电力电子器件的保护，以及电力电子器件的串并联。第 9 章介绍电力电子技术在其他学科当中的应用，以及在工程当中的实例，对电力电子技术在新能源发电系统中的应用做了初步探讨。第 10 章介绍 MATLAB 的仿真实例。

本书由广东理工学院关健、李欣雪担任主编，广东理工学院张晓亚、唐东成，哈尔滨远东理工学院郭金梅担任副主编，广东理工学院王健担任主审，具体编写分工如下：第 1 章、第 8 章和第 9 章由关健编写，第 3 章和第 7 章由李欣雪编写，第 2 章和第 4 章由张晓亚编写，第 5 章、第 6 章及第 10 章（10.1 和 10.2）由唐东成编写，第 10 章（10.3～10.4）由郭金梅编写。全书由关健负责统稿、定稿，王健审阅了书稿并提出宝贵意见，北京理工大学出版社审阅了书稿并提出宝贵意见，在此谨致谢忱。

在编写本书的过程中，编者查阅和参考了一些国内外公开发表或出版的相关著作、论文及教材，谨向各位专家、学者一并表示感谢。

虽然在编写本书过程中，已进行了多次修改，但由于编者水平有限，书中难免存在不足和疏漏之处，恳请教学单位和读者多提宝贵意见，以便下次修订时改进。

编 者

2017 年 9 月

目　　录

第 1 章

绪　论

1.1　电力电子技术的内涵

电力电子技术是一门融合了电力技术、电子技术和控制技术的交叉学科，主要研究各种电力电子器件（Power Electronic Device），以及由这些电力电子器件所构成的各种变流电路或变流装置对电能的形式进行处理、控制和变换的技术。它运用弱电（电子技术）控制强电（电力技术），是强弱电相结合的新学科，是把电子电路应用到电能变换中的技术。随着科学技术的发展，电力电子技术又与现代控制理论、材料科学、电机工程、微电子技术等许多领域密切相关，已逐步发展成为一门多学科互相渗透的综合性技术学科。本课程内容主要包括电力电子器件、电力电子变流技术和控制方式。其中，电力电子器件是电力电子技术的基础，电力电子变流技术是电力电子技术的核心和主体，控制技术是不可或缺的组成部分。

本课程在讨论电力电子器件时，着重于电力电子器件的基本原理、特性及参数。主要讲解如何合理地选择和使用电力电子器件来构成各种变流装置，而对器件的制造工艺及载流子运动的物理过程等细节不做详细讨论。

电力电子器件按照控制特性分类，可分为不可控型器件、半可控型器件和全控型器件；按照内部载流子的工作性质分类，可分为单极型器件、双极型器件和复合型器件。详细介绍见 2.1.1 节。

电能的形式主要有直流和交流两种，在讨论电力电子变流技术时，主要围绕交流（AC）/直流（DC）、直流（DC）/交流（AC）、交流（AC）/交流（AC）、直流（DC）/直流（DC）四种电能变换方式，主要研究由电力电子器件组成的变流装置的主电路、控制电路及其他辅助电路，完成这些变换的装置称为变换器。

所有的变换器都可以按照电能变换功能分为如下四类。

（1）把交流电变换成固定或可调的直流电的变换称为整流，实现整流的电路为整流电路或整流器。具体电路工作情况详见第 3 章。

（2）把直流电变换成频率、电压固定或可调的交流电称为逆变，实现逆变的电路为逆变电路或逆变器。逆变是整流的逆过程。具体电路工作情况详见第 4 章。

（3）把一种形式的交流电变换为另一种形式的交流电即为 AC/AC 变换。因为交流电有电压、频率、相数等多个参数，其变换电路也有多种形式。例如，只改变电压大小不改变频率的变换电路称为交流调压电路，电压和频率都发生变换的电路称为变频电路或变频器。具体电路工作情况详见第 6 章。

(4) 把固定或变化的直流电压变换成可调或恒定的直流电压，称为 DC/DC 变换，完成其变换的电路称为直流调压器。采用斩波和脉宽调制原理的 DC/DC 变换电路称为直流斩波电路或直流斩波器。具体电路工作情况详见第 5 章。

上述电能形式的变换称为变流，由电力电子器件组成的完成上述各种变换的电路称为电力电子变流电路。电能的变换也可采用其他方式完成，但目前主要是利用电力电子电路进行变换。

变换器必须在一些辅助电路（第 8 章主要对除了主电路以外的其他电路进行简要分析）的支持下才能正常工作，这些辅助电路包括以下几个方面。

(1) 控制电路：控制电路的功能是根据输入和输出的要求产生主电路电力电子器件的通断信号。

(2) 驱动电路：驱动电路的功能是根据控制电路给出的通断信号，提供电力电子器件导通或关断要求的电流波形和电压波形，提供足够的驱动功率，以确保电力电子器件迅速、可靠地导通和关断。

(3) 缓冲电路：缓冲电路的功能是在电力电子器件导通和关断的过程中减缓其电流或电压上升率，以降低电力电子器件的开关损耗和开关应力。

(4) 保护电路：保护电路的功能是在电源或负载出现异常时，保护电力电子器件和装置免于损坏。

1.2 电力电子器件的发展

电力电子技术的诞生是以 1957 年美国通用电气公司研制的第一个普通晶闸管为标志的。60 多年来，电力电子技术的发展大体分为两个阶段：1957 年至 20 世纪 70 年代后期，称为传统电力电子技术阶段。在此阶段，电力电子器件以半控型的晶闸管为主，变流电路以相控电路为主，控制电路以模拟电路为主。1980 年至今称为现代电力电子技术阶段。该阶段以全控型电力电子器件的使用和普及为标志，脉冲宽度调制（PWM）的变流电路广泛使用，数字控制已逐渐取代模拟电路。

以功率二极管和晶闸管为代表的第一代电力电子器件，以其体积小、功耗低等优势首先在大功率整流电路中迅速取代旋转机组和老式的汞弧整流器，取得了明显的节能效果，并奠定了电力电子的基础。功率二极管亦称为硅整流管，产生于 20 世纪 40 年代，是电力电子器件中结构最简单、使用最广泛的一种器件。1957 年美国通用电气公司开发了世界上第一只晶闸管产品，从此开辟了电力电子技术迅速发展和广泛应用的崭新时代。截至 1980 年，传统的电力电子器件已经由普通晶闸管衍生出了快速晶闸管、逆导晶闸管、双向晶闸管等，同时，各类晶闸管的电压、电流等额定参数均有很大提高，开关特性也有很大改善。由晶闸管及其派生器件构成的各种变换器在工业应用中主要解决了传统的电能变换装置中所存在的能耗大和装置笨重等问题，具有体积小、质量小、无机械噪声和磨损、效率高、易于控制、响应快等优点。

随着有关技术的突破及需求的发展，自 20 世纪 70 年代后期起，门极关断晶闸管、双极型功率晶体管、功率场效应晶体管、绝缘栅双极型晶体管等全控型器件相继问世，不仅实现了开关控制的灵活性，而且提高了开关频率，可用于开关频率较高的电路。一般将此类具有自关断能力的器件称为第二代电力电子器件，也称为全控型电力电子器件。全控型器件在逆变、斩波、整流、变频及交流电力控制中均有应用，使电路的控制性能得到改善，使以前难以实现的功能得以实现，对电力电子技术的发展起到了重要作用。

进入20世纪90年代以后，电力电子器件的研究和开发进入高频化、模块化、集成化和智能化时代。功率集成电路将全控型电力电子器件和驱动电路、控制电路、传感电路、保护电路、逻辑电路等集成在一起，形成高度智能化的功率集成电路，实现了器件与电路的集成，强电与弱电、功率流与信息流的集成，称为机与电之间的智能化接口，是机电一体化的基础单元。功率集成电路的出现使电力电子技术进入全新的智能化时代。

变换器的控制从最初的由分立元件组成的控制电路发展到集成控制器，再到如今的旨在实现高性能和复杂控制的计算机控制系统。模拟控制电路存在控制精度低、参数整定不方便，以及元件温漂严重、容易老化、元件参数精度低和一致性差等缺点。专用模拟集成控制芯片的出现大大简化了控制电路，提高了电路的可靠性。但是，模拟控制电路的固有缺陷仍然存在。此外，专用模拟集成控制芯片还存在控制不灵活、通用性不强等问题。随着微处理器和微型计算机的位数成倍增加、运算速度不断提高、功能不断完善，控制技术发生了根本性的变化，可利用软件编程实现不同的控制方式，既方便灵活，有利于参数整定、变参数调整调节、方便地调整控制方案和实现多种新型控制策略，又可减少元器件的数目、简化硬件结构，从而提高系统的可靠性。此外，计算机控制系统可以方便地实现系统监测和故障自诊断，有助于实现电力电子装置的智能化。自适应控制、多变量控制、模糊控制等新颖的控制理论的应用，大大提高了变换器的性能。

综上所述，微电子技术、电力电子器件和控制理论是现代电力电子技术的发展动力。

1.3 电力电子技术的主要应用领域

电力电子技术的应用极为广泛，生活和生产中到处可见，主要应用于电气传动和电力牵引、各种电源装置和电力系统等领域。

1. 电气传动和电力牵引

绝大多数生产机械的传动是由电动机驱动的，为了保证产品的质量和产量，并提高劳动生产率，或出于节能需要，许多场合要求电动机调速运行。例如，轧钢机、造纸机、数控机床等，为了提高钢材、纸张、布匹和工件的质量，要求电动机的速度必须得到准确控制；风机、泵类机械，为了实现节能运行，要求调速。有些生产机械虽然不要求调速运行，但要求电动机速度非常平稳，在各种扰动下能以稳定的速度长期运行。火炮自动瞄准、雷达天线跟踪、数控机床刀具和工作台定位等，要求机械的位置和速度随时跟随给定量的变化，快速响应、精确跟随是最基本的要求。以上应用对电动机的驱动装置提出了较高的要求，而驱动装置则为电力电子装置。

电动机主要分直流电动机和交流电动机两类。直流电动机调速运行主要由直流调速器驱动，而直流调速器主电路是由电力电子器件组成的可控整流电路或直流斩波电路。交流电动机的调速运行越来越多地采用调速器驱动。例如，从低压到高压，从小功率到大功率，交流电动机变频调速器的应用非常广泛。又如，一些球磨机和磨类的机械虽然不要求调速，但其转速低，起动比较困难，带有庞大的减速机，造价比较高，磨损比较严重，为了解决这种问题，近年来，采用交交变频调速器进行控制使用的越来越多。某些生产机械虽然不要求调速，但是要求电动机降压起动，目前主要由晶闸管组成的电动机软起动。直流调速器、交流变频调速器和软起动器均属于电力电子装置。

目前的城市轨道交通发展比较迅速，电气化铁道逐渐覆盖铁路系统。在使用三相异步电动机的高速列车和动车机车上，将单相交流电或直流电转变为可调频调压的三相交流电的牵引变流器是牵引的核心设备，与一般变流器不同，牵引变流器要求调速范围宽、稳定性好、动态响应能力强、可靠性高，采用电力电子装置即可满足要求。生活中常用的交通工具也都离不开电力电子技术，如电动自行车和电动汽车等。

为了解决住房面积和土地资源的矛盾，高层建筑越来越多，电梯的数量急剧增加，目前用于电梯提升电机控制的电源装置主要使用变频器驱动。矿井中的提升机也采用电力电子装置驱动。

2. 各种电源装置

电力电子技术是对电能的形式进行变换的电源技术。工业生产和日常生活中使用着各种各样的电源，如计算机使用的开关电源、不间断电源、消防应急电源、通风设备使用的各种电源、仪器仪表电源、集成芯片电源、航空和舰船上各种设备所使用的电源、电动汽车的充电装置，以及电机传动和控制装置电源、节能灯照明电源等，都是利用电力电子器件组成的变流电路实现的。日常生活中的微波炉、电磁炉、空调机、电视机、电冰箱等均离不开电力电子变流电路。

以前，在各种电子装置中大量采用线性稳压电源供电，现在高频开关电源由于体积小、质量小、效率高，已经慢慢取代线性电源。信息技术装置需要电力电子装置提供电源，因此，信息电子技术离不开电力电子技术。在大型计算机等应用场合，常常需要不间断电源供电，不间断电源是典型的电力电子装置。

3. 电力系统

电力电子技术在电力系统的发电、输电、配电和用电的全过程得到了广泛而重要的应用。发电厂发出的电能为交流电，通过三相交流输电线路输送给电力用户。直流高压输电在长距离、大容量输电时具有明显的优势，其送电端的整流阀和受电端的逆变阀均采用晶闸管变流装置，而小型直流输电也均采用全控型的绝缘栅双极型晶体管器件。目前，比较流行的柔性交流输电也是依靠电力电子装置得以实现的。

利用电力电子技术输送电能，对控制电能质量和改善供电质量也是比较有优势的。无功补偿和抑制谐波对电力系统具有重大的意义。而晶闸管控制电抗器、晶闸管投切电容器都是重要的无功补偿装置。近年来，出现的采用全控型器件的静止无功发生器、有源电力滤波器等新型电力电子装置均有比较优越的无功功率和谐波补偿的性能。在配电网系统中，电力电子装置还可用于防止电网瞬间停电、瞬间电压跌落及闪变等情况。

可再生能源对人类长远的可持续发展具有重要的意义，包括风能、太阳能、潮汐、地热能、生物质能等。其中，风能和太阳能以其独特的优势成为科学家重视的焦点，全球很多国家享受着风能带来的便利。地球上的风能资源比较丰富，开发潜力巨大，风力发电是主要的利用形式；太阳能是无污染、廉价、绿色环保的能源，具有很大的开发潜力。但是，无论是太阳能还是风能，受其强度和方向变化的影响，从中得到的电能都难以直接供给电气负载使用，需要利用电力电子设备将其转换为可以使用或能并入电网的电能，在此过程中，电力电子技术能解决能源问题的关键技术。例如，风力发电受气候的影响，风力的大小和方向变化无常，由电力发电机产生的电能极不稳定，为此需要把不稳定的交流电整流为直流电，再经逆变装置变换为电压、频率都比较稳定的交流电，电力电子装置起到新能源与电力系统的连接作用。

1.4　本课程的任务和要求

电力电子技术是电气类专业和自动化专业的专业基础课，主要内容包括器件、电路、控制及应用等方面，其中以电路为主。器件的教学内容主要包括常用器件的基本工作原理、特性、参数及驱动方式和保护方法等。变流电路主要研究的是不同电力电子器件所构成的各种典型变流电路的工作、主电路拓扑结构、分析方法、设计计算的基本手段及主电路开关元件的选择方法；控制电路研究各种典型触发电路、驱动电路及必要的辅助电路的工作原理和特点。

电力电子技术的基本要求如下：

（1）熟悉和掌握常用的电力电子器件的工作原理、特性及参数，并能够正确选择和使用电力电子器件。

（2）熟悉和掌握各种基本变换器的工作原理，特别是各种基本电路中的电磁过程，掌握分析方法、工作波形分析和变换器电路的初步设计计算。

（3）了解各种开关元器件的控制电路、缓冲电路和保护电路。

（4）了解各种变换器的特点、性能指标和使用场合。

（5）掌握基本实验方法及基本实验技能。

习题与思考题

1.1　什么是电力电子技术？说明其主要应用领域。

1.2　电力的变换有哪些？什么是整流？什么是逆变？

1.3　通过观察，说出你身边的电力电子产品。

第 2 章

电力电子器件

电能的变换是利用开关截取直流电或交流电的片段，重新组合为所希望波形的电能。理想的开关应当具有理想的静态和动态性能，在截止状态时能承受高电压，电流为零；在导通状态时能流过大电流，电压为零；在开关状态转换过程中，快速导通或关断，能承受较高的电压和电流变化率；可以双向导通（即通过开关的电流可双向流通）并可方便地进行控制。目前，电力电子器件是最接近理想开关的器件，在电力变换电路得到广泛的应用，成为电力电子应用技术最基础、最重要的部分。作为变流电路的主要元件，电力电子器件的性能关系着变流电路的结构和性能，各种电力电子器件的特性、特点及使用方法成为学好电力电子技术课程的必备知识。

本章主要介绍各种常见电力电子器件的基本概念、基本特性、主要参数，以及选择器件时应注意的问题。

2.1 电力电子器件概述

电力电子器件是建立在半导体原理基础上的，因此又称为功率半导体器件，它能承受较高的工作电压，具有较高的放大倍数。目前应用较广的电力半导体器件所用的主要材料仍然是硅。

2.1.1 电力电子器件的分类

1. 按照被控制程度

电力电子器件按照能够被控制信号所控制的程度可以分为不可控器件、半控型器件和全控型器件 3 类。

（1）不用控制信号来控制其通断的电力电子器件称为不可控器件。不可控器件不需要驱动电路，例如，电力二极管没有控制极，只有两个端子，其基本特性与电子电路中的二极管一样，器件的导通和关断完全由其在主电路中承受的电压和流过的电流决定。

（2）通过控制信号控制其导通而不能控制其关断的电力电子器件称为半控型器件。控型器件主要是晶闸管系列器件（门极关断晶闸管除外），其关断情况与电力二极管完全相同。

（3）通过控制信号控制导通关断的电力电子器件称为全控型器件。全控型器件的品种很多，目前最常用的有绝缘栅双极型晶体管和电力场效应晶体管，在处理兆瓦级大功率电能的场合，门极关断晶闸管的应用也较多。

2. 按照驱动电路信号的性质

半控型器件和全控型器件都有控制极，称为可控器件。控制器件通断的信号称为驱动信号，产生驱动信号的电路称为驱动电路。按照驱动电路加在电力电子器件控制端和公共端之间的信号的性质可以将电力电子器件（电力二极管除外）分为电流驱动型和电压驱动型两类。电流驱动型器件要求从控制端注入或者抽出电流且达到一定的数量级才能实现导通或关断的控制。电压驱动型器件只要在控制端和公共端之间施加一定的电压信号就可以实现导通或关断的控制，需要的控制电流很小（一般在毫安级）。电压驱动型器件实际是通过在控制极上产生电场来控制器件的通断，所以又称为场控器件。

3. 按照内部载流子的性质

电力电子器件按照内部载流子的工作性质分类，可分为单极型、双极型和复合型 3 类。

（1）单极型器件：导通时只有空穴或电子一种载流子导电的器件。属于单极型器件的有功率场效应晶体管，具有工作频率高、导通压降大、单个器件容量小的特点。

（2）双极型器件：导通时的载流子既有空穴又有电子导电的器件。属于双极型器件的有功率二极管、晶闸管及其派生器件、门极关断晶闸管、双极型功率晶体管等，通常具有功率高、工作频率低的特点。

（3）复合型器件：复合型器件既有单极型器件的结构，又有双极型器件的结构，通常其控制部分采用单极型结构，主功率部分采用双极型结构。属于复合型器件的有绝缘栅双极型晶体管、MOS 控制晶闸管等。复合型器件结合了两者的优点，具有卓越的电气性能，是电力电子器件的发展方向。

2.1.2　电力电子系统的组成

电力电子器件一般由控制电路、驱动电路和以电力电子器件为核心的主电路组成，如图 2-1 所示。控制电路按照系统的工作要求形成控制信号，通过驱动电路控制主电路中电力电子器件的通断来完成整个系统的功能。因此，从宏观的角度讲，电力电子电路也称为电力电子系统。电力电子系统需要检测主电路或者应用现场的信号，根据检测信号按照系统的工作要求来形成控制信号，因此还需要有检测电路。广义上，人们往往将检测电路和驱动电路等主电路以外的电路归为控制电路，因此电力电子系统是由主电路和控制电路组成的。主电路的电压和电流一般较大，而控制电路的元器件只能承受较小的电压和电流，因此需要在主电路和控制电路连接的路径上进行电气隔离，例如，在驱动电路与主电路的连接处或者驱动电路与控制电路的连接处，以及主电路与检测电路的连接处，通过光、磁等手段传递信号。此外，由于主电路中往往有电压和电流的过冲，而电力电子器件一般比主电路中的元器件昂贵，但承受过电压和过电流的能力却要差一些，因此，需要在主电路和控制电路中附加一些保护电路，以保证电力电子器件和整个电力电子系统正常、可靠地运行。

从图 2-1 中可以看出，电力电子器件有 3 个端子（极或引脚），其中两个端子是连接在主电路中的端子，流通主电路电流，而第三端称为控制端（或控制极）。

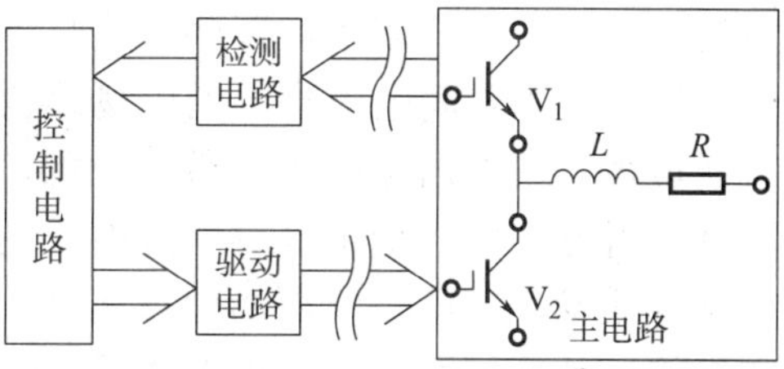

图 2-1　电力电子器件在实际应用中的系统组成

电力电子器件的通断通过在其控制端和一个主电路端子之间施加信号来控制，其中，主电路端子是驱动电路和主电路的公共端，一般是主电路电流流出电力电子器件的端子。

2.2 不可控器件——电力二极管

电力二极管（Power Diode）自20世纪50年代初期就获得应用，当时也被称为半导体整流器（Semiconductor Rectifier，SR），并开始逐步取代汞弧整流器。虽然是不可控器件，但其结构和原理简单，工作可靠，所以直到现在电力二极管仍然大量应用于许多电气设备当中。

2.2.1 电力二极管的基本结构

电力二极管以半导体PN结为基础，把一个面积较大的PN结封装起来并用引线从其两端引出，如图2-2所示。电力二极管只有两个端子，即阳极A和阴极K，无控制端子，阳极A和阴极K均与主电路相连，对其施加正偏电压即可导通。从外形看，电流较小的二极管采用螺栓型封装，电流较大的二极管采用平板型封装。

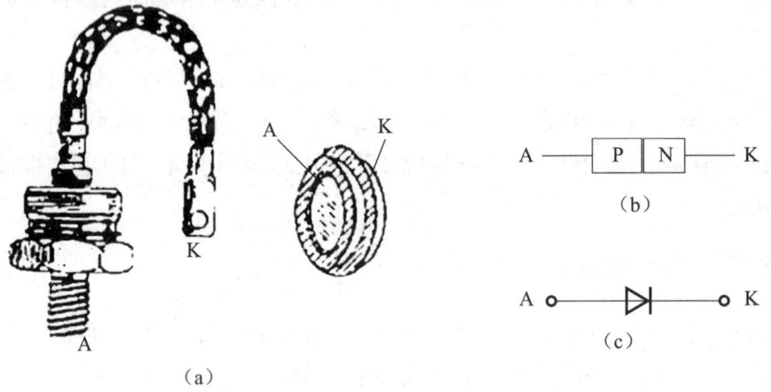

图2-2 电力二极管的外形、内部结构和电气图形符号
(a) 外形；(b) 内部结构；(c) 电气图形符号

2.2.2 PN结与电力二极管的工作原理

N型半导体和P型半导体结合后构成PN结，如图2-3所示。N区和P区交界处电子和空穴的浓度差别造成了各区的多数载流子（多子）向另一区移动的扩散运动，到对方区内成为少数载流子（少子），从而在界面两侧分别留下带正、负电荷但不能任意移动的杂质离子，这些不能移动的电荷称为空间电荷。空间电荷建立的电场称为内电场或自建电场，其方向是阻止扩散运动的，另一方面又吸引对方区内的少子（对本区而言则为多子）向本区运动，这就是所谓的漂移运动。扩散运动和漂移运动既相互联系又相互矛盾，最终达到动态平衡，正、负空间电荷量达到稳定值，

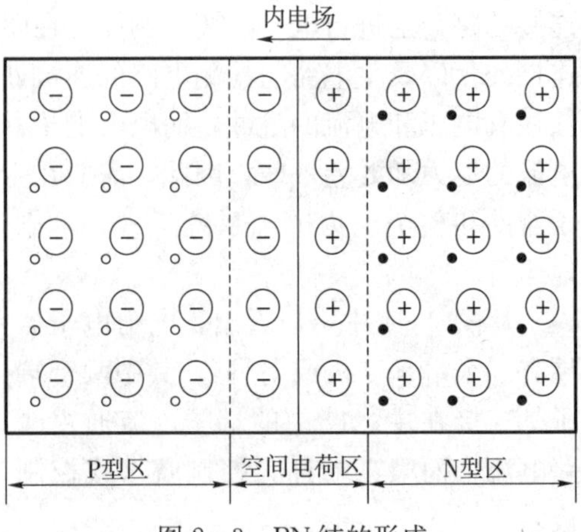

图2-3 PN结的形成

形成了一个稳定的由空间电荷构成的范围，称为空间电荷区，按所强调的角度不同也称为耗尽层、阻挡层或势垒区。

当 PN 结外加正向电压（正向偏置），即外加电压的正端接 P 区，负端接 N 区时，外加电场与 PN 结的自建电场方向相反，多子的扩散运动大于少子的漂移运动，形成扩散电流，内部空间电荷区变窄，外电路形成自 P 区流入而从 N 区流出的电流，称为正向电流 I_F。当外加电压升高时，自建电场将进一步被削弱，扩散电流进一步增加。这就是 PN 结的正向导通状态。

当 PN 结外加反向电压时（反向偏置），外加电场与 PN 结自建电场方向相同，少子的漂移运动大于多子的扩散运动，形成漂移电流，内部空间电荷区变宽，外电路形成自 N 区流入而从 P 区流出的电流，称为反向电流 I_R。但是少子的浓度很小，在温度一定时漂移电流的数值趋于恒定，称为反向饱和电流 I_S，一般仅为微安数量级，因此，反向偏置的 PN 结表现为高阻态，几乎没有电流流过，称为反向截止状态。

上述就是 PN 结的单向导电性，二极管的基本工作原理就在于 PN 结的单向导电性这个主要特性。PN 结所对应的伏安特性曲线，如图 2-4 所示。

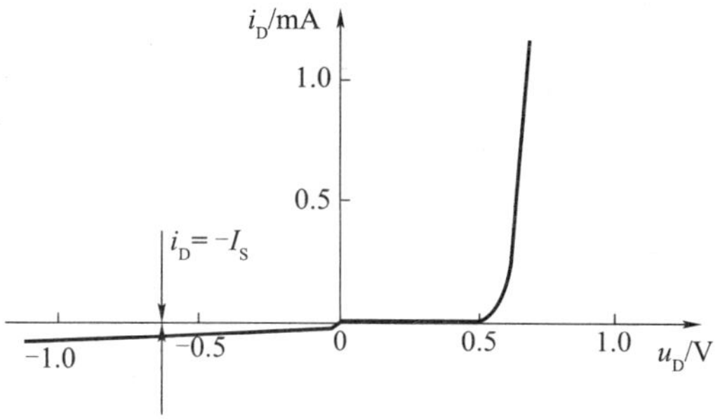

图 2-4　PN 结的伏安特性曲线

2.2.3　电力二极管的基本特性

1. 静态特性

电力二极管的静态特性主要是指其伏安特性，如图 2-5 所示。当电力二极管承受的正向电压大于门槛电压 U_{TO}时，正向电流开始明显增加，电力二极管处于稳定导通状态。与正向电流 I_F 对应的电力二极管两端的电压 U_F 为其正向电压降；当电力二极管承受反向电压时，只有少子引起的微小而数值恒定的反向漏电流。

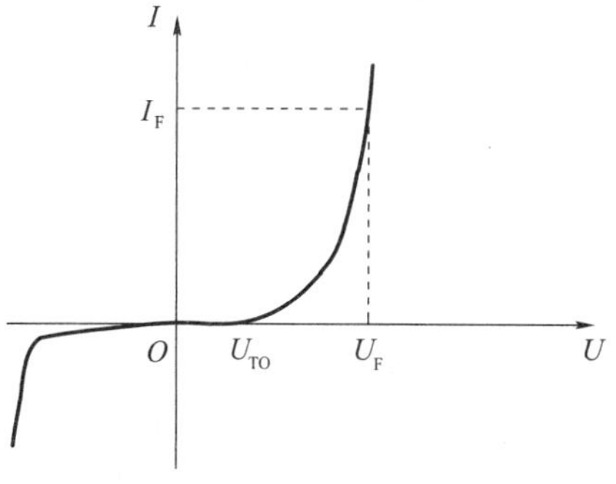

图 2-5　电力二极管的伏安特性

2. 动态特性

因为结电容的存在，电力二极管在零偏置（外加电压为零）、正向偏置和反向偏置 3 种状态之间转换时，PN 结需要一定时间来调整带电状态，其电压-电流特性随时间变化，反映了导通状态和关断状态之间转换过程的开关特性。

图 2-6（a）给出了电力二极管由正向偏置转换为反向偏置时动态过程的波形。当原处于正向导通状态的电力二极管的外加电压突然从正向变为反向时，该电力二极管并不能立即关断，而需经过一段短暂的时间获得反向阻断能力，进入截止状态。在关断之前有较大的反向电流出现，并伴随明显的反向电压过冲。这是因为正向导通时在 PN 结两侧储存的大量少子需要被清除，以达到反向偏置稳态的缘故。

设 t_F时刻外加电压突然由正向变为反向，正向电流在此反向电压作用下开始下降，下降速度由反向电压的大小和电路中的电感决定，而管压降由于电导调制效应基本变化不大，直至正向电流降为零的时刻 t_0。此时电力二极管由于在 PN 结两侧（特别是多掺杂 N 区）储存有大量少子的缘故而并没有恢复反向阻断能力，这些少子在外加反向电压的作用下被抽取出电力二极

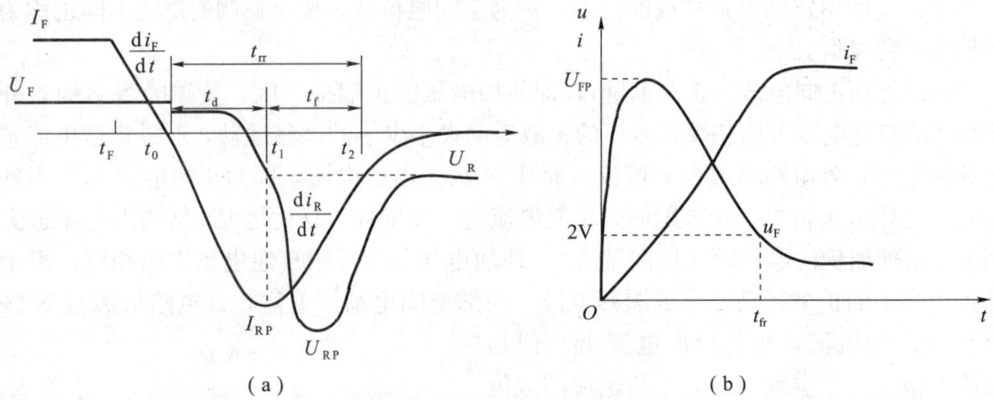

图 2-6 电力二极管的动态过程波形

(a) 正向偏置转换为反向偏置；(b) 零偏置转换为正向偏置

t_{rr}—反向恢复时间；t_d—延迟时间；t_f—电流下降时间；I_{RP}—反向电流最大值；

U_{RP}—反向电压过冲；U_{FP}—正向电压过冲；t_{fr}—正向恢复时间

管，因而流过较大的反向电流。当空间电荷区附近的储存少子即将被抽尽时，管压降变为负极性，于是开始抽取离空间电荷区较远的浓度较低的少子。因而在管压降极性改变后不久的 t_1 时刻，反向电流从其最大值 I_{RP}开始下降，空间电荷区开始迅速张宽，电力二极管开始重新恢复对反向电压的阻断能力。在 t_1时刻以后，由于反向电流迅速下降，在外电路电感的作用下会在电力二极管两端产生比外加反向电压大得多的反向电压过冲 U_{RP}。在电流变化率接近于零的 t_2时刻（有的标准定为电流降至 25% I_{RP}的时刻），电力二极管两端承受的反向电压才降至外加电压的大小，电力二极管完全恢复对反向电压的阻断能力。时间 $t_d=t_1-t_0$称为延迟时间，$t_f=t_2-t_1$称为电流下降时间，而时间 $t_{rr}=t_d+t_f$则称为电力二极管的反向恢复时间。其下降时间与延时时间的比值 t_f/t_d称为恢复特性的软度，或者恢复系数，用 S_r表示。S_r越大则恢复特性越软，实际上就是反向电流下降时间相对较长，因而在同样的外电路条件下造成的反向电压过冲 U_{RP}较小。

图 2-6（b）给出了电力二极管由零偏置转换为正向偏置时其动态过程的波形。可以看出，在这一动态过程中，电力二极管的正向压降也会出现一个过冲 U_{FP}，经过一段时间才趋于接近稳态压降的某个值（2 V）。这一动态过程时间称为正向恢复时间 t_{fr}。出现电压过冲的原因如下：

（1）电导调制效应起作用所需的大量少子需要一定的时间来储存，在达到稳态导通之前管压降较大。

（2）正向电流的上升会因器件自身的电感而产生较大压降。电流上升率越大，U_{FP}越高。当电力二极管由反向偏置转换为正向偏置时，除上述时间外，势垒电容电荷的调整也需要更多时间来完成。

2.2.4 电力二极管的主要参数

1. 正向平均电流 $I_{F(AV)}$

正向平均电流指电力二极管长期运行时，在指定的管壳温度（简称壳温，用 T_C 表示）和散热条件下，其允许流过的最大工频正弦半波电流的平均值。在此电流下，管子的正向压降引起的损耗造成的结温升高不会超过所允许的最高工作结温，这也是标称其额定电流的参数。可以看出，正向平均电流是按照“电流的发热效应在允许的范围内”的原则定义的，因此在使用时按照工作中实际波形电流与电力二极管所允许的最大正弦半波电流在流过电力二极管时所造成的发热效应相等，即两个波形电流的有效值相等的原则来选取电力二极管的额定电流，并应留有一定裕量。如果某电力二极管的正向平均电流为 $I_{F(AV)}$，即它允许流过的最大工频正弦半波电流的平均值为 $I_{F(AV)}$，由正弦半波波形的平均值与有效值的关系为 1∶1.57 可知，该电力二极管允许流过的最大电流有效值为 $1.57I_{F(AV)}$。反之，如果已知某电力二极管在电路中需要流过某种波形电流的有效值为 I_D，则至少应该选取额定电流（正向平均电流）为 $I_D/1.57$ 的电力二极管，当然还要考虑一定的裕量。

应该注意的是，在频率较高的场合，电力二极管的发热原因除了正向电流造成的通态损耗外，其开关损耗也往往不能忽略；当采用反向漏电流较大的电力二极管时，其断态损耗造成的发热效应也不小。在选择电力二极管正向额定电流时，这些都应加以考虑。

2. 正向压降 U_F

正向压降指电力二极管在指定温度下，流过某一指定的稳态正向电流时对应的正向压降。某些电力二极管参数表会给出在温度下流过一瞬态正向大电流时的最大瞬间正向压降。

3. 反向重复峰值电压 U_{RRM}

反向重复峰值电压指对电力二极管所能重复施加的反向最高峰值电压，通常是其雪崩击穿电压 U_B 的 2/3。使用时，往往按照电路中电力二极管可能承受的反向最高峰值电压的 2 倍来选定此项参数。

4. 最高工作结温 T_{JM}

结温是指管芯 PN 结的平均温度，用 T_J 表示。最高工作结温是指在 PN 结不致损坏的前提下所能承受的最高平均温度，用 T_{JM} 表示。T_{JM} 通常为 125～175℃。

5. 浪涌电流 I_{FSM}

浪涌电流指电力二极管所能承受的最大的连续一个或几个功率周期的过电流。

2.2.5 电力二极管的主要类型

电力二极管在许多电力电子电路中都有广泛的应用，它可以在交/直流变换电路中作为整流元件，也可以在电感元件的电能需要适当释放的电路中作为续流元件，还可以在各种变流电路中作为电压隔离、钳位或保护元件。在应用时应根据不同场合的不同要求，选择不同类型的电力二极管。

下面按照正向压降、反向耐压、反向漏电流等性能，特别是反向恢复特性的不同，介绍几种常用的电力二极管。

1. 普通二极管（General Purpose Diode）

普通二极管（又称整流二极管（Rectifier Diode），其反向恢复时间一般在 5 μs 以上，正向额定电流和反向额定电压分别可达数千安和数千伏，多用于开关频率不高（1 kHz 以下）的整流电路中。

2. 快恢复二极管（Fast Recovery Diode，FRD）

恢复过程很短，反向恢复时间一般在 5 μs 以下为快恢复二极管，简称快速二极管，其工艺多采用掺金措施，结构上有的仍采用PN结型结构，但大都采用对此加以改进的PIN结构。采用外延型PIN结构的快恢复外延二极管（Fast Recovery Epitaxial Diode，FRED）的反向恢复时间可低于50 ns，正向压降低至0.9 V左右。不管是什么结构，快恢复二极管从性能上可分为快速恢复和超快速恢复两个等级，前者反向恢复时间为数百纳秒或更长，后者则在100 ns以下，甚至达到20～30 ns。

3. 肖特基势垒二极管（Schottky Barrier Diode，SBD）

以金属和半导体接触形成的势垒为基础的二极管称为肖特基势垒二极管，简称为肖特基二极管。肖特基二极管属于多子器件，20世纪80年代开始在电力电子电路中广泛应用。

与以PN结为基础的电力二极管相比，肖特基二极管的优点在于：反向恢复时间很短（10～40 ns），正向恢复过程中会有明显的电压过冲；在反向耐压较低的情况下其正向压降很小，明显低于快恢复二极管。因此，其开关损耗和正向导通损耗都比快速二极管还要小，效率高。

肖特基二极管的弱点在于：当所能承受的反向耐压提高时，其正向压降过高，以致不能满足要求，因此多用于200 V以下的低压场合；反向漏电流较大且对温度敏感，因此反向稳态损耗不能忽略，必须严格限制其工作温度。

2.3 半控型器件——晶闸管

晶闸管（Thyristor）为晶体闸流管的简称，又称为可控硅整流器（Silicon Controlled Rectifier，SCR）。在电力二极管开始得到应用后不久，美国贝尔实验室（Bell Laboratories）于1956年发明了晶闸管，到1957年美国通用电气公司（General Electric）开发出世界上第一只晶闸管产品，并于1958年达到商业化。由于晶闸管的导通时刻可以控制，各方面性能均明显优于以前的汞弧整流器，因而受到普遍欢迎，开辟了电力电子技术迅速发展和广泛应用的崭新时代。以晶闸管为代表的电力半导体器件的广泛应用被称为继晶体管发明和应用之后的又一次电子技术革命。自20世纪80年代以来，晶闸管的地位开始被各种性能更好的全控型器件所取代，但是由于其所能承受的电压和电容量仍然是目前电力电子器件中最高的，而且工作可靠，因此在大容量的应用场合仍然具有比较重要的地位。

2.3.1 晶闸管的结构与工作原理

1. 晶闸管的结构

晶闸管主要有螺栓型和平板型两种封装结构，引出阳极A、阴极K和门极（控制端）G 3个连接端，如图2-7所示。螺栓型封装的螺栓为阳极，做成螺栓状是为了能与散热器紧密连接且安装方便；较粗的端子为阴极，细的为门极。平板型封装的晶闸管由两个散热器将其夹在中间，两个平面分别是阳极和阴极，引出的细长端子为门极。

晶闸管内部是PNPN 4层半导体结构，分别命名为P_1、N_1、P_2、N_2 4个区。P_1区引出阳极A，N_2区引出阴极K，P_2区引出门极G，4个区形成J_1、J_2、J_3 3个PN结。如果正向电压（阳极高于阴极）加到器件上，则J_2处于反向偏置状态，器件A、K两端之间处于阻断状态，只能流过很小的漏电流；如果反向电压加到器件上，则J_1和J_3反偏，该器件也处于阻断状态，仅有极小的反向漏电流通过。

2. 晶闸管的工作原理

晶闸管导通的工作原理可以用双晶体管模型来解释，如图2-8所示。如果在器件上截取

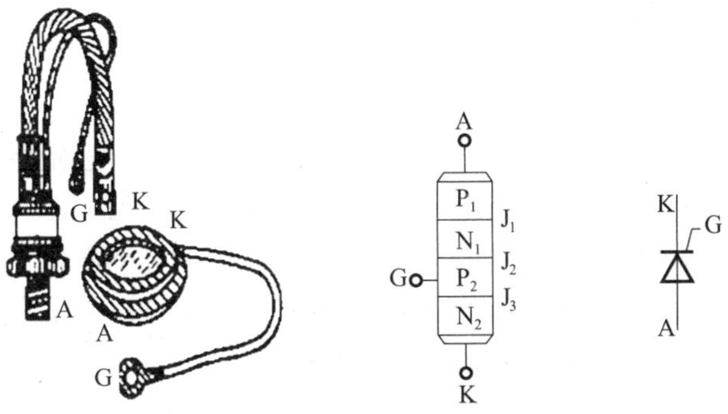

(a)　　(b)　　(c)

图 2-7　晶闸管的外形、结构和电气图形符号

（a）外形；（b）结构；（c）电气图形符号

一个倾斜的平面，则晶闸管可以看作由 P_1、N_1、P_2 和 N_1、P_2、N_2 构成的两个晶体管 V_1、V_2 组合而成。如果外电路向门极注入电流 I_G，即注入驱动电流，则 I_G流入晶体管 V_2的基极，产生集电极电流 I_{c2}，构成晶体管 V_1的基极电流，放大集电极电流 I_{c1}，进一步增大 V_2的基极电流，形成强烈的正反馈，使 V_1和 V_2进入完全饱和状态，晶闸管导通。此时，如果撤掉外电路注入门极的电流 I_G，晶闸管内部由于已形成了强烈的正反馈，仍然会维持导通状态。此时，必须去掉阳极所加的正向电压，或者给阳极施加反向电压，使流过晶闸管的电流降低到接近于零的某一数值以下，才能关断晶闸管。所以，对晶闸管的驱动过程称为触发，产生注入门极的触发电流 I_G的电路称为门极触发电路。由于晶闸管只能通过门极控制其导通，不能控制其关断，故被称为半控型器件。

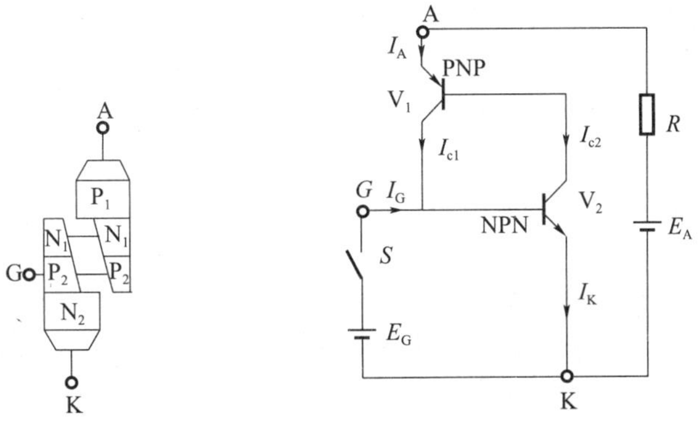

(a)　　(b)

图 2-8　晶闸管的双晶体管模型及其工作原理

（a）双晶体管模型；（b）工作原理

按照晶体管的工作原理，可列出如下方程：

$$I_{c1}=\alpha_1 I_A+I_{CBO1} \tag{2-1}$$

$$I_{c2}=\alpha_2 I_K+I_{CBO2} \tag{2-2}$$

$$I_K=I_A+I_G \tag{2-3}$$

$$I_A=I_{c1}+I_{c2} \tag{2-4}$$

式中，α_1 和 α_2 分别是晶体管 V_1 和 V_2 的共基极电流增益；I_{CBO1}和 I_{CBO2}分别是 V_1 和 V_2 的共基

极漏电流。由式（2-1）～式（2-4）可得

$$I_A=\frac{\alpha_2 I_G+I_{CBO1}+I_{CBO2}}{1-(\alpha_1+\alpha_2)} \tag{2-5}$$

晶体管的特性：在低发射极电流下 α 是很小的，而当发射极电流建立起来之后，α 迅速增大。因此，在晶体管阻断状态下，$I_G=0$，而 $\alpha_1+\alpha_2$ 是很小的。由式（2-5）可看出，此时流过晶闸管的漏电流只是稍大于两个晶体管漏电流之和。如果注入触发电流使各个晶体管的发射极电流增大，以至 $\alpha_1+\alpha_2$ 趋近于1，则流过晶闸管的电流 I_A将趋于无穷大，从而实现器件饱和导通。当然，由于外电路负载的限制，I_A实际上会维持有限值。

晶闸管在以下几种情况下也可能被触发导通：

（1）阳极电压升高至某一数值时造成雪崩效应。

（2）阳极电压上升率 du/dt 过高。

（3）结温较高。

（4）光直接照射硅片，即光触发。

以上情况除了由于光触发可以保证控制电路与主电路之间的良好绝缘而应用于高压电力设备中之外，其他都因不易控制而难以应用于实践。只有门极触发是最精确、迅速而可靠的手段。光触发晶闸管称为光控晶闸管（Light Triggered Thyristor，LTT），将在晶闸管的派生器件中简单介绍。

2.3.2 晶闸管的基本特性

1. 静态特性

简单归纳晶闸管正常工作时的特性如下：

（1）当晶闸管承受反向电压时，不论门极是否有触发电流，晶闸管都不会导通。

（2）当晶闸管承受正向电压时，仅在门极有触发电流的情况下晶闸管才能导通。

（3）晶闸管导通时，门极失去控制作用，无论门极触发电流是否存在，晶闸管都保持导通。

（4）若关断导通的晶闸管，只能利用外加电压和外电路的作用使流过晶闸管的电流降到接近于零的某一数值以下。

以上特点的晶闸管伏安特性如图2-9所示，位于第Ⅰ象限的是正向特性，位于第Ⅲ象限的是反向特性。当 $I_G=0$ 时，如果在器件两端施加正向电压，晶闸管处于正向阻断状态，只有很小的正向漏电流流过。如果正向电压超过临界极限，即正向转折电压 U_{bo}，则漏电流急剧增大，器件导通（由高阻区经虚线负阻区到低阻区）。随着门极电流幅值的增大，正向转折电压降低。导通后的晶闸管特性和二极管的正向特性相仿，即使通过较大的阳极电流，晶闸管本身的压降也很小，仅有1 V左右。导通期间，如果门极电流为零，并且阳极电流降至接近于零的某一数值 I_H 以下，则晶闸管又回到正向阻断状态。I_H 称为维持电流。当在晶闸管上施加反向电压时，其伏安特性类似二极管的反向特性。晶闸管处于反向阻断状态时，只有极小的反向漏电流通过。当反向电压超过一定限度达到反向击穿电压时，外电路如无限制措施，则反向漏电流急剧增大，导致晶闸管发热损坏。

晶闸管的门极触发电流通过触发电路在门极和阴极之间施加触发电压而产生，从门极流入，从阴极流出，阴极是晶闸管主电路与控制电路的公共端。门极触发电流也往往是通过触发电路在门极和阴极之间施加触发电压而产生的。从晶闸管的结构图可以看出，门极和阴极之间

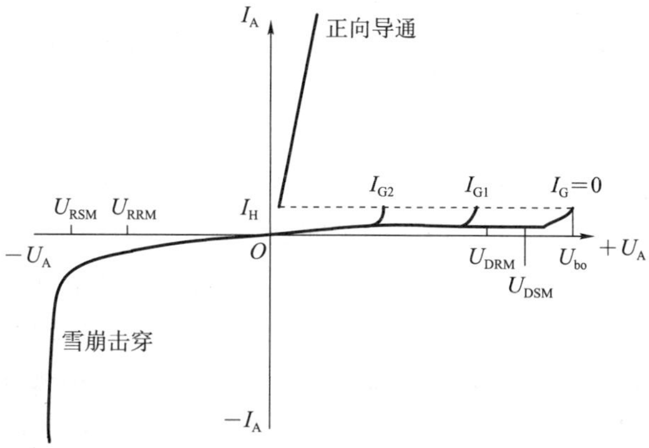

图 2-9 晶闸管的伏安特性

U_{RSM}—反向不重复峰值电压；U_{RRM}—反向重复峰值电压；U_{DRM}—断态重复峰值电压；U_{DSM}—断态不重复峰值电压；U_{bo}—正向转折电压；I_H—维持电流

是一个 PN 结 J_3，其伏安特性称为门极伏安特性。为了保证可靠、安全地触发，门极触发电路所提供的触发电压、触发电流和功率都应限制在晶闸管门极伏安特性曲线中的可靠触发区内。

2. 动态特性

晶闸管通断过程的物理机理很复杂，这里只做简单介绍。晶闸管通断过程波形如图 2-10 所示，其开通过程描述的是使门极在坐标原点时刻开始受到理想阶跃电流触发的情况；而关断过程描述的是对已导通的晶闸管，外电路所加电压在某一时刻突然由正向变为反向（如图中点画线波形）的情况。

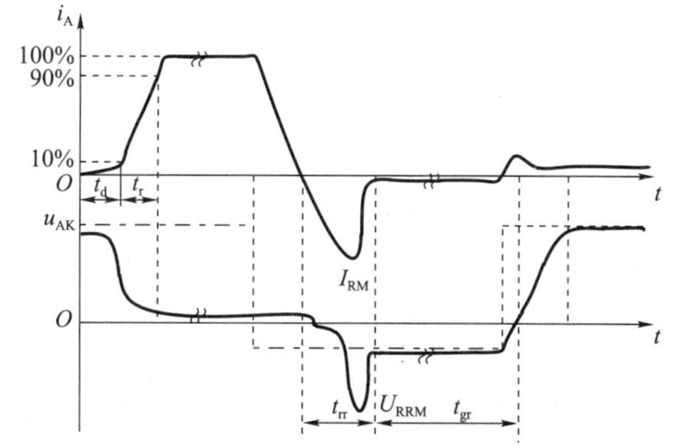

图 2-10 晶闸管的开通和关断过程波形

I_{RM}—反向电流最大值；U_{RRM}—反向重复峰值电压；t_d—延迟时间；t_r—上升时间；t_{rr}—反向阻断恢复时间；t_{gr}—正向阻断恢复时间

1）导通过程

晶闸管受到触发后，从门极电流阶跃时刻到阳极电流上升到稳态值的 10% 的时间称为延迟时间 t_d，阳极电流从 10% 上升到稳态值的 90% 所需的时间称为上升时间 t_r，开通时间 t_{gt} 定义为两者之和，即

$$t_{gt}=t_d+t_r \tag{2-6}$$

普通晶闸管延迟时间为 0.5～1.5 μs，上升时间为 0.5～3 μs，其延迟时间随门极电流的增

大而减小，上升时间除反映晶闸管本身的特性外，还受到外电路电感的影响。延迟时间和上升时间还与阳极电压的大小有关，提高阳极电压可以增大晶体管 V_2的电流增益 α_2，从而使正反馈过程加速，缩短延迟时间和上升时间。

2）关断过程

由于外电路电感的存在，当外加电压突然由正向变为反向时，原处于导通状态的晶闸管阳极电流逐步衰减到零，然后同电力二极管的关断动态过程类似，在反方向会流过反向恢复电流，经过最大值 I_{RM}后，再反向衰减。同样，在恢复电流快速衰减时，由于外电路电感的作用，会在晶闸管两端引起反向的尖峰电压 U_{RRM}。最终反向恢复电流衰减至接近于零，晶闸管恢复其对反向电压的阻断能力。从正向电流降为零，到反向恢复电流衰减至接近于零的时间，称为晶闸管的反向阻断恢复时间 t_{rr}。反向恢复过程结束后，晶闸管恢复对正向电压的阻断能力的时间，称为正向阻断恢复时间 t_{gr}。在正向阻断恢复时间内，如果重新对晶闸管施加正向电压，晶闸管会重新正向导通，而不是受门极电流控制而导通。所以实际应用中，应对晶闸管施加足够长时间的反向电压，使晶闸管充分恢复对正向电压的阻断能力，电路才能可靠工作。晶闸管的电路换向关断时间 t_q定义为 t_{rr}与 t_{gr}之和，即

$$t_q = t_{rr} + t_{gr} \tag{2-7}$$

普通晶闸管的关断时间为几百微秒。

2.3.3 晶闸管的主要参数

普通晶闸管在反向稳态下一定是处于阻断状态，与电力二极管不同的是，晶闸管在正向工作时不但可能处于导通状态，也可能处于阻断状态，因此“正向”二字可省去。此外，各项主要参数的给出往往与晶闸管的结温相联系，在实际应用时应注意器件参数和特性曲线的具体规定。

1. 电压定额

1）断态重复峰值电压 U_{DRM}

断态重复峰值电压是在门极断路而结温为额定值时，允许重复加在器件上的正向峰值电压。国家标准规定重复频率为 50 Hz，每次持续时间不超过 10 ms。断态重复峰值电压 U_{DRM}为断态不重复峰值电压（即断态最大瞬时电压）U_{DSM}的 90%，断态不重复峰值电压应低于正向转折电压 U_{bo}，所留裕量大小由生产厂家自行规定。

2）反向重复峰值电压 U_{RRM}

反向重复峰值电压是在门极断路而结温为额定值时，允许重复加在器件上的反向峰值电压。国家标准规定重复频率为 50 Hz，每次持续时间不超过 10 ms。反向重复峰值电压 U_{RRM}为反向不重复峰值电压（即反向最大瞬时电压）U_{RSM}的 90%，反向不重复峰值电压应低于反向击穿电压，所留裕量大小由生产厂家自行规定。

2. 电流定额

1）通态平均电流 $I_{T(AV)}$

国际规定通态平均电流为晶闸管在环境温度为 40 ℃和规定的冷却状态下，稳定结温不超过额定结温时所允许流过的最大工频正弦半波电流的平均值。这也是标称其额定电流的参数。同电力二极管的正向平均电流一样，这个参数是按照正向电流造成的器件本身的通态损耗的发热效应来定义的。因此在使用时同样应像电力二极管那样，按照实际波形的电流与晶闸管所允

许的最大正弦半波电流（其平均值即通态平均电流 $I_{T(AV)}$）所造成的发热效应相等（即有效值相等）的原则来选取晶闸管的此项电流定额，并应留一定的裕量。一般取其通态平均电流为按此原则所得计算结果的 1.5～2 倍。例如，需要某晶闸管实际承担的某波形电流有效值为 400 A，则可选取额定电流（通态平均电流）为 400 A/1.57≈255 A（根据正弦半波波形平均值与有效值之比为 1∶1.57）的晶闸管，再考虑裕量，如将计算结果放大到 2 倍左右，则可选取额定电流 500 A 的晶闸管。

2）维持电流 I_H

维持电流是指使晶闸管维持导通所必需的最小电流，一般为几十到几百毫安。I_H与结温有关，结温越高，则 I_H越小。

3）擎住电流 I_L

擎住电流是晶闸管刚从断态转入通态并移除触发信号后，能维持导通所需的最小电流。对同一晶闸管来说，I_L通常为 I_H的 2～4 倍。

4）浪涌电流 I_{TSM}

浪涌电流是指由于电路异常情况引起的使结温超过额定结温的不重复性最大正向过载电流。浪涌电流有上、下两个级，这个参数可作为设计保护电路的依据。

3. 动态参数

除开通时间 t_{gt}和关断时间 t_q外，还有以下作动态参数。

1）断态电压临界上升率 du/dt

断态电压临界上升率指在额定结温和门极开路的情况下，不导致晶闸管从断态到通态转换的外加电压的最大上升率。如果在阻断的晶闸管两端所施加的电压具有正向的上升率，则在阻断状态下相当于一个电容的 J_2结有充电电流流过，称为位移电流。此电流流经 J_3结时，起到类似门极触发电流的作用。如果电压上升率过大，使充电电流足够大，就会使晶闸管误导通。使用中实际电压上升率必须低于此临界值。

2）通态电流临界上升率 di/dt

通态电流临界上升率指在规定条件下，晶闸管能承受而无有害影响的最大通态电流上升率。如果电流上升太快，则晶闸管刚一开通，便会有很大的电流集中在门极附近的小区域内，从而造成局部过热而使晶闸管损坏。

2.3.4　晶闸管的派生器件

1. 快速晶闸管（Fast Switching Thyristor，FST）

快速晶闸管包括所有专为快速应用而设计的晶闸管，有常规的快速晶闸管和工作在更高频率的高频晶闸管，可分别应用于 400 Hz 和 10 kHz 以上的斩波电路或逆变电路中。快速晶闸管对普通晶闸管的管芯结构和制造工艺进行了改进，其开关时间、du/dt 和 di/dt 的耐量都有了明显改善。普通晶闸管的关断时间一般为数百微秒，快速晶闸管的关断时间为数十微秒，而高频晶闸管的关断时间则为 10 μs 左右。与普通晶闸管相比，高频晶闸管的不足在于其电压和电流定额不易过高。由于工作频率较高，选择快速晶闸管和高频晶闸管的通态平均电流时不能忽略其开关损耗的发热效应。

2. 双向晶闸管（Triode AC Switch，TRIAC 或 Bidirectional triode thyristor）

双向晶闸管由一对反并联联结的普通晶闸管集成而成，其电气图形符号和伏安特性如

图 2－11 所示。它有两个主电极 T_1 和 T_2，一个门极 G。门极使器件在主电极的正反两个方向均可触发导通，所以双向晶闸管在第Ⅰ和第Ⅲ象限有对称的伏安特性。

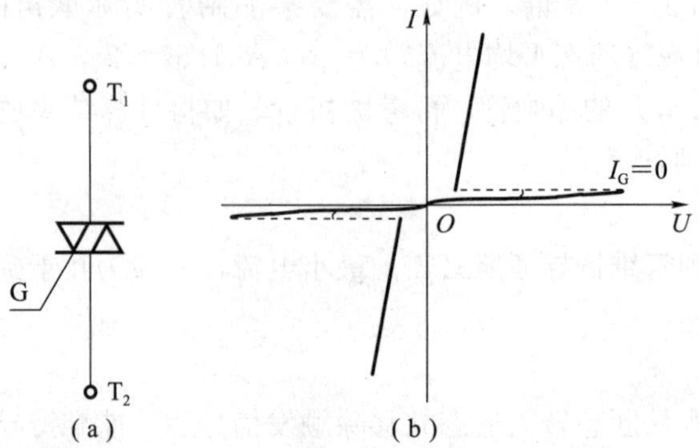

图 2－11　双向晶闸管的电气图形符号和伏安特性

(a) 电气图形符号；(b) 伏安特性

双向晶闸管与一对反并联晶闸管相比，经济实用，其控制电路比较简单，在交流调压电路、固态继电器（Solid State Relay，SSR）和交流电动机调速等领域应用较多。由于双向晶闸管通常用在交流电路中，多用有效值来表示其额定电流值。

3. 逆导晶闸管（Reverse Conducting Thyristor，RCT）

逆导晶闸管是将晶闸管反并联一个二极管制作在同一管芯上的功率集成器件，这种器件不具有承受反向电压的能力，一旦承受反向电压即导通，其电气图形符号和伏安特性如图 2－12 所示。与普通晶闸管相比，逆导晶闸管具有正向压降小、关断时间短、高温特性好、额定结温高等优点，可用于不需要阻断反向电压的电路中。逆导晶闸管的额定电流有两个：一个是晶闸管电流，一个是与之反并联的二极管的电流。

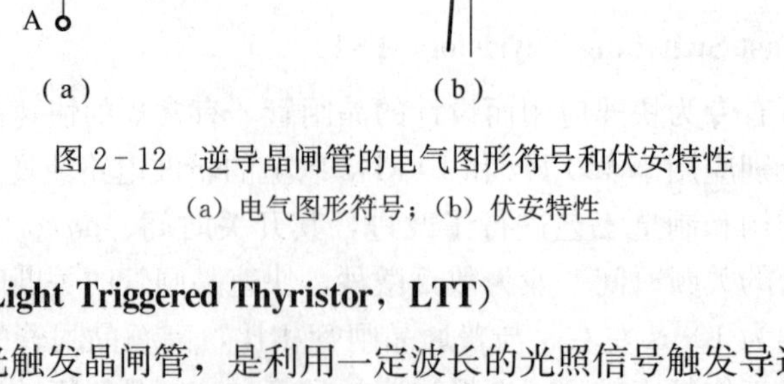

图 2－12　逆导晶闸管的电气图形符号和伏安特性

(a) 电气图形符号；(b) 伏安特性

4. 光控晶闸管（Light Triggered Thyristor，LTT）

光控晶闸管又称光触发晶闸管，是利用一定波长的光照信号触发导通的晶闸管，其电气图形符号和伏安特性如图 2－13 所示。小功率光控晶闸管只有阳极和阴极两个端子，大功率光控晶闸管则带有光缆，光缆上装有作为触发光源的发光二极管或半导体激光器。由于采用光触发保证了主电路与控制电路之间绝缘，而且可以避免电磁干扰的影响，因此光控晶闸管目前在高压大功率的场合，在高压直流输电和高压核聚变装置中占据重要地位。

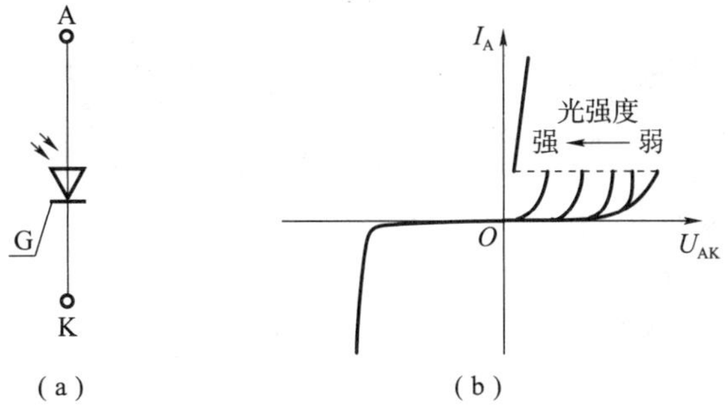

图 2-13 光控晶闸管的电气图形符号和伏安特性
(a) 电气图形符号；(b) 伏安特性

2.4 典型全控型器件

20 世纪 80 年代以来，信息电子技术与电力电子技术结合产生了一代高频化、全控型、采用集成电路制造工艺的电力电子器件，将电力电子技术带入一个崭新的时代。门极关断晶闸管、电力晶体管、电力场效应晶体管和绝缘栅双极型晶体管就是全控型电力电子器件的典型代表。虽然目前门极关断晶闸管和电力晶体管早已被性能更优越的电力场效应晶体管和绝缘栅双极型晶体管所取代，但是掌握门极关断晶闸管和电力晶体管的基本知识，对掌握电力场效应晶体管和绝缘栅双极型晶体管也会有帮助。

2.4.1 门极关断晶闸管（Gate Turn-Off Thyristor，GTO）

门极关断晶闸管是晶闸管的一种派生器件，但可以通过在门极施加负脉冲电流使其关断，因而属于全控型器件。

1. GTO 的结构和工作原理

GTO 和普通晶闸管一样，是 PNPN 4 层半导体结构，外部引出阳极、阴极和门极。但和普通晶闸管不同的是，GTO 是一种多元的功率集成器件。虽然外部同样引出 3 个极，但内部则包含数十个甚至数百个共阳极的小 GTO 元，这些 GTO 元的阴极和门极在器件内部并联在一起。这种特殊结构是为了便于实现门极控制关断而设计的。图 2-14（a）和（b）分别给出了典型的 GTO 各单元阴极、门极间隔排列的图形和其并联单元结构的断面示意图，图 2-14（c）是 GTO 的电气图形符号。

与普通晶闸管一样，GTO 的工作原理仍然可以用如图 2-8 所示的双晶体管模型来分析。由 $P_1N_1P_2$ 和 $N_1P_2N_2$ 构成的两个晶体管 V_1、V_2 分别具有共基极电流增益 α_1 和 α_2。由普通晶闸管的分析可以看出，$\alpha_1+\alpha_2=1$ 是器件临界导通的条件。当 $\alpha_1+\alpha_2>1$ 时，两个等效晶体管过饱和而使器件导通；当 $\alpha_1+\alpha_2<1$ 时，不能维持饱和导通而关断。

GTO 与普通晶闸管相比，具有以下不同。

（1）在设计器件时 α_2 较大，这样晶体管 V_2 控制灵敏，使得 GTO 易于关断。

（2）导通时的 $\alpha_1+\alpha_2$ 更接近于 1。普通晶闸管设计为 $\alpha_1+\alpha_2\geqslant1.15$，而 GTO 设计为 $\alpha_1+\alpha_2\approx1.05$，这样使 GTO 导通时饱和程度不深，更接近于临界饱和，从而为门极控制关断提供有利条件。当然，负面的影响是导通时管压降增大了。

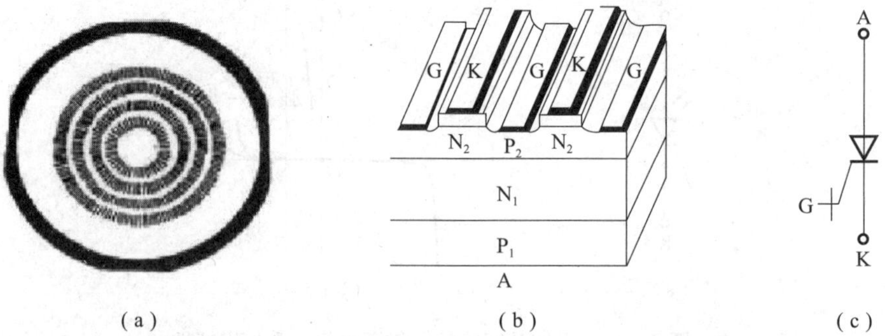

图 2-14　GTO 的内部结构和电气图形符号

(a) 各单元阴极、门极间隔排列的图形；(b) 并联单元结构的断面示意图；(c) 电气图形符号

(3) 多元集成结构使每个 GTO 元阴极面积很小，门极和阴极间的距离大为缩短，使得 P_2 基区所谓的横向电阻很小，从而使从门极抽出较大的电流成为可能。

GTO 与普通晶闸管具有同样的正反馈过程，但导通时饱和程度较浅。而关断时，给门极加负脉冲，即从门极抽出电流，则晶体管 V_2 的基极电流 I_{b2} 减小，使 I_K 和 I_{C2} 减小，I_{C2} 的减小又使 I_A 和 I_{C1} 减小，又进一步减小 V_2 的基极电流，如此也形成强烈的正反馈。当 $\alpha_1+\alpha_2>1$ 或者近似等于 1 时达到临界饱和；当 $\alpha_1+\alpha_2<1$ 时，GTO 退出饱和而关断。

GTO 的多元集成结构除了对关断有利外，也使得其比普通晶闸管导通过程更快，承受 di/dt 的能力更强。

2. GTO 的动态特性

图 2-15 给出了 GTO 通断过程中门极电流 i_G 和阳极电流 i_A 的波形。与普通晶闸管类似，GTO 开通过程需要经过延迟时间 t_d 和上升时间 t_r。关断过程有所不同，需要经历抽取饱和导通时储存的大量载流子的时间——储存时间 t_s，从而使等效晶体管退至饱和状态；然后则是等效晶体管从饱和区退至放大区，阳极电流逐渐减小时间——下降 t_f；最后还有残存载流子复合所需时间——尾部时间 t_t。

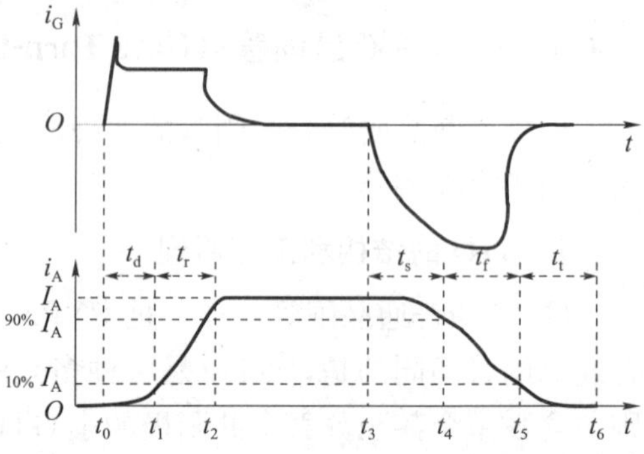

图 2-15　GTO 通断过程电流波形

通常 t_f 比 t_s 小得多，而 t_t 比 t_s 要长。门极负脉冲电流增幅越大，前沿越陡，抽走储存负载流子的速度越快，t_s 就越短。使门极负脉冲的后沿缓慢衰减，在 t_t 阶段仍能保持适当的负电压，则可以缩短尾部时间。

3. GTO 的主要参数

GTO 的许多参数都和普通晶闸管相应的参数意义相同，这里只简单介绍一些意义不同的参数。

1) 最大可关断阳极电流 I_{ATO}

最大可关断阳极电流用来标称 GTO 的额定电流，这一点与普通晶闸管用通态平均电流作为额定电流不同。

2) 电流关断增益 β_{off}

最大可关断阳极电流与门极负脉冲电流最大值 I_{GM} 之比称为电流关断增益，即

$$\beta_{off}=\frac{I_{ATO}}{I_{GM}} \tag{2-8}$$

β_{off}一般很小，只有5左右，这是GTO的一个主要缺点。一个1000 A的GTO，关断时门极负脉冲电流的峰值达200 A，这是一个相当大的数值。

3）开通时间 t_{on}

开通时间指延迟时间和上升时间之和。GTO的延迟时间一般为1～2 μs，上升时间则随通态阳极电流值的增大而增大。

4）关断时间 t_{off}

关断时间一般指储存时间和下降时间之和，而不包括尾部时间。GTO的储存时间随阳极电流值的增大而增大，下降时间一般小于2 μs。

另外需要指出的是，不少GTO都制造成逆导型，类似于逆导晶闸管。当需要承受反向电压时，应和电力二极管串联使用。

2.4.2 电力晶体管（Giant Transistor，GTR）

电力晶体管按英文直译为巨型晶体管，是一种耐高电压、大电流的双极结型晶体管（Bipolar Junction Transistor，BJT），所以英文有时候也称为Power BJT。在电子电力技术的范围内，GTR与BJT两个名称等效。

1. GTR的结构和工作原理

GTR与普通的双极结型晶体管基本原理是一样的，这里不再详述。但是对GTR来说，最主要的特性是耐压高、电流大、开关特性好，而不像用于信息处理的小功率双极结型晶体管一样注重单管电流放大系数、线性度、频率响应，以及噪声和温漂等性能参数。因此，GTR通常采用至少由两个晶体管按达林顿接法组成的单元结构，同GTO一样采用集成电路工艺将许多这种单元并联而成。单管的GTR结构与普通的双极结型晶体管类似。GTR是由三层半导体（分别引出集电极、基极和发射极）形成的两个PN结（集电结和发射结）构成的，多采用NPN结构。图2-16（a）和（b）分别给出了NPN型GTR的内部结构断面示意图和电气图形符号。注意，表示半导体类型字母的右上角标“+”表示高掺杂浓度，“-”表示低掺杂浓度。

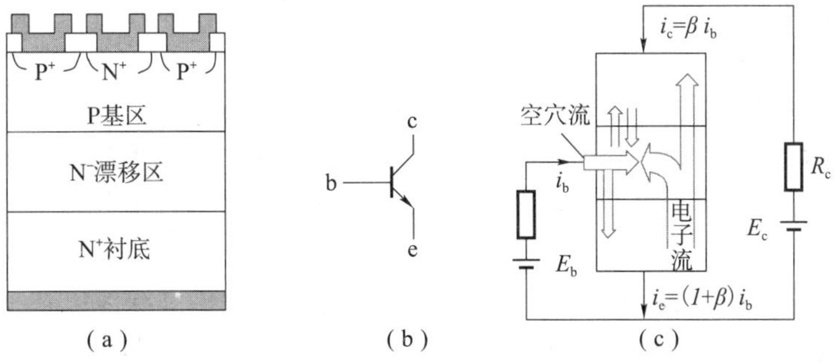

图2-16 GTR的结构、电气图形符号和内部载流子的流动

（a）内部结构断面示意图；（b）电气图形符号；（c）内部载流子的流动

可以看出，与信息电子电路中的普通双极结型晶体管相比，GTR多了一个N^-漂移区（低掺杂N区）。这与电力二极管中低掺杂N区的作用一样，是用来承受高压的。而且，GTR导

通时也是靠从 P 区向 N^- 漂移区注入大量的少子形成电导调制效应来减小通态电压和损耗的。

在应用中，GTR 一般采用共发射极接法，图 2-16（c）给出了在此接法下 GTR 内部主要载流子的流动情况示意图。集电极电流 i_c 与基极电流 i_b 之比为

$$\beta=\frac{i_c}{i_b} \tag{2-9}$$

β 称为 GTR 的电流放大系数，它反映了基极电流对集电极电流的控制能力。当考虑集电极和发射极间的漏电流 I_{ceo} 时，i_c 和 i_b 的关系为

$$i_c=\beta i_b+I_{ceo} \tag{2-10}$$

GTR 的产品说明书中通常给出的是直流电流增益 h_{FE}，它是在直流工作的情况下，集电极与基极电流之比。一般可认为 $\beta\approx h_{FE}$。单管 GTR 的 β 值比处理信息用的小功率晶体管小得多，通常为 10 左右。采用达林顿接法可以有效地增大电流增益。

2. GTR 的基本特性

1）静态特性

图 2-17 给出了 GTR 在共发射极接法时的典型输出特性，明显地分为截止区、放大区和饱和区三个区域。在电力电子电路中，GTR 工作在开关状态，即工作在截止区或饱和区。但在开关过程中，即在截止区和饱和区之间过渡时，一般要经过放大区。

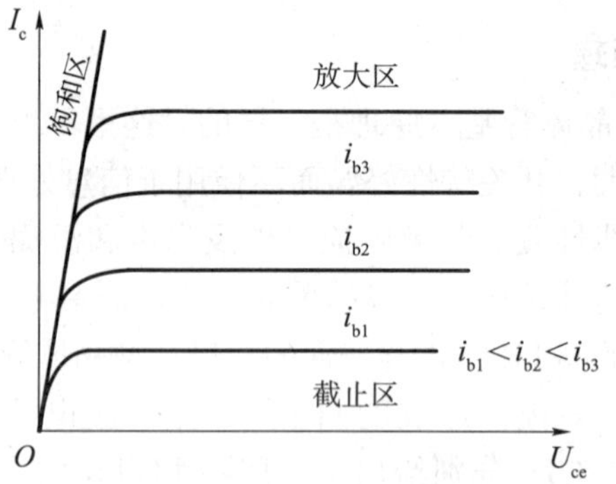

图 2-17　共发射极接法时 GTR 的输出特性

2）动态特性

GTR 是用基极电流来控制电极电流的，图 2-18 给出了 GTR 开通和关断过程中基极电流和集电极电流波形的关系。

与 GTO 类似，GTR 开通时需要经过延迟时间 t_d 和上升时间 t_r，二者之和为开通时间 t_{on}；关断时需要经过储存时间 t_s 和下降时间 t_f，二者之和为关断时间 t_{off}。延迟时间主要是由发射结势垒电容和集电结势垒电容充电产生的。增大基极驱动电流 i_b 的幅值并增大 di_b/dt，可以缩短延迟时间，同时也可以缩短上升时间，从而加快开通过程。储存时间是用来除去饱和导通时储存在基区的载流子的，是关断时间的主要部分。减小导通时的饱和深度以减小储存的载流子或者增大基极抽取负电流 I_{b2} 的幅值和负偏压，可以缩短储存时间，从而加快关断速度。当然，减小导通时的饱和深度的负面作用是会使集电极和发射极间的饱和导通压降 U_{ces} 增加，从而增大通态损耗，这是一对矛盾。

GTR 的开关时间在几微秒以内，比晶闸管和 GTO 都短很多。

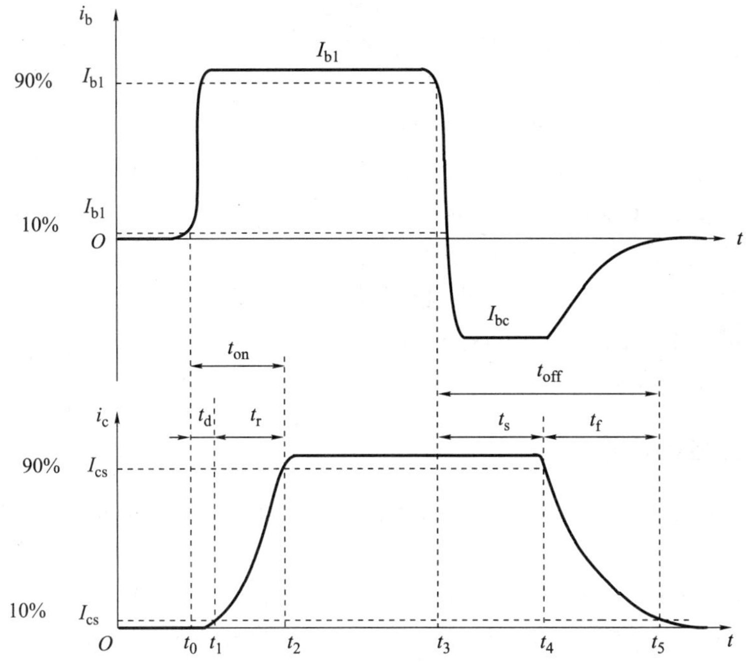

图 2-18　GTR 通断过程中的电流波形

2. GTR 的主要参数

除了前面述及的一些参数，如电流放大倍数 β、直流电流增益 h_{FE}、集电极与发射极间漏电流 I_{ceo}、集电极和发射极间饱和压降 U_{ces}、开通时间 t_{on} 和关断时间 t_{off} 以外，人们对 GTR 主要关心的参数还包括：

1）最高工作电压

GTR 上所加的电压超过规定值时，就会发生击穿。击穿电压不仅和晶体管本身的特性有关，还与外电路的接法有关。有发射极开路时集电极和基极间的反向击穿电压 BU_{cbo}，基极开路时集电极和基极间的反向击穿电压 BU_{ceo}，发射极和基极间用电阻连接或短路连接时集电极和发射极间的击穿电压 BU_{cer} 和 BU_{ces}，以及发射结反向偏置时集电极和发射极间的击穿电压 BU_{ceo}。实际使用 GTR 时，为了确保安全，最高工作电压要比 BU_{ceo} 低得多。

2）集电极最大允许电流 I_{CM}

通常规定直流电流放大系数 h_{FE} 下降到规定值的 1/2～1/3 时，所对应的 I_c 为集电极最大允许电流。实际使用时要留有较大裕量，只能用到 I_{CM} 的一半或稍多一点。

3）集电极最大耗散功率 P_{CM}

这是指在最高工作温度下允许的耗散功率。产品说明书中给出 P_{CM} 时总是同时给出壳温 T_c，间接表示了最高温度。

4. GTR 的二次击穿现象与安全工作区

当 GTR 的集电极电压升高至前面所述的击穿电压时，集电极电流迅速增大，这种首先出现的击穿是雪崩击穿，称为一次击穿。出现一次击穿后，只要 I_C 不超过与最大允许耗散功率相对应的限度，GTR 一般不会损坏，工作特性也不会有什么变化。但是实际应用中常常发现，一次击穿发生时如不有效地限制电流，I_C 增大到某个临界点时会急剧上升，同时伴随电压的陡然下降，这件现象称为二次击穿。二次击穿常常立即导致器件的永久损坏，或者工作特性明显衰变，因而对 GTR 危害极大。

将不同基极电流下二次击穿的临界点连接起来，就构成了二次击穿临界线，临界线上的点反映了二次击穿功率 P_{SB}。这样，GTR 工作时不仅不能超过最高电压 U_{CeM}、集电极最大电流 I_{CM} 和最大耗散功率 P_{CM}，也不能超过二次击穿临界线。这些限制条件就规定了 GTR 的安全工作区（Safe Operating Area，SOA），如图 2-19 的阴影区所示。

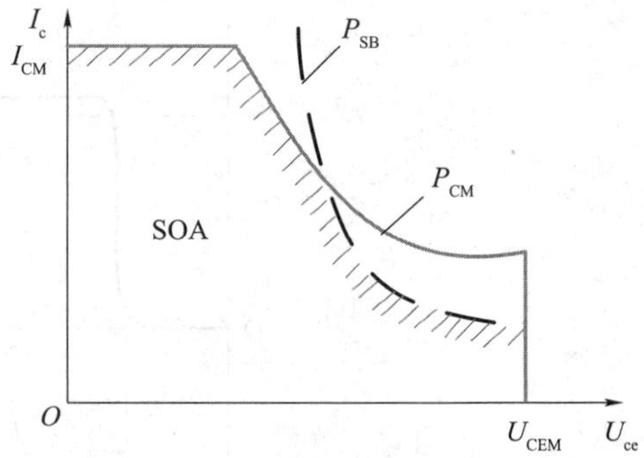

图 2-19　GTR 的安全工作区

2.4.3　电力场效应晶体管

就像小功率的用于信息处理的场效应晶体管（Field Effect Transistor，FET）分为结型和绝缘栅型一样，电力场效应晶体管也有这两种类型，但通常主要指绝缘栅型中的 MOS 型（Metal Oxide Semiconductor FET），简称电力 MOSFET（Power MOSFET），或者更精炼地简称 MOS 管或 MOS。至于结型电力场效应晶体管则一般称为静电感应晶体管（Static Induction Transistor，SIT），将在下一节做简要介绍。这里主要讲述电力 MOSFET。

电力 MOSFET 是用栅极电压来控制漏极电流的，因此它的第一个显著特点是驱动电路简单，需要的驱动功率小；第二个显著特点是开关速度快、工作频率高。另外，电力 MOSFET 的热稳定性优于 GTR。但是电力 MOSFET 电路容量小，耐压低，多用于功率不超过 10 kW 的电力电子装置。

1. 电力 MOSFET 的结构和工作原理

MOSFET 的种类和结构繁多，按导电沟道可分为 P 沟道和 N 沟道。当栅极电压为零时漏源极之间就存在导电沟道的称为耗尽型；对于 N（P）沟道器件，栅极电压大于（小于）零时才存在导电沟道的称为增强型。在电力 MOSFET 中，主要是 N 沟道增强型。

电力 MOSFET 在导通时只有一种极性的载流子（多子）参与导电，是单极型晶体管。其导电机理与小功率 MOS 管相同，但结构上有较大区别。小功率 MOS 管是一次扩散形成的器件，其导电沟道平行于芯片表面，是横向导电器件。而目前电力 MOSFET 大多采用了垂直导电结构，所以又称为 VMOSFET（Vertical MOSFET）。这大大提高了 MOSFET 器件的耐压和耐电流能力。按垂直导电结构的差异，电力 MOSFET 又分为利用 V 形槽实现垂直导电的 VVMOSFET（Vertical V-groove MOSFET）和具有垂直导电双扩散 MOS 结构的 VDMOSFET（Vertical Double-MOSFET）。这里主要以 VMOSFET 器件为例进行讨论。

电力 MOSFET 也是多元集成结构，一个器件由许多小 MOSFET 元组成。每个元的形状和排列方法，不同生产厂家采用了不同的设计，甚至因此对其产品取了不同的名称。具体的单元形状有六边形、正方形等，也有矩形单元按“品”字形排列的。

图 2-20（a）给出了 N 沟道增强型 VMOSFET 中一个单元的截面图，电力 MOSFET 的电气图形符号如图 2-20（b）所示。

当漏极接电源正端、源极接电源负端、栅极和源极间电压为零时，P 基区与 N 漂移区之间

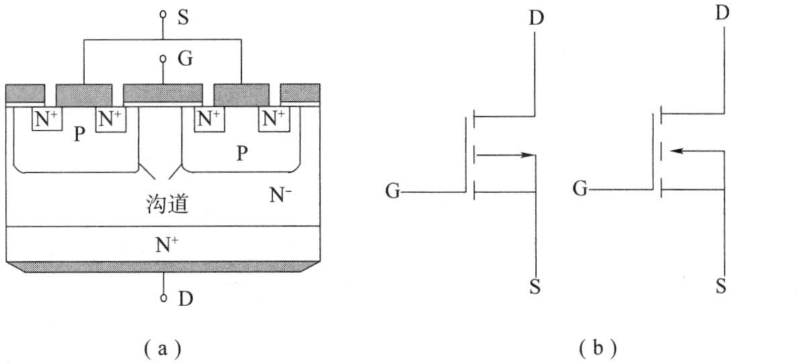

图 2-20 电力 MOSFET 的结构和电气图形符号

(a) 内部结构断面示意图；(b) 电气图形符号

形成的 PN 结 J_1 反偏，漏源极之间无电流流过。如果在栅极和源极之间加一正电压 U_{GS}，由于栅极是绝缘的，所以并不会有栅极电流流过。但栅极的正电压却会将其下面 P 区中的空穴推开，而将 P 区中的少子——电子吸引到栅极下面的 P 区表面。当 U_{GS} 大于某一电压值 U_T 时，栅极下 P 区表面的电子浓度将超过空穴浓度，从而使 P 型半导体反型层变成 N 型半导体反型层，该反型层形成 N 沟道而使 PN 结 J_1 消失，漏极和源极导电。电压 U_T 称为开启电压（或阈值电压），U_{GS} 超过 U_T 越多，导电能力越强、漏极电流 I_D 越大。

同其他电力半导体器件与对应的信息电子器件的关系一样，与信息电子电路中的 MOSFET 相比，电力 MOSFET 多了一个 N^- 漂移区（低掺杂 N 区），这是用来承受高电压的。不过，电力 MOSFET 是多子导电器件，栅极和 P 区之间是绝缘的，无法像电力二极管和 GTR 那样在导通时靠从 P 区向 N^- 漂移区注入大量的少子形成的电导调制效应来减小通态电压和损耗。因此电力 MOSFET 虽然可以通过增加 N^- 漂移区的厚度来提高承受电压的能力，但是由此带来的通态电阻增大和损耗增加也是非常明显的。所以目前一般电力 MOSFET 产品设计的耐压能力都在 1000 V 以下。

2. 电力 MOSFET 的基本特性

1）静态特性

漏极直流电流 I_D 和栅源间电压 U_{GS} 的关系反映了输入电压和输出电流的关系，称为 MOSFET 的转移特性，如图 2-21（a）所示。从图中可知，I_D 较大时，I_D 与 U_{GS} 的关系近似线性，曲线的斜率被定义为 MOSFET 的跨导 G_{fs}，即

$$G_{fs}=\frac{dI_D}{dU_{GS}} \tag{2-11}$$

MOSFET 是电压控制型器件，其输入阻抗极高，输入电流非常小。

图 2-21（b）是 MOSFET 的漏极伏安特性，即输出特性。从图中同样可以看到截止区（对应于 GTR 的截止区）、饱和区（对应于 GTR 的放大区）、非饱和区（对应于 GTR 的饱和区）三个区域。这里饱和与非饱和的概念与 GTR 不同。饱和是指漏源电压增加时，漏极电流不再增加；非饱和是指漏源电压增加时，漏极电流相应增加。电力 MOSFET 工作在开关状态，即在截止区和非饱和区之间来回转换。

由电力 MOSFET 本身结构所致，在其漏极和源极之间由 P 区、N^- 漂移区和 N^+ 区形成了

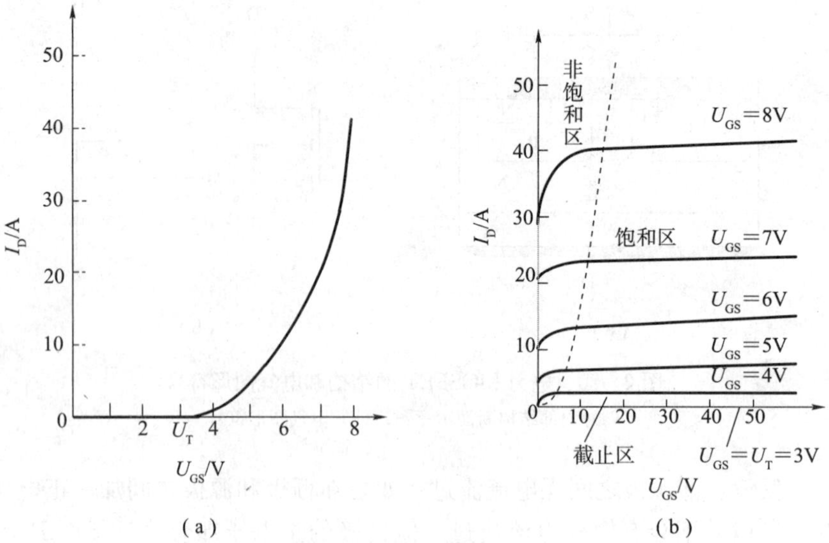

图 2-21 电力 MOSFET 的转移特性和输出特性

(a) 转移特性；(b) 输出特性

一个与 MOSFET 反向并联的寄生二极管，具有与电力二极管一样的 PIN 结构。它与 MOSFET 构成了一个不可分割的整体，使得在漏、源极间加反向电压时器件导通。因此，使用电力 MOSFET 时应注意这个寄生二极管的影响。

电力 MOSFET 的通态电阻具有正温度系数，这一点对器件并联时的均流有利。

2）动态特性

用图 2-22（a）所示电路来测试电力 MOSFET 的开关特性。图中 u_p为矩形脉冲电压信号源（波形见图 2-22（b）），R_S为信号源内阻，R_G为栅极电阻，R_L为漏极负载电阻，R_F用于检测漏极电流。

因为电力 MOSFET 存在输入电容 C_{in}，所以当脉冲电压 u_p的前沿到来时，C_{in}有充电过程，栅极电压 u_{GS}呈指数曲线上升，如图 2-22（b）所示。当 u_{GS}上升到开启电压 U_T时，开始出现漏极电流 i_D。从 u_p前沿时刻到 $u_{GS}=U_T$并开始出现 i_D的时刻这段时间，称为开通延迟时间 $t_{d(on)}$。此后，i_D随 u_{GS}的上升而上升。漏极电流 i_D从零上升到稳态值的时间，称为电流上升时间 t_{ri}。漏极电流 i_D上升到稳态值时，栅极电压 u_{GS}上升到 U_{GSP}，而漏极电流 u_{DS}开始下降。漏极电压 u_{DS}下降的时间称为电压下降时间 t_{fv}。在漏极电压下降的过程中，栅极电压 u_{GS}将维持在 U_{GSP}这个值并形成一个平台，直到电压下降时间结束才继续以指数曲线上升到其稳态值。实际上，电压下降时间具体的物理过程是连接在栅极的信号源给栅极和漏极之间的极间电容［又称密勒电容（Miller Capacitance）］反向充电，从而使漏极电压 u_{DS}下降而栅极电压 u_{GS}维持在 U_{GSP}不变。U_{GSP}的大小和 i_D的稳态值有关。u_{GS}在这段时间内基本维持不变的波形又称为密勒平台（Miller Plateau）。这里，电力 MOSFET 的开通时间 t_{on}可以定义为开通延迟时间、电流上升时间及电压下降时间之和，即

$$t_{on}=t_{d(on)}+t_{ri}+t_{fv} \tag{2-12}$$

电力 MOSFET 的关断过程基本上是与其开通过程顺序相反而且电压和电流变化趋势也相反的过程，包括关断延迟时间 $t_{d(off)}$、电压上升时间 t_{rv}和电流下降时间 t_{fi}。当脉冲电压 u_p下降

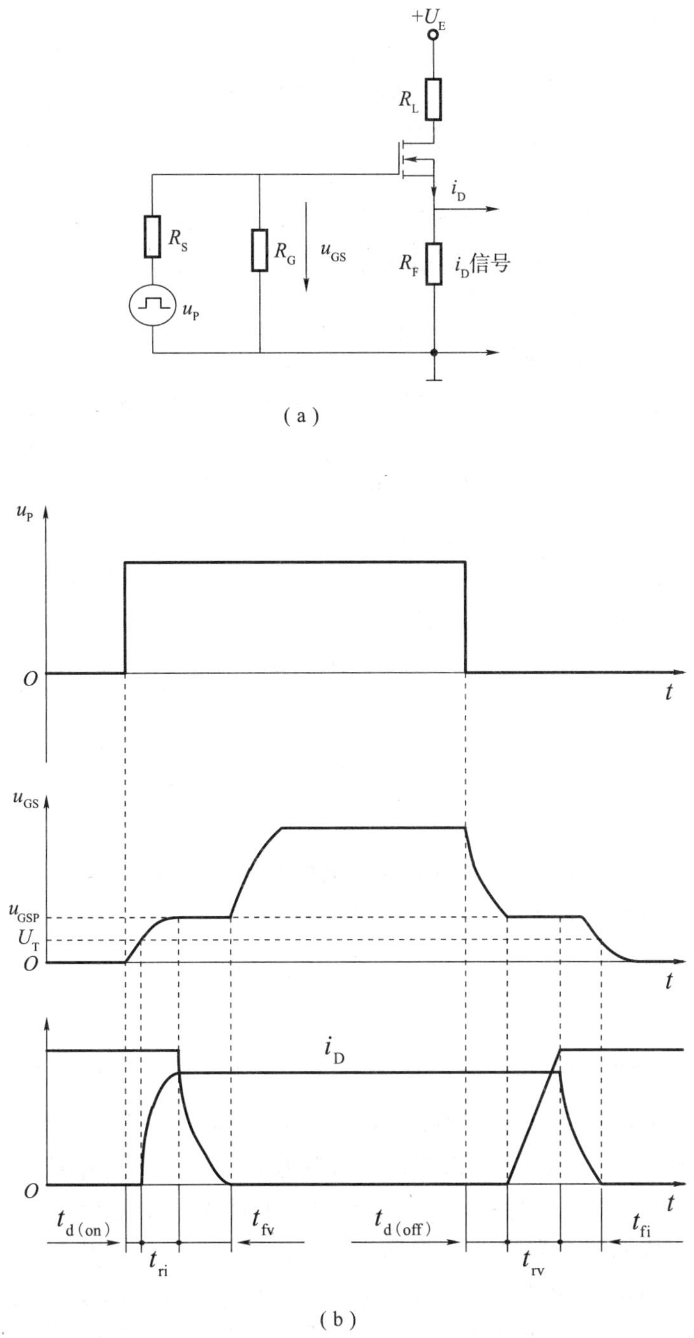

图 2-22 电力 MOSFET 的开关过程

(a) 测试电路；(b) 开关过程波形

到零时，栅极输入电容 C_{in} 通过信号源内阻 R_s 和栅极电阻 R_G（$\gg R_s$）开始放电，栅极电压 u_{GS} 按指数曲线下降，当下降到 U_{GSP} 时，漏极电压 u_{GS} 才开始上升，这段时间称为关断延迟时间 $t_{d(off)}$。此后，经过电压上升时间（栅极电压 u_{GF} 维持在 U_{GSP}）和电流下降时间，直到 $u_{GS}<U_T$ 时沟道消失，i_D 下降到零。关断延迟时间、电压上升时间和电流下降时间之和可以定义为 MOSFET 的关断时间 t_{off}，即

$$t_{off}=t_{d(off)}+t_{rv}+t_{fi} \tag{2-13}$$

为了能准确测量，严格地讲，开关过程中的各段时间与其他器件一样通常是由电流或电压到达稳态值的10%、90%等定量大小的时刻来定义的，但是在很多情况下为了能简洁、定性地描述开关过程，也往往像图2-22那样用电压和电流到达绝对零电平或稳态值的时刻来示意。

从上面的开关过程可以看出，MOSFET的开关速度和其输入电容的充放电有很大关系。使用者虽然无法降低C_{in}的值，但可以降低栅极驱动电路的内阻R_s，从而减小栅极回路的充放电时间常数，加快开关速度。

3. 电力MOSFET的主要参数

除前面已涉及的跨导G_{fs}、开启电压U_T及开关过程中的各时间参数之外，电力MOSFET还有以下主要参数：

（1）漏极电压U_{DS}：这是标称电力MOSFET电压定额的参数。

（2）漏极直流电流I_D和漏极脉冲电流幅值I_{DM}：这是标称电力MOSFET电流定额的参数。

（3）栅源电压U_{GS}：栅源之间的绝缘层很薄，$|U_{GS}|>20$ V将导致绝缘层击穿。

（4）极间电容：MOSFET的三个电极之间分别存在极间电容C_{GS}、C_{GD}和C_{DS}。一般生产厂家提供的是漏源极短路时的输入电容C_{iss}、共源极输出电容C_{oss}和反向转移电容C_{rss}。它们之间的关系是

$$C_{iss}=C_{GS}+C_{GD}$$
$$C_{rss}=C_{GD}$$
$$C_{oss}=C_{DS}+C_{GD}$$

前面提到的输入电容可以近似用C_{iss}代替。这些电容都是非线性的。

漏源间的耐压、漏极最大允许电流和最大耗散功率决定了电力MOSFET的安全工作区。一般来说，电力MOSFET不存在二次击穿问题，这是它的一大优点。在实际应用中，仍应注意适当的裕量。

2.4.4 绝缘栅双极型晶体管

GTR和GTO是双极型电流驱动器件，由于具有电导调制效应，其通流能力很强，但开关速度较慢，所需驱动功率大，驱动电路复杂。而电力MOSFEFT是单极型电压驱动器件，开关速度快，输入阻抗高，热稳定性好，所需驱动功率小而且驱动电路简单。将这两类器件相互取长补短适当结合而成的复合器件，通常称为Bi-MOS器件。绝缘栅双极型晶体管（Insulated-gate Bipolar Transistor，IGBT或IGT）综合了GTR和MOSFET的优点，因而具有良好的特性。因此，自从其1986年开始投入市场，就迅速扩展了其应用领域，目前已取代了原来GTR和GTO的市场，成为中、大功率电力电子设备的主导器件，并在继续努力提高电压和电流容量。

1. IGBT的结构和工作原理

IGBT也是三端器件，具有栅极G、集电极C和发射极E。图2-23（a）给出了一种由N沟道VDMOSFET与双极型晶体管组合而成的IGBT的基本结构。与图2-20（a）对照可以看出，IGBT比VDMOSFET多一层P^+注入区，因而形成了一个大面积的P^+N结J_1。这样使得IGBT导通时由P^+注入区向N^-漂移区发射少子，从而实现对漂移区电导率的调制，使得

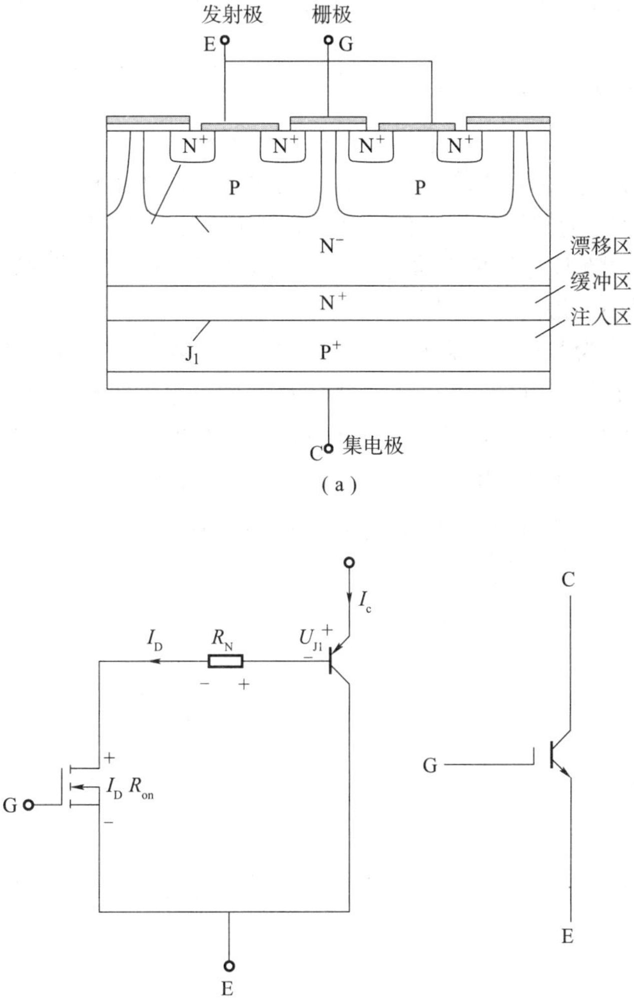

(a)

(b)　　(c)

图 2－23　IGBT 的结构、简化等效电路和电气图形符号

(a) 内部结构断面示意图；(b) 简化等效电路；(c) 电气图形符号

IGBT 具有很强的通流能力，解决了在电力 MOSFET 中无法解决的 N^- 漂移区追求高耐压与追求低通态电阻之间的矛盾。其简化等效电路如图 2－23（b）所示，由图可以看出，这是用双极型晶体管与 MOSFET 组成的达林顿结构，相当于一个由 MOSFET 驱动的厚基区 PNP 晶体管。图中 R_N为晶体管基区内调制电阻。因此，IGBT 的驱动原理与电力 MOSFET 基本相同，是一种场控器件。其开通和关断是由栅极和发射极间的电压 u_{CE}决定的，当 u_{CE}为正且大于开启电压 $U_{GE(th)}$时，MOSFET 内形成沟道，并为晶体管提供基极电流进而使 IGBT 导通。由于前面提到的电导调制效应，使得电阻 R_N减小，这样高耐压的 IGBT 也具有很小的通态压降。当栅极与发射极间施加反向电压或不加信号时，MOSFET 内的沟道消失，晶体管的基极电流被切断，使得 IGBT 关断。

以上所述 PNP 晶体管与 N 沟道 MOSFET 组合而成的 IGBT 称为 N 沟道 IGBT，记为 N-IGBT，其电气图形符号如图 2－23（c）所示。相应的还有 P 沟道 IGBT，记为 P-IGBT，其电气图形符号与图 2-23（c）所示箭头相反。实际当中 N 沟道 IGBT 应用较多，因此下面仍以其为例进行介绍。

2. IGBT 的基本特性

1）静态特性

图 2-24（a）所示为 IGBT 的转移特性，它描述的是集电极电流 I_C 与栅射电压 U_{GE} 之间的关系，与电力 MOSFET 的转移特性类似。开启电压 $U_{GE(th)}$ 是 IGBT 能实现电导调制而导通的最低栅射电压。$U_{GE(th)}$ 随温度升高而略有下降，温度每升高 1 ℃，其值下降 5 mV 左右。在 +25 ℃ 时，$U_{GE(th)}$ 的值一般为 2～6 V。

图 2-24（b）所示为 IGBT 的输出特性，也称为伏安特性，它描述的是以栅射电压为参考变量时，集电极电流 I_C 与集射极间电压 U_{CE} 之间的关系。此特性与 GTR 的输出特性相似，不同的是参考变量，IGBT 为栅射极电压 U_{GE}，而 GTR 为基极电流 I_B。IGBT 的输出特性也分为三个区域：正向阻断区、有源区和饱和区，分别与 GTR 截止区、放大区和饱和区对应。此外，当 $U_{CE}<0$ 时，IGBT 为反向阻断工作状态。在电力电子电路中，IGBT 工作在开关状态，因而是在正向阻断区和饱和区之间来回转换。

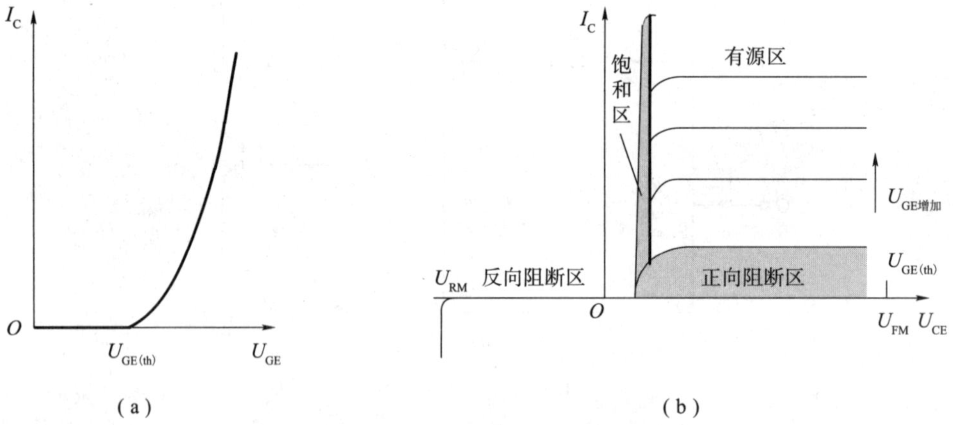

图 2-24 IGBT 的转移特性和输出特性

（a）转移特性；（b）输出特性

2）动态特性

图 2-25 给出了 IGBT 开关过程的波形图。IGBT 的开通过程与电力 MOSFET 的开通过程很相似，这是因为 IGBT 在开通过程中大部分时间是作为 MOSFET 来运行的。如图 2-25 所示，从驱动电压 U_{GE} 的前沿上升至其幅值的 10% 的时刻，到集电极电流 i_C 上升至其幅值的 10% 的时刻，这段时间为开通延时时间 $t_{d(on)}$。而 i_C 从 10% I_{CM} 上升至 90% I_{CM} 所需的时间为电流上升时间 t_r。集射电压 U_{CE} 的下降过程 t_{fv} 分为 t_{fv1} 和 t_{fv2} 两段，前者为 IGBT 中 MOSFET 单独工作的电压下降过程，在该过程中栅极电压 U_{GS} 维持不变，即处在米勒平台；后者为 MOSFET 和 PNP 晶体管同时工作的电压下降过程。由于 U_{CE} 下降时 IGBT 中 MOSFET 的栅极电容增加，而且 IGBT 中的 PNP 晶体管由放大状态转入饱和状态也需要一个过程，因此 t_{fv2} 段电压下降过程变缓。只有在 t_{fv2} 段结束时，IGBT 才完全进入饱和状态。同样，开通时间 t_{on} 可以定义为开通延时时间与电流上升时间及电压下降时间之和。

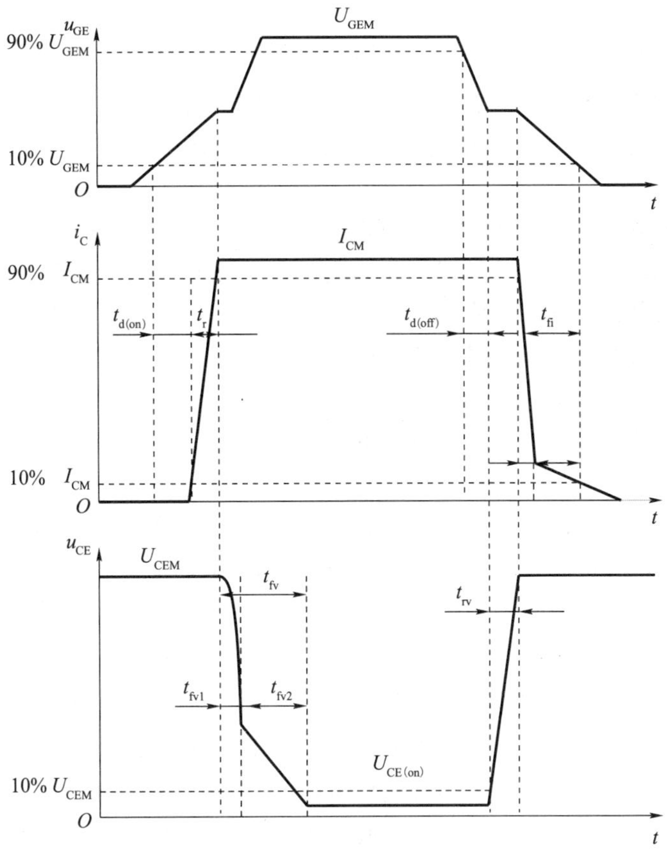

图 2 - 25　IGBT 的开关过程

IGBT 关断时与电力 MOSFET 的关断过程也相似。从驱动电压 U_{GE} 的脉冲后沿下降到其幅值的 90%的时刻起，到集射电压 U_{CE} 上升至幅值的 10%，这段时间为关断延迟时间 $t_{d(off)}$。随后是集射电压 U_{CE} 上升时间 t_{rv}，在这段时间内栅极电压 U_{GE} 维持不变。集电极电流从 90% I_{CM} 下降至 10% I_{CM} 的这段时间为电流下降时间 t_{fi}。电流下降时间可以分为 t_{fi1} 和 t_{fi2} 两段。其中，t_{fi1} 对应 IGBT 内部的 MOSFET 的关断过程，这段时间集电极电流 i_c 下降快；t_{fi2} 对应 IGBT 内部的 PNP 晶体管的关断过程，这段时间内 MOSFET 已经关断，IGBT 又无反向电压，所以 N 基区的少子复合缓慢，造成 i_c 下降较慢。t_{fi2} 对应的集电极电流下降时间会产生较大的关断损耗。为解决这一问题，可以与 GTR 一样通过减轻饱和程度来缩短电流下降时间，不过同样也需要与通态压降折中。关断延时时间、电压上升时间和电流下降时间之和可以定义为关断时间 t_{off}。

可以看出，由于 IGBT 中双极型 PNP 晶体管的存在，虽然带来了电导调制效应的好处，但也引入了少子储存现象，因而 IGBT 的开关速度要低于电力 MOSFET。此外，IGBT 的击穿电压、通态压降和关断时间也是需要折中的参数。高压器件的 N 基区必须有足够宽度和较高电阻率，这会引起通态压降增大和关断时间延长。

还需要指出的是，同电力 MOSFET 一样，IGBT 的开关速度受其栅极驱动电路内阻的影响，其开关过程波形和时序的许多重要细节（如 IGBT 所承受的最大电压和电流、器件能量损耗等）也受到主电路结构、控制方式、缓冲电路及主电路寄生参数等条件的影响，在设计采用这些器件的实际电路时应该加以注意。

3. IGBT 的主要参数

除了前面提到的各参数之外，IGBT 的主要参数还包括：

（1）最大集射极间电压 U_{CES}：这是由器件内部的 PNP 晶体管所能承受的击穿电压所确定的。

（2）最大集电极电流：包括额定直流电流 I_C 和 1 ms 脉宽最大电流 I_{CP}。

（3）最大集电极功耗 P_{CM}：在正常工作温度下允许的最大耗散功率。

IGBT 的特性和参数特点可以总结如下：

（1）IGBT 开关速度快，开关损耗小，有关资料表明，在电压为 100 V 以上时，IGBT 的开关损耗只有 GTR 的 1/10，与电力 MOSFET 相当。

（2）在相同电压和电流额定的情况下，IGBT 的安全工作区比 GTR 大，而且具有耐脉冲电流冲击的能力。

（3）IGBT 的通态压降比 VDMOSFET 低，特别是在电流较大的区域。

（4）IGBT 的输入阻抗高，其输入特性与电力 MOSFET 类似。

（5）与电力 MOSFET 和 GTR 相比，IGBT 的耐压和通流能力还可以进一步提高，同时可保持开关频率的特点。

4. IGBT 的擎住效应和安全工作区

回顾图 2-23 所示的 IGBT 结构可以发现，在 IGBT 内部寄生着一个 N^-PN^+ 晶体管和作为主开关器件的 P^+N^-P 晶体管组成的寄生晶闸管。其中，PNP 晶体管的基极与发射极之间存在体区短路电阻，P 形体区的横向的空穴电流会在该电阻上产生压降，相当于对 J_3 结施加一个正向偏压。在额定集电极电流范围内，这个偏压很小，不足以使 J_3 开通，然而一旦 J_3 开通，栅极就会失去对集电极电流的控制作用，导致集电极电流增大，造成器件功耗过高而损坏。这种电流失控的现象，就像普通晶闸管被触发以后，即使撤销触发信号，晶闸管仍然因进入正反馈过程而维持导通的机理一样，因此称为擎住效应或自锁效应。引发擎住效应的原因，可能是集电极电流过大（静态擎住效应），也可能是 du_{CE}/dt 过大（动态擎住效应），温度升高也会加重发生擎住效应的危险。

动态擎住效应比静态擎住效应所允许的集电极电流还要小，因此所允许的最大集电极电流实际是根据动态擎住效应而确定的。

根据最大集电极电流、最大集射极间电压和最大集电极功率可以确定 IGBT 在导通工作状态的参数极限范围，即正向偏置安全工作区（Forward Biased Safe Operating Area，FBSOA）；根据最大集电极电流、最大集射极间电压和最大允许电压上升率 du_{CE}/dt，可以确定 IGBT 在阻断工作状态下的参数极限范围，即反向偏置安全区（Reverse Biased Safe Operating Area，RBSOA）。

擎住效应曾经是限制 IGBT 电流容量进一步提高的主要因素之一，但经过多年的努力，自 20 世纪 90 年代中后期开始，这个问题已得到了很好的解决。

此外，为满足实际电路的要求，IGBT 往往与反并联的快速二极管封装在一起制成模块，称为逆导器件，选用时应加以注意。

2.5 其他新型电力电子器件

1. MOS门控晶闸管

MOS门控晶闸管（MOS Controlled Thyristor，MCT）是将MOSFET与晶闸管组合而成的复合型器件。MCT将MOSFET的高输入阻抗、低驱动功率、快速的开关过程和晶闸管的高电压大电流、低导通压降的特点结合起来，也是Bi-MOS器件的一种。一个MCT器件由数以万计的MCT元组成，每个元的组成为一个PNP晶闸管、一个控制该晶闸管开通的MOSFET和一个控制该晶闸管关断的MOSFET。

MCT具有高电压、大电流、高载流密度、低通态压降的特点。其通态压降只有GTR的1/3左右，硅片的单位面积连续电流密度在各种器件中是最高的。另外，MCT可承受极高的di/dt和du/dt，使得其保护电路可以简化。MCT的开关速度超过GTR，开关损耗也小。

总之，MCT曾被认为是一种最有发展前途的电力电子器件。因此，20世纪80年代以来一度成为研究的热点。但经过十多年的努力，其关键技术问题没有大的突破，电压和电流容量都远未达到预期的数值，未能投入实际应用。而其竞争对手——IGBT却进展飞速，所以，目前从事MCT研究的人不是很多。

2. 静电感应晶体管

静电感应晶体管（Static Induction Transistor，SIT）诞生于1970年，实际上是一种结型场效应晶体管。将用于信息处理的小功率SIT器件的横向导电结构改变为垂直导电结构，即可制成大功率的SIT器件。SIT是一种多子导电的器件，其工作频率与电力MOSFET相当，甚至超过电力MOSFET，而功率容量也比电力MOSFET大，因而适用于高频大功率场合，目前已在雷达通信设备、超声波功率放大、脉冲功率放大和高频感应加热等专业领域获得了较多的应用。

但是SIT在栅极不加任何信号时是导通的，而栅极加负偏压时关断，称为正常导通型器件，使用不太方便；此外，SIT通态电阻较大，使得通态损耗也大。SIT可以做成正常关断器件，但通态损耗将更大。因而SIT还未在大多数电力电子设备中获得广泛应用。

3. 静电感应晶闸管

静电感应晶闸管（Static Induction Thyristor，SITH）诞生于1972年，是在SIT的漏极层上附加一层与漏极层导电类型不同的发射极层而得到的，就像IGBT可以看作电力MOSFET与GTR复合而成的器件一样，SITH也可以看作SIT与GTO复合而成。因为其工作原理也与SIT类似，门极和阳极电压均能通过电场控制阳极电流，因此SITH又被为场控晶闸管（Field Controlled Thyristor，FCT）。由于比SIT多了一个具有少子注入功能的PN结，因而SITH本质上是两种载流子导电的双极型器件，具有电导调制效应，通态能力强。其很多特性与GTO类似，但开关速度比GTO高得多，是大容量的快速器件。

SITH一般也是正常导通型，但也有正常关断型。此外，其制造工艺比GTO复杂得多，电流关断增益较小，因而其应用范围还有待拓展。

4. 集成门极换流晶闸管

集成门极换流晶闸管（Integrated Gate-Commutated Thyristor，IGCT），有的厂家也称为GCT（Gate-Commutated Thyristor），是20世纪90年代后期出现的新型电力电子器件。IGCT

实际上是将一个平板型的GTO与由很多个并联的电力MOSFET器件和其他辅助元件组成的GTO门极驱动电路，采用精心设计的互联结构和封装工艺集成在一起。IGCT的容量与普通GTO相当，但开关速度比普通的GTO快10倍，而且可以省去普通GTO需要的复杂缓冲电路，不过目前IGCT所需的驱动功率仍然很大。

5. 基于宽禁带半导体材料的电力电子器件

到目前为止，硅材料一直是电力电子器件所采用的主要半导体材料。其主要原因是人们早已掌握了很低成本、大批量制造、大尺寸、低缺陷、高纯度的单晶硅材料的技术及随后对其进行半导体加工的各种工艺技术，人类对硅器件不断的研究和开发投入也是巨大的。但是，硅器件的各方面性能已随其结构设计和制造工艺的相当完善而接近其由材料特性决定的理论极限（虽然随着器件技术的不断创新这个极限一再被突破），很多人认为依靠硅器件继续完善和提高电力电子装置与系统性能的潜力已十分有限。因此，将越来越多的注意力投向基于宽禁带半导体材料的电力电子器件。

固体中电子的能量具有不连接的量值，电子都分布在一些相互之间不连续的能带（Energy Band）上。价电子所在能带与自由电子所在能带之间的间隙称为禁带或带隙（Energy Gap 或 Band Gap）。所以禁带的宽度实际上反映了被束缚的价电子要成为自由电子所必须额外获得的能量。硅的禁带宽度为1.12 eV，而宽禁带半导体材料是指禁带宽度在3.0 eV及以上的半导体材料，典型的是碳化硅（SiC）、氮化镓（GaN）、金刚石等材料。

通过对半导体物理知识的学习我们可以知道，由于具有比硅宽得多的禁带宽带，宽禁带半导体材料一般都具有比硅高得多的临界雪崩击穿电场强度和载流子饱和漂移速度、较高的热导率和相差不大的载流子迁移率，因此，基于宽禁带半导体材料（如碳化硅）的电力电子器件将具有比硅器件高得多的耐受高电压的能力、低得多的通态电阻、更好的导热性能和热稳定性，以及更强的耐受高温和射线辐射的能力，许多方面的性能都是成数量级的提高。但是，宽禁带半导体器件的发展一直受制于材料的提炼和制造，以及随后半导体制造工艺的困难。

直到20世纪90年代，碳化硅材料的提炼和制造技术及随后半导体制造工艺才有所突破，到21世纪初推出了基于碳化硅的肖特基二极管，性能全面优于硅肖特基二极管，因而迅速在有关的电力电子装置中应用，其总体效益远远超过这些器件与硅器件之间的价格差异造成的成本增加。氮化镓的半导体制造工艺20世纪90年代以来也有所突破，因而也已可以在其他材料衬底（Substrate）的基础上实施加工工艺，制造相应的器件。碳化镓器件具有比碳化硅器件更好的高频特性而较受关注。金刚石在这些宽禁带半导体材料中性能是最好的，很多人称之为最理想的或最具前景的电力半导体材料。但是金刚石材料提炼和制造，以及随后的半导体制造工艺也是最困难的，目前还没有有效的办法。距离基于金刚石材料的电力电子器件产品的出现还有很长的路要走。

2.6 功率集成电路与集成电力电子模块

自20世纪80年代中后期开始，在电力电子器件研制和开发中的一个共同趋势是模块化。正如前面有些地方提到的，按照典型电力电子电路所需要的拓扑结构，将多个相同的电力电子器件或多个相互配合使用的不同电力电子器件封装在一个模块中，可以缩小装置体积，降低成本，提高可靠性。更重要的是，对于工作频率较高的电路，还可以大大减小线路电感，从而简化对保护和缓冲电路的要求。这种模块称为功率模块（Power Module），或者按照主要器件的名称命名，如IGBT模块（IGBT Module）。

更进一步，如果将电力电子器件与逻辑、控制、传感、检测、自诊断等信息电子电路制作在同一芯片上，则称为功率集成电路（Power Integrated Circuit，PIC）。与功率集成电路类似的还有许多名称，但实际上各自有所侧重。为了强调功率集成电路使所有器件和电路都集成在一个芯片上又称为电力电子电路的单片集成（Monolithic Integration）。高压集成电路（High Voltage IC，HVIC）一般指横向高压器件与逻辑或模拟控制电路的单片集成。智能功率集成电路（Smart Power IC，SPIC）一般指纵向功率器件与逻辑或模拟控制电路的单片集成。

同一芯片高低压电路之间的绝缘问题，以及温升和散热的有效处理，是功率集成电路的主要技术难点，短期内难以有大的突破。因此，目前功率集成电路的研究、开发和实际产品应用主要集中在小功率的场合，如便携式电子设备、家用电器、办公设备电源等。在这种情况下，前面所述的功率模块中所采用的将不同器件和电路通过专门设计的引线或导体连接起来并封装在一起的思路，则在很大程度上回避了这两个难点，有人称之为电力电子电路的封装集成。

采用封装集成思想的电力电子电路也有许多名称，也是各自有所侧重。智能功率模块（Intelligent Power Module，IPM）往往专指IGBT及其辅助器件与其保护和驱动电路的封装集成，也称智能IGBT（Intelligent IGBT）。电力MOSFET也有类似的模块。若是将电力电子器件与其控制、驱动、保护等所有信息电子电路都封装在一起，则往往称为集成电力电子模块（Integrated Power Electronics Module，IPEM）。对中、大功率电力电子装置来讲，往往不是一个模块就能胜任的，通常需要像搭积木一样由多个模块组成，这就是所谓的电力电子积块（Power Electronics Building Block，PEBB）。封装集成为处理高低压电路之间的绝缘问题，以及温升和散热问题提供了有效思路，许多电力电子器件生产厂家和科研机构都投入到有关的研究和开发之中，因而最近几年获得了迅速发展。目前最新的智能功率模块产品已大量用于电机驱动、汽车电子等大功率场合。

功率集成电路和集成电力电子模块都是具体的电力电子集成技术。电力电子集成技术可以带来很多好处，如装置体积减小、可靠性能提高、用户使用更为方便，以及制造、安装和维护的成本大幅度降低等，而且实现了电能和信息的集成，具有广阔的应用前景。

本章小结

电力电子技术是电子技术的一个分支，是利用电力电子器件对电能进行控制和变换的技术。电力电子技术主要研究各种电力电子器件以及由这些电力电子器件所构成的各式各样的电路或装置，以完成对电能的控制和变换。电力电子器件是电力电子技术的基础和核心。电力电子器件一般工作在较理想的开关状态，其发展经历了不可控器件（电力二极管）、半控型器件（SCR）、全控型器件（GTO、GTR、MOSFET、IGBT、IGCT、IEGT等）、功率集成模块（PIM）、智能功率模块（IPM），从电流控制型到电压控制型再到二者的结合，都是向着理想开关逼近。使用时不能仅仅把每一个器件理解为一个开关，而应把几个器件的组合理解为一个开关。

电力电子器件有多种分类方法，按照参与导电的载流子（空穴和电子）的情况分为双极型器件（两种载流子导电）和单极型器件（只有一种载流子导电）。双极型器件是目前最常用的电力电子器件之一，主要包括大功率二极管、GTR、SCR及其派生器件、GTO、IGCT。这些器件的发展方向是高电压、大电流。场控器件（MOSFET、IGBT等）的出现提高了开关器件的工作频率，简化了驱动电路。特别是IGBT兼有了MOSFET和GTR的优点，综合性能得到快速发展，不仅在性能上可以取代GTR的应用，而且正在向功率MOSFET及GTR的应用领域发展。

硅材料器件发展的同时，由氮化镓、碳化硅、金刚石等材料制作的宽禁带半导体器件也在研究之中，并且表现出优异的性能。未来电力电子器件的主宰或许就是这些材料制成的器件。

习题与思考题

2.1　与信息电子电路中的二极管相比，电力二极管具有怎样的结构特点才使得它具有耐受高电压和大电流的能力？

2.2　使晶闸管导通的条件是什么？

2.3　维持晶闸管导通的条件是什么？怎样才能使晶闸管由导通变为关断？

2.4　GTO和普通晶闸管同为PNPN结构，为什么GTO能够自关断，而普通晶闸管不能？

2.5　与信息电子电路中的MOSFET相比，电力MOSFET具有怎么样的结构特点才具有耐受高电压和大电流的能力？

第 3 章

晶闸管整流电路

整流电路是出现最早的一种电力电子电路，也是目前在电力电子技术中应用最多的电路，广泛应用于生产、生活。它的主要作用是将交流电能变换成直流电能供给直流用电设备。

整流电路的种类有多种，可以从不同角度进行分类，主要有以下几类方法：

(1) 按组成的器件可分为不可控、半控、全控三种。

(2) 按电路结构可分为桥式电路和零式电路。

(3) 按交流输入相数分为单相电路和多相电路。

(4) 按变压器二次电流的方向是单向还是双向，可分为单拍电路和双拍电路。

本章讨论几种基本的、常用的可控整流电路，分析研究其工作原理、基本数量关系，以及负载性质对整流电路的影响。然后分析变压器漏抗对整流电路的影响，并对目前应用极其广泛的电容滤波的二极管整流电路进行分析讨论。

学习整流电路的工作原理时，要根据电路中电力电子器件的通断状态及交流电源电压波形和负载性质，分析其输出直流电压、电路中各元器件电压和电流的波形。在掌握各种整流电路中波形分析方法的基础上，得到整流输出电压与移相控制角之间的关系。

整流电路可分相位控制（简称相控）整流电路和斩波控制（简称斩控）整流电路。本章主要讲述相控整流电路。

3.1　单相可控整流电路

典型的单相可控整流电路包括单相半波可控整流电路、单相桥式全控整流电路、单相桥式半控整流电路、单相全波可控整流电路等。这些电路的输入电源都是单相电源。在生活中这类电路随处可见，如手机充电器、电动自行车电池充电器等。本节主要讲述几种典型的单相可控整流电路的工作原理、基本数量关系等，并重点讲述不同负载对电路工作的影响。为了分析问题的方便，我们先从最简单的单相半波整流电路开始介绍。

3.1.1　单相半波可控整流电路

1. 带电阻负载的工作情况

1）电路组成

该电路组成如图 3-1 所示，由变压器 T、晶闸管 VT、电阻负载 R 组成。变压器 T 主要起变换电压和隔离的作用，其一次电压和二次电压瞬时值分别为 u_1 和 u_2，有效值分别用 U_1 和

U_2表示，其中，U_2的大小根据需要的直流输出电压u_d的平均值U_d确定。整流电路带电阻负载的特点是电压与电流成正比，两者波形相同。

2）工作过程

在分析整流电路的工作过程时，认为晶闸管（开关器件）为理想器件，即晶闸管导通时其管压降等于零，晶闸管阻断时其漏电流等于零。一般认为晶闸管的开通与关断过程瞬时完成。

电源u_2处于正半周期时，晶闸管 VT 承受正向阳极电压。

（1）在$0<\omega t<\omega t_1$，VT 门极没有加触发脉冲，因此晶闸管没有开通，仍处于阻断状态，电路中无电流，即$i_d=0$；负载电阻两端电压u_d为零；电源电压u_2全部施加于晶闸管 VT 两端，即$u_{VT}=u_2$。

（2）$\omega t_1<\omega t<\pi$，晶闸管 VT 在$\omega t=\omega t_1$时加触发脉冲，晶闸管在此时导通，电源电压全部加在负载上，即$u_d=u_2$；晶闸管 VT 两端为零。直至$\omega t=\pi$，即u_2降为零时，电路中的电流亦降至零，晶闸管 VT 关断，之后u_d、i_d均为零。

电源u_2处于负半周期时，晶闸管 VT 承受反向电压，故一直处于阻断状态。

（3）无论什么时间施加触发脉冲，电源电压全部加在晶闸管 VT 上，即$u_{VT}=u_2$；负载电压为零，即$u_d=0$；电流也为零，即$i_d=0$。直至一个周期结束，以后重复循环。波形如图 3-1 所示。其中图 3-1（d）、（e）分别给出了负载电压u_d和晶闸管两端电压波形u_{VT}。i_d波

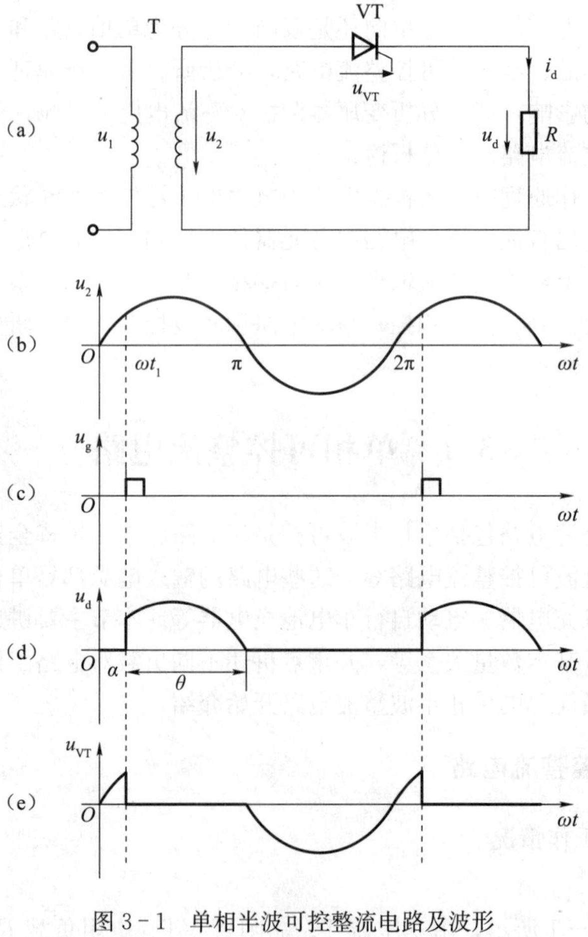

图 3-1 单相半波可控整流电路及波形

（a）电路；（b）u_2 波形；（c）u_g 波形；（d）u_d 波形；（e）u_{VT}波形

形与 u_d 波形相同。

若改变触发时刻，u_d 与 i_d 的波形也会随之改变，直流输出电压 u_d 为极性不变但瞬时值变化的脉动直流，其波形只在 u_2 正半周期内出现，故称“半波”整流。加之电路采用了可控器件——晶闸管，且交流输入为单相，故电路称为单相半波可控整流电路。整流电压 u_d 波形在一个电源周期中只脉动 1 次，故该电路也称为单脉波整流电路。

3）基本数量关系

从晶闸管开始承受正向阳极电压起，到施加触发脉冲止的电角度称为触发延迟角，用 α 表示，也称触发角或控制角。晶闸管在一个电源周期中处于通态的电角度称为导通角，用 θ 表示，$\theta=\pi-\alpha$。

（1）直流输出电压平均值为

$$U_d = \frac{1}{2\pi}\int_{\alpha}^{\pi}\sqrt{2}U_2\sin\omega t\,d(\omega t) = \frac{\sqrt{2}U_2}{2\pi}(1+\cos\alpha) = 0.45U_2\frac{1+\cos\alpha}{2} \tag{3-1}$$

式中，随着控制角 α 增大，U_d 减小，当 $\alpha=0°$ 时，其直流平均电压值最大，为 $U_d=U_{d0}=0.45U_2$，对应晶闸管全导通；当 $\alpha=\pi$ 时，晶闸管全关断，$U_d=0$。所以该电路中 VT 的 α 移相范围为 180°。

（2）直流输出电流平均值为

$$I_d=\frac{U_d}{R}=0.45\frac{U_2}{R}\left(\frac{1+\cos\alpha}{2}\right) \tag{3-2}$$

（3）负载两端的电压有效值为

$$U=\sqrt{\frac{1}{2\pi}\int_{\alpha}^{\pi}(\sqrt{2}U_2\sin\omega t)^2 d\omega t} = U_2\sqrt{\frac{\pi-\alpha}{2\pi}+\frac{\sin2\alpha}{4\pi}} \tag{3-3}$$

（4）变压器二次绕组电流有效值为

$$I_2=\frac{U}{R}=\frac{U_2}{R}\sqrt{\frac{\pi-\alpha}{2\pi}+\frac{\sin2\alpha}{4\pi}} \tag{3-4}$$

2. 带阻感负载的工作情况

1）电路组成

该电路组成如图 3-2 所示，由变压器 T、晶闸管 VT、负载电阻 R 和电感 L 串联组成。变压器 T 主要起变换电压和隔离的作用，其一次电压和二次电压瞬时值分别为 u_1 和 u_2，有效值分别用 U_1 和 U_2 表示，其中，U_2 的大小根据需要的直流输出电压 u_d 的平均值 U_d 确定。

2）工作过程

阻感负载的特点是电感对电流变化有抗拒作用，使得流过电感的电流不能发生突变。当负载的感抗与电阻相比不能忽略时即为阻感负载。根据图 3-2 分析可得图 3-3 所示的阻感负载的单相半波可控整流电路波形。

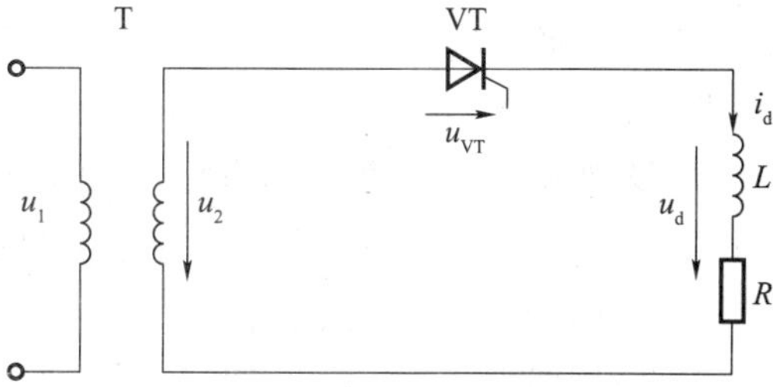

图 3-2 带阻感负载的单相半波可控整流电路

（1）晶闸管 VT 处于断态时，$i_d=0$，$u_d=0$，$u_{VT}=u_2$。在 ωt_1 时，即触发角 α 处，$u_d=u_2$，L 的存在使 i_d 不能突变，i_d 从 0 开始增加。

（2）变压器二次电压 u_2 由正变负的过零点处，i_d 已经处于减小的过程中，但尚未降到零，因此 VT 仍处于通态。在 ωt_2 时，电感能量释放完毕，i_d 降至零，VT 关断并立即承受反压。

由于电感的存在延迟了 VT 的关断时刻，使 u_d波形出现负的部分，与带电阻负载时相比，其平均值 U_d下降。若电感较大，晶闸管 VT 延时关断的时刻越晚，u_d中负的部分接近正的部分，所得电压平均值 U_d会越接近于零，输出的直流电流平均值也越小。

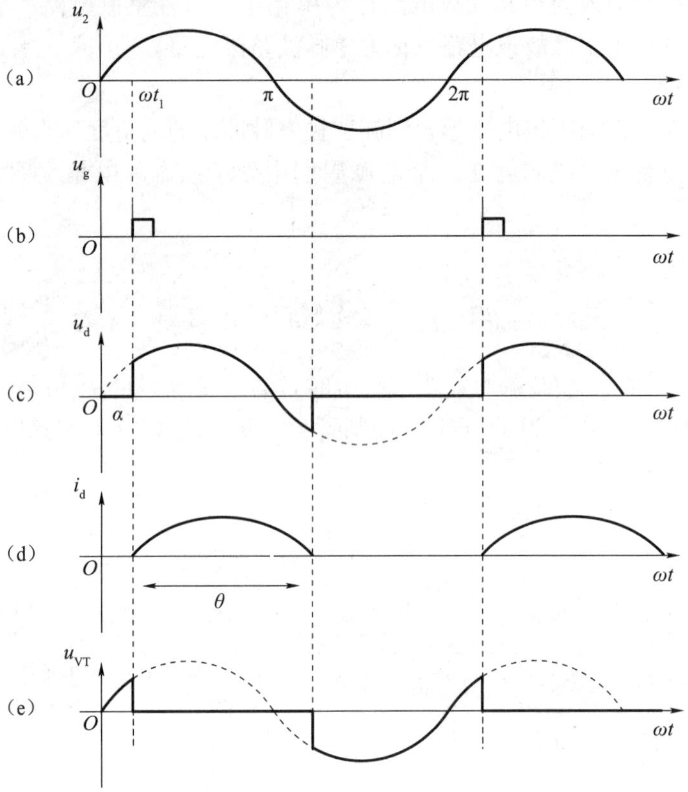

图 3-3 带阻感负载的单相半波可控整流电路波形

(a) u_2 波形；(b) u_g 波形；(c) u_d 波形；(d) i_d 波形；(e) u_{VT}波形

3. 带续流二极管的电路

为解决上述矛盾，在整流电路的负载两端并联一个二极管，称为续流二极管，用 VD_R表示，如图 3-4 所示。

与没有续流二极管时的情况相比，在 u_2正半周时两者工作情况是一样的。当 u_2过零变负时，VD_R导通，u_d为零。此时为负的 u_2，通过 VD_R向 VT 施加反压使其关断，电感 L 储存的能量保证了电流 i_d在 L—R—VD_R回路中流通，此过程通常称为续流。u_d的波形如图 3-4（c）所示，若忽略二极管的通态压降，在续流期间 u_d为 0，u_d不再出现负的部分，这与电阻负载时的电压 u_d波形基本相同。但与电阻负载时相比，i_d的波形是不一样的。若 L 足够大，则电流连续，并且电流 i_d接近一条水平线。

在一周期内，$\alpha<\omega t<\pi$ 期间，VT 导通，其导通角为 $\pi-\alpha$，i_d流过 VT，晶闸管电流 i_{VT}波形如图 3-4（e）所示。

其余时间，电流 i_d流过 VD_R，续流二极管的电流 i_{VDR}波形如图 3-4（f）所示，VD_R的导通角为 $\pi+\alpha$。若近似认为为一条水平线，大小恒为 I_d，则流过晶闸管的电流平均值 I_{dT}和有效值 I_T分别为

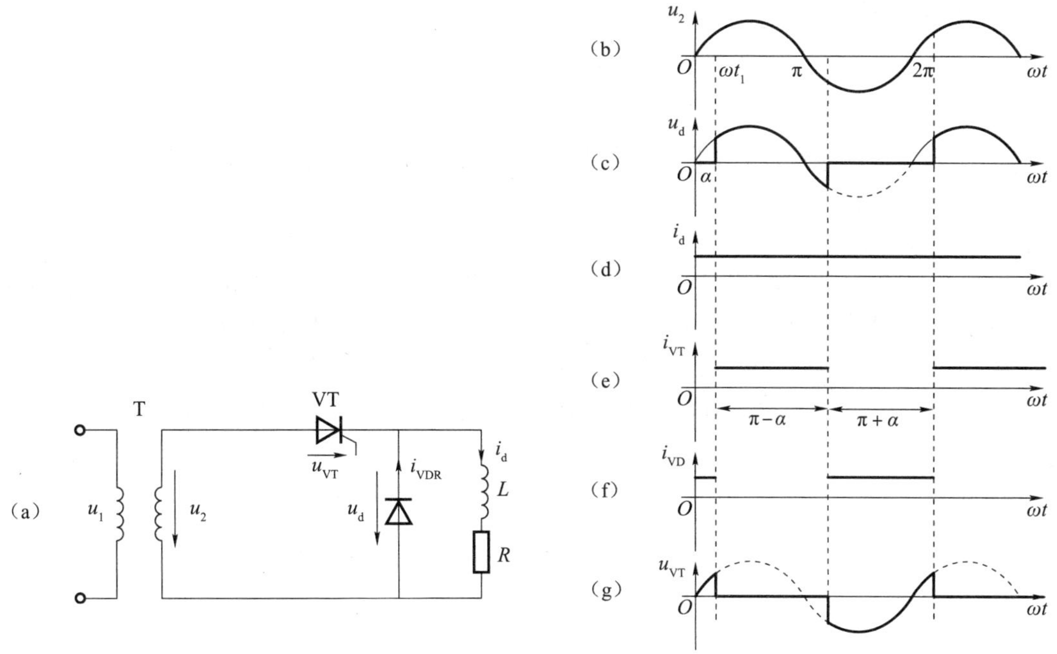

图 3-4 单相半波带阻感负载有续流二极管的电路及波形

（a）电路；（b）u_2 波形；（c）u_d 波形；（d）i_d 波形；（e）i_{VT}波形；（f）i_{VD}波形；（g）u_{VT}波形

$$I_{dT}=\frac{\pi-\alpha}{2\pi}I_d \tag{3-5}$$

$$I_T=\sqrt{\frac{1}{2\pi}\int_{\alpha}^{\pi}I_d^2\mathrm{d}(\omega t)}=\sqrt{\frac{\pi-\alpha}{2\pi}}I_d \tag{3-6}$$

续流二极管的电流平均值 I_{dDR}和有效值 I_{DR}分别为

$$I_{dDR}=\frac{\pi+\alpha}{2\pi}I_d \tag{3-7}$$

$$I_{DR}=\sqrt{\frac{1}{2\pi}\int_{\pi}^{2\pi+\alpha}I_d^2\mathrm{d}(\omega t)}=\sqrt{\frac{\pi+\alpha}{2\pi}}I_d \tag{3-8}$$

电压平均值 U_d与点电阻负载电压平均值具有相同的表达式。其移相范围为 180°，其承受的最大正反向电压均为 u_2的峰值，即$\sqrt{2}U_2$。

单相半波可控整流电路的特点是简单，但输出脉动大，变压器二次电流中含直流分量，造成变压器铁芯直流磁化。为使变压器铁芯不饱和，需增大铁芯截面积，增大了设备的体积。实际上很少用这种电路。

3.1.2 单相桥式全控整流电路

单相桥式全控整流电路是在交流电源的正、负半周都有整流输出电流经过负载，一个周期内，整流电路电压波形脉动两次，属于双脉波整流电路。变压器二次绕组中，正、负两个半周电流方向相反且波形对称，因此平均值为零，即直流分量为零。与单相半波可控整流电路相比，不存在直流磁化的问题，也提高了整流变压器的利用率。在单相可控整流电路中应用较多的是单相桥式全控整流电路。

1. 带电阻负载

1）电路组成

电路组成如图 3-5（a）所示，由变压器 T、四个晶闸管 VT_1～VT_4、负载 R 组成，晶闸管 VT_1和 VT_4组成一对桥臂，VT_1和 VT_3组成另一对桥臂。下面首先分析带电阻负载的情况。

2）工作过程

在 u_2正半周（即 a 点电位高于 b 点电位），若四个晶闸管均不导通，$i_d=0$，$u_d=0$，VT_1、VT_4串联承受正向电压，设 VT_1、VT_4的漏电阻相等，则这两个器件各承受 u_2的一半。若在触发角 α 处给 VT_1和 VT_4加触发脉冲，VT_1和 VT_4即导通，电流从电源 a 端经 VT_1、R、VT_4流回电源 b 端。当 u_2过零时，流经晶闸管的电流也降到零，VT_1和 VT_4关断。

在 u_2负半周，VT_2、VT_3串联承受正向电压，仍在触发角 α 处触发 VT_2和 VT_3，VT_2和 VT_3导通，电流从电源 b 端流出，经 VT_3、R、VT_2流回电源 a 端。到 u_2过零时，电流又降为零，VT_2和 VT_3关断。此后，VT_1和 VT_4导通，如此循环地工作下去。

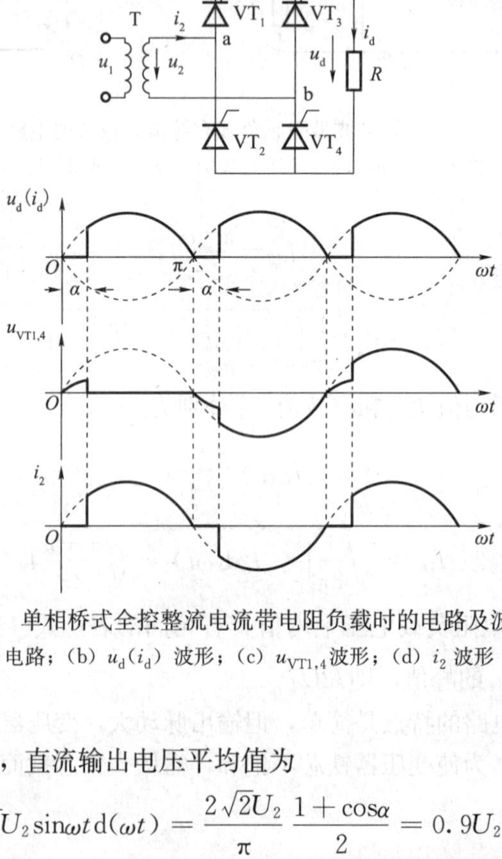

图 3-5 单相桥式全控整流电流带电阻负载时的电路及波形

（a）电路；（b）$u_d(i_d)$ 波形；（c）$u_{VT1,4}$ 波形；（d）i_2 波形

3）基本数量关系

（1）根据平均值的定义，直流输出电压平均值为

$$U_d=\frac{1}{\pi}\int_{\alpha}^{\pi}\sqrt{2}U_2\sin\omega t\,\mathrm{d}(\omega t)=\frac{2\sqrt{2}U_2}{\pi}\frac{1+\cos\alpha}{2}=0.9U_2\frac{1+\cos\alpha}{2} \tag{3-9}$$

式中，随着控制角 α 增大，U_d减小，当 $\alpha=0°$时，其直流平均电压值最大，为 $U_d=U_{d0}=0.9U_2$，对应晶闸管全导通；当 $\alpha=\pi$ 时，晶闸管全关断，$U_d=0$。所以该电路中 VT 的 α 移相范围为 180°。

（2）根据欧姆定律，负载输出的直流电流平均值为

$$I_d=\frac{U_d}{R}=\frac{2\sqrt{2}U_2}{\pi R}\frac{1+\cos\alpha}{2}\approx 0.9\frac{U_2}{R}\frac{1+\cos\alpha}{2} \tag{3-10}$$

（3）VT_1和 VT_4、VT_2和 VT_3两组晶闸管在一个周期中各导通一次，每次流过一组晶闸管

的电流为负载电流，因此流过晶闸管的电流平均值只有负载输出直流电流平均值的一半，即

$$I_{dT}=\frac{1}{2}I_d=0.45\frac{U_2}{R}\frac{1+\cos\alpha}{2} \tag{3-11}$$

（4）为选择晶闸管、变压器容量、导线的截面面积等定额，需要考虑发热问题，为此需要计算电流有效值。流过晶闸管的电流有效值为

$$I_T=\sqrt{\frac{1}{2\pi}\int_\alpha^\pi\left(\frac{\sqrt{2}U_2}{R}\sin\omega t\right)^2\mathrm{d}(\omega t)}=\frac{U_2}{\sqrt{2}R}\sqrt{\frac{1}{2\pi}\sin2\alpha+\frac{\pi-\alpha}{\pi}} \tag{3-12}$$

（5）变压器二次电流有效值 I_2 与输出直流电流有效值 I 相等，为

$$I_2=I=\sqrt{\frac{1}{\pi}\int_\alpha^\pi\left(\frac{\sqrt{2}U_2}{R}\sin\omega t\right)^2\mathrm{d}(\omega t)}=\frac{U_2}{R}\sqrt{\frac{1}{2\pi}\sin2\alpha+\frac{\pi-\alpha}{\pi}} \tag{3-13}$$

由式（3-12）和式（3-13）可见

$$I_T=\frac{1}{\sqrt{2}}I \tag{3-14}$$

不考虑变压器的损耗时，要求变压器的容量为 $S=U_2I_2$。晶闸管承受的最大正向电压和反向电压分别为 $\frac{\sqrt{2}}{2}U_2$ 和 $\sqrt{2}U_2$。

2. 带阻感负载

1）电路组成

电路组成如图 3-6（a）所示，由变压器 T、四个晶闸管 VT_1～VT_4、负载 R 和电感 L 组成，晶闸管 VT_1 和 VT_4 组成一对桥臂，VT_1 和 VT_3 组成另一对桥臂。

2）工作过程

（1）在 u_2 正半周期，触发角 α 处给晶闸管 VT_1 和 VT_4 加触发脉冲使其导通，$u_d=u_2$。负载电感很大，i_d 不能突变且波形近似为一条水平线。

（2）u_2 过零变负时，由于电感的作用晶闸管 VT_1 和 VT_4 中仍流过电流 i_d，并不关断。$\omega t=\pi+\alpha$ 时刻，触发 VT_2 和 VT_3，VT_2 和 VT_3 导通，u_2 通过 VT_2 和 VT_3 分别向 VT_1 和 VT_4 施加反压使 VT_1 和 VT_4 关断，流过 VT_1 和 VT_4 的电流迅速转移到 VT_2 和 VT_3 上，此过程称为换相，亦称换流。直至一个周期结束，以后重复循环。

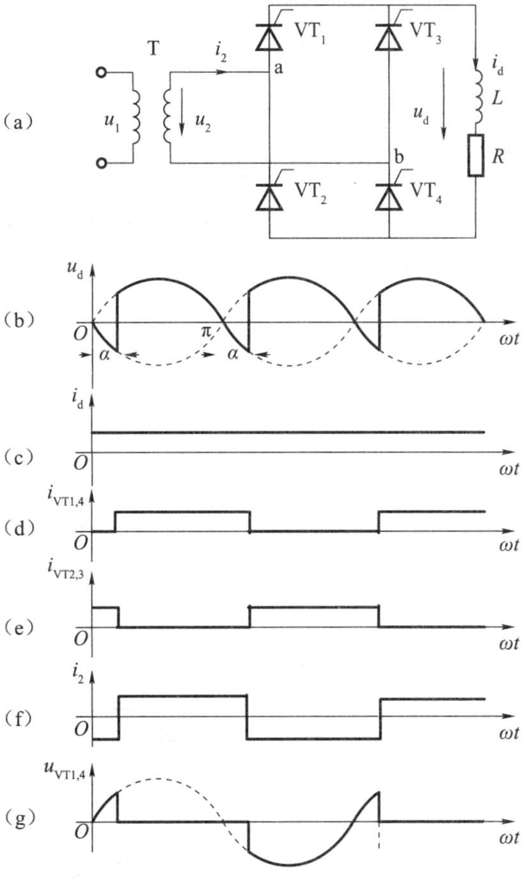

图 3-6　单相桥式全控整流电流带阻感负载时的电路及波形

（a）电路；（b）$u_{波}$ 形；（c）i_d 波形；（d）$i_{VT1,4}$ 波形；（e）$i_{VT2,3}$ 波形；（f）i_2 波形；（g）$u_{VT,4}$ 波形

3）基本数量关系

（1）整流电压平均值为

$$U_d=\frac{1}{\pi}\int_\alpha^{\pi+\alpha}\sqrt{2}U_2\sin\omega t\,\mathrm{d}(\omega t)=\frac{2\sqrt{2}}{\pi}U_2\cos\alpha=0.9U_2\cos\alpha \tag{3-15}$$

当 $\alpha=0°$ 时，$U_{d0}=0.9U_2$。$\alpha=90°$ 时，$U_d=0$。晶闸管移相范围为 90°。

(2) 单相桥式全控整流电路带阻感负载时，晶闸管 VT_1 和 VT_4 中两端电压波形如图 3-6 (b) 所示，晶闸管承受的最大正反向电压均为$\sqrt{2}U_2$。

(3) 晶闸管导通角 θ 与 α 无关，均为 180°，其电流平均值和有效值分别为 $I_{dT}=\frac{1}{2}I_d$ 和 $I_T=\frac{1}{\sqrt{2}}I_d=0.707I_d$。

(4) 变压器二次电流 i_2 的波形为正负各 180°的矩形波，其相位由 α 角决定，有效值 $I_2=I_d$。

3. 带反电动势负载

1) 电路组成

当负载为蓄电池、直流电动机的电枢（忽略其中的电感）等时，负载可看成一个直流电压源，对于整流电路，它们就是反电动势负载。下面着重分析反电动势—电阻负载时的情况，如图 3-7 (a) 所示。

2) 带反电动势—电阻负载的工作过程

当忽略主电路各部分的电感，只有在 $|u_2|>E$ 时，才有晶闸管承受正电压，有导通的可能。晶闸管导通之后，$u_d=u_2$，$i_d=\frac{u_d-E}{R}$，直至 $|u_2|=E$，i_d 降至 0 使得晶闸管关断，此后 $u_d=E$。与电阻负载时相比，晶闸管提前了电角度 δ 停止导电，u_d 的波形如图 3-7 (b) 所示，δ 称为停止导电角。

$$\delta=\arcsin\frac{E}{\sqrt{2}U_2} \tag{3-16}$$

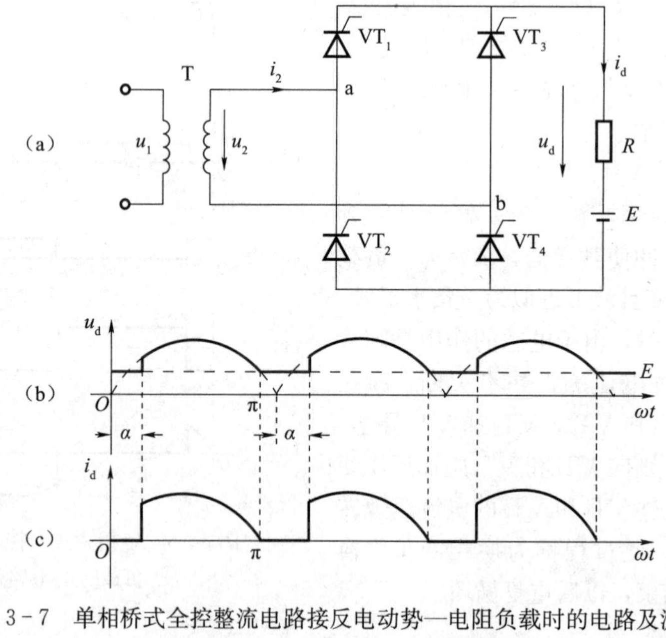

图 3-7 单相桥式全控整流电路接反电动势—电阻负载时的电路及波形

(a) 电路；(b) u_d 波形；(c) i_d 波形

当 $\alpha<\delta$ 时，触发脉冲到来时，晶闸管承受负电压，不可能导通。触发脉冲有足够的宽度，保证当 $\omega t=\delta$ 时刻有晶闸管开始承受正电压时，触发脉冲仍然存在。这样，相当于触发角被推迟 δ。在 α 角相同时，整流输出电压比电阻负载时大。

如图3-7所示，电流 i_d 在一周期内有部分时间为0的情况，这称为电流断续。当负载为直流电动机时，如果出现电流断续，则电动机的机械特性将很软。

为了克服此缺点，一般在主电路中直流输出侧串联一个平波电抗器，用来减少电流脉动和延长晶闸管导通的时间。有了电感，当 u_2 小于 E 甚至 u_2 值变负时，晶闸管仍可导通。只要电感量足够大就能使电流连续，晶闸管每次导通180°，这时整流电压 u_d 的波形和负载电流 i_d 的波形与电感负载电流连续时的波形相同，u_d 的计算公式亦一样。为保证电流连续所需的电感量 L 可由下式求出：

$$L=\frac{2\sqrt{2}U_2}{\pi\omega I_{\mathrm{dmin}}}=2.87\times10^{-3}\frac{U_2}{I_{\mathrm{dmin}}} \tag{3-17}$$

3.1.3　单相桥式半控整流电路

由于单相桥式半控整流电路电阻负载时与全控电路在电阻负载时的工作情况相同，在此不再进行介绍，而主要分析单相桥式半控整流电路阻感负载时的工作情况。

1）电路组成

如图3-8（a）所示，将单相全控桥中的晶闸管 VT_2、VT_4 分别用二极管 VD_2 和 VD_4 来代

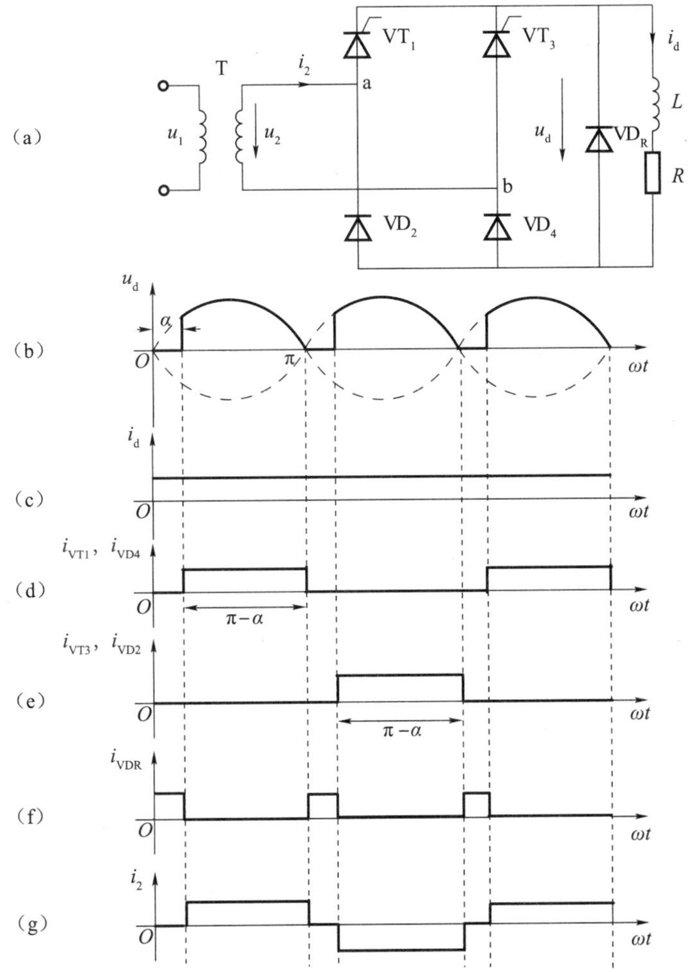

图3-8　单相桥式半控整流电路带有续流二极管阻感负载时的电路及波形

（a）电路；（b）u_d 波形；（c）$i_{波}$ 形；（d）i_{VT1} 和 i_{VD4} 波形；（e）i_{VT3} 和 i_{VD2} 波形；（f）i_{VDR} 波形；（g）i_2 波形

替，即组成了单相桥式半控整流电路。

2）带阻感负载的工作过程

先不考虑续流二极管 VD_R。每一个导电回路由一个晶闸管和一个二极管构成。在 u_2 正半周，α 处触发 VT_1，u_2 经 VT_1 和 VD_4 向负载供电。

u_2 过零变负时，因电感作用使电流连续，VT_1 继续导通，但因 a 点电位低于 b 点电位，电流由 VT_1 和 VD_2 续流，$u_d=0$。

在 u_2 负半周，α 处触发，VT_3 导通，向 VT_1 加反压使之关断，u_2 经 VT_3 和 VD_2 向负载供电。

u_2 过零变正时，VD_4 导通，VD_2 关断。VT_3 和 VD_4 续流，u_d 又为零。

若无续流二极管，则当 α 突然增大至 180°或触发脉冲丢失时，会发生一个晶闸管持续导通而两个二极管轮流导通的情况，这使 u_d 成为正弦半波，即半周期 u_d 为正弦，另外半周期 u_d 为零，其平均值保持恒定，相当于单相半波不可控整流电路时的波形，称为失控。

有续流二极管 VD_R 时，续流过程由 VD_R 完成，避免了失控的现象。续流期间导电回路中只有一个管压降，少了一个管压降，有利于降低损耗。

3.1.4 单相全波可控整流电路

1）电路组成

单相全波可控整流电路也是一种实用的单相可控整流电路，又称单相双半波可控整流电路。其带电阻负载时的电路如图 3-9（a）所示。

2）带电阻负载时的工作过程

（1）变压器 T 带中心抽头。在 u_2 正半周，VT_1 工作，变压器二次绕组上半部分流过电流。

（2）在 u_2 负半周，VT_2 工作，变压器二次绕组下半部分流过反方向的电流。变压器也不存在直流磁化的问题。波形如图 3-9（c）所示。

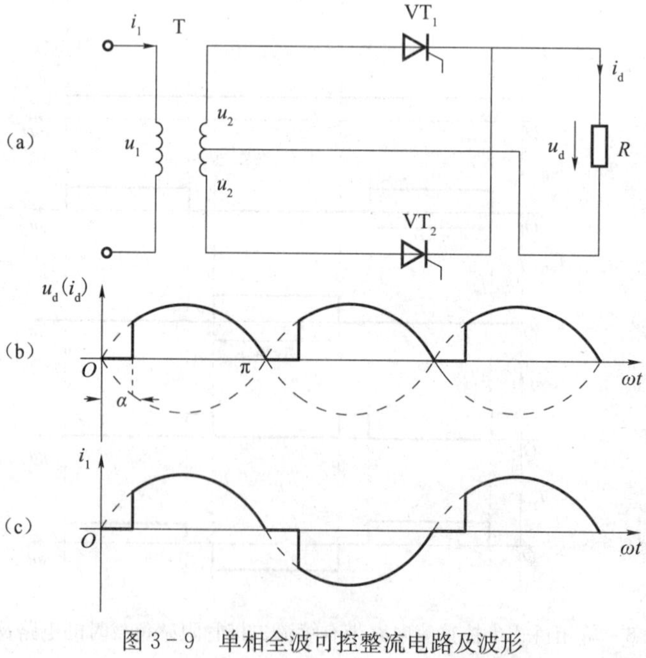

图 3-9 单相全波可控整流电路及波形

（a）电路；（b）$u_d(i_d)$ 波形；（c）i_1 波形

3）数量关系

单相全波可控整流电路与单相桥式全控整流电路的不同负载情况下，负载的平均电压值、直流电流平均值的计算公式完全相同。

单相全波中变压器结构复杂，材料消耗多。单相全波只用了两个晶闸管，导电回路只含有一个晶闸管，比单相桥少一个，因而管压降也少一次，但是晶闸管承受的最大电压是单相全控桥的 2 倍，即 $2\sqrt{2}U_2$。因此，单相全波电路有利于在低输出电压的场合应用。

3.2　三相可控整流电路

当整流负载容量较大，或要求直流电压脉动较小、易滤波时，应采用三相整流电路。三相电路交流侧由三相电源供电，其最基本的是三相半波可控整流电路，应用最为广泛的是双反星形可控整流电路、十二脉波可控整流电路等。本节主要介绍三相半波可控整流电路和三相桥式全控整流电路。

3.2.1　三相半波可控整流电路

1. 三相半波可控整流电路带电阻负载

1）电路组成

电路由变压器 T、三个晶闸管 $VT_1 \sim VT_3$ 及负载 R 组成，其中三个晶闸管采用了共阴极接法，这种接法触发电路有公共端，连线方便，如图 3-10 所示。为得到零线，变压器二次侧必须接成星形，而一次侧接成三角形，避免 3 次谐波流入电网。

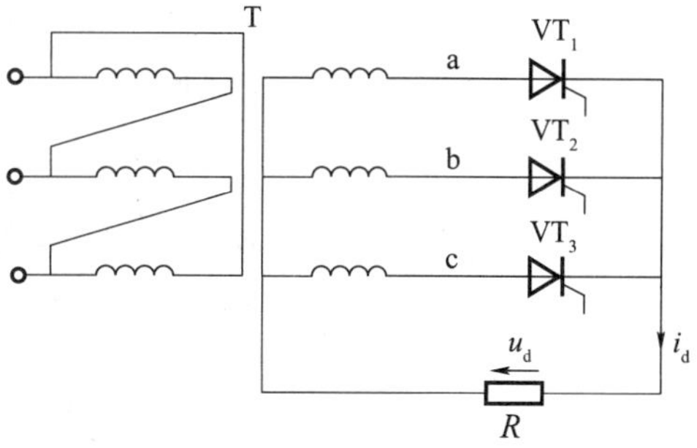

图 3-10　三相半波可控整流电路共阴极接法电阻负载时的电路

2）工作过程

假设将晶闸管换作二极管，三个二极管对应的相电压中哪一个的值最大，则该相所对应的二极管导通，并使另两相的二极管承受反压关断，输出整流电压即为该相的相电压。

在相电压的交点 ωt_1、ωt_2、ωt_3 处，均出现了二极管换相，称这些交点为自然换相点。自然换相点是各相晶闸管能触发导通的最早时刻，将其作为触发角 α 的起点，即 $\alpha=0°$。回顾单相可控整流电路可知，各单相可控整流电路的自然换相点是变压器二次电压 u_2 的过零点。

当 $\alpha=0°$ 时，在 $\omega t_1 \sim \omega t_2$ 期间，a 相电压最高，VT_1 导通，负载电压 $u_d=u_a$。

在 $\omega t_2 \sim \omega t_3$ 期间，b 相电压最高，VT_2 导通，负载电压 $u_d=u_b$。

在 $\omega t_3 \sim \omega t_4$ 期间，c 相电压最高，VT_3 导通，负载电压 $u_d=u_c$。

此后，又重复前一周期的情况，三个晶闸管轮流导通 120°，输出电压波形为三个相电压在正半周期的包络线，波形如图 3-11 所示。

晶闸管电压由一段管压降和两段线电压组成，随着 α 增大，晶闸管承受的电压中正的部分逐渐增多。$\alpha=30°$ 时负载电流处于连续和断续的临界状态，各相仍导电 120°，如图 3-12 所示。

$\alpha>30°$ 且导通一相的相电压过零变负时，该相晶闸管关断，但下一相晶闸管因未触发而不

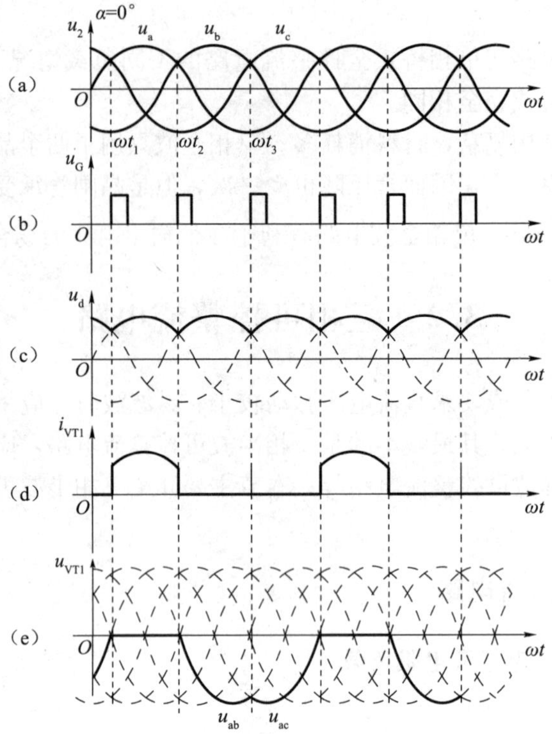

图 3-11　$\alpha=0^{\circ}$时的波形

(a) u_2 波形；(b) u_G 波形；(c) u_d 波形；(d) i_{VT1}；(e) u_{VT1}波形

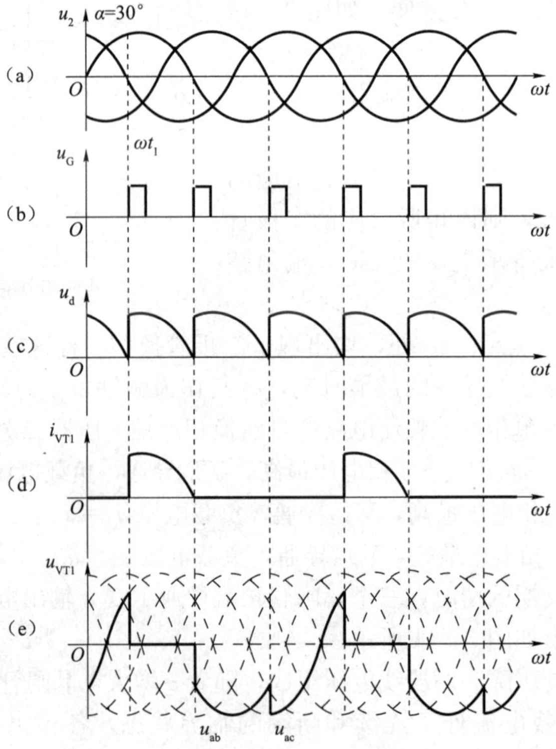

图 3-12　$\alpha=30^{\circ}$时的波形

(a) u_2 波形；(b) u_G 波形；(c) u_d 波形；(d) i_{VT1}波形；(e) u_{VT1}波形

导通，此时输出电压电流为零。负载电流断续，各晶闸管导通角小于120°。波形如图 3-13 所示。

若触发角 α 继续增大，整流电压将越来越小，当 $\alpha=150°$ 时，整流输出电压为零，故电阻负载时 α 角的移相范围为150°。

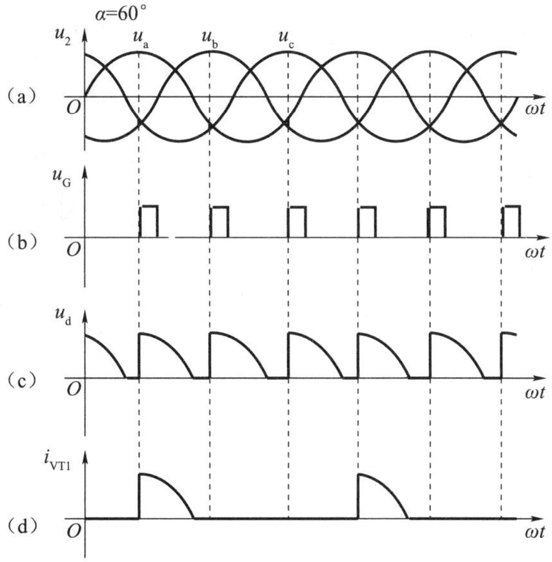

图 3-13　$\alpha=60°$时的波形

(a) u_2 波形；(b) u_G 波形；(c) u_d 波形；(d) i_{VT1} 波形

3）数量关系

（1）整流电压平均值的计算分两种情况：

①当 $\alpha\leqslant 30°$ 时，负载电流连续，有

$$U_d=\frac{1}{2\pi/3}\int_{\frac{\pi}{6}+\alpha}^{\frac{5\pi}{6}+\alpha}\sqrt{2}U_2\sin\omega t\,\mathrm{d}(\omega t)=\frac{3\sqrt{6}}{2\pi}U_2\cos\alpha=1.17U_2\cos\alpha \tag{3-18}$$

当 $\alpha=0°$ 时，U_d 最大，为 $U_d=U_{d0}=1.17U_2$。

②当 $\alpha>30°$ 时，负载电流断续，晶闸管导通角减小，此时有

$$U_d=\frac{1}{2\pi/3}\int_{\frac{\pi}{6}+\alpha}^{\pi}\sqrt{2}U_2\sin\omega t\,\mathrm{d}(\omega t)=\frac{3\sqrt{2}}{2\pi}U_2\left[1+\cos\left(\frac{\pi}{6}+\alpha\right)\right]=0.675\left[1+\cos\left(\frac{\pi}{6}+\alpha\right)\right] \tag{3-19}$$

（2）负载电流平均值为

$$I_d=\frac{U_d}{R} \tag{3-20}$$

（3）晶闸管承受的最大反向电压为变压器二次线电压峰值（由图 3-12（e）可知），即

$$U_{RM}=\sqrt{2}\times\sqrt{3}U_2=\sqrt{6}U_2\approx 2.45U_2 \tag{3-21}$$

（4）晶闸管阳极与阴极间的最大电压等于变压器二次相电压的峰值，即

$$U_{FM}=\sqrt{2}U_2 \tag{3-22}$$

2. 三相半波可控整流电路带阻抗负载

1）电路组成

电路由三相变压器 T、三个晶闸管 VT_1～VT_3及负载组成，负载为电阻 R 和电感 L，如图 3－14 所示。

2）工作过程

如果负载中电感 L 值很大，整流电流 i_d的波形基本是平直的，流过晶闸管的电流接近矩形波，如图 3－15 所示。

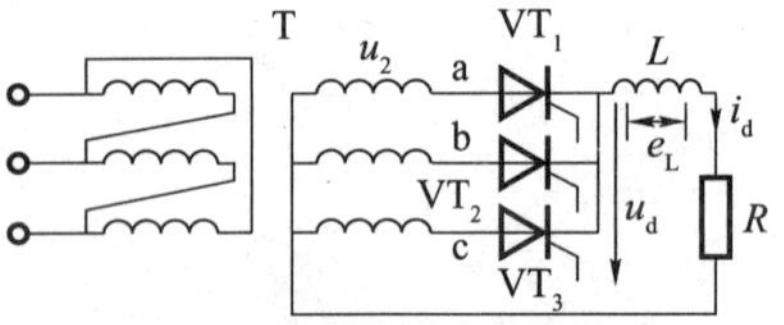

图 3－14　三相半波可控整流电路共阴极接法阻感负载时的电路

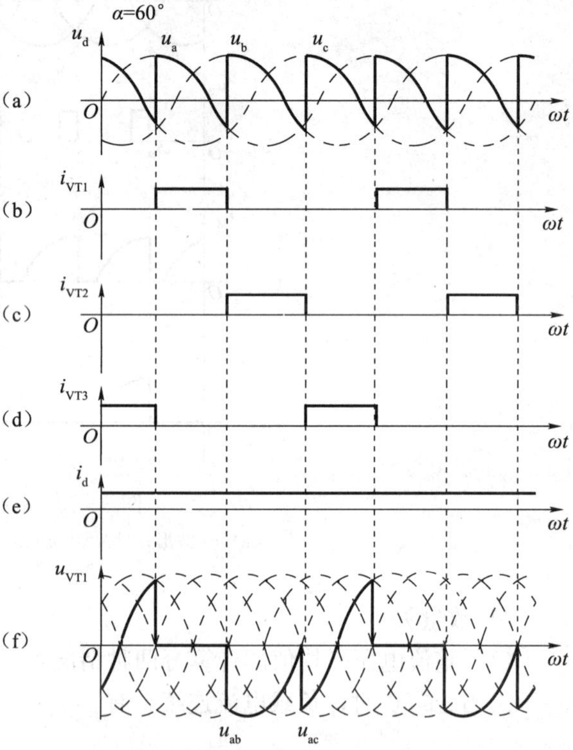

图 3－15　三相半波可控整流电路，阻感负载时的电路及 $\alpha=60°$时的波形

（a）u_d 波形；（b）i_{VT1}波形；（c）i_{VT2}波形；（d）i_{VT3}波形；（e）i_d 波形；（f）u_{VT1}波形

当 $\alpha\leqslant30°$时，整流电压波形与电阻负载时相同，因为两种负载情况下，负载电流均连续。

当 $\alpha>30°$时，当 u_2过零时，由于电感的存在，阻止电流下降，因而 VT_1继续导通，直到下一相晶闸管 VT_2的触发脉冲到来才发生换流，由 VT_2导通向负载供电，同时向 VT_1施加反压使其关断。

3）数量关系

（1）由于负载电流连续，整流电压平均值可由式（3－18）求出，即

$$U_d=1.17U_2\cos\alpha \tag{3-23}$$

当 $\alpha=0°$时，$U_d=U_{d0}=1.17U_2$ 为最大；当 $\alpha=90°$时，$U_d=0$。三相半波可控整流电路电感性负载的脉冲移相范围为 90°。

（2）变压器二次电流即晶闸管电流的有效值为

$$I_2=I_T=\frac{1}{\sqrt{3}}I_d\approx0.577I_d \tag{3-24}$$

(3) 晶闸管的额定电流为

$$I_{T(AV)}=\frac{I_d}{1.57}\approx 0.637I_d \tag{3-25}$$

(4) 晶闸管最大正反向电压峰值均为变压器二次线电压峰值，即

$$U_{FM}=U_{RM}=2.45U_2 \tag{3-26}$$

通过变压器二次侧和晶闸管的电流是单相脉动电流，所以三相半波可控整流电路的主要缺点在于其变压器二次电流中含有直流分量，为此其应用较少。

3.2.2　三相桥式全控整流电路

1. 三相桥式全控整流电路带电阻负载

1）电路组成

三相桥式全控整流电路由变压器 T、6 个晶闸管 VT_1～VT_6及负载 R 组成，如图 3-16 所示。其中，阴极连接在一起的 3 个晶闸管（VT_1、VT_3、VT_5）称为共阴极组，阳极连接在一起的 3 个晶闸管（VT_4、VT_6、VT_2）称为共阳极组。可以将三相桥式全控整流电路看作由共阴极接法和共阳极接法的两组三相半波可控整流电路串联组成的电路。共阴极组中与 a、b、c 三相电源相接的 3 个晶闸管分别为 VT_1、VT_3、VT_5，共阳极组中与 a、b、c 三相电源相接的 3 个晶闸管分别为 VT_4、VT_6、VT_2。按 VT_1—VT_2—VT_3—VT_4—VT_5—VT_6的顺序导通。

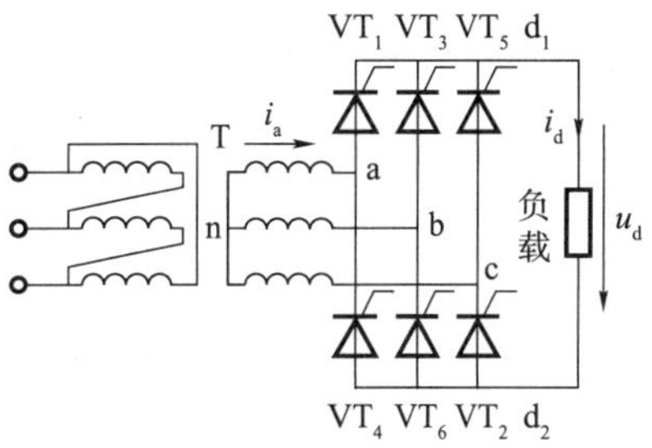

图 3-16　三相桥式全控整流电路原理图

2）工作过程

可采用与分析三相半波可控整流电路时类似的方法，假设将电路中的晶闸管换作二极管，这种情况也就相当于晶闸管触发角 $\alpha=0°$时的情况。此时，对于共阴极组的 3 个晶闸管，阳极所接交流电压值最高的一个导通。而对于共阳极组的 3 个晶闸管，阴极所接交流电压值最低（或者说负得最多）的一个导通。这样，任意时刻共阳极组和共阴极组中各有一个晶闸管处于导通状态，施加在负载上的电压为某一线电压。此时工作波形如图 3-17 所示。

当 $\alpha=0°$时，各晶闸管均在自然换相点处换相。由图中变压器绕组相电压与线电压波形的对应关系可以看出，各自然换相点既是相电压的交点，也是线电压的交点。在分析 u_d 的波形时，既可以从相电压波形分析，也可从线电压波形分析。

当 $\alpha\leqslant 60°$时，u_d波形均连续，对于电阻负载，i_d波形与 u_d波形是一样的，也连续。

在 ωt_1～ωt_2区间，u_a最高，u_b最低，VT_1和 VT_6开始承受最大正向电压，给二者加触发脉冲即导通，$u_d=u_{ab}$。

ωt_2～ωt_3区间：相电压 u_a最高，u_c最低，VT_1、VT_2在 ωt_2时刻开始承受最大正向电压，同时给二者加触发脉冲，二者立即导通，电流流通路径：a 相→VT_1→R→VT_2→c 相，变压器 a、c 两相工作，整流输出电压为线电压值 u_{ac}，$u_{ac}=u_a-u_c$。

ωt_3～ωt_4区间：三相电压中相电压 u_b最高，u_c最低，共阴极组的 VT_3和共阳极组的 VT_2在 ωt_3时刻得到触发脉冲后导通，电流流通路径：b 相→VT_3→R→VT_2→c 相，变压器 b、c 两相工作，整流输出电压为线电压值 u_{bc}，$u_{bc}=u_b-u_c$。

之后的 ωt_4～ωt_5、ωt_5～ωt_6、ωt_6～ωt_7区间，都有相应的晶闸管导通。从 ωt_7时刻开始重复

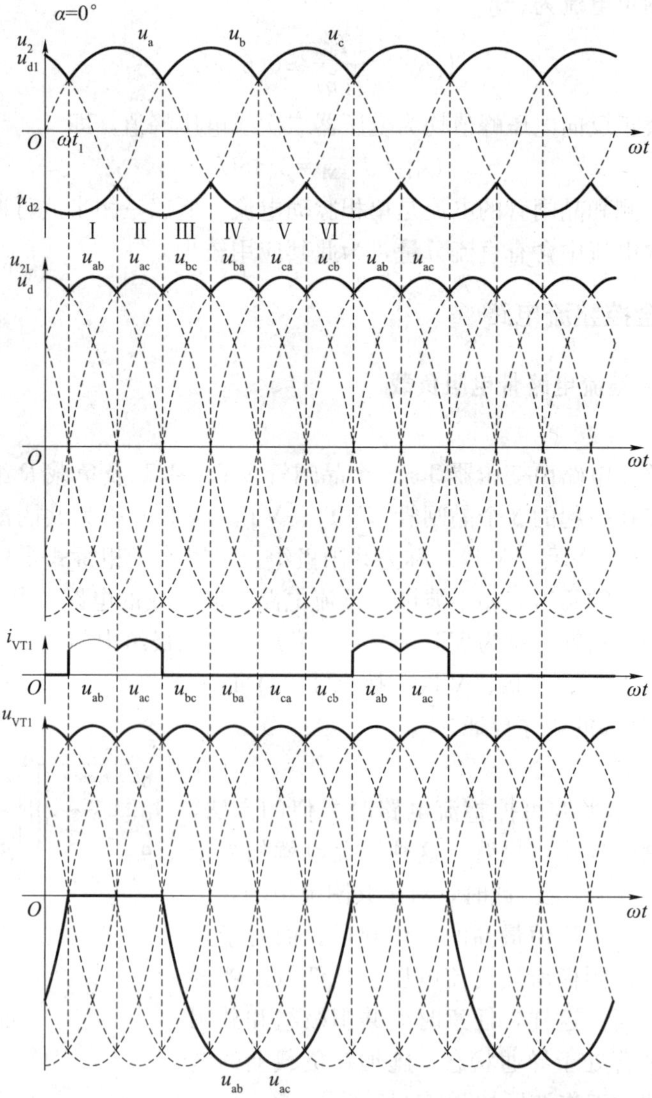

图 3-17 三相桥式全控整流电路带电阻负载 $\alpha=0°$时的波形

上一个周期的工作过程。

因此，整流输出电压 $u_d=u_{d1}-u_{d2}$，是相电压包络线间的差值，对应为线电压在正半周的包络线。

从触发角 $\alpha=0°$时的情况可以总结出三相桥式全控整流电路的一些特点：

(1) 每个时刻均需 2 个晶闸管同时导通，形成向负载供电的回路，共阴极组的和共阳极组的各 1 个，且不能为同一相的晶闸管。

(2) 对触发脉冲的要求：6 个晶闸管的脉冲按 VT_1—VT_2—VT_3—VT_4—VT_5—VT_6 的顺序，相位依次差 60°；共阴极组 VT_1、VT_3、VT_5 的脉冲依次差 120°，共阳极组 VT_4、VT_6、VT_2 也依次差 120°；同一相的上、下两个桥臂，即 VT_1 与 VT_4，VT_3 与 VT_6，VT_5 与 VT_2，脉冲相差 180°。

(3) 整流输出电压一周期脉动 6 次，故该电路又称为 6 脉波整流电路，脉动频率为

300 Hz，是半波整流电路的 2 倍。

(4) 触发脉冲可以采用两种形式：①宽脉冲触发（脉冲宽度大于 60°，一般是 80°～100°），使应同时导通的两晶闸管在受正压时控制极上同时有正向控制电压；②双窄脉冲触发（对导通的晶闸管同时各发一个窄脉冲，脉冲宽度一般取 20°～30°）。一个周期内对一个晶闸管触发两次，两次脉冲间隔为 60°。实际工程应用中常采用双窄脉冲触发。

触发角 $\alpha>0$ 后，每个晶闸管从自然换流点向右移动 α 开始换相。图 3－18 为 $\alpha=30°$时的工作波形。从 ωt_1 角开始把一个周期等分成 6 段，每段 60°。与 α 的情况相比，一周期中 u_d波形仍由 6 段线电压构成。区别在于，晶闸管起始导通时刻推迟了 30°，组成 u_d的每一段线电压因此推迟了 30°，u_d平均值降低。晶闸管电压波形也相应发生变化，如图 3－18 所示。图中同时给出了变压器二次侧 a 相电流 i_a的波形，该电流的特点是，在 VT_1处于通态的 120°期间，i_a为正，i_a波形的形状与同时段的 u_d波形形状相同。在 VT_4处于通态的 120°期间，i_a波形的形状与同时段的 u_d波形形状相同，但 i_a为负值。

图 3－19 给出了 $\alpha=60°$时的波形，电路工作情况仍与 $\alpha=0°$工作情况类似，u_d波形中每段线电压的波形继续向后移，u_d平均值继续降低。$\alpha=60°$时，u_d出现了为零的点。由以上分析可

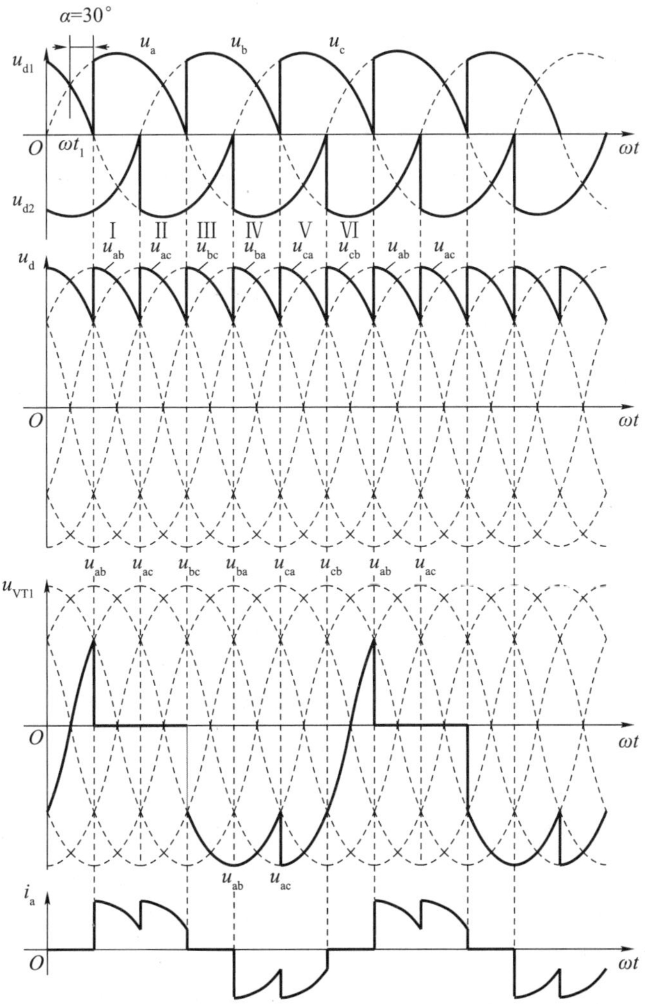

图 3－18　三相桥式全控整流电路带电阻负载 $\alpha=30°$时的波形

见 $\alpha\leqslant60^\circ$时，对于电阻负载，u_d波形与 i_d波形均连续。

当$\alpha>60^\circ$时，对于电阻负载，若触发角继续往后移，就会出现电流断续的情况。例如，$\alpha=90^\circ$时电阻负载情况的工作波形如图 3-20 所示，此时 u_d波形每 60°中有 30°为零。这是因为电阻负载时 i_d波形与 u_d波形一致，一旦 u_d电压降为零，i_d也降至零，流过晶闸管的电流即降至零，晶闸管关断，输出整流电压 u_d为零，因此 u_d波形不能出现负值。图 3-20 中还给出了晶闸管电流和变压器二次侧相电流的波形。

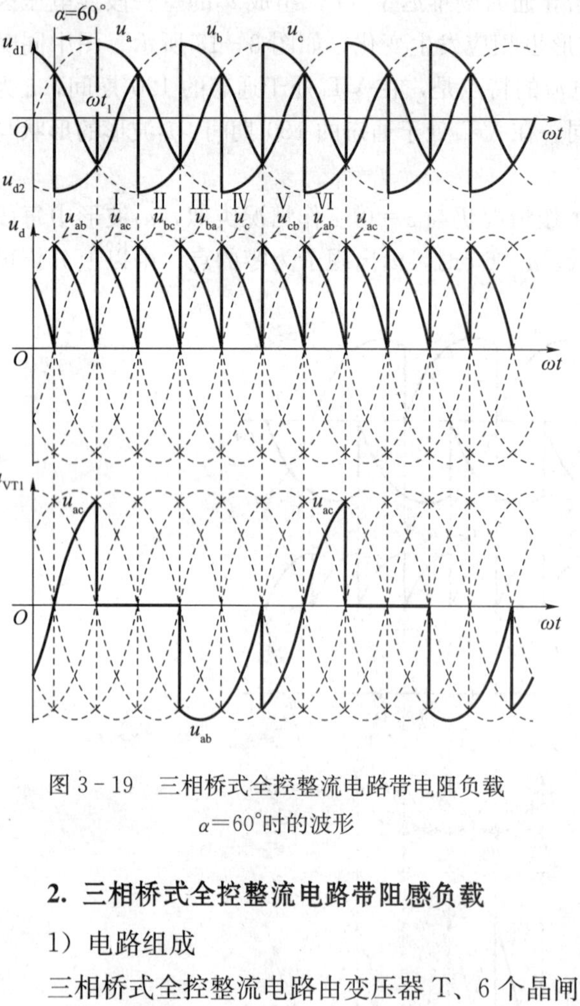

图 3-19 三相桥式全控整流电路带电阻负载 $\alpha=60^\circ$时的波形

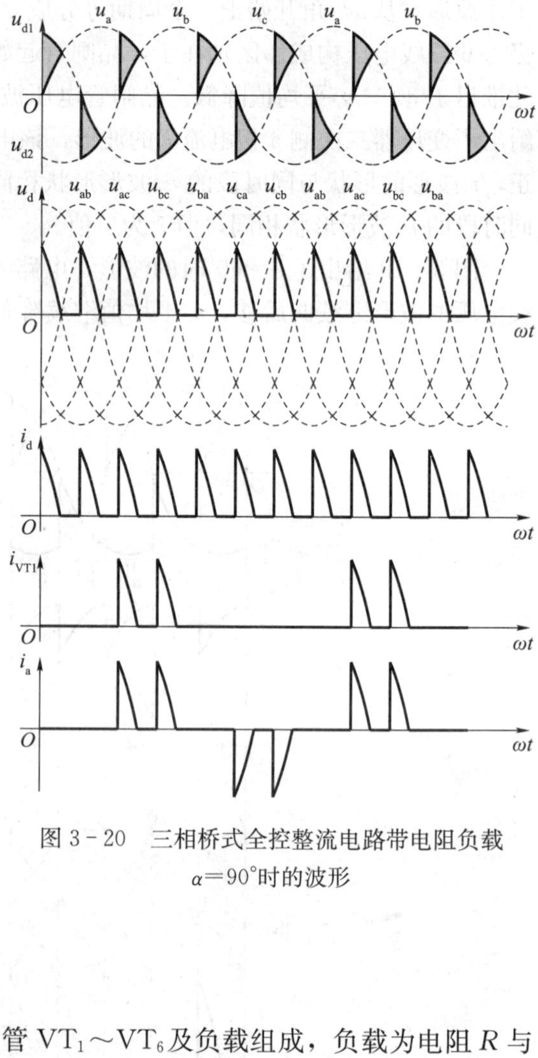

图 3-20 三相桥式全控整流电路带电阻负载 $\alpha=90^\circ$时的波形

2. 三相桥式全控整流电路带阻感负载

1）电路组成

三相桥式全控整流电路由变压器 T、6 个晶闸管 $VT_1\sim VT_6$及负载组成，负载为电阻 R 与电感 L。电路组成同图 3-16。

2）工作过程

当$\alpha\leqslant60^\circ$时，u_d波形连续，电路的工作情况与带电阻负载时十分相似，各晶闸管的通断情况、输出整流电压 u_d波形、晶闸管承受的电压波形等都一样。区别在于电流，当电感足够大的时候，i_d、i_{VT}、i_a的波形在导通段都可近似为一条水平线。$\alpha=0^\circ$时的波形如图 3-21 所示，$\alpha=30^\circ$时的波形如图 3-22 所示。

当$\alpha>60^\circ$时，由于电感 L 的作用，u_d波形会出现负的部分，图 3-23 给出了 $\alpha=90^\circ$时的波形。若电感 L 值足够大，u_d中的正、负面积将基本相等，u_d平均值近似为零。这表明，带阻感

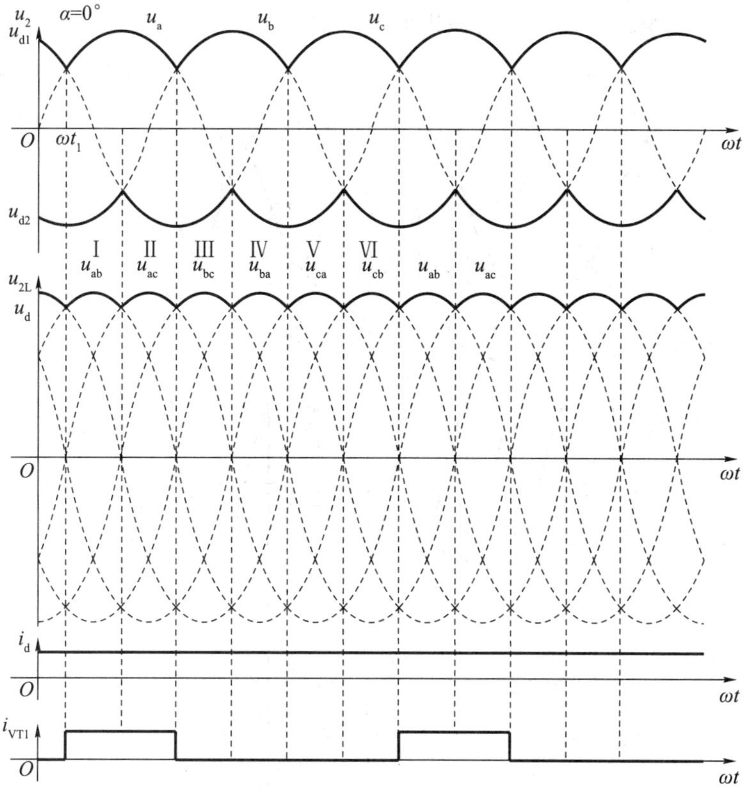

图 3-21　三相桥式全控整流电路带阻感负载 $\alpha=0°$ 时的波形

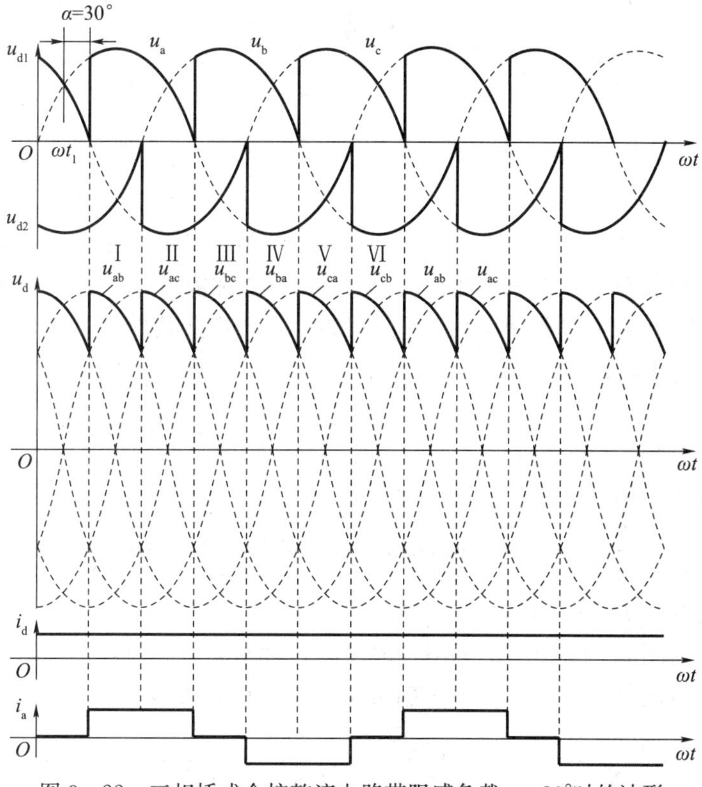

图 3-22　三相桥式全控整流电路带阻感负载 $\alpha=30°$ 时的波形

负载时，三相桥式全控整流电路的 α 角移相范围为 90°。

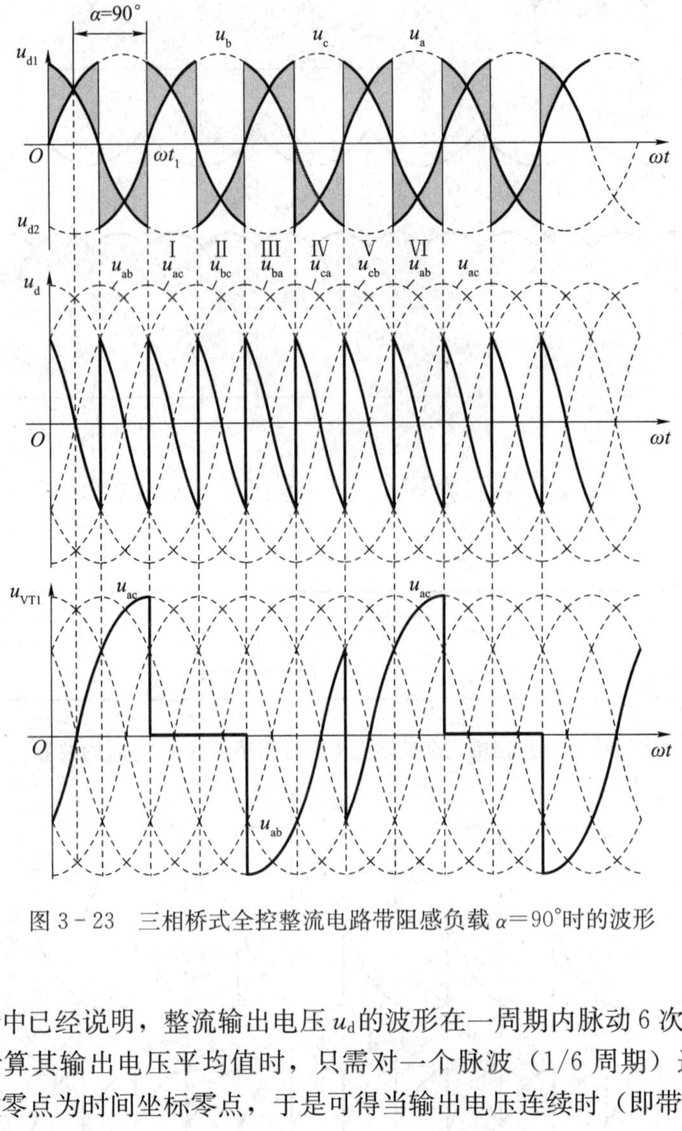

图 3－23　三相桥式全控整流电路带阻感负载 $\alpha=90°$时的波形

3）数量关系

在以上的分析中已经说明，整流输出电压 u_d的波形在一周期内脉动 6 次，且每次脉动的波形相同，因此在计算其输出电压平均值时，只需对一个脉波（1/6 周期）进行计算即可。此外，以线电压的过零点为时间坐标零点，于是可得当输出电压连续时（即带阻感负载时或带电阻负载 $\alpha \leqslant 60°$时）的平均值为

$$U_d = \frac{1}{\pi/3}\int_{\frac{\pi}{3}+\alpha}^{\frac{2\pi}{3}+\alpha} \sqrt{6}U_2 \sin\omega t\, d(\omega t) = 2.34U_2\cos\alpha \tag{3-27}$$

带电阻负载且 $\alpha > 60°$时

$$U_d = \frac{3}{\pi}\int_{\frac{\pi}{3}+\alpha}^{\pi} \sqrt{6}U_2 \sin\omega t\, d(\omega t) = 2.34U_2\left[1+\cos\left(\frac{\pi}{3}+\alpha\right)\right] \tag{3-28}$$

输出电流平均值为 $I_d=U_d/R$。

当整流变压器为图 3－16 中所示采用星形接法，带阻感负载时，变压器二次侧电流波形如图 3－22 中所示，为正负半周各宽 120°、前沿相差 180°的矩形波，其有效值为

$$I_2=\sqrt{\frac{1}{2\pi}\left(I_d^2\times\frac{2}{3}\pi+(-I_d)^2\times\frac{2}{3}\pi\right)}=\sqrt{\frac{2}{3}}I_d=0.816I_d \tag{3-29}$$

晶闸管电压、电流等的定量分析与三相半波时一致。

三相桥式全控整流电路接反电势阻感负载时，在负载电感足够大足以使负载电流连续的情况下，电路工作情况与电感性负载相似，电路中各处电压、电流波形均与电感性负载相同，仅在计算电流 I_d时不同，接反电动势阻感负载时电流 I_d 为

$$I_d=\frac{U_d-E}{R} \tag{3-30}$$

式中，R 和 E 分别为负载中的电阻值和反电动势的值。

3.3　变压器漏抗对整流电路的影响

在前面分析整流电路时，均未考虑包括变压器漏感在内的交流侧电感的影响，认为换相是瞬时完成的。实际上变压器绕组总有漏感，该漏感可用一个集中的电感 L_B表示，并将其折算到变压器二次侧。由于电感对电流的变化起阻碍作用，电感电流不能突变，因此换相过程不能瞬间完成，而是会持续一段时间。

现以三相半波为例来分析，然后将其结论推广。图 3-24 为考虑变压器漏感时的三相半波可控整流电路带阻感负载的电路图及波形。假设负载中电感很大，负载电流为水平线。

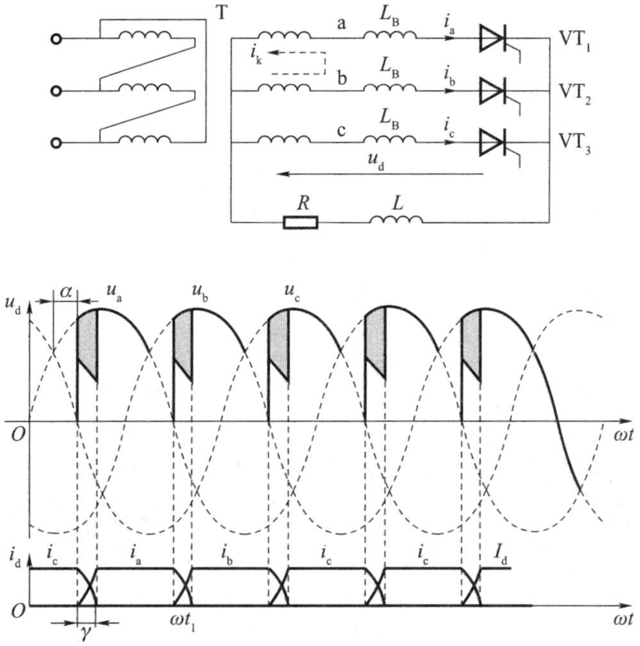

图 3-24　考虑变压器漏感时的三相半波可控整流电路及波形

分析从 VT_1 换相至 VT_2 的过程，在 ωt_1时刻之前 VT_1导通，ωt_1时刻触发 VT_2，因 a、b 两相均有漏感，故 i_a、i_b均不能突变，于是 VT_1和 VT_2同时导通，相当于将 a、b 两相短路，两相间电压差为 u_b-u_a，它在两相组成的回路中产生环流 i_k，如图 3-24 所示。$i_k=i_b$是逐渐增大的，而 $i_a=I_d-i_k$是逐渐减小的。i_k增大到等于 I_d时，$i_a=0$，VT_1关断，换流过程结束。换相过程持续的时间用电角度 γ 表示，称为换相重叠角。

换相过程中，整流输出电压瞬时值为

$$u_d=u_a+L_B\frac{di_k}{dt}=u_b-L_B\frac{di_k}{dt}=\frac{u_a+u_b}{2} \tag{3-31}$$

在换相过程中，整流电压 u_d 为同时导通的两个晶闸管所对应的两个相电压的平均值，由此可得 u_d 波形，如图 3-24 所示。与不考虑变压器漏感时相比，u_d 平均值降低，降低部分其实就是漏抗 L_B 上的压降，其平均值称为换相压降，用 ΔU_d 表示。

$$\Delta U_d = \frac{1}{2\pi/3}\int_{\frac{5\pi}{6}+\alpha}^{\frac{5\pi}{6}+\alpha+\gamma}(u_b - u_d)\mathrm{d}(\omega t) = \frac{3}{2\pi}\int_{\frac{5\pi}{6}+\alpha}^{\frac{5\pi}{6}+\alpha+\gamma}\left[u_b - \left(u_b - L_B\frac{\mathrm{d}i_k}{\mathrm{d}t}\right)\right]\mathrm{d}(\omega t)$$

$$= \frac{3}{2\pi}\int_{\frac{5\pi}{6}+\alpha}^{\frac{5\pi}{6}+\alpha+\gamma} L_B\frac{\mathrm{d}i_k}{\mathrm{d}t}\mathrm{d}(\omega t) = \frac{3}{2\pi}\int_0^{I_d}\omega L_B \mathrm{d}i_k = \frac{3}{2\pi}X_B I_d \tag{3-32}$$

式中，$X_B=\omega L_B$。X_B 是漏感 L_B 的每相折算到二次侧的漏电抗。

推广到 m 脉波整流电路，换相压降为

$$\Delta U_d = \frac{1}{2\pi/m}\int_{\alpha}^{\alpha+\gamma}(u_b - u_d)\mathrm{d}(\omega t) = \frac{m}{2\pi}\int_{\alpha}^{\alpha+\gamma}\left[u_b - \left(u_b - L_B\frac{\mathrm{d}i_k}{\mathrm{d}t}\right)\right]\mathrm{d}(\omega t)$$

$$= \frac{m}{2\pi}\int_{\alpha}^{\alpha+\gamma} L_B\frac{\mathrm{d}i_k}{\mathrm{d}t}\mathrm{d}(\omega t) = \frac{m}{2\pi}\int_0^{I_d}\omega L_B di_k = \frac{m}{2\pi}X_B I_d \tag{3-33}$$

对于单相全波整流电路，$m=2$，换相压降为

$$\Delta U_d = \frac{X_B}{\pi}I_d$$

对于三相半波整流电路，$m=3$，换相压降为

$$\Delta U_d = \frac{3X_B}{2\pi}I_d$$

对于三相桥式全控整流电路，$m=6$，换相压降为

$$\Delta U_d = \frac{3X_B}{\pi}I_d$$

考虑换相重叠过程后的整流输出电压为

$$U_d = U_{d0}\cos\alpha - \Delta U_d \tag{3-34}$$

式中，U_{d0} 为不考虑变压器漏感时，$\alpha=0°$ 时输出的整流电压值。

在换相过程中，存在换相重叠角 γ，该参量反映了换相过渡过程的时间长短。显然，负载电流 I_d 越大，换相时由稳态值 I_d 变为 0（或由 0 变为 I_d）的过程越长，换相重叠角 γ 越大；交流侧电抗 L_B 越大，电流变化越缓慢，换相重叠角 γ 越大；控制角 α 越小，负载电压越大，那么负载电流 I 就越大，于是换相重叠角 γ 越大。由此可知，换相重叠角 γ 的大小既与 I_d 有关，也与 L_B、α 的大小有关。经推导，可得它们之间的关系式为

$$\cos\alpha - \cos(\alpha+\gamma) = \frac{I_d X_B}{\sqrt{2}U_2\sin\frac{\pi}{m}} \tag{3-35}$$

根据以上分析结果，再进一步分析可得出变压器漏感对整流电路影响的一些结论：

(1) 出现换相重叠角 γ，整流输出电压平均值 U_d 降低。

(2) 整流电路的工作状态增多。

(3) 晶闸管的 $\mathrm{d}i/\mathrm{d}t$ 减小，有利于晶闸管的安全开通，有时人为串入进线电抗器以抑制晶闸管的 $\mathrm{d}i/\mathrm{d}t$。

(4) 换相时晶闸管电压出现缺口，产生正的 $\mathrm{d}u/\mathrm{d}t$，可能使晶闸管误导通，为此必须加吸收电路。

（5）换相使电网电压出现缺口，成为干扰源。

3.4　整流电路的有源逆变状态分析

3.4.1　逆变的概念

1. 逆变及逆变电路

在生产实践中，存在着与整流过程相反的要求，即要求把直流电转换成交流电，这种对应于整流的逆向过程，定义为逆变。例如，电力机车下坡行驶时，使直流电动机做发电机制动运行，机车的势能转变为电能，返送到交流电网中去。把直流逆变成交流电的电路称为逆变电路。当交流侧和电网连接时，这种逆变电路称为有源逆变电路。有源逆变电路常用于电力系统的高压直流输电、风力发电、太阳能发电等方面和电气传动的直流调速系统、交流绕线型异步电动机的串级调速等方面。对于整流电路而言，只要满足一定条件，就可以工作于有源逆变状态。此时，电路形式并未发生变化，只是电路的工作条件转变。因此将有源逆变状态作为整流电路的一种工作状态来分析。为了叙述方便，下面将这种既工作在整流状态又工作在逆变状态的整流电路称为变流电路。

如果变流电路的交流侧不与电网连接，而直接与负载相连，即把直流电逆变为某一频率或频率可调的交流电供给负载，称为无源逆变。

要掌握实现有源逆变的条件，以下从直流发电机-电动机系统入手研究发电机与电动机之间的电能流转的关系，再转入变流器中分析交流和直流之间电能的流转。

2. 直流发电机-电动机系统电能的流转

图 3－25 所示的直流发电机-电动机系统中 M 为电动机，G 为发电机，励磁回路未画出。控制发电机电动势的大小和极性，可以实现电动机四象限的运行状态。

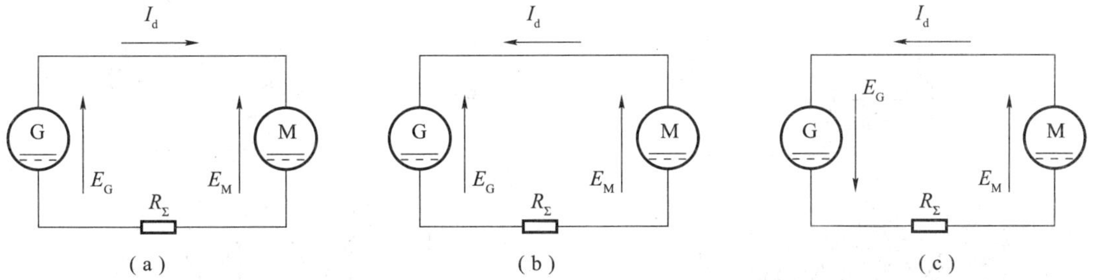

图 3－25　直流发电机-电动机之间电能的流转

（a）两电动势同极性，$E_G>E_M$；（b）两电动势同极性，$E_M>E_G$；（c）两电动势反极性，形成短路

在图 3－25（a）中，M 做电动运转，$E_G>E_M$，电流 I_d 从 G 流向 M，电能由 G 流向 M，转变为 M 轴上输出的机械能。电流 I_d的值为

$$I_d=\frac{E_G-E_M}{R_\Sigma}$$

在图 3－25（b）中，回馈制动状态中，M 做发电运转，$E_M>E_G$，电流反向，从 M 流向 G，M 轴上输入的机械能转变为电能反送给 G。

$$I_d=\frac{E_M-E_G}{R_\Sigma}$$

在图 3 - 25（c）中，两电动势顺向串联，向电阻 R 供电，G 和 M 均输出功率，由于 R 一般都很小，实际上形成短路，在工作中必须严防这类事故发生。

两个电动势同极性相接时，电流总是从电动势高的流向电动势低的，由于回路电阻很小，即使很小的电动势差值也能产生大的电流，使两个电动势之间交换很大的功率，这对分析有源逆变电路是十分有用的。

3. 逆变产生的条件

以单相全波电路代替上述发电机来分析，电动机 M 做电动运行，全波电路应工作在整流状态，α 的范围为 $0\sim\pi/2$，直流侧输出 U_d 为正值，并且 $U_d>E_M$，交流电网输出电功率，电动机则输入电功率。如图 3 - 26（a）所示，输出电流 I_d 为

$$I_d=\frac{U_d-E_M}{R_\Sigma}$$

式中，R_Σ 为主回路的电阻，一般情况下很小。因此电路在正常工作时 $U_d\approx E_M$。

在图 3 - 26（b）中，电动机 M 做发电回馈制动运行，由于晶闸管器件的单向导电性，电路内 I_d 的方向依然不变，而 M 轴上输入的机械能转变为电能反送给 G，只能改变 E_M 的极性，为了避免两电动势顺向串联，U_d 的极性也必须反过来，故 α 的范围为 $\pi/2\sim\pi$，且 $|E_M|>|U_d|$。这样才能把电能从直流侧送到交流侧，实现逆变，电流 I_d 值为

$$I_d=\frac{E_M-U_d}{R_\Sigma}$$

为避免电流过大，在电路正常工作时同样应满足电路 $U_d\approx E_M$。

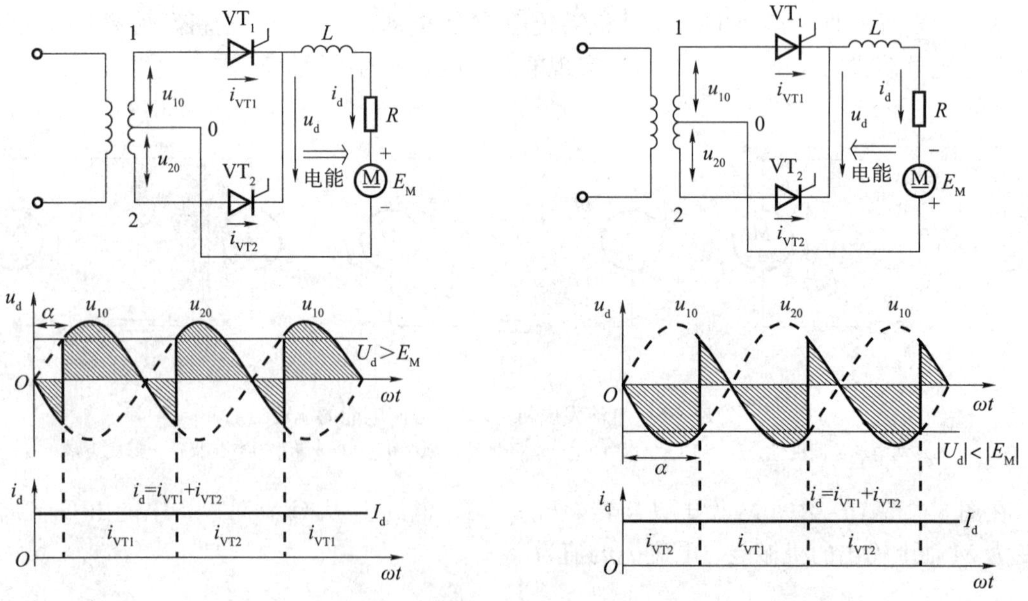

（a）　　　　　　　　（b）

图 3 - 26　单相全波电路的整流和逆变

（a）单相全波整流电路；（b）单相全波逆变电路

在逆变工作状态下，虽然晶闸管的阳极电压电位大部分处于交流电压为负的半周期，但由于有外接直流电动势 E_M 存在，晶闸管仍能承受正向电压而导通。

通过上述分析，可以归纳出全控整流电路工作于有源逆变状态的条件：

(1) 变流器的直流侧必须有直流电动势 E_M，且其极性要与晶闸管的导通方向一致，即给晶闸管施加正向阳极电压。

(2) 变流器输出的电压 U_d 必须为负值。要求触发角的控制范围为 90°～180°，且满足 $|E_M|>|U_d|$。

两者必须同时具备才能实现有源逆变。

根据有源逆变的发生条件，由于半控桥或有续流二极管的整流电路，其整流电压 U_d 不能出现负值，也不允许直流侧出现负极性的电动势，故不能实现有源逆变。要实现有源逆变，只能采用全控整流电路。

3.4.2　三相桥式整流电路的有源逆变工作状态

从上述分析可知，对全控整流电路而言，整流和逆变的区别仅仅是触发角 α 不同。α 的范围为 0～π/2，电路工作在整流状态；α 的范围为 π/2～π，电路工作在逆变状态。通常把 $\alpha>\pi/2$ 时的控制角用 $\pi-\alpha=\beta$ 表示，β 称为逆变角。

β 的大小自 $\beta=0°$ 的起始点向左方计量。三相桥式电路工作于有源逆变状态，不同逆变角时的输出电压波形及晶闸管两端的电压波形如图 3－27 所示。

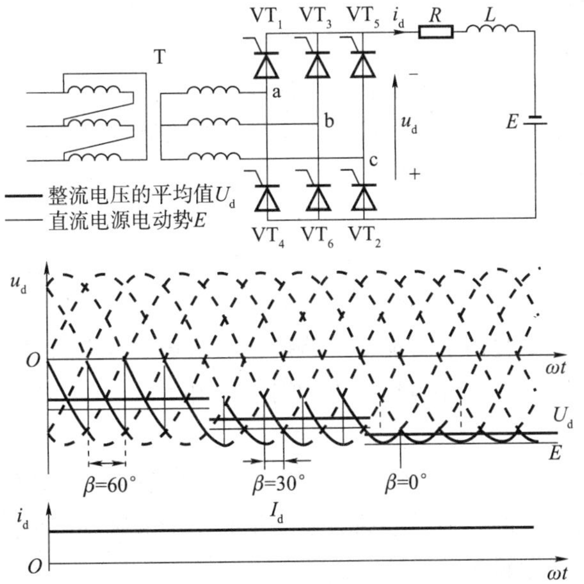

图 3－27　三相桥式整流电路工作于有源逆变状态

关于三相桥式整流电路有源逆变状态时各电量的计算，归纳如下：

三相桥式电路的输出电压

$$U_d=-2.34U_2\cos\beta=-1.35U_{2L}\cos\beta \tag{3-36}$$

式中，U_2 为变压器二次侧相电压有效值；U_{2L} 为变压器二次侧线电压有效值。

输出直流电流的平均值为

$$I_d=\frac{U_d-E_M}{R_\Sigma} \tag{3-37}$$

流过晶闸管的电流有效值为

$$I_{VT}=\frac{I_d}{\sqrt{3}}\approx 0.577I_d \tag{3-38}$$

从交流电源送到直流侧负载的有功功率为

$$P_d=R_\Sigma I_d^2+E_\Sigma I_d \tag{3-39}$$

当逆变工作时，由于 E_M 为负值，故 P_d 一般为负值，表示功率由直流电源输送到交流电源。

变压器二次侧线电流的有效值为

$$I_2=\sqrt{2}I_{VT}=\sqrt{\frac{2}{3}}I_d\approx 0.816\ I_d \tag{3-40}$$

3.4.3 逆变失败与最小逆变角的限制

逆变运行时，一旦发生换相失败，外接的直流电源就会通过晶闸管电路形成短路，或者使变流器的输出平均电压和直流电动势变成顺向串联，由于逆变电路的内阻很小，形成很大的短路电流，这种情况称为逆变失败，或称为逆变颠覆。

1. 逆变失败的原因

造成逆变失败的原因很多，主要有以下几种情况：

(1) 晶闸管本身出现故障，如不能正常导通或阻断。

(2) 触发电路工作不可靠或出现故障，如个别相失去脉冲或脉冲延时等。

(3) 变流器在逆变状态时，交流电源断相或突然消失，使变流器直流侧失去了与直流电动势抗衡的直流平均电压。

(4) 没有充分考虑变流器交流侧电抗引起的换相重叠角对逆变电路工作情况的影响，导致换相裕量角不足，造成换相失败，如图 3-28 所示。

考虑变压器漏抗引起重叠角 γ 对逆变电路换相的影响，以 VT_3 和 VT_1 的换相过程来分析，在 $\beta>\gamma$ 时，经过换相过程后，a 相电压 u_a 仍高于 c 相电压 u_c，所以换相结束时，能使 VT_3 承受反压而关断。

当 $\beta<\gamma$ 时，换相尚未结束，电路的工作状态到达自然换相点 p 点之后，u_c 将高于 u_a，晶闸管 VT_1 承受反压而重新关断，使得应该关断的 VT_3 不能关断却继续导通，且 c 相电压随着时间的推迟越来越高，电动势顺向串联导致逆变失败。

为了防止逆变失败，不仅逆变角 β 不能等于零，而且不能太小，必须限制在某一允许的最小角度内。

2. 最小逆变角的限制

逆变时允许采用的最小逆变角 β 应等于

$$\beta_{min}=\delta+\gamma+\theta' \tag{3-41}$$

式中，δ 为晶闸管的关断时间 t_q 折合的电角度，为 4°～5°；γ 为换相重叠角，可查阅相关手册，也可根据公式计算，即

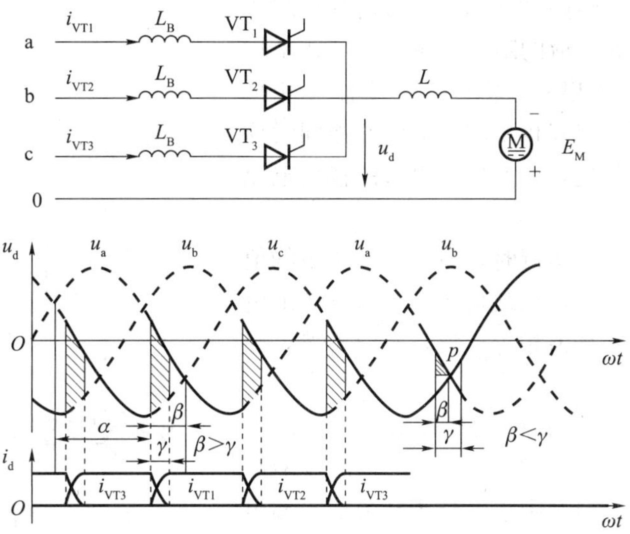

图 3-28　交流侧电抗对逆变换相过程的影响

$$\cos\alpha-\cos(\alpha+\gamma)=\frac{I_d X_B}{\sqrt{2}U_2\sin\frac{\pi}{m}} \tag{3-42}$$

根据逆变工作时 $\alpha=\pi-\beta$，并设 $\beta=\gamma$，式（3-42）可改写成

$$\cos\gamma=1-\frac{I_d X_B}{\sqrt{2}U_2\sin\frac{\pi}{m}} \tag{3-43}$$

θ'为安全裕量角，主要针对脉冲不对称程度（一般可达 5°），约取为 10°。安全裕量角是十分必要的。当变流器工作在逆变状态时，由于种种原因，会影响逆变角，如不考虑裕量，很可能破坏 $\beta>\beta_{min}$ 的关系，导致逆变失败。因此最小逆变角一般取 30°～35°。

设计逆变电路时，必须保证 $\beta\geqslant\beta_{min}$，因此常在触发电路中附加一保护环节，保证触发脉冲不进入小于 β_{min} 的区域内。

3.5　大功率可控整流电路

本节介绍几种适用于大功率负载的整流电路形式。与前面介绍的三相桥式全控整流电路相比较，带平衡电抗器的双反星形可控整流电路适用于低电压、大电流的场合。多重化整流电路的特点是在采用相同器件时可达到更大的功率，也可减少交流侧输入电流的谐波或提高功率因数，从而减小对供电电网的干扰。

3.5.1　带平衡电抗器的双反星形可控整流电路

在电镀等工业应用中，经常需要低电压大电流的可调直流电源。如果采用三相桥式电路，整流器件数量很多，还有两个管压损耗，降低了效率。在这种情况下，可采用带平衡电抗器的双反星形可控整流电路，如图 3-29 所示。该电路可简称双反星形电路。

结合图 3-29 所示电路结构，二次侧为两组匝数相同极性相反的绕组，分别接成两组三相半波电路。二次侧两绕组的极性相反，可消除铁芯的直流磁化。虽然两组相电流的瞬时值不同，但是平均电流相等而绕组的极性相反，所以直流安匝互相抵消。平衡电抗器保证两组三相半波整流电路能同时导电。与三相桥式电路相比，双反星形电路的输出电流可大一倍。

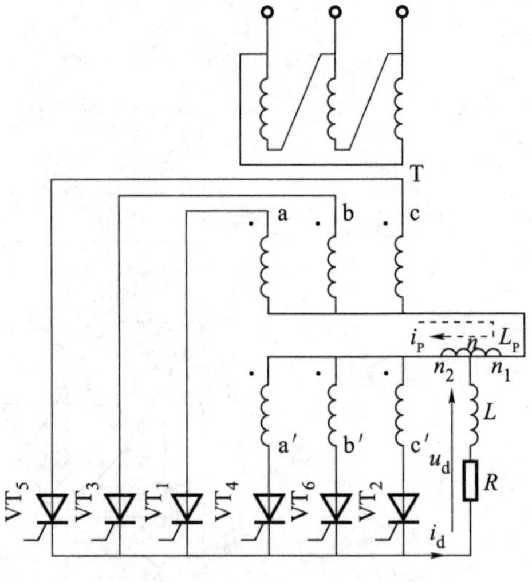

图 3-29　带平衡电抗器的双反星形可控整流电路

当两个直流电源并联运行时，只有当电压平均值和瞬时值均相等时，才能使负载均流，在双反星形电路中，两组整流电压平均值相等，但瞬时值不等，因此需要接平衡电抗器。

两个星形的中点 n_1 和 n_2 间的电压等于 u_{d1} 和 u_{d2} 之差，该电压加在 L_p 上，产生电流 i_p，它通过两组星形自成回路，不流到负载中去，称为环流或平衡电流。为了使两组电流尽可能平均分配，一般使 L_p 值足够大，以便限制环流在负载额定电流的 1%～2%。双反星形电路中如不接平衡电抗器，即成为六相半波整流电路。

六相半波整流电路中，只能有一个晶闸管导电，其余五管均阻断，每管最大导通角为 60°，平均电流为 $I_d/6$；当 $\alpha=0°$时，U_d 为 $1.35U_2$，比三相半波时的 $1.17U_2$ 略大些；因晶闸管导电时间短，变压器利用率低，极少采用。

由于平衡电抗器 L_p 承担了 n_1、n_2 间的电位差，它补偿了 u'_b 和 u_a 的电动势差，使得 u'_b 和 u_a 两相的晶闸管能同时导电。

在 ωt_1 时，$u'_b>u_a$，VT_6 导通，此电流在流经 L_P 时，L_P 上要感应一电动势 u_p，其方向是要阻止电流增大（见图 3-30 标出的极性）。可导出 L_p 两端电压、整流输出电压的数学表达式为

$$u_p=u_{d2}-u_{d1} \tag{3-44}$$

$$u_d=u_{d2}-\frac{1}{2}u_p=u_{d1}+\frac{1}{2}u_p=\frac{1}{2}(u_{d1}+u_{d2}) \tag{3-45}$$

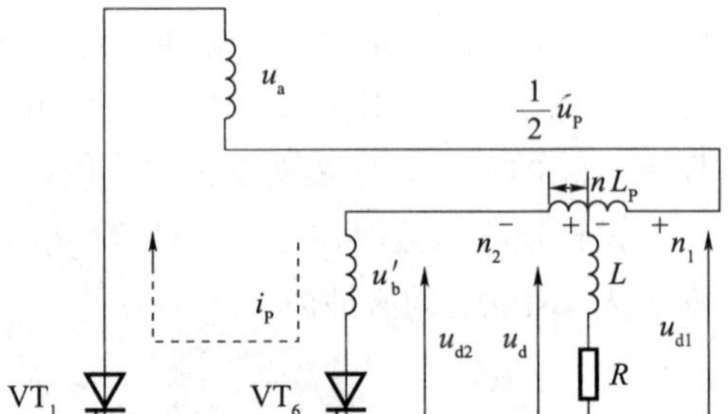

图 3-30　平衡电抗器作用下两个晶闸管同时导电的情况

虽然 $u_{d1}<u_{d2}$，但由于 L_p 的平衡作用，晶闸管 VT_6 和 VT_1 同时导通。时间推迟至 u'_b 与 u_a 的交点时，$u'_b=u_a$，$u_p=0$。

之后 $u'_b<u_a$，则流经 b′相的电流要减小，但 L_p 有阻止此电流减小的作用，u_p 的极性反向，L_p 仍起平衡的作用，使 VT_6 继续导电。直到 $u'_c>u'_b$，电流才从 VT_6 换至 VT_2，此时 VT_1、VT_2 同时导电。每一组中的每一个晶闸管仍按三相半波的导电规律挨个轮流导电。平衡电抗器中点作为整流电压输出的负端，其输出的整流电压瞬时值为两组三相半波整流电压瞬时值的平均值。

当需要分析各种控制角时的输出波形时，可根据式（3-45）先求出两组三相半波电路的 u_{d1} 和 u_{d2} 波形，然后做出波形 $(u_{d1}+u_{d2})/2$。图 3-31 画出了 $\alpha=30°$、$\alpha=60°$ 和 $\alpha=90°$ 时输出电压的波形。

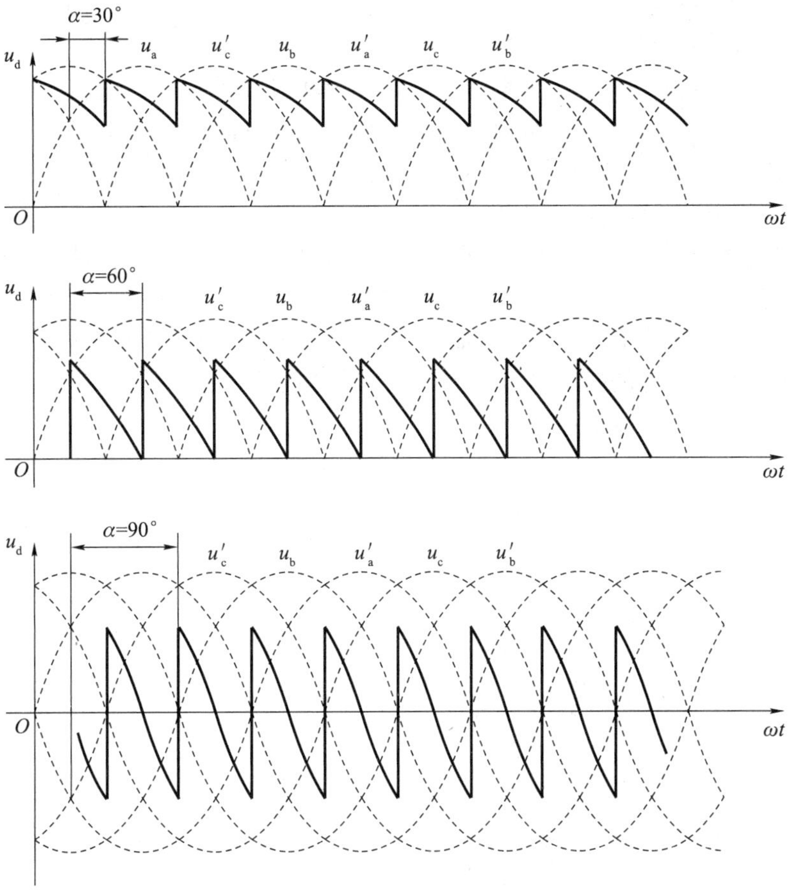

图3－31　当α=30°、60°、90°时，双反星形电路的输出电压波形

从图3－31中可以看出，输出电压波形与三相半波电路比较，脉动程度减小了，脉动频率加大1倍，f=300 Hz。在电感负载情况下，移相范围是90°。在电阻负载情况下，移相范围为120°。整流电压平均值为

$$U_{d0}=1.17U_2\cos\alpha$$

综合上述分析，将双反星形电路与三相桥式电路进行比较可得出以下结论。

（1）三相桥为两组三相半波串联，而双反星形为两组三相半波并联，且后者需用平衡电抗器。

（2）当U_2相等时，双反星形的U_d是三相桥的1/2，而I_d是单相桥的2倍。

（3）两种电路中，晶闸管的导通及触发脉冲的分配关系一样，u_d和i_d的波形形状一样。

3.5.2　多重化整流电路

在工业领域中整流装置的功率要求进一步加大，它所产生的谐波、无功功率等对电能质量下降，为保证电能质量，可采用多重化整流电路减轻整流装置所产生的谐波、无功功率等对电网的干扰，将几个整流电路多重联结可以减少交流侧输入电流谐波，而对晶闸管多重整流电路采用顺序控制的方法可提高功率因数。

1. 移相多重联结

整流电路的多重联结有并联多重联结和串联多重联结。图3－32所示的电路是两个三相桥

并联而成的 12 脉波整流电路，该电路使用平衡电抗器来平衡两组整流器的电流，其原理与双反星形电路中采用的平衡电抗器是一样的。

对于交流输入电流来说，采用并联多重联结和串联多重联结的效果是相同的，以下着重讲述串联多重联结的情况。采用多重联结不仅可减少输入电流谐波，同时可减少输出电压中的谐波并提高纹波频率，因而可减小平波电抗器。为了简化分析，下面均不考虑变压器漏抗引起的重叠角，并假设各绕组的线电压之比为 1∶1。

图 3-33 是移相 30°构成的串联 2 重联结电路的原理图，利用变压器二次绕组接法不同，使两组三相交流电源间相位错开 30°，从而使输出整流电压 u_d 在每个交流电源周期中脉动 12 次，故该电路称为 12 脉波整流电路。整流变压器二次绕组分别采用星形联结和三角形联结构成相位相差 30°、大小相等的两组电压，接到相互串联的 2 组整流桥。因绕组接法不同，变压器一次绕组和两组二次绕组的匝比如图 3-33 所示，为 $1:1:\sqrt{3}$。

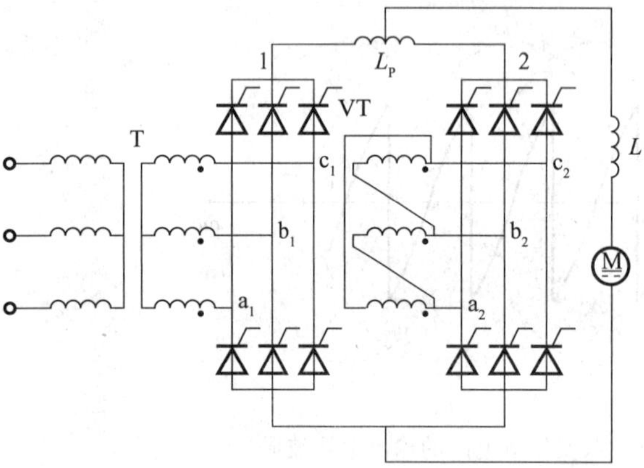

图 3-32 并联多重联结的 12 脉波整流电路

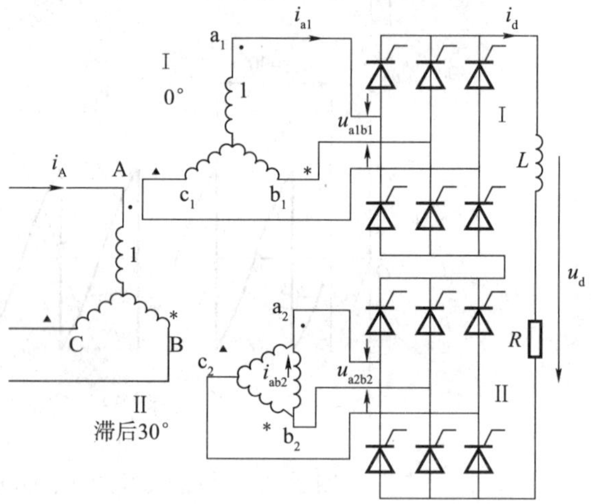

图 3-33 移相 30°串联 2 重联结电路

2. 多重联结电路的顺序控制

前面介绍的多重联结电路中，各整流桥二次输入电压错开一定相位，但工作时各桥的控制角 α 是相同的。这样可以使输入电流谐波含量大为降低。这里介绍的顺序控制则是另一种方法，这种控制方法只对一个桥的 α 角进行控制，其余各桥的工作状态则根据需要输出的整流电压而定，或者不工作而使该桥输出直流电压为零，或者 $\alpha=0°$ 而使该桥输出电压最大。根据所需总直流输出电压从低到高的变化，按顺序依次对各桥进行控制，因而称为顺序控制。

以用于电气机车的 3 重晶闸管整流桥顺序控制为例，电路原理图如图 3-34（a）所示。当需要输出的直流电压低于三分之一最高电压时，只对第Ⅰ组桥的 α 角进行控制，同时 VT_{23}、VT_{24}、VT_{33}、VT_{34} 保持导通，这样第Ⅱ、Ⅲ组桥的直流输出电压就为零。当需要输出的直流电压达到三分之一最高电压时，第Ⅰ组桥的 α 角为 0°。需要输出电压为三分之一到三分之二最高电压时，第Ⅰ组桥的 α 角固定为 0°，VT_{33} 和 VT_{34} 维持导通，仅对第Ⅱ组桥的 α 角进行控制。需要输出电压为三分之二最高电压以上时，第Ⅰ、Ⅱ组桥的 α 角固定为 0°，仅对第Ⅲ组桥的 α 角进行控制。

为了控制上述电路，使直流输出电压波形不含负的部分，可采取如下控制方法：

以第Ⅰ组桥为例，当电压相位为 α 时，触发 VT_{11}、VT_{14} 使其导通并流过直流电流。在电

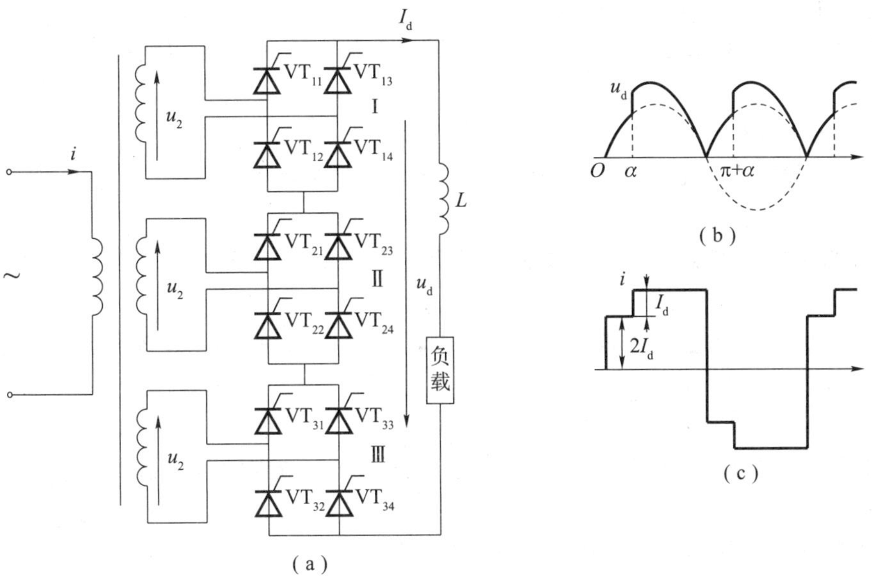

图 3－34　单相串联 3 重联结电路及顺序控制时的波形

压相位为 π 时，触发 VT_{13}，则 VT_{11} 关断，通过 VT_{13}、VT_{14} 续流，桥的输出电压为零而不出现负的部分。电压相位为 $\pi+\alpha$ 时，触发 VT_{12}，则 VT_{14} 关断，由 VT_{12}、VT_{13} 导通而输出直流电压。电压相位为 2π 时，触发 VT_{11}，则 VT_{13} 关断，由 VT_{11} 和 VT_{12} 续流，桥的输出电压为零。直至电压相位为 $2\pi+\alpha$ 时下一周期开始，重复上述过程。

图 3－34（b）、（c）的波形是直流输出电压大于三分之二最高电压时的总直流输出电压 u_d 和输入总电流 i 的波形。这时Ⅰ、Ⅱ两组桥的 α 均固定在 0°，第Ⅲ组桥控制角为 α。从顺序控制的电流波形中可以看出，虽波形并未改善，仍与单相全控桥时含有奇次谐波，但其基波分量比电压的滞后少，因而位移因数高，从而提高了总的功率因数。

本章小结

本章的主要内容包括可控整流电路、变压器漏抗对整流电路的影响、可控整流电路的有源逆变工作状态分析、大功率可控整流电路的接线形式及特点。

可控整流电路要求重点掌握电力电子电路作为分段线性电路进行分析的基本思想、单相全控桥式整流电路和三相全控桥式整流电路的原理分析与计算、各种负载对整流电路工作情况的影响。

变压器漏抗对整流电路的影响要求重点建立换相压降、重叠角等概念，并掌握相关的计算，熟悉漏抗对整流电路工作情况的影响。

可控整流电路的有源逆变工作状态分析，要求重点掌握产生有源逆变的条件、三相可控整流电路有源逆变工作状态的分析计算、逆变失败及最小逆变角的限制等。

大功率可控整流电路的接线形式及特点，要求熟悉双反星形可控整流电路的工作情况，建立整流电路多重化的概念。

习题与思考题

3.1　单相半波可控整流电路对电感负载供电，$L=20$ mH，$U_2=100$ V，求当 $\alpha=0°$ 和 60°

时的负载电流 I_d，并画出 u_d 与 i_d 的波形。

3.2 单相桥式全控整流电路，$U_2=100$ V，负载中 $R=2\ \Omega$，L 值极大，当 $\alpha=30°$ 时，要求：

(1) 作出 u_d、i_d 和 i_2 的波形。

(2) 求整流输出平均电压 U_d、电流 I_d，变压器二次电流有效值 I_2。

(3) 考虑安全裕量，确定晶闸管的额定电压和额定电流。

3.3 单相桥式半控整流电路，电阻性负载，画出整流二极管在一个周期内承受的电压波形。

3.4 单相桥式全控整流电路，$U_2=100$ V，负载中 $R=2\ \Omega$，L 值极大，反电功势 $E=60$ V，当 $\alpha=30°$ 时，要求：

(1) 作出 u_d、i_d 和 i_2 的波形。

(2) 求整流输出平均电压 U_d、电流 I_d，变压器二次电流有效值 I_2。

(3) 考虑安全裕量，确定晶闸管的额定电压和额定电流。

3.5 晶闸管串联的单相半控桥（桥中 VT_1、VT_3 为晶闸管），电路如图 3-8 所示，$U_2=100$ V，电阻电感负载，$R=2\ \Omega$，L 值很大，当 $\alpha=60°$ 时求流过器件电流的有效值，并作出 u_d、i_d、i_{VT}、i_D 的波形。

3.6 在三相半波整流电路中，如果 a 相的触发脉冲消失，试绘出在电阻性负载和电感性负载下整流电压 u_d 的波形。

3.7 三相半波整流电路的共阴极接法与共阳极接法，a、b 两相的自然换相点是同一点吗？如果不是，它们在相位上差多少度？

3.8 三相半波可控整流电路，$U_2=100$ V，带电阻电感负载，$R=5\ \Omega$，L 值极大，当 $\alpha=60°$ 时，要求：

(1) 画出 u_d、i_d 和 i_{VT1} 的波形。

(2) 计算 U_d、I_d、I_{dT} 和 I_{VT}。

3.9 三相桥式全控整流电路，$U_2=100$ V，带电阻电感负载，$R=5\ \Omega$，L 值极大，当 $\alpha=60°$ 时，要求：

(1) 画出 u_d、i_d 和 i_{VT1} 的波形。

(2) 计算 U_d、I_d、I_{dT} 和 I_{VT}。

3.10 单相全控桥，反电动势阻感负载，$R=1\ \Omega$，$L=\infty$，$E=40$ V，$U_2=100$ V，$L_B=0.5$ mH，当 $\alpha=60°$ 时求 U_d、I_d 的数值，并画出整流电压 u_d 的波形。

3.11 三相半波可控整流电路，反电动势阻感负载，$U_2=100$ V，$R=1\ \Omega$，$L=\infty$，$L_B=1$ mH，求当 $\alpha=30°$，$E=50$ V 时，U_d、I_d 的值并作出 u_d 与 i_{VT1} 和 i_{VT2} 的波形。

3.12 三相桥式不可控整流电路，阻感负载，$R=5\ \Omega$，$L=\infty$，$U_2=220$ V，$X_B=0.3\ \Omega$，求 U_d、I_d、I_{VD} 和 I_2 的值并作出 u_d、i_{VD} 和 i_2 的波形。

3.13 三相全控桥，反电动势阻感负载，$E=200$ V，$R=1\ \Omega$，$L=\infty$，$U_2=220$ V，$\alpha=60°$，当①$L_B=0$ 和②$L_B=1$ mH 情况下分别求 U_d、I_d 的值，并分别作出 u_d 与 i_T 的波形。

3.14 带平衡电抗器的双反星形可控整流电路与三相桥式全控整流电路相比有何主要异同？

3.15 整流电路多重化的主要目的是什么？

3.16 使变流器工作于有源逆变状态的条件是什么？

3.17　三相全控桥变流器，反电动势阻感负载，$R=1\ \Omega$，$L=\infty$，$U_2=220$ V，$L_B=1$ mH，当 $E_M=-400$ V，$\beta=60°$时，求 U_d、I_d的值，此时送回电网的有功功率是多少？

3.18　单相全控桥，反电动势阻感负载，$R=1\ \Omega$，$L=\infty$，$U_2=100$ V，$L=0.5$ mH，当 $E_M=-99$ V，$\beta=60°$时，求 U_d、I_d的值。

3.19　什么是逆变失败？如何防止逆变失败？

3.20　在单相桥式全控整流电路、三相桥式全控整流电路中，当负载分别为电阻负载或电感负载时，要求的晶闸管移相范围分别是多少？

第 4 章

逆 变 电 路

各个领域的用电设备对供电电源的要求越来越多样化，由交流电网提供的工频交流电源的单一供电方式已不能满足生活和生产实际的需求。对于使用各种电压和频率的交流电源产品，需要把直流电变换成所需幅值和频率的交流电。

与整流相对应，把直流电变成交流电称为逆变。当交流侧接在电网上，即交流侧接有电源时，称为有源逆变；当交流侧直接和负载连接时，称为无源逆变。在不加说明时，逆变电路一般多指无源逆变电路。本章讲述的就是无源逆变电路。

4.1 逆变电路概述

4.1.1 逆变电路的分类

逆变电路应用广泛，类型很多，可从不同角度进行分析。

(1) 逆变电路根据电力电子换流方式不同，可分为自关断（GTO、GTR、IGBT 等）、强迫换流、负载换流、电网换流。

(2) 逆变电路根据输入直流电源的性质，可分为电压型和电流型两大类。逆变电路由直流电源提供能量，为了保证直流电源为恒压源或恒流源，在直流电源的输出端必须设置储能元件。采用大电容作为储能元件，能保证电压的稳定；采用大电感作为储能元件，是为了保证电流的稳定。

(3) 逆变电路根据电路结构特点的不同，可分为半桥式、全桥式和推挽式逆变电路。

(4) 逆变电路按输出相数可分为单相逆变电路和多相逆变电路。

4.1.2 逆变电路的基本工作原理

逆变电路的主要功能是将直流电逆变成某一频率或可变频率的交流电供给负载。以图 4-1 (a) 所示的单相桥式逆变电路为例说明其基本的工作原理。

图 4-1 (a) 中 S_1～S_4 是桥式电路的四个臂，由电力电子器件及辅助电路组成。当开关 S_1、S_4 闭合，S_2、S_3 断开时，负载电压 u_o 为正；当开关 S_1、S_4 断开，S_2、S_3 闭合时，u_o 为负，这样就把直流电变成了交流电。改变两组开关的切换频率，即可改变输出交流电的频率。电阻负载时，负载电流 i_o 和 u_o 的波形相同，相位也相同。阻感负载时，i_o 相位滞后于 u_o，波形也不同。

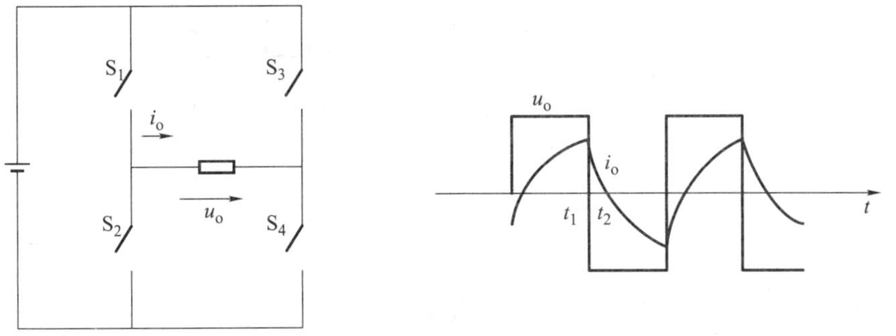

(a)　　　　(b)

图 4-1　单相桥式逆变电路及其波形

(a) 单相桥式逆变电路；(b) 波形

4.1.3　换流方式分类

逆变电路在工作过程中不断发生电流从一个支路向另一个支路的转移，这就是换流。换流方式在逆变电路中占有突出的地位。应该指出，换流并不是逆变电路才有的概念，例如在 3.2 节中的电路中也涉及换流问题。但在逆变电路中，换流方式问题反映得最为全面和集中。研究换流方式主要是研究如何使器件关断。

换流方式分为以下几种：

1. 器件换流

器件换流利用全控型器件的自关断能力进行换流。在采用 IGBT、电力 MOSFET、GTO、GTR 等全控型器件的电路中的换流方式是器件换流。

2. 电网换流

电网换流是由电网提供换流电压的换流方式。将负的电网电压施加在欲关断的晶闸管上即可使其关断。不需要器件具有门极关断能力，但不适用于没有交流电网的无源逆变电路。

3. 负载换流

负载换流是由负载提供换流电压的换流方式。负载电流的相位超前于负载电压的场合，都可实现负载换流，如电容性负载和同步电动机。

图 4-2 (a) 是基本的负载换流逆变电路，整个负载工作在接近并联谐振状态而略呈容性，直流侧串大电感，工作过程可认为 i_d基本没有脉动。负载对基波的阻抗大而对谐波的阻抗小，所以 u_o接近正弦波。注意：触发 VT_2、VT_3的时刻 t_1必须在 u_o过零前并留有足够的裕量，才能使换流顺利完成。

4. 强迫换流

设置附加的换流电路，给欲关断的晶闸管强迫施加反压或反电流的换流方式称为强迫换流。通常利用附加电容上所储存的能量来实现，因此也称为电容换流。

在强迫换流方式中，由换流电路内电容直接提供换流电压的方式称为直接耦合式强迫换流。图 4-3 为其原理图，当晶闸管 VT 处于通态时，预先给电容充电；当 S 合上时，就可使 VT 被施加反压而关断。所以像这种给晶闸管加上反向电压而使其关断的换流方式也称电压换流。

如果通过换流电路内的电容和电感的耦合来提供换流电压或换流电流则称为电感耦合式强

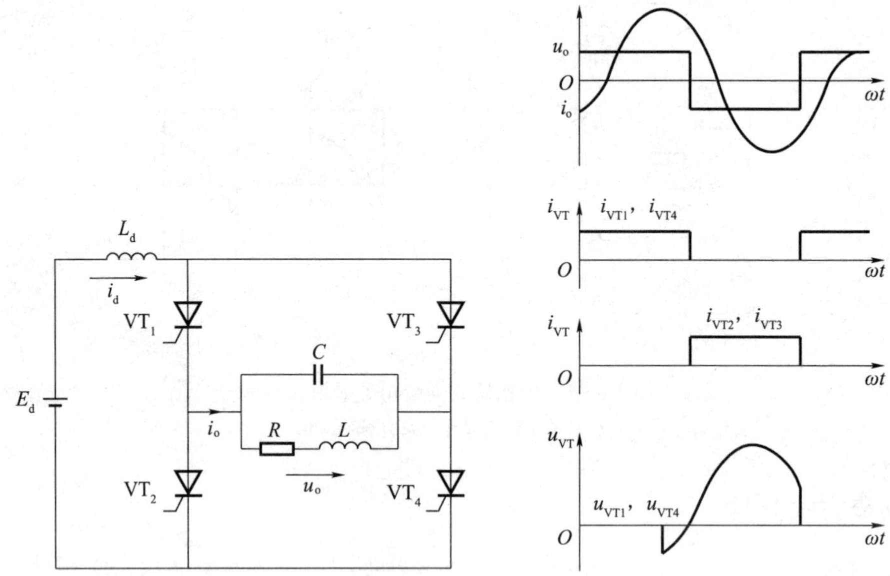

（a） （b）

图 4-2 负载换流逆变电路及其工作波形

（a）负载换流逆变电路；（b）工作波形

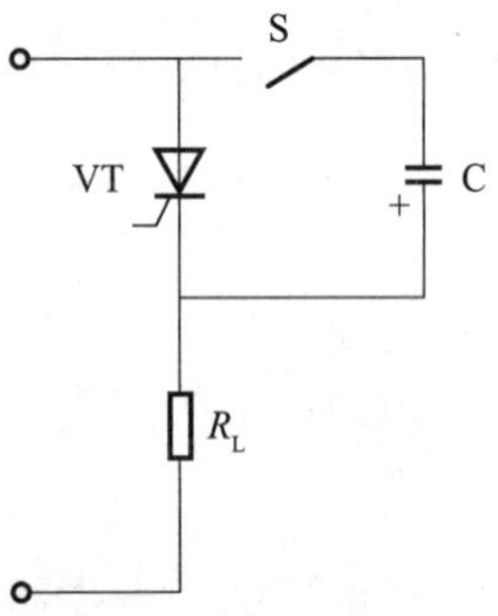

图 4-3 直接耦合式强迫换流原理图

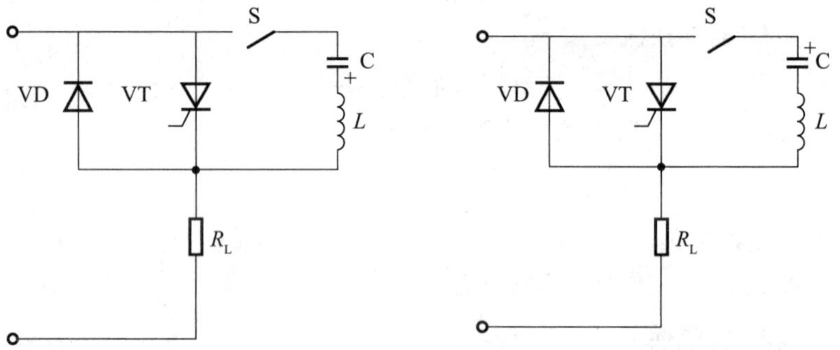

（a） （b）

图 4-4 电感耦合式强迫换流原理图

迫换流。图 4-4（a）中晶闸管在 LC 振荡第一个半周期内关断，图 4-4（b）中晶闸管在 LC 振荡第二个半周期内关断。注意：两图中电容所充的电压极性不同。在这两种情况下，晶闸管都是在正向电流减至零且二极管开始流过电流时关断，二极管上的管压降就是加在晶闸管上的反向电压。像这种先使晶闸管电流为零，然后通过反并联二极管使其加上反向电压的换流方式也称电流换流。

上述四种换流方式中，器件换流只适用于全控型器件，其余三种方式主要是针对晶闸管而言的。器件换流和强迫换流都是因为器件或变流器自身的原因而实现换流的，所以属于自换流；电网换流和负载换流不是依靠变流器自身的原因，而是借助于外部手段（电网电压或负载电压）来实现换流的，所以属于外部换流。

当电流不是从一个支路向另一个支路转移，而是在支路内部终止流通而变为零，则称为熄灭。

4.2 电压型逆变电路

逆变电路根据直流侧电源性质的不同，可以分为两类：直流侧是电压源的称为电压型逆变电路，直流侧是电流源的称为电流型逆变电路。本节主要介绍各种电压型逆变电路的基本构成、工作原理和特性。

电压型逆变电路有以下主要特点：

（1）直流侧为电压源或并联大电容，直流侧电压基本无脉动。

（2）由于直流电压源的钳位作用，输出电压为矩形波，输出电流因负载阻抗不同而不同。

（3）阻感负载时需提供无功功率，为了给交流侧向直流侧反馈的无功能量提供通道，逆变桥各臂并联反馈二极管。

上述特点需要在后续的课程中加以理解，下面分别对单相和三相电压型逆变电路进行讨论。

4.2.1 单相电压型逆变电路

1. 半桥逆变电路

在直流侧接有两个相互串联的足够大的电容，两个电容的连接点便成为直流电源的中点，负载连接在直流电源中点和两个桥臂连接点之间，如图 4-5 所示。

设开关器件 V_1和 V_2的栅极信号在一个周期内各有半周正偏，半周反偏，且二者互补。输出电压 u_o为矩形波，其幅值为$U_m=U_d/2$。电路带阻感负载，t_2时刻给 V_1关断信号，给 V_2开通信号，则 V_1关断，但感性负载中的电流 i_o不能立即改变方向，于是 VD_2导通续流，当 t_3时刻 i_o降为零时，VD_2截止，V_2开通，i_o开始反向，由此得出如图 4-5（b）所示的电流波形。

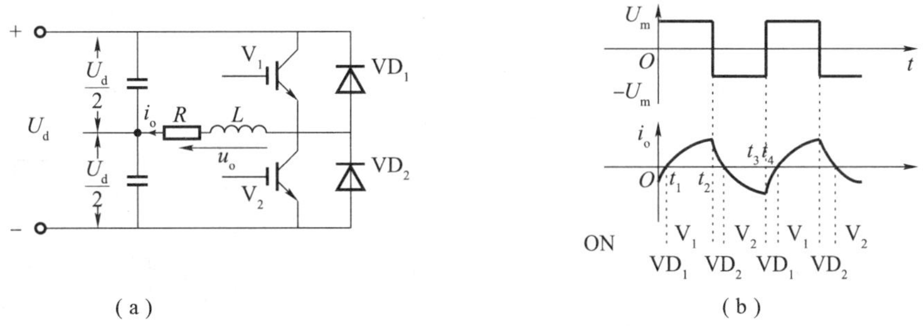

图 4-5 单相半桥电压型逆变电路及其工作波形

（a）单相半桥电压型逆变电路；（b）工作波形

通过分析图 4-5（a）得出，当 V_1或 V_2导通时，i_o和 u_o同方向，直流侧向负载提供能量；VD_1或 VD_2导通时，i_o和 u_o反向，电感中储能向直流侧反馈。VD_1、VD_2称为反馈二极管，它们又起着使负载电流连续的作用，所以又称续流二极管。

半桥逆变电路的优点是简单，使用器件少；缺点是输出交流电压的幅值 U_m仅为 $U_d/2$，且直流侧需要两个电容器串联，工作时还要控制两个电容器电压的均衡。因此，半桥电路常用于几 kW 以下的小功率逆变电源。

2. 全桥逆变电路

电压型全桥逆变电路的原理图如图 4－6 所示，四个桥臂可看成由两个半桥电路组合而成。把桥臂 1 和 4 作为一对，桥臂 2 和 3 作为另一对，成对的两个桥臂同时导通，两对交替导通 180°。其输出电压 u_o的波形和图 4－5（b）所示的半桥电路波形 u_o形状相同，也是矩形波，但其幅值高出一倍，$U_m=U_d$。在直流电压和负载都相同的情况下，其输出电流 i_o的波形当然也和图 4－5（b）所示的 i_o形状相同，仅幅值增加一倍。图 4－5 中的 VD_1、V_1、VD_2、V_2相继导通的区间，分别对应于图 4－6 中的 VD_1和 VD_4、V_1和 V_4、VD_2和 VD_3、V_2和 V_3相继导通的区间。

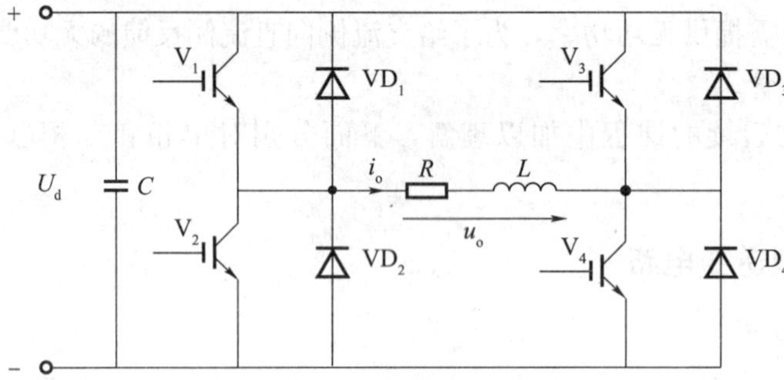

图 4－6　全桥逆变电路

前面分析的都是 u_o为正负电压各为 180°的脉冲时的情况。在这种情况下，要改变输出交流电压的有效值只能通过改变直流电压 U_d来实现。

在阻感负载时，还可以采用移相的方式来调节逆变电路的输出电压，这种方式称为移相调压。移相调压实际上就是调节输出电压脉冲的宽度。在图 4－7（a）所示的单相全桥逆变电路中，各 IGBT 的栅极信号为 180°正偏，180°反偏，并且 V_1和 V_2的栅极信号互补，V_3和 V_4的栅极信号互补，但 V_3的栅极信号不是比 V_1落后 180°，而只是落后 θ（$0<\theta<180°$）。也就是说，

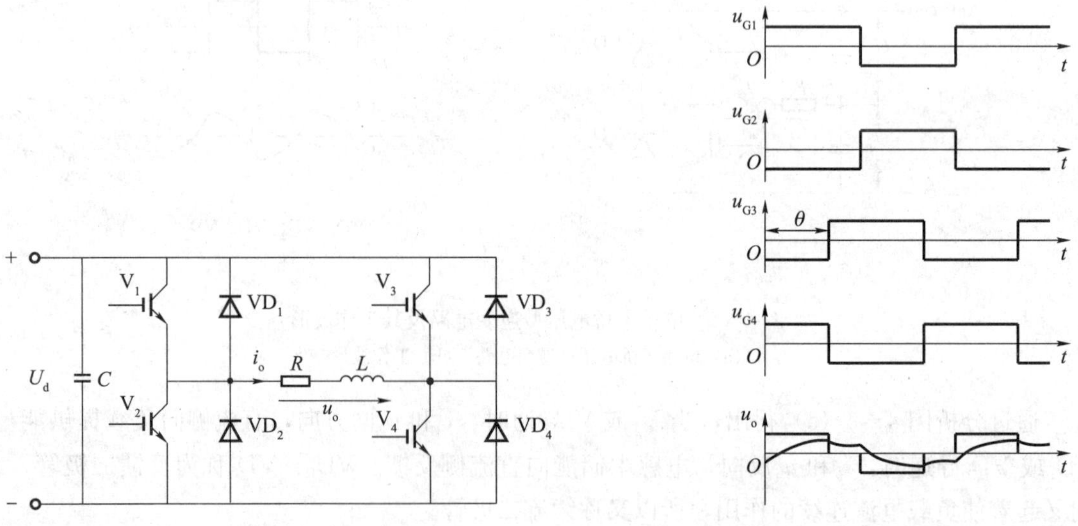

图 4－7　单相全桥逆变电路的移相调压方式

（a）单相全桥逆变电路；（b）波形

V_3、V_4的栅极信号不是与V_2、V_1的栅极信号同相位，而是前移了$180°-\theta$。这样，输出电压u_o就不再是正负各180°的脉冲，而是正负各为θ的脉冲，各IGBT的栅极信号$u_{G1}\sim u_{G4}$及输出电压u_o、输出电流i_o的波形如图4-7（b）所示。下面对其工作过程进行具体分析。

设t_1时刻前V_1和V_4导通，$u_o=U_d$。t_1时刻V_4截止，而因负载电感中的电流i_o不能突变，V_3不能立刻导通，VD_3导通续流，此时$u_o=0$。t_2时刻V_1截止，而V_2不能立刻导通，VD_2导通续流，和VD_3构成电流通道，$u_o=-U_d$。到负载电流过零并开始反向时，VD_2和VD_3截止，V_2和V_3开始导通，u_o仍为$-U_d$。t_3时刻V_3截止，而V_4不能立刻导通，VD_4导通续流，u_o再次为零。以后的过程和前面类似。这样输出电压u_o的正负脉冲宽度各占θ，改变θ就可调节输出电压。

3. 带中心抽头变压器的逆变电路

图4-8为带中心抽头变压器的逆变电路原理图，交替驱动两个IGBT，经变压器耦合给负载加上矩形波交流电压。两个二极管的作用也是提供无功能量的反馈通道。在U_d和负载参数相同，变压器匝比为1∶1∶1时，u_o和i_o波形及幅值与全桥逆变电路完全相同。

该电路与全桥电路相比较，比全桥电路少用一半开关器件，但器件承受的电压为$2U_d$，比全桥电路高一倍，而且必须有一个变压器。

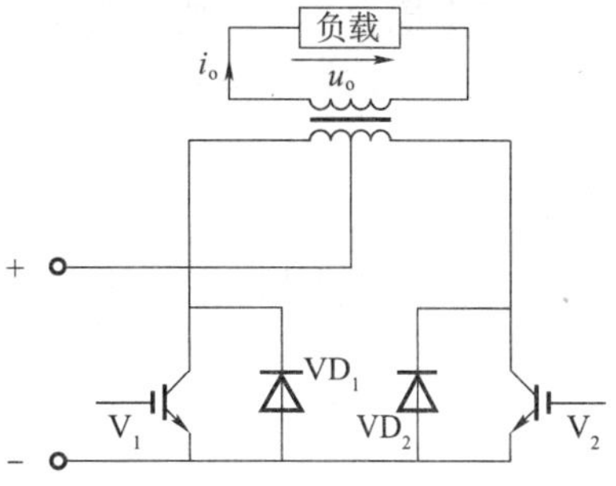

图4-8　带中心抽头变压器的逆变电路

4.2.2　三相电压型逆变电路

用三个单相逆变电路可以组合成一个三相逆变电路。但在三相逆变电路中，应用最广的还是三相桥式逆变电路。采用IGBT作为开关器件的电压型三相桥式逆变电路如图4-9所示，可以看成由三个半桥逆变电路组成。

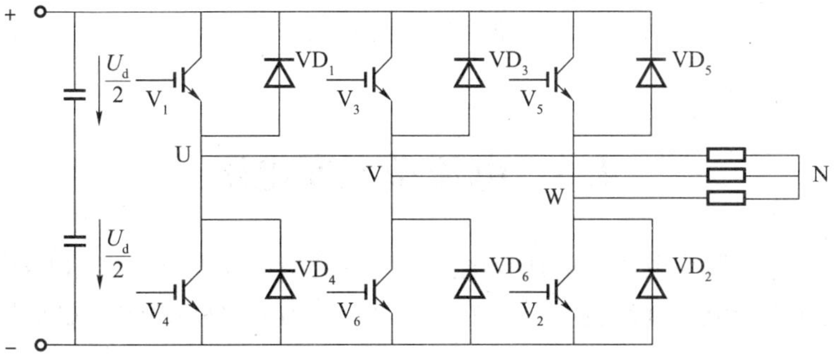

图4-9　三相电压型桥式逆变电路

通常直流侧只有一个电容器就可以了，为了分析方便，画成串联的两个电容器，并标出了假想中点N′。电压型三相桥式逆变电路的基本工作方式有两种，即180°和120°。采用180°导电方式，即每个桥臂的导电角度为180°，同一相上、下两个桥臂交替导电，各相依次相差120°。在任一时刻，均将有3个桥臂同时导通。可能是上面1个桥臂下面2个桥臂，也可能是上面2个桥臂下面1个桥臂同时导通。每次换流都是在同一相中上下两个桥臂之间进行的，因此也称为纵向换流。对于上述180°导电方式逆变电路中，为了防止同一相中上、下两桥臂的开关器件同时导通而引起直流侧电源短路，要采取“先断后通”的方法，即上、下桥臂的驱动信号之间必须存在死区时间。

下面分析该电路的工作波形。对于U相输出来说，当桥臂1导通时，$u_{UN'}=U_d/2$，当桥臂4导通时，$u_{UN'}=-U_d/2$，$u_{UN'}$的波形是幅值为$U_d/2$的矩形波，V、W两相的情况和U相类似。负载线电压u_{UV}、u_{VW}、u_{WU}可由下式求出

$$\left.\begin{aligned}u_{UV}&=u_{UN'}-u_{VN'}\\u_{VW}&=u_{VN'}-u_{WN'}\\u_{WU}&=u_{WN'}-u_{UN'}\end{aligned}\right\}\tag{4-1}$$

图4-10（d）是依照式（4-1）画出的u_{UV}波形，设负载中点N与直流电源假想中点N′之间的电压为$u_{NN'}$，则负载各相的相电压分别为

$$\left.\begin{aligned}u_{UN}&=u_{UN'}-u_{NN'}\\u_{VN}&=u_{VN'}-u_{NN'}\\u_{WN}&=u_{WN'}-u_{NN'}\end{aligned}\right\}\tag{4-2}$$

把上面各式相加并整理可求得

$$u_{NN'}=\frac{1}{3}(u_{UN'}+u_{VN'}+u_{WN'})-\frac{1}{3}(u_{UN}+u_{VN}+u_{WN})\tag{4-3}$$

设负载为三相对称负载，则有$u_{UN}+u_{VN}+u_{WN}=0$，故可得

$$u_{NN'}=\frac{1}{3}(u_{UN'}+u_{VN'}+u_{WN'})\tag{4-4}$$

图4-10（e）为$u_{NN'}$的波形，其波形也为矩形波，但其频率为u_{UN}频率的3倍，幅值为u_{UN}幅值的1/3，即为$U_d/6$。

利用式（4-2）和式（4-4）绘出图4-10（f）中u_{UN}的波形，u_{VW}、u_{WU}的波形和u_{UV}相同，仅相位依次相差120°。

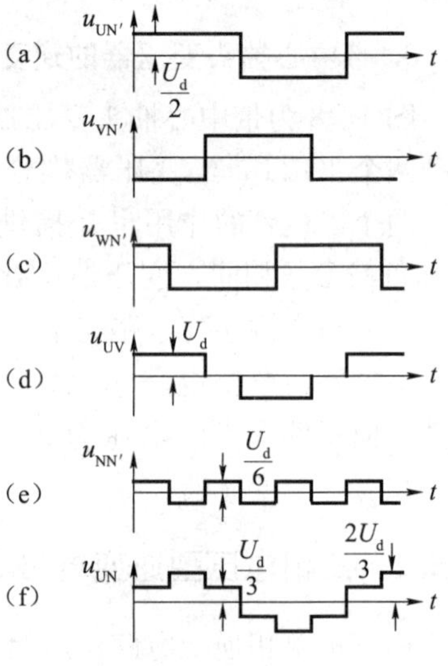

图4-10 电压型三相桥式逆变电路的工作波形

（a）$u_{UN'}$波形；（b）$u_{VN'}$波形；（c）$u_{WN'}$波形；（d）u_{VN}波形；（e）$u_{NN'}$波形；（f）u_{UN}波形

4.3 电流型逆变电路

如前所述，直流电源为电流源的逆变电路称为电流型逆变电路。实际上理想直流电流源并不多见，一般是在逆变电路直流侧串联一个大电感，因为大电感中的电流脉动很小，因此可近似看成直流电流源。

图4-11所示的电流型三相桥式逆变电路就是电流型逆变电路的一个例子。图中的GTO使用反向阻断型器件。假如使用反向导电型GTO串联二极管以承受反向电压。图中的交流侧电容器是为吸收换流时负载电感中存储的能量而设置的，是电流型逆变电路的必要组成部分。

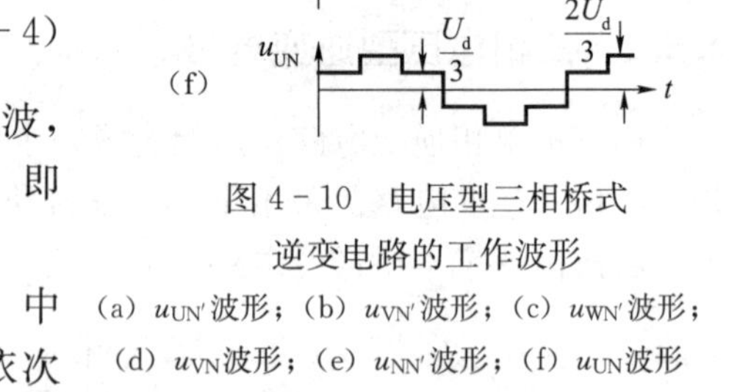

图4-11 电流型三相桥式逆变电路

电流型逆变电路中，采用半控型器件的电路仍应用较多，换流方式有负载换流和强迫换流。

电流型逆变电路的主要特点是：

（1）直流侧串大电感，电流基本无脉动，相当于电流源。直流侧电流基本无脉动，直流回路呈现高阻抗。

（2）电路中开关器件的作用仅改变直流电流的流通路径，因此交流输出电流为矩形波，与负载阻抗角无关，输出电压波形和相位因负载的不同而不同。

（3）当交流侧为阻感负载时需要提供无功功率，直流侧电感起缓冲无功能量的作用，因为反馈无功能量时直流电流并不反向，因此不必像电压型逆变电路那样需给开关器件反并联二极管。

4.3.1 单相电流型逆变电路

图 4－12 是一种单相桥式电流型逆变电路的原理图。其由四个桥臂构成，每个桥臂的晶闸管各串联一个电抗器 L_T，用来限制晶闸管开通时的 di/dt。各桥臂的 L_T之间不存在互感。使桥臂 1、4 和桥臂 2、3 以 1000～2500 Hz 的中频轮流导通，就可以在负载上得到中频交流电。

该电路采用负载换相方式工作，要求负载电流略超前于负载电压，即负载略呈容性。实际负载一般是电磁感应线圈，用来加热置于线圈内的钢料。图 4－12 中 R 和 L 串联即为感应线圈的等效电路。因为功率因数很低，故并联补偿电容器 C。电容 C 和 L、R 构成并联谐振电路。负载换流方式要求负载电流超前电压，因此补偿电容应使负载过补偿，使负载电路总体上工作在容性小失谐的情况下。

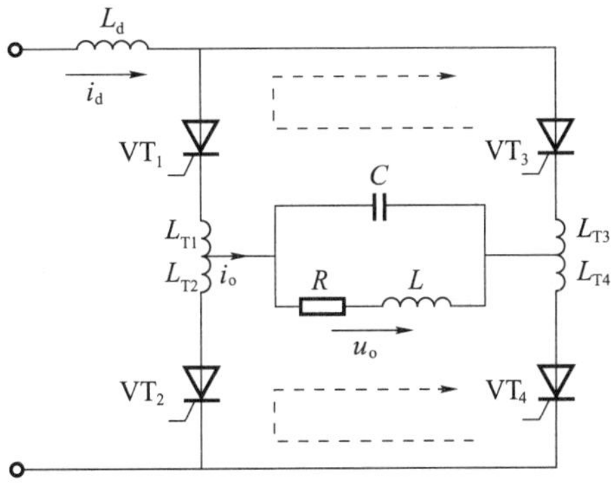

图 4－12 单相桥式电流型（并联谐振式）逆变电路

因为是电流型逆变电路，故其输出电流波形接近矩形波，其中含基波和各奇次谐波，且谐波幅值远小于基波。因基波频率接近负载电路谐振频率，故负载电路对基波呈现高阻抗，而对谐波呈现低阻抗，谐波在负载电路上产生的压降很小，因此负载电压的波形接近正弦波。

图 4－13 是该逆变电路的工作波形。在交流电流一侧有两个稳定导通阶段和两个换流阶段。t_1～t_2之间为晶闸管 VT_1和 VT_4稳定导通阶段，$i_o=I_d$，t_2时刻前在 C 上建立了左正右负的电压。

在 t_2时刻触发 VT_2和 VT_3，因在 t_2前 VT_2和 VT_3的阳极电压等于负载电压，为正值，故 VT_2和 VT_3开通，开始进入换流阶段。由于换流电抗器 L_T 的作用，VT_1和 VT_4不能立刻关断，其电流有一个减小的过程，VT_2和 VT_3的电流也有一个增大的过程。t_2时刻后，四个晶闸管全部导通，负载电容电压经两个并联的放电回路同时放电。其中一个回路是经 L_{T1}、VT_1、VT_3、L_{T3}回到电容 C。另一个回路是经 L_{T2}、VT_2、VT_4、L_{T4}回到电容 C。如图 4－13 中虚线所示。在这个过程中，VT_1、VT_4电流逐渐减小，VT_2、VT_3电流逐渐增大。当 $t=t_4$时，VT_1、VT_4电流减至零而关断，直流侧电流 I_d全部从 VT_1、VT_4转移到 VT_2、VT_3，换流阶段结束。$t_\gamma=t_4-t_2$称为换流时间。因为负载电流 $i_o=i_{VT1}-i_{VT2}$，所以 i_o在 t_3时刻，即 $i_{VT1}=i_{VT2}$时刻过零，t_3时刻大体位于 t_2和 t_4的中点。

晶闸管在电流减小到零后，尚需一段时间才能恢复正向阻断能力。因此，在 t_4时刻换流结束后，还要使 VT_1、VT_4承受一段反压时间 t_β才能保证其可靠关断。$t_\beta=t_5-t_4$应大于晶闸管的关断时间 t_q。如果 VT_1、VT_4尚未恢复阻断能力就被加上正向电压，将会重新导通，导致逆变失败。

为保证可靠换流，应在 u_o 过零前 $t_\delta=t_5-t_2$ 时刻触发 VT_2、VT_3，t_δ 为触发引前时间，从图 4-13 可得

$$t_\delta=t_\gamma+t_\beta \tag{4-5}$$

从图 4-13 还可以看出，负载电流 i_o 超前于 u_o 的时间 t_φ 为

$$t_\varphi=\frac{t_\gamma}{2}+t_\beta \tag{4-6}$$

把 t_φ 表示为电角度 φ(rad) 可得

$$\varphi=\omega\left(\frac{t_\gamma}{2}+t_\beta\right)=\frac{\gamma}{2}+\beta \tag{4-7}$$

式中，ω 为电路工作角频率；γ、β 分别是 t_γ、t_β 对应的电角度。φ 也是负载的功率因数角。

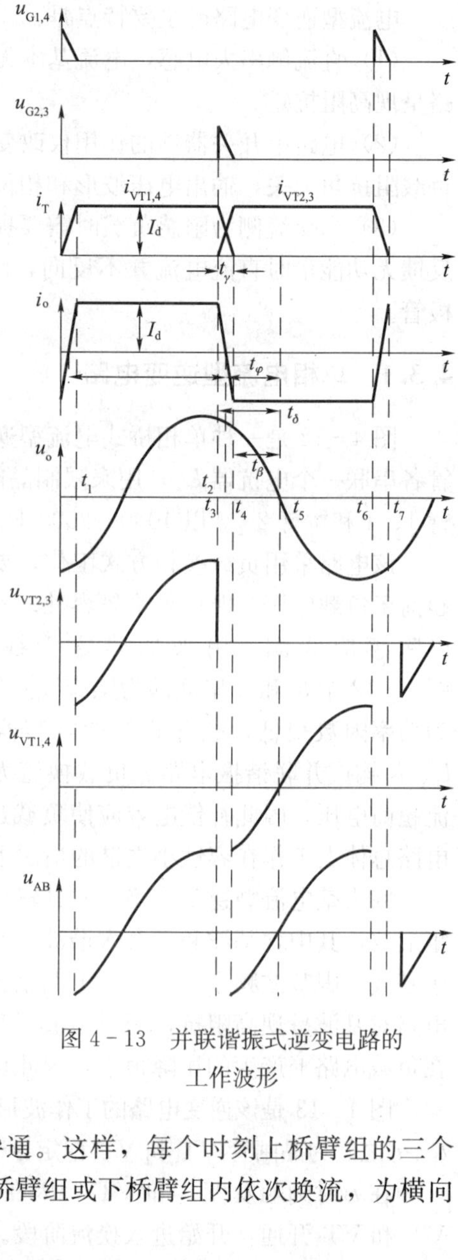

图 4-13 并联谐振式逆变电路的工作波形

4.3.2 三相电流型逆变电路

三相电流型逆变电路常用于电动机调速，此时负载为感性负载。电流型逆变电路直流回路电流不易变化，在逆变器开关动作时，如果不能保证逆变电路输入电流稳定，则易产生很高的 di/dt，影响逆变器的安全运行，电压型逆变电路则没有这类问题。因此目前中小功率变频器大多采用电压型逆变电路，电流型逆变电路很少使用。但是电流型逆变电路的直流电源采用晶闸管可控整流，通过调节控制角可以进行有源逆变，将交流电动机的能量回馈电网，实现节能和四象限运行较为方便。

本节开始给出的图 4-11 是典型的电流型三相桥式逆变电路，其工作方式也采用 120°导电方式，即每个桥臂一周期内导电 120°，按 $VT_1\sim VT_6$ 的顺序依次导通。这样，每个时刻上桥臂组的三个臂和下桥臂组的三个臂都各有一个臂导通。换流时，上桥臂组或下桥臂组内依次换流，为横向换流。

该电路与 120°导通型方波输出三相电压型逆变电路的工作原理基本相同。不同之处在于，因是电流源，电流波形和负载性质无关，当开关器件导通时，负载电流为正负脉冲宽度为 120°的方波。图 4-14 给出了逆变电路的三相输出交流电流波形及线电压 u_{UV} 的波形。输出电流波形和三相桥式可控整流电路大电感负载下的交流输入电流波形相同。因此，它们的谐波分析表达式也相同。输出线电压波形和负载性质有关。图 4-14 中给出的线电压波形大体为正弦波，但叠加了一些脉冲，这是由逆变器中的换流过程产生的。

随着全控型器件的不断进步，晶闸管逆变电路的应用已越来越少，但图 4-15 所示的串联二极管式晶闸管逆变电路仍应用较多。这种电路主要用于大功率交流电动机调速系统。

因开关器件采用晶闸管，没有自关断能力，需要并联换流电容 $C_1\sim C_6$ 为其提供反向关断电压。设电路已进入稳定工作状态，在 VT_1、VT_6 同时导通期间，电流通路：$U_d(+)\rightarrow L\rightarrow$

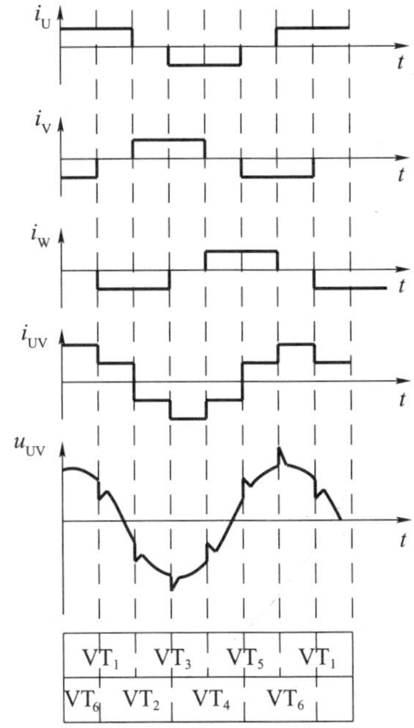

图 4－14　电流型三相桥式逆变电路的输出波形

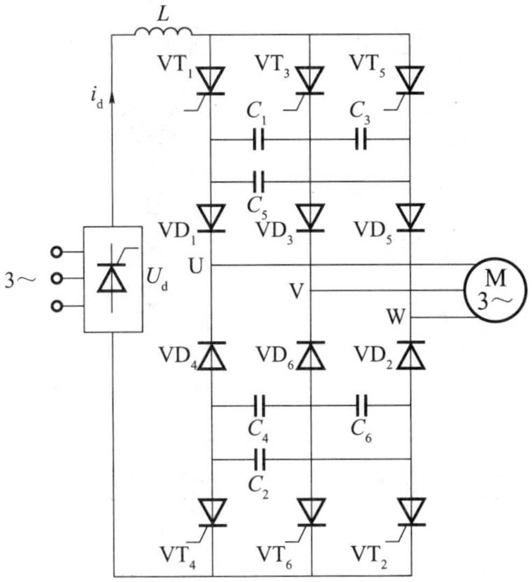

图 4－15　串联二极管式晶闸管逆变电路

VT_1→VD_1→电动机 U 相绕组→V 相绕组→VD_6→VT_6→U_d（－）。经过 60°之后，VT_2与 VT_6换流，导通器件为 VT_1、VT_2，电流通路：U_d（＋）→L→VT_1→VD_1→电动机 U 相绕组→W 相绕组→VD_2→VT_2→U_d（－）。再过 60°，VT_3和 VT_1换流，导通器件为 VT_2、VT_3，电流通路：U_d（＋）→L→VT_3→VD_3→V 相绕组→W 相绕组→VD_2→VT_2→U_d（－），依此类推。同一时刻，总有两个晶闸管导通，它们分别属于上桥臂组和下桥臂组，电动机三相电流为交流方波，其频率取决于 VT_1～VT_6的循环工作周期，电流的大小通过整流电路中晶闸管的触发角来调节。

各桥臂的换流主要利用换流电容 C_1～C_6组成的辅助电路完成。现以 VT_1和 VT_3的换流过程来说明。在 VT_3导通之前，导通的两个晶闸管为 VT_1和 VT_2，在 VT_1、VT_3阴极之间的电容为 C_5与 C_3串联后再与 C_1并联，用 C_{13}表示，其极性为左正右负，如图 4－16（a）所示。此时 VT_3承受正向电压，在忽略 VT_1管压降的情况下，VT_3两端的电压与 C_{13}两端电压相同。

结合图 4－17，在 t_1时刻，给 VT_3触发脉冲，则 VT_3导通，电容 C_{13}两端的电压作用在 VT_1两端，VT_1因受反压而关断。电流 I_d从 VT_1换到 VT_3上，流通路径如图 4－16（b）所示。因电流 I_d恒定，C_{13}处于放电状态，故称恒流放电阶段。在 C_{13}放电结束之前，VT_1一直承受反压，只要反压时间大于晶闸管的关断时间 t_g，就能保证 VT_1可靠关断。

在 t_2时刻，C_{13}放电结束，在负载电感的作用下开始反向充电，当 C_{13}两端电压（左负右正）增加到使 VD_3正向偏置时，VD_3导通，此时两个二极管 VD_1和 VD_3同时导通，进入二极管换流阶段，如图 4－16（c）所示。

随着 C_{13}两端充电电压的增高，i_u逐渐减小，i_v逐渐增大，到 t_3时刻，$i_u=0$，$i_v=I_d$，VD_1关断，完成 U 相与 V 相的换流，进入 VT_2、VT_3的稳定导通阶段，电流流通路径如图 4－16（d）所示。其他晶闸管的换流过程与此类似。

当负载为电动机负载时，逆变器三相输出电压与电动机定子感应电动势相近，波形为正弦

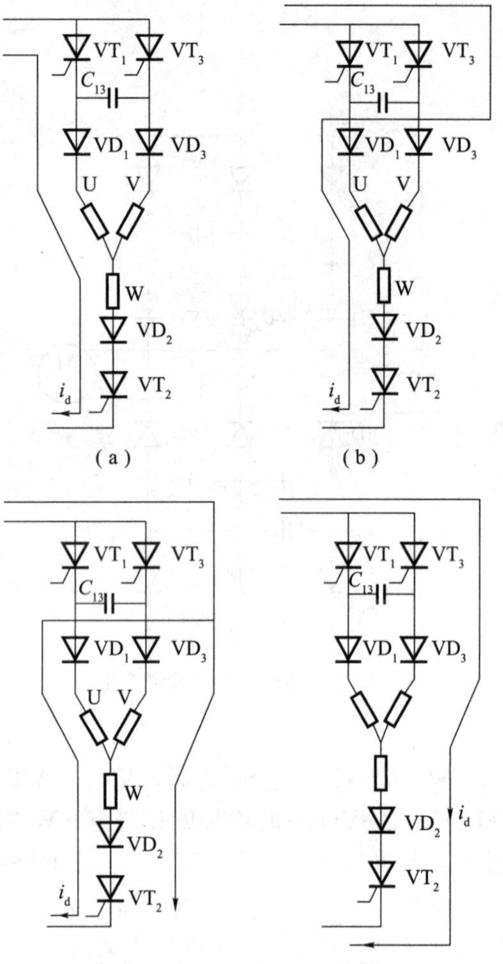

图 4-16　换流过程各阶段的电流路径

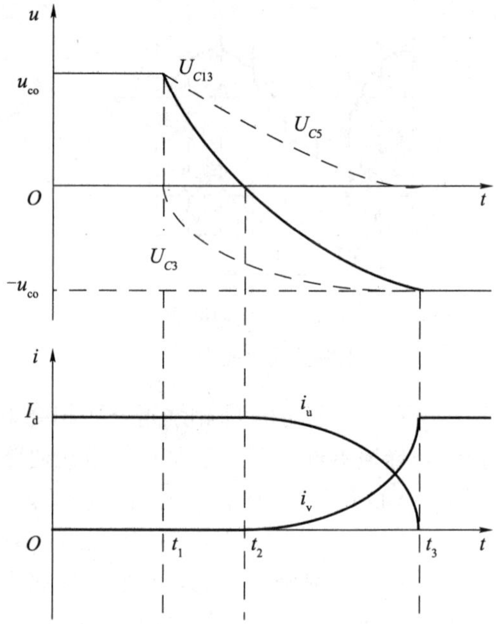

图 4-17　串联二极管式晶闸管逆变电路换流过程波形

波。换流瞬间受 $\mathrm{d}i/\mathrm{d}t$ 的影响，在电压波形上会出现毛刺或缺口，如图 4-17 所示，并且二极管的换流时间会受到定子感应电动势的影响。

4.4　多电平逆变电路

大功率交流调速系统中广泛应用的是 1～10 kV 的中压交-直-交变频调速器，由于开关器件最高允许电压的限制及输出波形的要求，采用前面所介绍的逆变电路难以满足要求。前面讨论的逆变电路的相电压只有 $U_d/2$ 和 $-U_d/2$ 两种电平，因而称为二电平逆变电路。该电路结构简单，控制容易，但也存在不足。

(1) 来自器件本身的限制。在传统的二电平三相桥式逆变电路中，开关器件在关断过程中所承受的最高电压要高于直流环节的电源电压，而逆变电路输出线电压峰值正比于 U_d，因此要想提高逆变器的输出电压就必须提高中间环节电压，这就受到开关器件最高允许电压的限制，难以满足中高压逆变器的需要。

(2) 来自输出电压波形的影响。二电平逆变电路输出相电压只有两个电平状态，输出电压波形的谐波含量较高，电磁干扰比较严重。

如果使逆变电路的输出相电压有三种以上的电平状态，既减小开关器件的电压应力，又减小输出电压谐波含量，则可在中高压变频器中获得广泛应用，这种逆变电路就是多电平逆变电路。本节主要分析三类多电平逆变电路：二极管钳位型三电平逆变电路、电容钳位型多电平逆变电路、具有独立直流电源的级联型多电平逆变电路。

4.4.1 二极管钳位型三电平逆变电路

二极管钳位型三电平逆变电路（也称中性点钳位变流电路）主电路如图 4－18 所示。从图中可以看出，该电路在传统二电平三相桥式逆变电器六个主开关（T_{11}～T_{61}）的基础上，分别在每个桥臂上增加两个辅助开关管（T_{12}～T_{62}）和两个中性点钳位二极管（D_{01}～D_{06}）。直流侧用两个串联的电容（C_1、C_2）将直流母线电压分为$+U_d/2$、0、$-U_d/2$三个电平，钳位二极管（D_{01}～D_{06}）和内侧开关管（T_{12}、T_{41}、T_{32}、T_{61}、T_{21}、T_{52}）并联，其中心抽头和零电平 O 连接，实现中性点钳位。

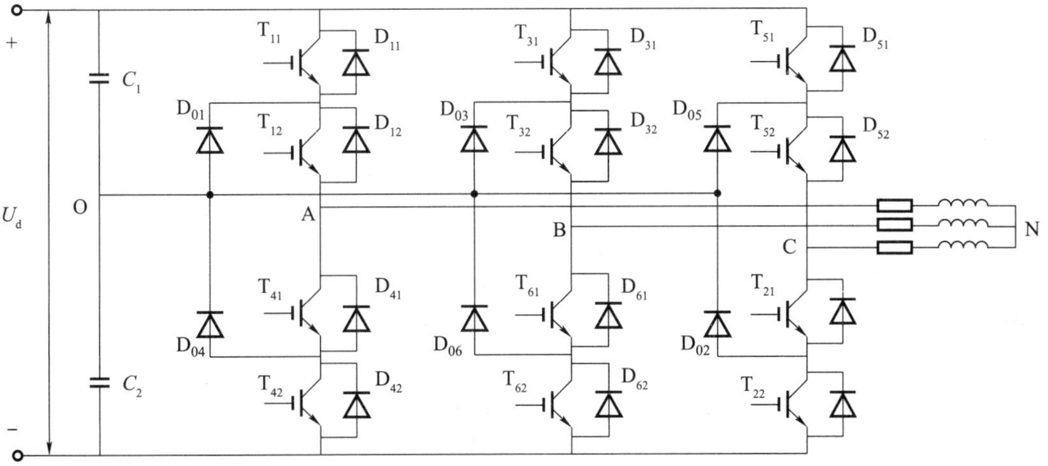

图 4－18 二极管钳位型三电平逆变电路

下面以 U 相为例说明该电路的工作原理。

当逆变电路中 T_{11}和 T_{12}导通而 T_{41}和 T_{42}关断时，U 相的输出相电压（相对于中间直流环节的中性点 O）$U_{UO}=U_d/2$，此时电流的流通路径为$U_d(+)\to T_{11}\to T_{12}\to$U，$i_U>0$，设该状态为“1”。当逆变电路中 T_{41}和 T_{42}导通而 T_{11}和 T_{12}关断时，U 相的输出电压为 $U_{UO}=-U_d/2$，电流 i_U 流通路径为 U$\to T_{41}\to T_{42}\to U_d(-)$，$i_U<0$，该状态为“－1”。这两种状态与传统的二电平逆变器无太大区别，只是每半桥臂由两个开关器件相串联。该电路的第三种状态为“0”状态，在这种状态下，使 T_{11}、T_{42}关断而 VT_{12}或 VT_{41}导通。因负载电流方向的不同，电流在 U 相桥臂内的流通路径也不同。当 $i_U>0$ 时，流通路径为 O$\to D_{01}\to T_{12}\to$U，$U_{UO}=0$；当 $i_U<0$ 时，流通路径为 U$\to T_{41}\to D_{04}\to$O，$U_{UO}=0$。可见，不论 i_U的方向如何，逆变电路输出相电压总为零，从而得到第三种电平。

参照图 4－19 所示的三电平逆变电路输出电压波形示意图，以 $i_U>0$ 时的情况为例，此时三相负载导电回路有两条。

第一条导电回路：C_2上端（O 端）$\to D_{01}\to T_{12}\to$U 相负载$\to$W 相负载$\to T_{21}\to T_{22}\to C_2$下端，

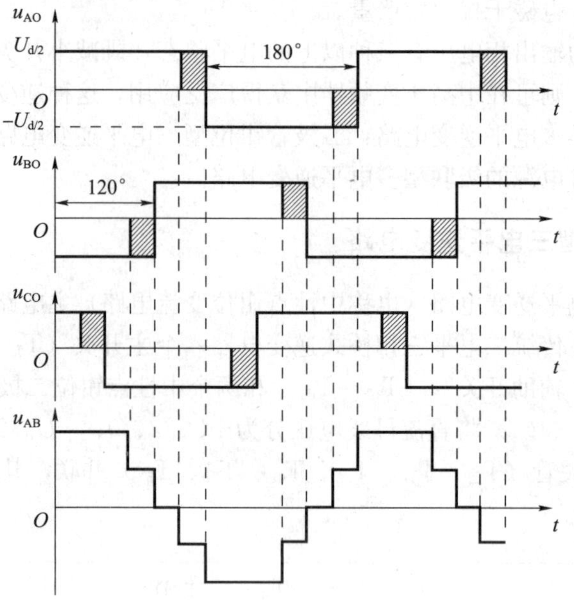

图 4-19 三电平逆变电路输出电压波形

此时 $U_{UO}=0$，$U_{WO}=-U_d/2$。

第二条导电回路：$U_d(+)\rightarrow T_{31}\rightarrow T_{32}\rightarrow$V 相负载→W 相负载$\rightarrow T_{21}\rightarrow T_{22}\rightarrow U_d(-)$，而 $U_{VO}=U_d/2$。

可以看出，通过辅助开关管和钳位二极管的共同作用，可以使逆变器输出 $U_d/2$、$-U_d/2$、0 三种电平的相电压，线电压则为五电平。与二电平电路输出的线电压波形比较后发现，三电平电路输出线电压谐波含量更小，波形更接近正弦波。每当同一桥臂的一个主开关管由导通变为关断后，总是在辅助开关管导通一定时间后才使同一桥臂的另一主开关管导通，这样可以使开关管在开关过程中的 du/dt 和 di/dt 减小，从而改善逆变器的电磁兼容性。三电平逆变电路的另一个突出优点就是每个主开关器件关断时所承受的电压仅为直流侧电压的一半，故可以将低耐压的器件应用在高压大功率场合。

用三电平电路类似的方法，还可以构成五电平、七电平等更多电平的电路。随着大功率可控器件（GTO、IGBT、IGCT 等）容量等级的不断提高，以及智能控制芯片的迅速普及，关于多电平逆变电路的研究和应用有了迅猛发展，应用领域从最初的 DC/AC 变换（如大功率电机驱动）拓展到 AC/AC 变换（如电力系统无功补偿）和 DC/DC 变换（高压直流变换）。电力系统中的无功补偿和高压直流输电，以及高压大电机变频调速是目前多电平电路的主要领域。

4.4.2 电容钳位型多电平逆变电路

电容钳位型三电平逆变电路原理如图 4-20 所示，它是采用跨接在串联开关器件之间的电容实现钳位功能的。与图 4-18 比较，可以看出，该电路中用钳位电容器 C_U、C_V、C_W取代钳位二极管，而直流侧的分压电容器不变，工作原理与二极管钳位型逆变电路相似。该电路可以输出 $+U_d/2$、0、$-U_d/2$ 三个电平。在图 4-20 中：

当逆变电路中 T_{11} 和 T_{12} 导通而 T_{41} 和 T_{42} 关断时，逆变电路 U 相的输出相电压 $U_{UO}=U_d/2$。

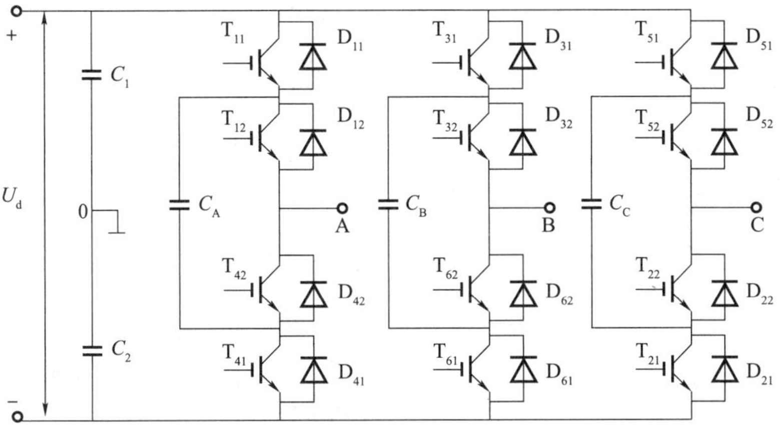

图 4－20　电容钳位型三电平逆变电路

当 T_{41} 和 T_{42} 导通而 T_{11} 和 T_{12} 关断时，逆变电路 U 相的输出相电压 $U_{UO}=-U_d/2$。

当 T_{11} 和 T_{41} 导通而 T_{12} 和 T_{42} 关断时，钳位电容 C_U 充电，或者当 T_{12} 和 T_{42} 导通而 T_{11} 和 T_{41} 关断时，钳位电容 C_U 放电，此时逆变电路输出电压均为 0，通过选择合适的 0 电平开关状态，可以实现钳位电容的充放电平衡。其输出波形与二极管钳位型三电平逆变电路完全一样。参见图 4－19。

电容钳位型三电平逆变电路与二极管钳位型三电平逆变电路相比，具有如下特点：

（1）电容体积大，占地多，成本高。

（2）在电压合成时，开关状态选择较多，可使电容电压保持平衡。

（3）控制复杂，开关频率增高，开关损耗增大，效率随之降低。

电容钳位型逆变电路还可以构成四电平、五电平及更多电平的逆变电路，这些电路控制复杂，实用性差，应用较少。

4.4.3　具有独立直流电源的级联型多电平逆变电路

具有独立直流电源的级联型多电平逆变电路也称单元串联多电平逆变电路，是采用若干个低压逆变电路串联的方式实现直接高压输出的。该方案由美国罗宾康公司发明，取名完美无谐波变频器。该电路所采用的逆变电路单元为全桥式电路结构，而前面介绍的钳位型逆变电路都是半桥式电路结构。图 4－21 是级联型多电平逆变电路原理图。

电网电压经过二次侧多重化的隔离变压器降压后给功率单元供电，功率单元为三相输入、单相输出的电压型逆变电路，将相邻功率单元的输出端串接起来，形成星型连接结构，每个功率单元分别输入变压器的一组二次绕组供电，功率单元之间及变压器二次绕组之间相互绝缘。对于额定输出电压为 6 kV 的逆变电路，每相由 5 个额定电压为 690 V 的功率单元串联而成，输出相电压最高可达 3450 V，线电压可达 6 kV，每个功率单元承受全部的输出电流，但只提供 1/5 的相电压和 1/15 的输出功率。当需要输出其他电压等级的额定电压时，通过改变单元的电压等级和单元串联数量来实现，单元的额定电流决定逆变电路的输出电流。

图 4－22 为级联式七电平逆变电路原理图及波形。每个单元逆变电路输出三电平方波电压。当 VT_1、VT_4 导通时，$U_1=U_d$；当 VT_2、VT_3 导通时，$U_1=-U_d$；当 VT_1、VT_3 或 VT_2、VT_4 导通时，$U_1=0$。逆变电路输出电压 $U_{UO}=U_1+U_2+U_3$，通过控制每个逆变单元的导通区间，可以使输出电压 U_{UO} 近似为正弦波，其谐波含量最小。

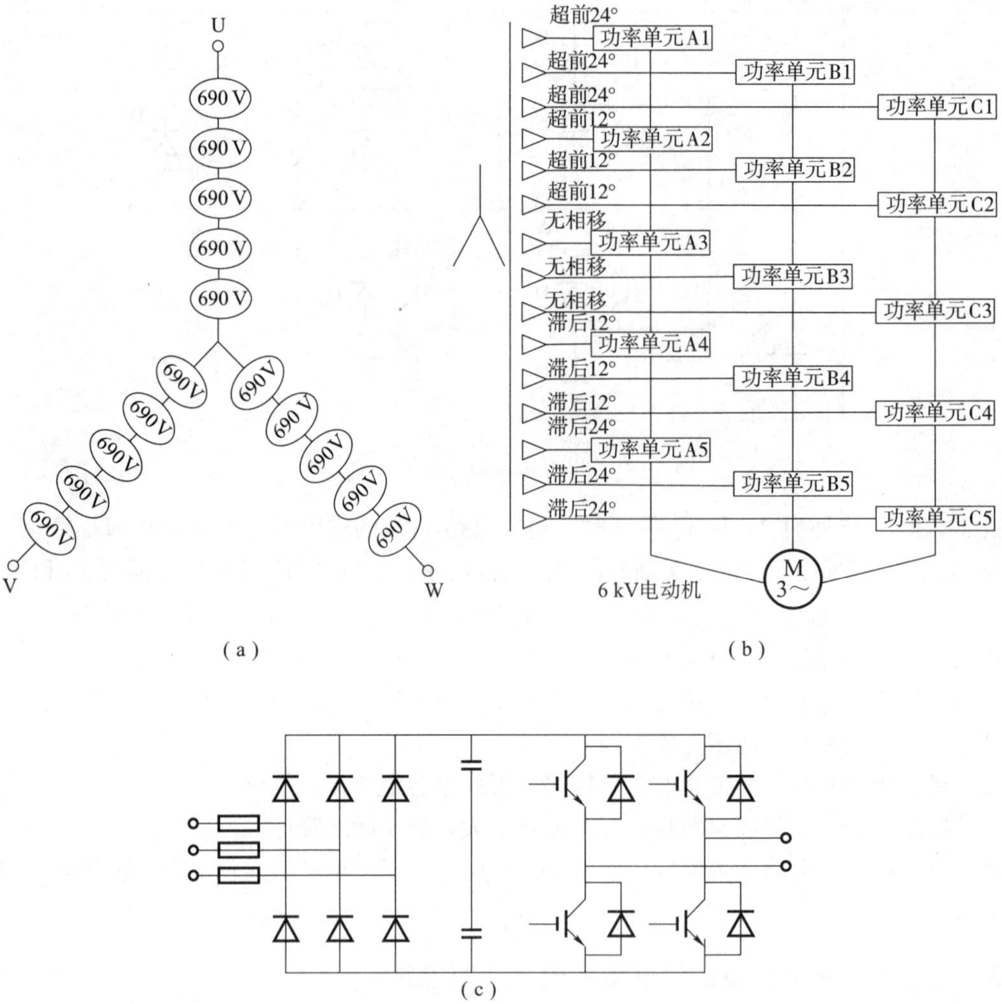

图 4－21　级联型多电平逆变电路原理图

从上面的分析可以看出，该电路有以下优点：

(1) 每个逆变单元采用全桥逆变电路，具有独立的直流电源，不需要采取均压措施。

(2) 每个逆变单元构造相同，给模块化设计和制造带来方便。当某一极逆变单元串联数量较多，且开关器件电压裕量足够时，若某一逆变单元出现故障，可以使其旁路，剩余模块继续工作，提高了电路的可靠性。

(3) 开关器件使用低压器件，易于控制，开关损耗小。

(4) 输出电压电平数多，输出波形更接近正弦波，电压畸变率小。

(5) 每个单元输出电压幅值低，电压波形的每次跳变幅值小，du/dt 小，不存在由谐波引起的电动机附加发热和转矩脉动及噪声，不需要输出滤波器。

(6) 与其他电路相比，若输出相同的电平数，所需开关器件数量最少。

(7) 电路结构简单，易于控制。

该电路缺点：随着电平数的增加，需要的直流电源数量增多，电动机制动时再生能量吸收或回馈困难，不易实现四象限运行。

二极管和电容钳位型电路由于存在均压问题，在无功调节中应用较好。而级联型逆变电路

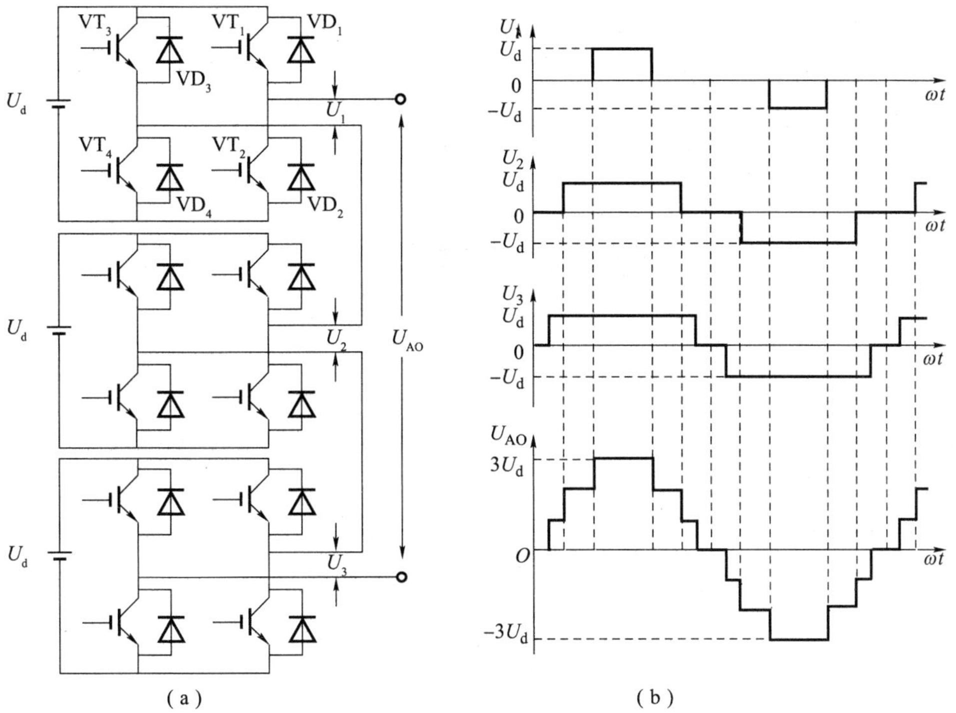

图 4-22　级联式七电平逆变电路原理图及波形

(a) 电路原理图；(b) 输出电压波形

适合于交流电动机的变频调速。

本章小结

本章讲述了基本逆变电路的结构及工作原理。在四大类基本变流电路中，AC/DC 和 DC/AC 两类电路更为基本、更为重要。因此，本章内容在全书中占有很重要的地位。

本章首先介绍了换流方式。换流并不是逆变电路中特有的概念，四大类基本变流电路中都涉及换流问题。只是在逆变电路中，换流方式问题反映得最为全面和集中。换流方式分为外部换流和自换流两大类，外部换流包括电网换流和负载换流两种，自换流包括器件换流和强迫换流两种。换流概念在晶闸管时代十分重要，全控型器件时代其重要性有所下降。

逆变电路有不同的分类方法，可以用换流方式来分类，也可以用输出相数来分类，还可以根据直流侧电源性质的不同来分类，此外也可以从用途来分类。本章主要采用了按直流侧电源性质来分类，把逆变电路分为电压型逆变电路和电流型逆变电路。本章主要介绍这两类逆变电路的基本构成、工作原理和特性。

习题与思考题

4.1　无源逆变电路和有源逆变电路有何不同？

4.2　换流方式各有哪几种？各有什么特点？

4.3　什么是电压型逆变电路？什么是电流型逆变电路？二者各有什么特点？

4.4　电压型逆变电路中反馈二极管的作用是什么？为什么电流型逆变电路中没有反馈二极管？

4.5　串联二极管式电流型逆变电路中，二极管的作用是什么？试分析其换流过程。

第 5 章

直流斩波电路

在电力电子技术中，将直流电的一种电压值通过电力电子变换装置变换为另一种固定或可调电压值的变换，称为直流斩波电路，也称为直流/直流（DC/DC）变换。直流斩波电路的用途非常广泛，包括直流电动机传动、开关电源、单相功率因数校正，以及用于其他领域的交直流电源。

5.1　斩波电路概述

采用直流电动机驱动的电力牵引（如地铁、电力机车、无轨电车、电瓶车等）和传动系统，其调速装置的调速性能与直流电源的性能密切相关，直流斩波变换技术可使直流输出电压脉动更小、纹波更低，从而使直流传动装置的稳态性能和动态性能得到进一步提高。高频开关电源则使直流电源的体积减小、质量大幅度减轻，效率明显提高。使用开关电源技术的逆变焊机不仅降低了设备的体积和质量、提高了电源的效率，而且使焊接质量明显提高。直流电源的应用越来越广，对直流电压的规格和性能的要求也越来越细和越来越高，同时电力电子应用技术不断向两端发展，一方面向更低电压领域拓展，另一方面向更高电压领域延伸。直流斩波变换电路能将一组电参数的直流电能变换为另一组电参数的直流电能，这些电参数包括直流电幅值、直流电极性、直流电阻抗。目前主要用脉冲调制实现输出电压的控制，方法主要有两种：脉冲宽度调制（Pulse Width Modulation，PWM）和脉冲频率调制（Pulse Frequency Modulation，PFM），前者应用较广。

本章首先对基本的降压、升压、升降压斩波电路的电路构成、电路波形和工作原理重点讲解；然后讲述可逆斩波电路，以及开关电源技术。

5.2　降压斩波电路

降压斩波电路又称降压斩波器，它是一种输出电压的平均值低于直流输入电压的变换电路。

图 5-1 是由一个开关组成的变流电路。其中图 5-1（a）所示为直流开关电路，E 为直流电压源，S 为理想开关，R 为阻性负载。从 0 时刻开始将开关 S 闭合，S 闭合的时间为 t_{on}，则在此期间，直流电源电压 E 加到负载电阻 R 上，此时负载两端的电压 U_o 即为直流电源电压 E，同时负载上有直流电流 i_o 流过；从 t_{on} 时刻起将开关 S 断开一段时间 t_{off}，这期间负载两端电压

为零，电阻中流过的电流也为零，之后让开关 S 以时间 $T=t_{on}+t_{off}$ 为周期不断接通和断开，负载 R 上就得到了如图 5-1（b）所示的电压和电流波形，它是一列周期为 T 的矩形脉冲。此时负载上的平均电压 U_o 为

$$U_o=\frac{1}{T}\int_0^{t_{on}}E\mathrm{d}t=\frac{t_{on}}{T}E \tag{5-1}$$

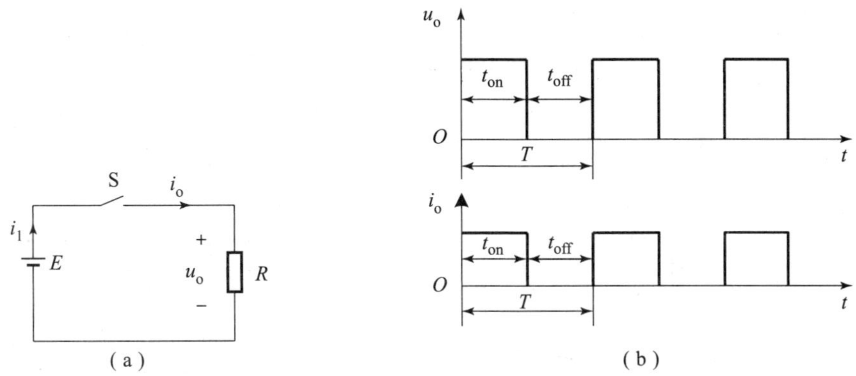

图 5-1　直流开关电路及波形

(a) 直流开关电路；(b) 直流开关电路的输出波形

由式（5-1）可见，当开关周期 T 不变时，如果改变 S 的开通时间 t_{on}，即改变矩形脉冲的宽度，则负载上的平均电压 U_o 也随之改变。这种通过改变矩形脉冲宽度来改变负载输出直流电压的调压方式称为直流脉冲宽度（PWM）调制。将电路中的开关 S 换成全控型器件，那么对于已知的不同输出直流电压 U_o，以及给定的开关周期 T，应用式（5-1）可以准确求出全控型器件的开通和关断时刻，然后就可以此为依据对电路进行控制，从而实现对输出直流电压的调节，这就是直流 PWM 控制的基本原理。

此外，也可以保持开关器件的导通时间 t_{on} 不变，靠改变开关周期 T 来改变占空比，从而改变输出平均电压的值。这种控制方式就是脉冲频率调制方式（PFM），也称定宽调频控制方式。

本节开始介绍几种基本的斩波电路，首先介绍降压斩波电路（Buck chopper）。在实际应用中该电路常用来给直流电动机供电，以构成高性能直流电机调速系统。这里以反电动势阻感负载为例来分析降压斩波电路的工作原理，电路如图 5-2（a）所示。图中，E 为直流电源，VT 为全控型器件 IGBT，续流二极管 VD 在 IGBT 关断期间为电感储存的能量提供释放通道，E_M 为反电动势，R、L、E_M 共同组成反电动势阻感负载。负载两端电压记为 u_O，流过负载的电流记为 i_o，下面分析该电路的工作原理。

5.2.1　负载电流连续时的工作原理

假设电路已工作在稳定状态，对电路采用 PWM 控制技术。参考图 5-2（b）所示波形，在零时刻给 VT 的栅极施加控制信号，VT 导通，电源电压 E 通过 VT 作用到负载上，忽略 VT 的管压降，负载两端的电压 U_o 就等于电源电压 E，二极管 VD 处于反向偏置状态，此时电流流通路径：$E\rightarrow VT\rightarrow L\rightarrow R\rightarrow E_M\rightarrow E$。由于流过电感的电流不能突变，负载电流 i_o 开始以指数规律上升，在此过程中，电源 E 向负载供电，电感开始储存能量。到 t_1 时刻，使栅极控制电压等于 0，VT 随之关断，此时负载电流 i_o 开始通过 VD 续流，电流流通路径：$L\rightarrow R\rightarrow E_M\rightarrow$

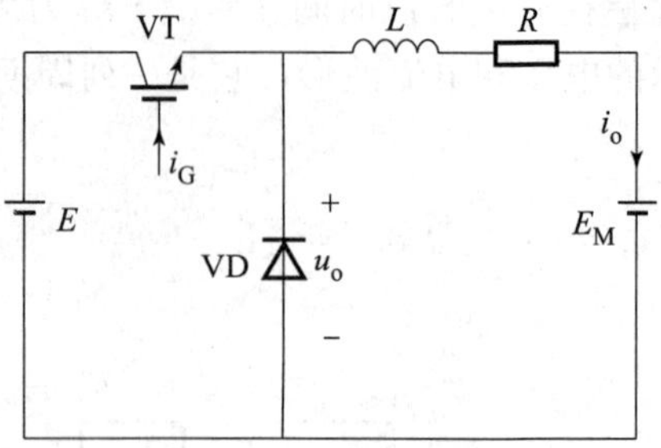

(a)

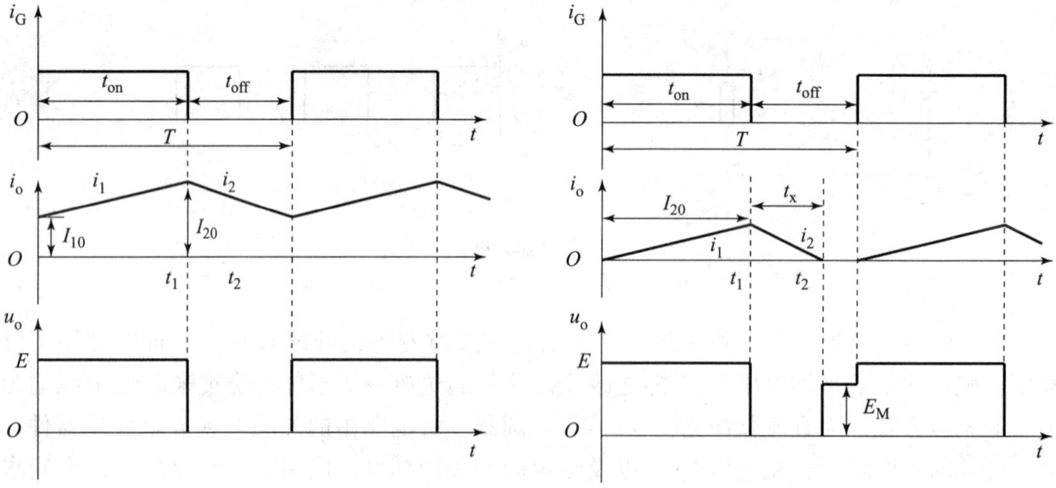

(b) (c)

图 5-2　降压斩波电路及波形

(a) 降压斩波电路；(b) 电流连续时的波形；(c) 电流断续时的波形

VD→L。电感中储存的能量一方面向电源 E_M 充电，另一方面由电阻消耗一部分。随着电感中能量的消耗，负载电流以指数规律下降。二极管 VD 续流期间两端的电压为零，因此，负载两端的电压 U_o 变为零。到 t_2 时刻，再一次使 VT 导通一段时间，然后使其关断，使电路重复 0～t_2 的工作过程。记 VT 导通的时间为 t_{on}，关断的时间为 t_{off}，则以 $T=t_{on}+t_{off}$ 为周期不断开通和关断 VT，负载上就会得到如图 5-2（b）所示的电压和电流波形，图中 I_{10} 和 I_{20} 分别为负载电流 i_O 的上升时段 i_1 和下降时段 i_2 的初值。

负载上的平均电压 U_O 为

$$U_O=\frac{1}{T}\int_0^{t_{on}}E\mathrm{d}t=\frac{t_{on}}{T}E=\alpha E \tag{5-2}$$

式中，$\alpha=t_{on}/T$ 为导通比或占空比，由于 $t_{on}\leqslant T$，所以 $0\leqslant\alpha\leqslant 1$。

由式（5-2）可以看出，输出电压平均值 U_O 与 α 成正比，其最大值为 E，因此将该电路称为降压斩波电路。

由于稳态时一个周期 T 内电感 L 的储能为零，因此一个周期内电感两端的电压平均值也为零。电阻 R 两端的电压平均值就等于负载平均电压 U_O 与反电动势 E_M 之差。设电阻上的平均电流为 I_o，则流过负载的平均电流为

$$I_O = \frac{U_O - E_M}{R} = \frac{\alpha E - E_M}{R} \tag{5-3}$$

需要说明的是，如果电感足够大，则负载电流 i_o是一条平行于横轴的近似直线，且其幅值等于 I_o。当脉冲频率很高且占空比较大时，较小的电感就可使电流的脉动很小。在占空比较小的情况下，每周期中电感的储能不够大，可能导致电流断续。

5.2.2　负载电流断续时的工作原理

在负载的电感 L 较小且占空比也不大的情况下，在二极管续流期间，有可能使电流断续。电流断续发生时，续流二极管关断，此时负载两端的电压为反电动势电压 E_M，因此负载上电压和电流的实际波形如图 5－2（c）所示。

此时负载上的平均电压为

$$U_O = \frac{1}{T}\left(\int_0^{t_{on}} E\mathrm{d}t + \int_{t_{on}+t_x}^{T} E_M \mathrm{d}t\right) = \alpha E + \frac{(T - t_{on} - t_x)}{T} E_M \tag{5-4}$$

与式（5－2）相比，电流断续时，反电动势的存在使得负载平均电压 U_o增大。负载上的平均电流为

$$I_O = \frac{U_O - E_M}{R} = \frac{\alpha E - \frac{t_{on} + t_x}{T} E_M}{R} \tag{5-5}$$

5.3　升压斩波电路

升压斩波电路（Boost chopper）的原理图如图 5－3（a）所示。图中，E 为直流电源，VT 为全控型器件 IGBT，二极管 VD 在全控型器件开通期间起反向阻断作用，以阻止电容通过全控型器件放电，负载电阻 R 两端的电压记为 u_o，流过二极管的电流记为 i_o，下面我们来分析该电路的工作原理。

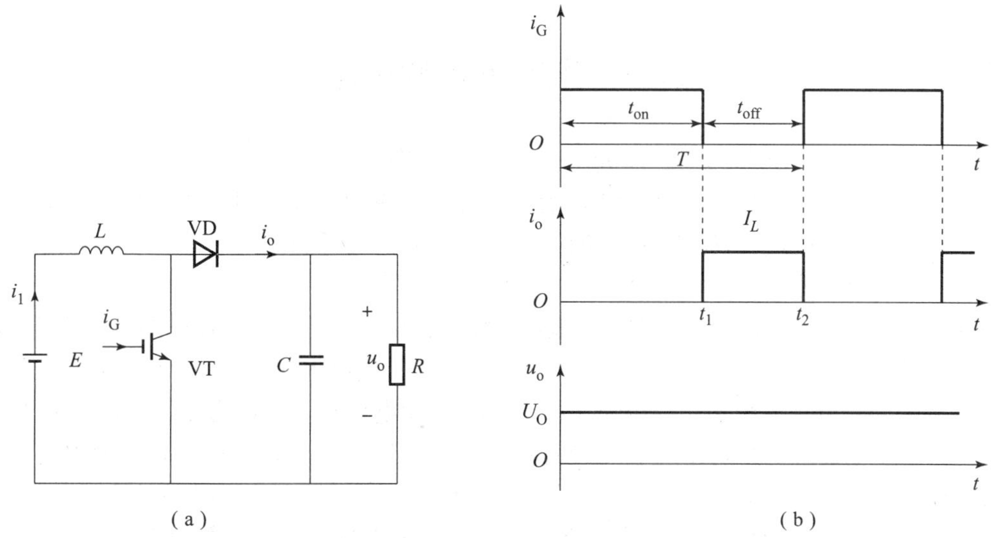

图 5－3　升压斩波电路及其波形

（a）升压斩波电路；（b）控制信号及输出波形

分两种情况进行分析：一种是 VT 导通时的情况，另一种是 VT 关断时的情况。设电路已工作在稳定状态。在零时刻 VT 的栅极因施加控制电压而导通，直流电源 E、L、VT 构成电流回路，电感 L 开始充电，电流 i_1 按指数规律上升，同时电容 C（已在前面的工作过程中充电，极性为上正下负）向负载 R 供电，电容电压按指数规律下降，电阻 R 两端的电压 u_o 等于电容两端的电压。因 VT 导通，二极管 VD 两端电压与负载电压相同，VD 承受反向电压而处于截止状态，电流 i_o 等于零。在 t_1 时刻，栅极电压等于 0，则全控型器件 VT 立刻关断，由于通过 L 的电流不能突变，L 两端产生感应电压 u_L，极性为右正左负，与直流电源 E 方向相同，二者通过二极管 VD 共同作用在电阻 R 和电容 C 上，一方面给电阻 R 提供能量，另一方面给电容 C 充电，此时负载和电容两端的电压 u_o 就等于电源电压 E 和感性电压 u_L 之和，即电感 L 在 VT 关断期间通过释放能量对电容和负载起到电压泵升的作用，使得负载和电容上的电压在整个周期 T 上的平均值大于电源电压 E。记 VT 的导通时间为 t_{on}，关断时间为 t_{off}，则以 $T=t_{on}+t_{off}$ 为周期不断开通和关断 VT，电路将重复上述过程。假设 L、C 足够大，且电路工作稳定，则电感 L 上的电流和电容 C 两端的电压在 VT 开通和关断期间基本维持恒定。将电容电压和电感电流分别记为 U_o 和 I_L，则电流 i_o 的波形如图 5-3（b）所示，而电压 u_o 波形为一条与横轴平行且幅值为 U_o 的近似直线。

由于电感在 VT 开通周期内能量变化为 EI_1t_{on}，在 VT 关断期间释放的能量为 $(U_O-E)I_1t_{off}$，稳定运行期间一个周期内电感能量变化为零，即电感的储能与放能相等。因此有

$$EI_1t_{on}=(U_O-E)I_1t_{off} \tag{5-6}$$

整理后得到

$$U_O=\frac{T}{t_{off}}E \tag{5-7}$$

由于电路处于稳态时，电容的电流在一个周期内的平均值为零，因此流过电阻的平均电流就等于电流 i_o 的平均值，即有

$$I_O=\frac{U_O}{R}=\frac{T}{t_{off}}\cdot\frac{E}{R} \tag{5-8}$$

5.4 升降压斩波电路

升降压斩波电路（Buck-Boost chopper）原理图如图 5-4（a）所示。图中，E 为直流电源，VT 为全控型器件 IGBT，二极管 VD 起续流作用，在全控型器件关断期间为电感 L 中储存的能量提供释放通道，负载电阻 R 两端的电压记为 u_o，流过全控型器件 VT 的电流记为 i_1，流过二极管的电流记为 i_2。下面我们来分析该电路的工作原理。

同升压斩波电路一样，仍然分 VT 导通和关断两种情况进行分析。设电路已工作于稳定状态，在零时刻给 VT 的栅极施加控制电压，则 VT 导通，此时电源 E、VT、L 构成导电回路，电感 L 开始储能，电流 i_1 增加，二极管 VD 在电源 E 和电容 C（已在前面的工作过程中充电，其端电压为下正上负）的共同作用下反向截止，电流 i_2 等于零。电容 C 向负载 R 供电，两端电压（也即负载 R 两端的电压）u_o 随电容储存能量的释放而下降。在 t_1 时刻，使栅极电压等于 0，则全控型器件 VT 立刻关断，电流 i_1 立刻变为零。由于电感电流不能突变，电感两端产生感应电压 u_L，其极性为下正上负，使得二极管 VD 导通，此时电流流通路径：L→（C，R）→VD→L，电感 L 开始向电阻 R 和 C 释放储能，电容 C 在 u_L 的作用下充电，此时 i_2 由初值

$i_1(t_1)$ 开始下降，负载 R 两端的电压 u_o 随着电容的充电而上升。记 VT 导通的时间为 t_{on}，VT 关断的时间为 t_{off}，则以 $T=t_{on}+t_{off}$ 为周期不断开通和关断 VT，电路将重复上述过程。假设 L、C 足够大，且电路工作于稳态，则电感 L 上的电流和电容 C 两端的电压在 VT 开通和关断期间基本维持恒定。将电容电压和电感电流分别记为 U_o 和 I_L，则电流 i_1 和 i_2 的波形如图 5-4（b）所示，而电压 u_o 的波形为一条与横轴平行且幅值为 U_o 的近似直线。

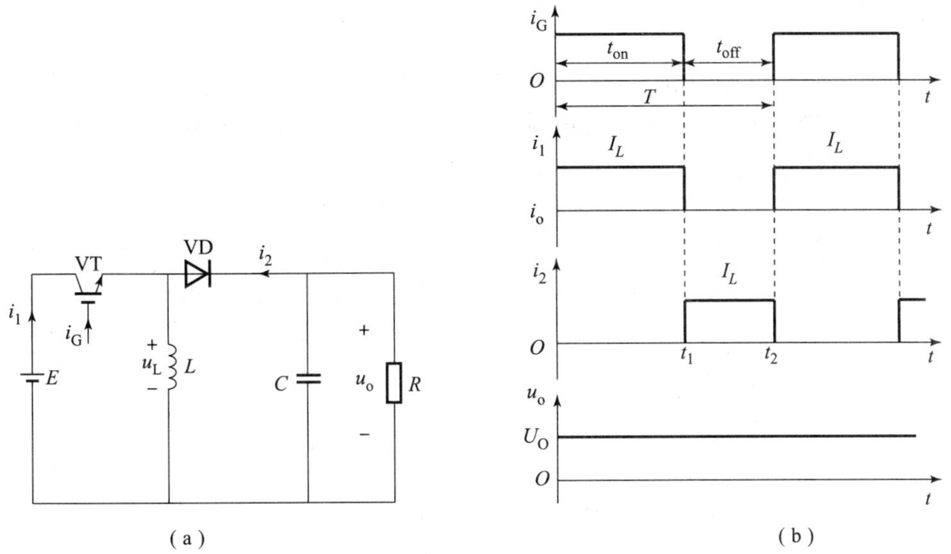

图 5-4　升降压斩波电路及其波形

（a）升降压斩波电路；（b）输入、输出波形

接下来我们计算输出电压平均值 U_O。在 VT 开通期间，电感两端的电压 u_L 等于 E，所储存的能量为 EI_1t_{on}；在 VT 关断期间，电感两端的电压 u_L 等于 U_O。所释放的能量为 $U_OI_2t_{off}$。由于电路稳定运行期间的一个周期内电感 L 的能量变化为零，即储能与放能相等，因此有

$$EI_1t_{on}=U_OI_2t_{off} \tag{5-9}$$

因为通过电感 L 的电流值几乎不变，故有 $I_2=I_L=I_2$，因此可得

$$U_O=E\frac{t_{on}}{t_{off}}=\frac{\alpha}{1-\alpha}E \tag{5-10}$$

由式（5-10）可知，当 $0<\alpha\leqslant 0.5$ 时，$U_O\leqslant E$。输出电压降低；当 $0.5\leqslant\alpha<1$ 时，$U_O\geqslant E$，输出电压升高，即输出电压随着占空比的变化既可以升高也可以降低，因此称为升降压斩波电路。

流过电阻 R 的平均电流 I_O 为

$$I_O=\frac{U_O}{R}=\frac{\alpha}{1-\alpha}\cdot\frac{E}{R} \tag{5-11}$$

由于稳态时，一个周期内流过电容的电流平均值为零，因此流过 R 的平均电流 I_O 与平均电压 I_2 相等。从图 5-4（b）可见，电流 i_1 和 i_2 的平均值 i_1 和 i_2 满足如下关系：

$$I_1=\frac{t_{on}}{T}I_L$$

$$I_2=\frac{t_{off}}{T}I_L$$

$$\frac{I_1}{I_2}=\frac{t_{on}}{t_{off}}=\frac{\alpha}{1-\alpha} \tag{5-12}$$

因此有

$$I_1=\frac{\alpha}{1-\alpha}I_2=\frac{\alpha}{1-\alpha}I_0=\left(\frac{\alpha}{1-\alpha}\right)^2\cdot\frac{E}{R} \tag{5-13}$$

5.4.1 Cuk 斩波电路

图 5-5 所示为 Cuk 斩波电路原理图及其等效电路。图中，E 为直流电源，开关管 VT 采用 IGBT，C 为能量传递电容，其值和电感 L_1、L_2 都足够大，负载电阻 R 两端的电压记为 u_o。下面我们来分析该电路的工作原理。

VT 导通时的情况：给 VT 的栅极加控制电压，则 VT 导通，此时 E、L_1、VT 构成通路，有电流流过，电感 L_1 开始充电储能；同时电容 C（在前面的周期已充电，极性为左正右负）经 VT、R、L_2 回路放电，二极管 VD 承受反压（两端电压与 C 端电压相同）而处于截止状态，电路相当于开关 S 合向 B 点［图 5-5（b）中］，电容 C 上的能量一部分移到电感 L_2 中。可见，VT 导通期间有两个电流回路，分别是 $E \to L_1 \to \mathrm{VT} \to E$ 和 $C \to \mathrm{VT} \to R \to L_2 \to C$。

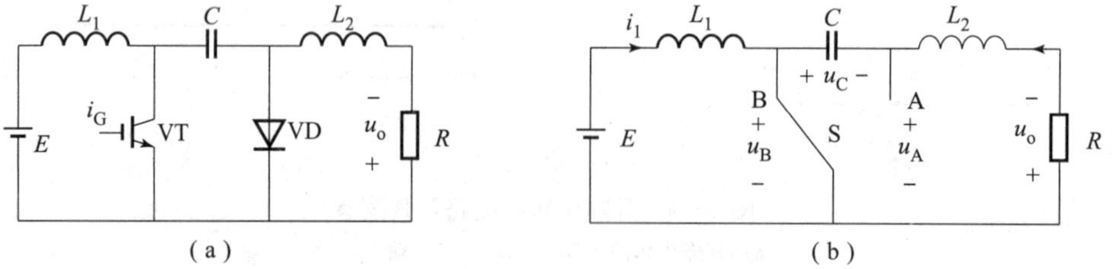

图 5-5 Cuk 斩波电路原理图及其等效电路

（a）电路原理图；（b）等效电路

VT 关断时的情况：撤去 VT 的栅极信号，则 VT 立刻关断，由于电感电流不能突变，流经 L_1 的电流减小，L_1 两端产生左负右正的感应电动势，与 E 一起向电容 C 充电，流过 C 的电流反向，迫使流经 L_2 的电流减小，L_1 中的能量向电容 C 转移，因流经 L_2 的电流不能突变，L_2 两端产生左正右负的感应电动势，使得二极管 VD 导通，电路相当于开关 S 合向 A 点，L_2 经 VD、R 构成导电回路，其中储存的能量向电阻 R 释放；VT 关断期间，导电回路也是两个，分别是 $E \to L_1 \to C \to \mathrm{VD} \to E$ 和 $L_2 \to \mathrm{VD} \to R \to L_2$。

反复驱动 VT 开通和关断，电路的工作状态就相当于开关 S 交替接于 A、B 两点时的情况。由于 R 和 L_2 串联，其中电流基本恒定，故负载 R 两端电压基本恒定。

接下来我们根据等效电路图 5-5（b）来计算负载输出电压 U_o。当电容 C 很大时，电容 C 两端的电压 u_c 基本不变，设其平均值为 U_C。在开关 S 位于 B 点时，B 点电压 $u_B=0$（相对于 E 的负极），A 点电压 $u_A=-u_C$；当开关 S 位于 A 点时，A 点电压 $u_A=0$，B 点电压 $u_B=u_C$。在一个开关周期 T 内，B 点电压的平均值为 $U_B=\frac{t_{off}}{T}U_C$，由于电感 L_1 在一个周期内电压的平均值为零，所以 B 点的平均电压就等于电源两端的平均电压，即 $E=U_B=\frac{t_{off}}{T}U_C$。同理，在一个开关周期 T 内，A 点电压的平均值为 $U_A=-\frac{t_{on}}{T}U_C$，由于电感 L_2 在一个周期内电压的平均值为零，因此负载两端电压的平均值等于 A 点的平均电压，考虑到负载电压 u_o 的方向与 A 点参考电压的方向相反，故有 $U_O=\frac{t_{on}}{T}U_C$。这样就可以得到输出电压 U_O 与电源电压 E 的关系为

$$U_O=\frac{t_{on}}{t_{off}}E=\frac{\alpha}{1-\alpha}E \tag{5-14}$$

上述关系也可以利用电感在一个周期内的充放电相等来导出。从式（5 - 14）可以看出 Cuk 斩波电路的输入、输出关系与升降压斩波电路的相同。由于 Cuk 斩波电路的输入、输出端都有电感，因此该电路的优点是输入、输出电流连续且脉动小，有利于输入、输出进行滤波，但不能空载工作，结构较复杂。

5.4.2　Sepic 斩波电路和 Zeta 斩波电路

Sepic 斩波电路和 Zeta 斩波电路原理图如图 5 - 6（a）、（b）所示。图中，E 为直流电源，VT 采用 IGBT，下面我们来对两个电路的工作原理进行分析。

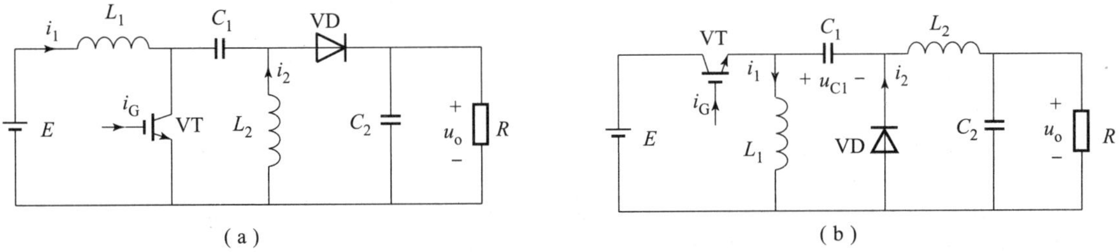

图 5 - 6　Sepic 斩波电路和 Zeta 斩波电路

（a）Sepic 斩波电路；（b）Zeta 斩波电路

首先来看 Sepic 斩波电路。假设电路已进入稳定工作状态，VT 导通时，有两个导电回路，分别为 $E\to L_1\to$VT$\to E$ 和 $C_1\to$VT$\to L_2\to C_1$，电感 L_1 充电储能，电容 C_1 上的能量向 L_2 转移，VD 端承受反向电压，其值为 C_1 和 C_2 两端电压之和，故 VD 截止，负载 R 两端电压由电容 C_2 维持。VT 关断时，也有两个导电回路，分别为 $E\to L_1\to C_1\to$VD$\to R$、$C_2\to E$ 和 $L_2\to$VD$\to R$、$C_2\to L_2$。由于电感电流不能突变，电感 L_1 两端产生极性为右正左负的感应电动势与电源 E 一起向 C_1 充电储能，同时经 VD 向负载 R 和 C_2 释放。当以较高频率周期性地控制 VT 的通断时，在负载两端可以输出稳定的电压，改变占空比，输出电压可以得到调节。

根据电路稳定时电感平均储能为零可以导出 Sepic 斩波电路的输入、输出关系式为

$$U_O=\frac{t_{on}}{t_{off}}E=\frac{\alpha}{1-\alpha}E \tag{5-15}$$

接下来分析 Zeta 斩波电路。同样假设电路已进入稳定工作状态，VT 导通时，导电回路为 $E\to$VT$\to L_1\to E$ 和 $E\to$VT$\to C_1\to L_2\to R$、$C_2\to E$，电感 L_1 充电储能，同时，E 和电容 C_1 经 L_2 为负载 R 和 C_2 供电，电容 C_1 释放电能，电容 C_2 储存能量，电感 L_2 两端产生方向为左正右负的感应电动势，VD 承受反压，其值为 E 与 C_1 两端电压之和，VD 截止。VT 关断时，因电感电流不能突变，电感 L_1 两端产生方向为下正上负的感应电动势，使得 VD 开通，导电回路变为 $L_1\to$VD$\to C_1\to L_1$ 和 $L_2\to R$、$C_2\to$VD$\to L_2$，电感 L_1 上的能量向电容 C_1 转移，电感 L_2 经 VD 向电容 C_2 和负载 R 供电。同样以较高频率周期性地控制 VT 的通断，在负载两端可以输出稳定的电压，改变占空比，输出电压得以调节。

根据电路稳定时电感平均储能为零可以导出 Zeta 斩波电路的输入、输出关系式为

$$U_O=\frac{\alpha}{1-\alpha}E \tag{5-16}$$

两种电路相比，Sepic 斩波电路和 Zeta 斩波电路的输入、输出关系与升降压斩波电路相同。与前述升降压斩波电路和 Cuk 斩波电路相比较，二者的共同点是输出电压都是正极性方向，不同之处是 Sepic 电路的电源电流连续，输入电流脉动小，但输出电流脉动大，而 Zeta 电路的输入电流是断续的，输出电流脉动小，但不能空载运行。两种电路的结构都较为复杂。

5.5 可逆斩波电路

前面介绍了几种基本的斩波电路，这些斩波电路的能量传递都是单方向的。在使用直流电动机的场合，如电力机车和电动汽车，常常需要电动机正转和反转、电动运行和再生制动，这时为其供电的直流斩波电路需要能量的双向传递，即电压和电流都可以反向，能量可以逆向流动。把前面介绍的斩波电路组合起来就可构成可逆斩波电路。下面分析电流可逆斩波电路和桥式可逆斩波电路。

5.5.1 电流可逆斩波电路

我们知道，斩波电路的一个重要应用就是与直流电动机一起构成高性能的直流调速系统。如果斩波电路所接负载为直流电动机，当直流电动机旋转起来后，就成为反电动势负载。5.2 节中所分析的降压斩波电路就是反电动势负载的情况。该电路中，电流只能从电源流出流入负载，不能由负载流出流入电源。在直流电机的实际运行中，除了要求能够实现对转速的高性能调节以外，通常还要求能够实现再生发电制动，也就是在制动的过程中，把电机上的动能转化为电能回馈到电网。显然，5.2 节中的电路不能满足要求，需要再增加一个电路专门把负载能量传回电源，两个电路组合即可实现电流的双向流动。

图 5-7 (a) 示出了这样的组合电路，其中 VT_1 和 VD_1 构成降压斩波电路，可以看出，把 VT_2 和 VD_2 去掉就是图 5-2 (a) 所示的电路。VT_2 和 VD_2 构成升压斩波电路，把 VT_1 和 VD_1 去掉，并把 E 当负载，把反电动势 E_M 当电源，电路就与图 5-3 相同。因此该电路就是降压斩波电路和升压斩波电路的组合，前者由电源 E 向电动机供电，后者把电动机的能量回馈到电

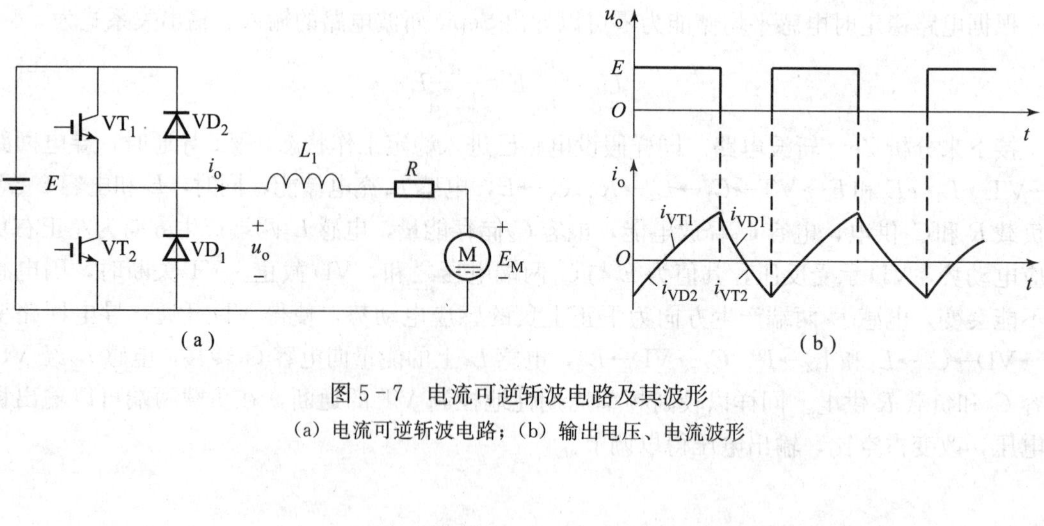

图 5-7 电流可逆斩波电路及其波形

(a) 电流可逆斩波电路；(b) 输出电压、电流波形

源 E。需要注意的是，如果 VT_1 和 VT_2 同时导通，将会导致直流电源短路，进而损坏电路中的开关器件或电源，因此在任意时刻，只能有一组斩波电路工作。

当电路总是降压斩波电路（VT_1 和 VD_1）在运行时，VT_2 和 VD_2 总处于断态，直流电动机 M 工作于第Ⅰ象限的电动运行状态，此时电流 i_o 的方向向右。而当电路总是升压斩波电路（VT_2 和 VD_2）在运行时，VT_1 和 VD_1 总处于断态，直流电动机 M 工作于第Ⅱ象限的再生制动状态，此时电流 i_o 的方向向左。对于这两种工作状态下电路的工作原理，在 5.2 节和 5.3 节中已做介绍，这里不再讨论。

此外该电路还有第三种工作方式，即在一个周期内，电路交替地作为降压斩波电路和升压斩波电路工作。在这种工作方式下，当降压斩波电路或升压斩波电路的电流断续而为零时，两组斩波电路交替运行，此时电动机电枢中总有电流流过。例如，当降压斩波电路工作时，先是 VT_1 导通，流过电枢的电流开始上升，电感 L 充电储能，由于电流 i_o 很小，L 储能不多；经过一段时间后，VT_1 关断、电感 L 中的电流经 VD_1 续流开始下降，电感 L 释放能量，L 在 VT_1 导通期间所储存的较少能量在很短时间内释放完毕，电枢电流 i_o 很快变为零。而此时电动机仍然处于正转状态；在电枢电流 i_o 变为零的时刻，立刻让 VT_2 导通，在电动机反电动势 E_M 的作用下，电枢电流 i_o 开始反向，电感 L 开始反向储能，之后随着 VT_2 的关断，电感 L 积蓄的能量和反电动势 E_M 共同作用，使 VD_2 导通，开始向电源 E 回馈电能；当 L 中的能量释放完毕，i_o 再次变为零。再使 VT_1 导通，则电路开始重复上述过程，此时输出电压 u_o 和电枢电流 i_o 的波形如图 5－7（b）所示。在一个周期内，电枢电流正反向过渡平滑，响应很快。

由整流电路为电动机供电时，在电流断续时，电动机机械特性变软。现在可以看到由斩波电路为电动机供电时，在负载较轻的情况下，可以通过斩波电路的交转工作而使电流连续，从而不会造成机械特性变软的情况，使调速系统的性能得到提高。

5.5.2　桥式可逆斩波电路

电流可逆斩波电路可使电动机电枢电流反向，实现了电动机的两象限运行，但为电动机提供的电压机型是单方向的。当需要电动机正反转的场合，就必须将两个电流可逆斩波电路组合起来，分别向电动机提供正向和反向的电压，图 5－8 所示的桥式可逆斩波电路（也称为 H 形斩波电路）就是这种组合电路。

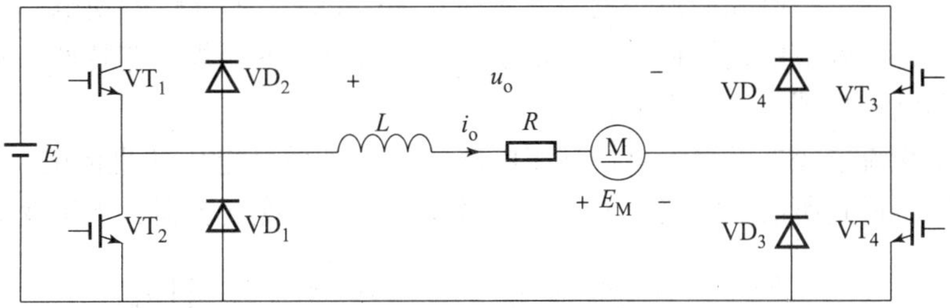

图 5－8　桥式可逆斩波电路

桥式可逆斩波电路的四个桥臂相当于开关，对四个开关的控制有三种驱动控制方式，分别有单极性斩波控制、双极性斩波控制、受限单极性斩波控制。

5.6 开关电源技术

5.6.1 开关电源

控制电力电子开关的通断比，对电能的形式进行变换和控制的变流装置就是开关电源。而人们在平日里通常说的开关电源是专指上述变流装置中的直流电源。开关电源的控制有其专门的集成电路。

开关电源具有高效率、稳压范围宽、体积和质量小等特点，目前除了对直流输出电压的纹波要求极高的场合外，开关电源正全面取代线性稳压电源。通信电源、电镀装置及电焊机等中等容量的电源，开关电源也在逐步取代相控电源。开关电源已经成为直流电源的主要形式，在电子、电气、通信、航空航天、能源、军事及家电等领域是一种应用广泛的电力电子装置。

开关电源的组成如图 5 - 9 所示。其主电路就是不隔离和带隔离的直流变换器，交流输入电压经整流电路滤波后，将得到的直流电压供给 DC/DC 变换器，DC/DC 变换器是开关电源的核心。

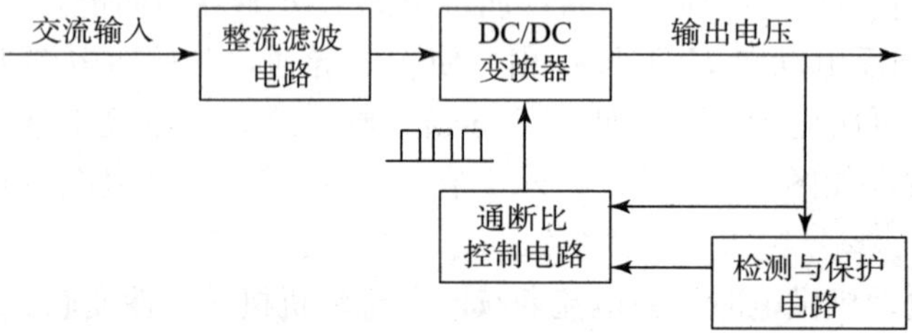

图 5 - 9 开关电源的组成

5.6.2 电焊机电源

电焊机电源是一种利用电能产生热量加热金属而实现焊接的设备，按照原理不同分为电弧焊机和电阻焊机两种。电弧焊机是通过电弧产生热量熔化金属接合处而实现焊接的；电阻焊机则是将强大的电流通过被焊接金属接合处，利用接触电阻产生热量将金属熔化并进行挤压而实现焊接的。此外，还有电子束、超声波、激光等特种电源焊接设备。

电弧焊机主要使用弧焊电源，包括直流弧焊电源、脉冲弧焊电源、交流弧焊电源和逆变弧焊电源四类。其中，开关电源型弧焊电源是将高频 AC/DC、DC/DC 变换电路应用于直流电源中，其突出特点是高效节能、体积小、质量小，并且有良好的弧焊工艺特性。常用开关电源型弧焊电源主电路结构如图 5 - 10 所示。

单相或三相交流电经二极管不可控整流电路蒸馏得到较高电压的直流电，通过 DC/DC 变换电路进行降压，得到所需要的安全电压。正激变流器、推挽变流器、半桥变流器、全桥变流

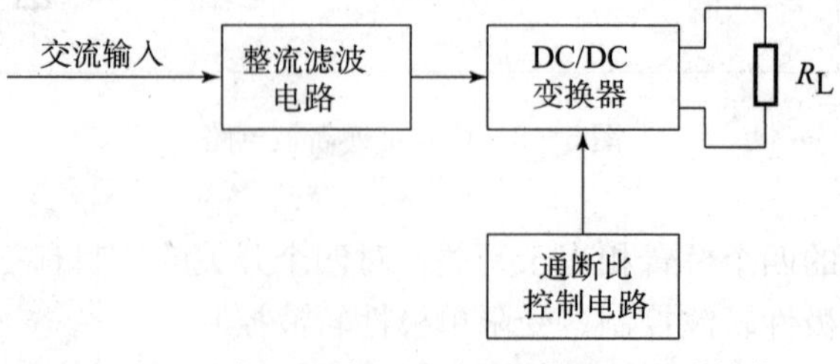

图 5 - 10 常用开关电源型弧焊电源主电路结构

器均采用 DC/DC 变换电路。

5.6.3　蓄电池充电电源

蓄电池广泛应用于电动车辆、通信电源系统、不间断电源（Uninterrupted Power Supply，UPS)、计算机、手机、各种车辆电源、新能源发电系统和家用电器场合。各种蓄电池容量相差悬殊，其充电电源将工频交流电变换为直流电给蓄电池充电。充电电源输出额定电压在几伏到几百伏范围内，输出电流在几十毫安到几百毫安范围内。充电电源的结构包括二极管整流电路、晶闸管相控整流电路和开关型变流电路等。前二者均采用工频变压器降压，经整流滤波后输出到负载。开关型变流器电源采用全控型器件（IGBT 或者 MOSFET）组成高频开关型变流器，具有体积小、质量小、控制性能好等优点。

由于各种蓄电池的特性各异，其充电方式也不同，总体上说，蓄电池充电方式可以分为恒压充电和恒流充电，针对不同的蓄电池应采用不同的充电电流波形，图 5－11 给出了几种常用的充电电流波形。图 5－11（a）所示为脉冲电流充电，是用恒定幅值的脉冲电流对蓄电池充电，在两脉冲的间歇期间检测充电状态。图 5－11（b）所示为含有放电脉冲的充电电流脉冲，能使电池瞬时放电，可以减少电池充放电过程中产生的气体，有效减少蓄电池的记忆效应。图 5－11（c）为大电流充电脉冲，用不同占空比的大电流脉冲对电流充电，平均充电电流取决于总的脉冲宽度与间隔时间比，该方式既可减少蓄电池的记忆效应，又可减少电池极板在充放电过程中产生的结晶体。

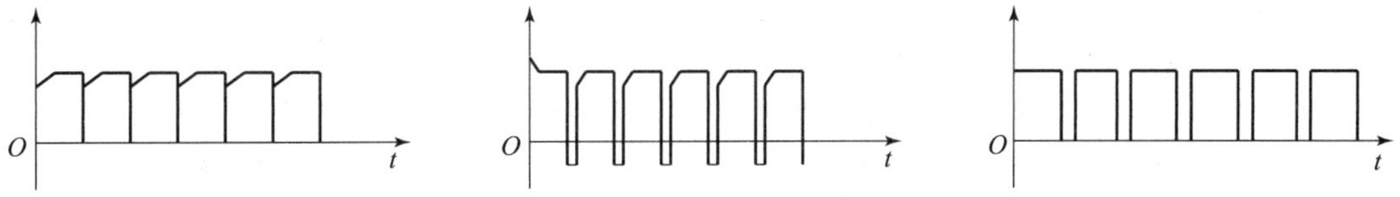

（a）　　　（b）　　　（c）

图 5－11　常用充电电流波形

（a）脉冲电流充电；（b）含放电脉冲的充电电流脉冲；（c）大电流充电脉冲

绝大多数的 AC/DC 和 DC/DC 变流电路可以作为蓄电池的充电电路。图 5－12 示出了开关电源式脉冲快速充电电源，图 5－13 是其快速充电控制波形图。图 5－12 中，充电电源由

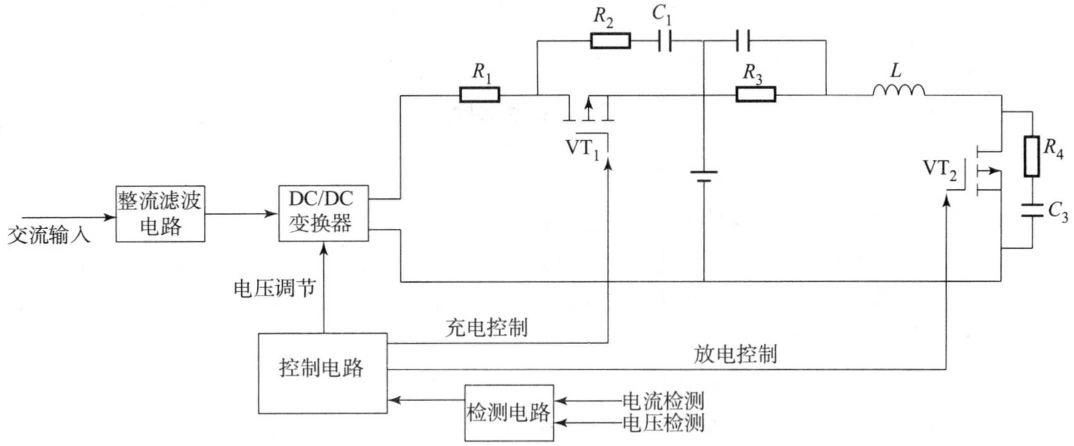

图 5－12　开关电源式脉冲快速充电电源

DC/DC 变换器、充放电控制电路组成。DC/DC 变换器为系统提供可调的直流电压，可以由任何类的 DC/DC 变换电路构成，充电开关管 VT_1 实现脉冲电压对电池的充电，在充电停止期间，放电管 VT_2 完成短时深度放电。

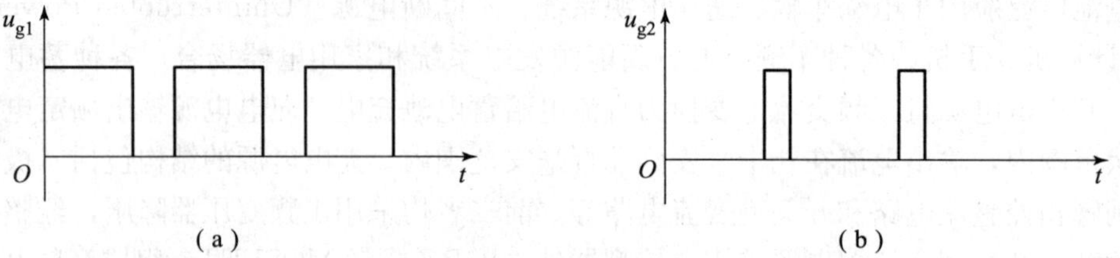

图 5－13 脉冲快速充电控制波形图

(a) VT1 栅极电压；(b) VT2 栅极电压

本章小结

将直流电转换为另一固定电压或可调电压的直流电的电路称为直流变换电路。它利用电力开关器件周期性的开通与关断来改变输出电压的大小，因此也称为开关型 AC/AC 变换电路。电力电子电路较好地解决了直流变换问题，由于采用了 PWM 控制方式，因此又称为直流斩波电路。

近年来，斩波电路功率器件及各种控制技术的涌现，极大地促进了直流变换技术的发展。以实现硬开关和软开关为目标的各类新型变换电路的不断出现，为改善直流变换电路的动态性能、降低开关损耗、减少电磁干扰开辟了有效的新途径。

直流变换电路主要以全控型电力器件作为开关器件，通过变换电路控制输出电压的大小。开关频率越高，越容易用滤波器抑制输出电压的纹波，减少“电力公害”。直流变换电路有四种基本形式：降压斩波电路、升压斩波电路、升降压斩波电路和 Cuk 斩波电路。斩波电路主要用于开关电源，也可用于可再生能源发电、焊接电源等领域。斩波电路的组成一般可以分为输入、中间、输出三部分，也有只含两部分的。输入部分由电源开关组成，电压源不能短路，电流源不能开路。电压源和开关串联，电流源和开关并联，通常情况下电流源是由电压源串联大电感实现的。中间部分包含一个或多个电容、电感元件，用于存储及转换能量。在另一时间再将能量传输到输出部分，起到缓冲作用。输出部分包括两种类型的负载：电压型和电流型。本章最基本的电路是降压斩波电路和升压斩波电路。这两种电路是学习其他电路的基础，因此理解和掌握这两种电路是本章的关键和核心。

习题与思考题

5.1 简述图 5－2 (a) 所示的降压斩波电路的基本工作原理。

5.2 直流斩波电路类型有哪些？说明其主要应用场合。

5.3 在图 5－2 (a) 所示的降压斩波电路中，已知 $E=200$ V，$R=10\ \Omega$，$L=\infty$，$E_M=30$ V，采用脉宽调制控制方式，当 $T=50\ \mu s$，$t_{on}=20\ \mu s$ 时，求输出电压平均值 U_o和输出电流平均值 I_o。

5.4 在图 5－2 (a) 所示的降压斩波电路中，已知 $E=100$ V，$R=0.5\ \Omega$，$L=1$ mH，$E_M=10$ V，采用脉宽调制控制方式，$T=20\ \mu s$，$t_{on}=5\ \mu s$ 时，求输出电压平均值 U_o、输出电流平均值 I_o、输出电流的最大和最小瞬时值并判断负载电流是否连续；当 $t_{on}=3\ \mu s$ 时，重新进行上述计算。

5.5　简述图5-3（a）所示升压斩波电路的基本工作原理。

5.6　在图5-3（a）所示的升压斩波电路中，已知$E=50$ V，$R=20$ Ω，$L=\infty$，$C=\infty$，采用脉宽调制控制方式，当$T=40$ μs，$t_{on}=25$ μs时，求输出电压平均值U_o和输出电流平均值I_o。

5.7　试分别简述升降压斩波电路和Cuk斩波电路的基本原理，并比较其异同点。

5.8　试绘制Speic斩波电路和Zeta斩波电路的原理图，并推导其输入、输出关系。

第 6 章

交交变换电路

交交变换电路即交流变交流的电路，是把一种形式的交流电变成另外一种形式交流电的电路。在进行变换时，可以改变相关的电压、电流、频率和相数。交交变换电路可以分为无中间支流环节和有中间支流环节两种，即直接方式和间接方式。其中，间接方式可以看作交流转换为直流，再从直流转换为交流的电路组合；直接方式则是将交流直接变为交流的变换电路。本章针对交交变换电路展开讲解。

6.1　交交变换电路概述

交流电有三要素：电压、频率和相数。把一种形式的交流电变换为另一种形式的交流电时，可以改变相关的电压、电流、频率和相数，或同时改变其中某几个要素，也可以对电路进行通断控制来改变交流电的输出功率。在电力电子技术出现之前，交流、交流（AC、AC）之间的变换是对电压进行变换，常用变压器实现，改变交流电频率则很困难。利用变压器调压很不方便，且体积大、设备笨重，消耗的金属材料（铜和铁）多。采用电力电子器件的交流调压器不仅能够实现电压的连续调节，而且能够减小装置的体积，降低设备的重量，在灯光调节、电加热温度控制、交流电动机软起动、轻载节能运行、调压调速、电力系统输电、无功补偿等场合得到广泛应用。此外，电力电子变流器还可以改变交流电的频率和相数，本章介绍相位控制的 AC/AC 直接变频电路，其他变频电路在后面的章节介绍。对于加热炉、工业电炉等一些大惯性负载，则采用通断控制的方式控制其功率。

6.2　交流无触点开关

在交交变换电路中，利用电力电子器件组合成双向开关，不仅能够控制交流电路的通断，使用电流双向流通，而且能利用电流电子器件的可控性对交流电进行控制。这样的开关称为交流无触点开关。组成开关的器件可以是半控型器件，也可以是全控型器件，实际使用中以半控型器件居多。由于交流无触点开关可以双向导电，也称为双向功率开关。

把反向并联的晶闸管或者双向晶闸管接入交流电路中，以代替电路中的机械式开关来接通和断开电路，这样的开关就是晶闸管交流开关，如图 6－1 所示。它具有无机械点（因而无电弧）、开关速度快、寿命长等优点。由于晶闸管仅在电路电流过零时关断，所以在关断时不会因负载或者线圈储能而出现过高的电流变化率造成暂态过电压和电磁干扰，特别适合于电路频繁操作、存在易燃易爆气体、粉尘等危险场合。因为晶闸管存在漏电流，为了让电路断开时把负载和交流电源真正隔离，通常还需要在晶闸管开关前设置“机械式有触点开关”来保证用电安全。在使用过程中，如果要接通电源，则先接通机械开关，后接通晶闸管交流开关；如果要断开电源，则先断开晶闸管交流开关，再断开机械开关。这样既可以避免机械式开关带负载接通或断开电路，也可以降低对机械式开关的断路容量要求。

1. 晶闸管交流开关

图 6－1（a）所示的开关是晶闸管交流开关的最基本形式，实际使用的开关总是与触发电路结合在一起的。如果不需要对交流电压进行调节，仅仅是用于接通或断开交流电路，可以采用图 6－1（b）所示的简单形式。这些开关的工作特点是承受正向电压时触发导通，在电流过零时自然关断。通过控制小信号开关 S 的通断就可以实现对交流主电路的通断控制，开关 S 用以控制晶闸管门极毫安级别电流的通断，而晶闸管则可以接通或断开几十到几百安的回路电流。

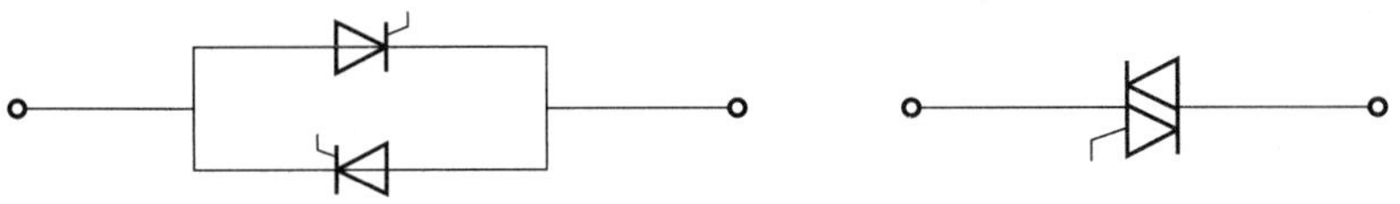

(a)　　　　　　(b)

图 6－1　晶闸管交流开关

（a）晶闸管反并联；（b）双向晶闸管

图 6－2（a）是由两个反并联的晶闸管组成的交流开关电路。当开关 S 断开时，晶闸管门极开路，晶闸管 VT_1、VT_2 处于关断状态。当开关 S 闭合时，电源的正负半周分别通过二极管 VD_1、VD_2 和 S 接通晶闸管 VT_1、VT_2 的门极电路，使相应晶闸管在正负半周分别导通。可见，通过对小电流开关 S 的操作，实现了对主电路的通断控制。

图 6－2（b）是由双向晶闸管代替两个反并联晶闸管组成的交流开关电路。与图 6－2（a）相比，电路十分简单。控制开关 S 闭合时，正负半周双向晶闸管都可以导通，相当于电力电子

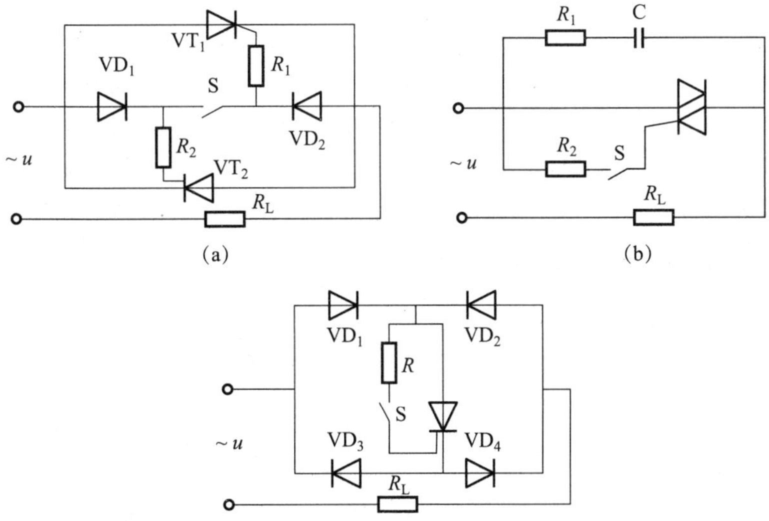

(c)

图 6－2　晶闸管交流开关的三种形式

（a）反并联交流开关；（b）双向晶闸管交流开关；（c）晶闸管和二极管交流开关

开关闭合。如果S断开，门极开路，双向晶闸管不能导通，相当于电力电子开关断开。

图6-2（c）是由一个普通晶闸管和二极管桥组成的交流开关电路。S接通时，在交流电压的正负半周，晶闸管都可以得到触发电压而导通，从而接通主电路。S断开时，晶闸管也随之关断。该电路中串联的元件较多，故电路的压降损耗较大，但晶闸管不承受反向电压。

2. 固态开关

20世纪70年代前后发展出了一种固态开关（Solid State Switch，SSS），它包括固态继电器（Solid State Relay，SSR）和固态接触器（Solid State Contactor，SSC），是一种以双向晶闸管为基础构成的无触点通断组件，具有体积小、工作频率高等特点，适用于频繁工作或在潮湿、有腐蚀性或易燃易爆的环境中工作。

图6-3是光电双向晶闸管耦合器非零电压固态继电器。当输入端1和2之间施加控制信号时光电耦合器B导通，从3端经R_2、B到双向晶闸管VT的门极形成电流回路，使晶闸管导通。这种电路对于输入信号为交流电的任意相位都能接通，因而称为非零电压开关。

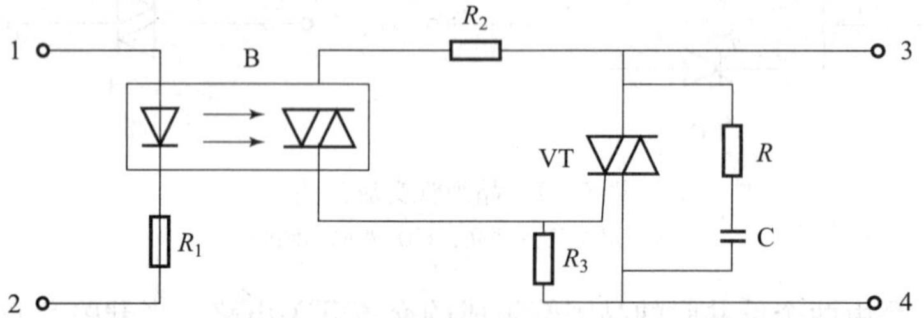

图6-3 光电双向晶闸管耦合器非零电压固态继电器

图6-4是光电晶体管耦合的零电压接通和零电压断开的固态继电器。输入端1和2相当于继电器或接触器的线圈；输出端3和4相当于继电器或接触器的一对触点，与负载串联后，接至交流电源上。当输入端1和2之间施加控制信号时，发光二极管导通，光电晶体管VT_1导通，拉低晶体管VT_2的基极电平，使其关断，同时使得晶闸管VT_3的门极电压升高，晶闸管VT_3导通，交流电源电压从3端经过VD_4、VT_3、VD_1到双向晶闸管VT_4的门极形成电流回路，使双向晶闸管VT_4导通。适当选取电阻R_2和R_3，使交流电源的电压在接近零区域（±25 V范围内）且有输入信号时VT_1导通，VT_2关断，VT_3触发导通。无输入信号时或虽有信号但交流电源电压较大时，VT_2饱和导通，VT_3不能导通。因此不管什么时候施加输入信号，开关只能在交流电源电压过零附近才能使晶闸管VT_3导通，也就是双向晶闸管VT_4只能在零电压附近施加输入信号才能触发导通，使开关闭合。

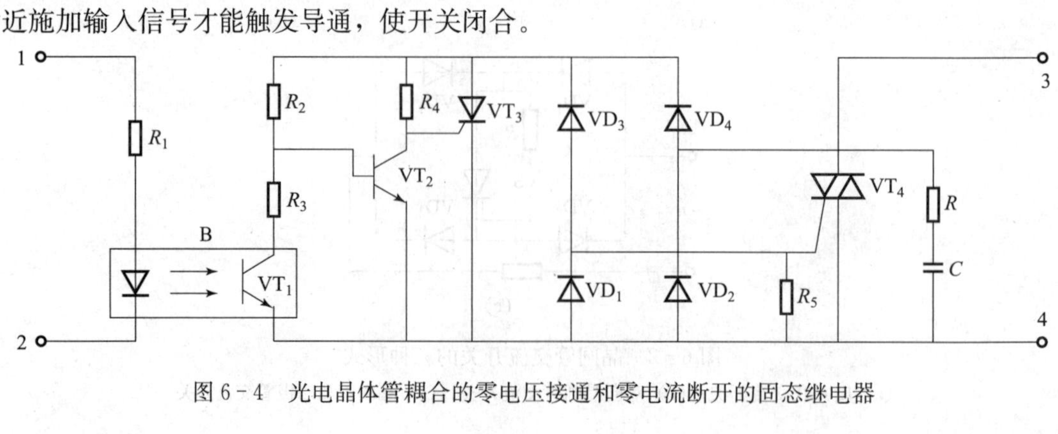

图6-4 光电晶体管耦合的零电压接通和零电流断开的固态继电器

3. 全控型器件交流无触点开关

全控型器件组成的交流无触点开关的形成如图 6-5 所示。图（a）为两个逆导元件反向串联组成，图（b）为两个逆阻元件反向并联组成，图（c）为一个单向开关与二极管桥组合形成的开关。通过控制全控型器件的通断即可实现双向开关的通断。

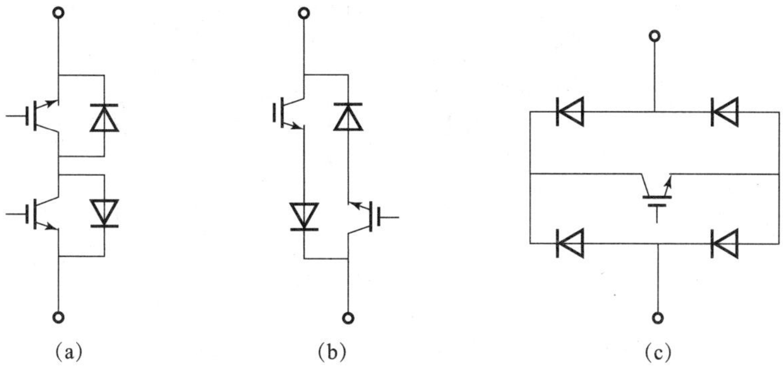

图 6-5 全控型器件组成的交流开关

6.3 交流调压电路

交流调压电路也称恒频变压交流变换电路，只改变交流电压的幅值，不改变频率，有相控式和斩控式两种。

6.3.1 单相交流调压电路

1. 单相相控式交流调压电路

本节主要介绍单相相控式交流调压电路。其中，在单相半波可控整流电路中，在交流电压的正半周，通过对晶闸管的触发相位进行控制，可以方便地改变负载上的输出直流电压波形及其平均值。同一整流电路因用负载不同，电路的工作情况也不同，这里仍以电阻性和阻感性负载为例进行分析。首先讨论电阻性负载的工作情况。

1）电阻性负载

图 6-6 所示为电阻性负载单相交流调压电路及其波形。电路工作时，如果未给晶闸管施加触发信号，则晶闸管 VT_1、VT_2均不导通，晶闸管两端的电压就等于交流电压 u_1，且在 u_1 的正半周，VT_1承受正向电压，VT_2承受反向电压；在 u_1的负半周，VT_1、VT_2承受的电压方向相反，在此期间，负载 R 上的电压 u_o和电流 i_o均为零。假设在 u_1正半周的 $\omega t=\alpha$ 时刻，给 VT_1施加触发信号，则 VT_1导通，VT_1、VT_2上的压降变为零，此时负载 R 上的电压 u_o和电流 i_o波形与 u_1的正半周相同。之后，在 $\omega t=\pi$ 时刻，$u_1=0$，$i_o=0$，VT_1 过零关断。同理，在 u_1 负半周的 $\omega t=\pi+\alpha$ 时刻，给 VT_2施加触发信号，则 VT_2导通，此时电路的工作情况与 u_1正半周时相似。如果改变晶闸管的触发角 α，则 u_o的波形随之发生变化，这样就能方便地调节负载两端的交流电压。

当触发角为 α 时，负载电压的有效值 U_o、负载电流的有效值 I_o、晶闸管的电流有效值 I_{vt} 和电路的功率因数分别为

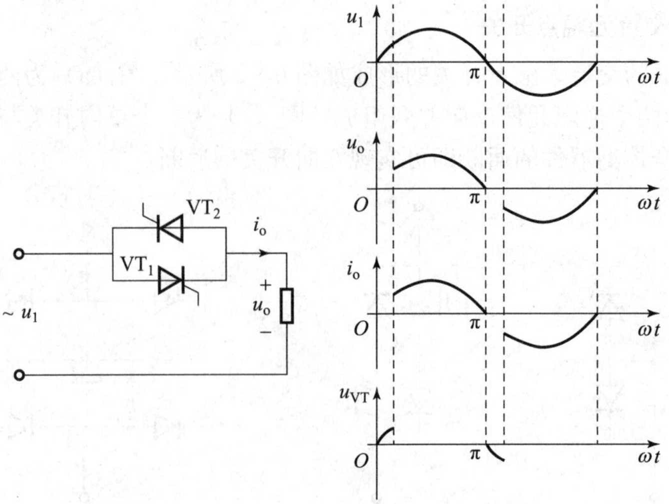

图 6－6　电阻性负载单相交流调压电路及其波形

$$U_o=\sqrt{\frac{1}{\pi}\int_{\alpha}^{\pi}(\sqrt{2}U_1\sin\omega t)^2\mathrm{d}(\omega t)}=U_1\sqrt{\frac{1}{2\pi}\sin 2\alpha+\frac{\pi-\alpha}{\pi}} \tag{6-1}$$

$$I_o=\frac{U_o}{R} \tag{6-2}$$

$$I_{vt}=\sqrt{\frac{1}{2\pi}\int_{\alpha}^{\pi}\left(\frac{\sqrt{2}U_1\sin\omega t}{R}\right)^2\mathrm{d}(\omega t)}=\frac{U_1}{R}\sqrt{\frac{1}{2}\left(1-\frac{\alpha}{\pi}+\frac{\sin 2\alpha}{2\pi}\right)} \tag{6-3}$$

$$\lambda=\frac{P}{S}=\frac{U_oI_o}{U_1I_o}=\sqrt{\frac{1}{2\pi}\sin 2\alpha+\frac{\pi-\alpha}{\pi}} \tag{6-4}$$

由式（6－1）～式（6－4）可以看出，当 $\alpha=0°$时，输出电压 U_o和功率因数 λ 最大，此时 $U_o=U_1$，功率因数 $\lambda=1$；随着 α 的增大，U_o和 λ 逐渐减小，当 $\alpha=180°$时，U_o和 λ 达到最小，$U_o=0$，$\lambda=0$。因此，可以看出 α 的移相范围是 0°～180°。

2）阻感性负载

交流电源为阻感性负载供电时，稳态时负载上的电流波形也是正弦波，但其相位滞后于电压波形一个角度 $\psi=\arctan(\omega L/R)$，即负载电压过零时，负载电流需要再经 ψ 角度才过零。由于晶闸管的电流降为零后才能关断，因此要对感性负载的交流调压电路（图 6－7）的输出电压进行控制，必须使触发角 $\alpha\geqslant\psi$。因此在阻感负载时，α 的移相范围不再是 0～180°，而是 ψ～180°。当 $\alpha\leqslant\psi$ 且电路进入稳态后，晶闸管将持续导通，导通角 $\theta=180°$，相当于用导线直接把交流电源和负载连通的情况。

前面所述为 $\alpha\geqslant\psi$ 时电路的工作情况，现在来分析 $0<\alpha<\psi$ 时的情况。假设电路从 0 时刻开始工作，首先，来看窄脉冲触发情况，即脉冲宽度小于（$\psi-\alpha$）。在 $\omega t=\pi$ 时刻触发 VT_1使其导通，电源为负载送电，电感 L 储存电能。在 $\omega t=\pi$ 时刻，虽然 $u_1=0$，但 i_o不为零，其过零点比 u_1滞后 ψ。当 u_1变负且 VT_2得到触发脉冲时，VT_1仍然有电流流通，VT_2在感性负载的作用下仍承受反压，因此 VT_2不能导通，直到触发脉冲消失，VT_1的电流仍然存在。当 VT_1的电流为零时，VT_2的触发脉冲早已过去，失去了导通的机会，因此 VT_2一直不能导通，相当于开路。到下一个电源周期，VT_1再一次导通，电路工作于单相半波可控整流状态，而非交流调压状态，电路不能正常工作。电路的波形如图 6－8 所示。

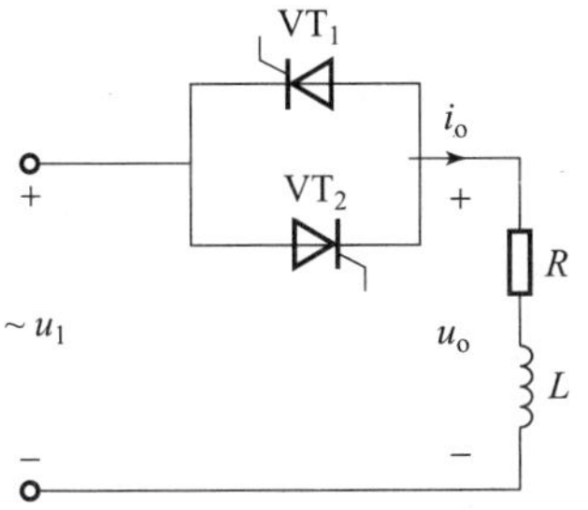

图 6－7　阻感性负载单相交流调压电路

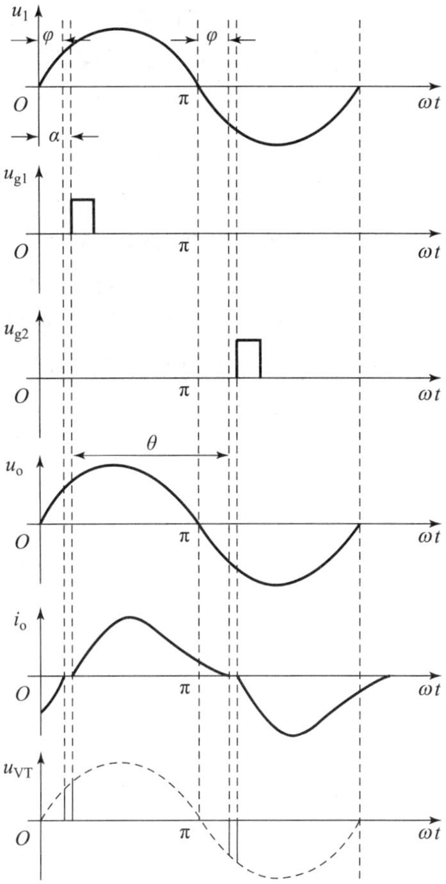

图 6－8　阻感性负载单相交流调压电路波形

其次，来看宽脉冲触发情况，参考图 6－9。在 $\omega t=\pi$ 时刻触发 VT_1，则 VT_1 导通，$\omega t=\pi+\alpha$ 时刻之前电路的工作情况与窄脉冲的情况完全相同，所不同的是，当 VT_1 的电流变为零时，VT_2 的触发脉冲仍然存在，因此 VT_2 导通。由于 $\alpha<\psi$，VT_1 的关断时刻在 VT_2 触发脉冲的上升沿之后，使 VT_2 的导通时刻推迟，VT_2 储能时间减少，其导通角 $\theta<\pi$。从第二个电源周期开始，VT_1 的导通角因 VT_2 关断时刻推后而开始减少，使得电流正半波减少，而 VT_2 的导

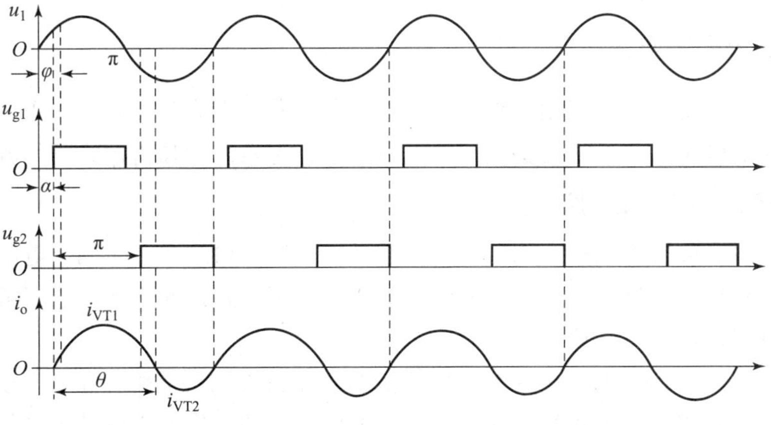

图 6－9　阻感负载下 $0<\alpha<\psi$ 波形图

通角开始增加，使得电流正弦波的负半波增加，经过若干个周期，电流会稳定在 $\alpha=\pi$ 时阶段，晶闸管不一定能立刻导通，为了保证其可靠导通，交流调压电路的晶闸管一般采用后沿固定在180°、前沿可调的宽脉冲触发方式。

2. 单相斩控式交流调压电路

单相斩控式交流调压电路如图 6-10 所示。在交流电压 u_1 的正半周，用 VT_1 实现斩波控制，则当 VT_1 开通时，负载两端的电压即为电源电压 u_1，在 VT_1 关断期间，开通 VT_4 为感性负载提供续流通道；在交流电压 u_1 的负半周，用 VT_2 实现斩波控制，则当 VT_2 开通时，负载两端的电压即为 u_1，在 VT_2 关断期间，开通 VT_3 进行续流。设斩波器件 VT_1、VT_2的导通时间为 t_{on}，器件的开关周期为 T，则导通比 $\alpha=t_{on}/T$，负载的输出电压为

$$U_o=\frac{t_{on}}{T}U_1=\alpha U_1 \tag{6-5}$$

由式（6-5）可知，改变 α 就可以方便地实现对输出电压的调节。图 6-11 给出了阻性负载时的电压和电流波形。由图可见，电源的输入电流 i_1的基波分量与电源电压的相位相同，即位移因数为 1。将电流 i_1用傅里叶级数展开可知，电源电流中仅含有与开关周期 T 有关的高次谐波，这些高次谐波很容易滤掉，这样就能使电路的功率因数接近于 1。这种斩控式交流调压方式与相控式交流调压方式相比，具有调节方便、功率因数高、动态性能好等优点，适用于中小功率应用场合。

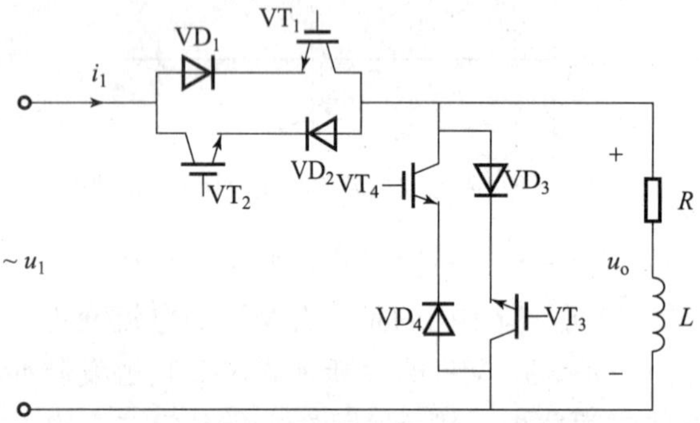

图 6-10　单相斩控式交流调压电路

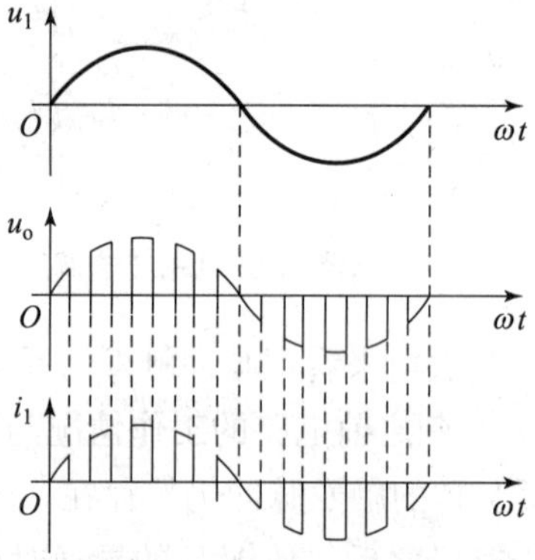

图 6-11　斩控式交流调压电路波形

6.3.2　三相交流调压电路

三相交流负载需要可变的三相交流电压时，把电力电子交流开关分别接入三相交流电路中即可组成三相交流调压电路。三相交流调压电路同样分为相控式和斩控式两种方式。

1. 三相相控式交流调压电路

把晶闸管交流开关接入三相交流电路中，通过改变控制角的大小来调节电压的大小，这样的电路就是三相相控式交流调压电路。根据晶闸管开关接入方式的不同，电路可有不同的连接形式，常见的有星形接法、三角形接法等。

对于图 6-12（a）所示的有中性线星形接法的三相交流调压电路，相当于由三个单相交流调压电路组合而成，相与相之间间隔 120°工作，所以电路的工作原理和波形分析的方法与单相交流调压电路一样。由于单相交流调压电路电流中含有基波和各奇次谐波，其中 3 的整数倍次

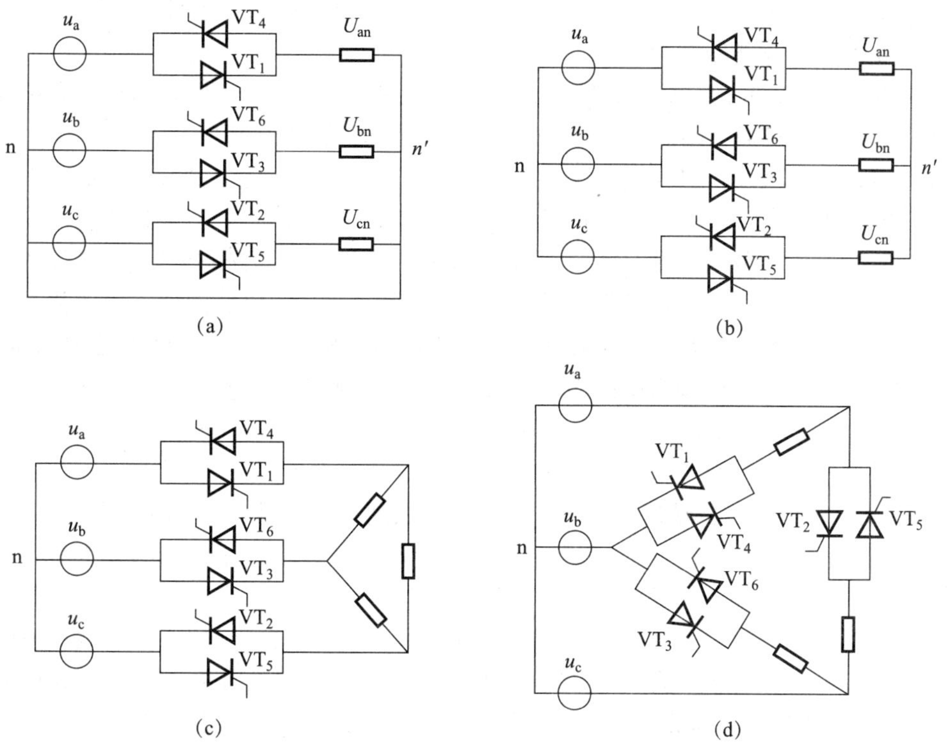

图 6-12　三相相控式交流调压电路

(a) 有中性线星形接法电路；(b) 无中性线星形接法电路；(c) 线路控制三角形接法电路；(d) 支路控制三角形接法电路

谐波是同相位的，因此，中性线会有很大的 3 次谐波电流及其他 3 的整数倍次谐波电流，基波和其余各次谐波电流则在相间流动。当触发角 $\alpha=90°$时，中性线中总的谐波电流甚至接近各相电流的有效值，因此这种接法要求中性线有较大的截面积。

图 6-12 (b) 为无中性线星形接法的三相交流调压电路。当其中一相的晶闸管导通时，需要和另外一相或两相中的晶闸管构成回路，因此和三相桥式全控整流电路一样，任意时刻至少需要两个晶闸管导通。触发脉冲可以采用宽脉冲或者双窄脉冲，三相触发脉冲依次相差 120°，同一相的两个晶闸管触发脉冲相差 180°，晶闸管的触发脉冲顺序是 VT_1～VT_6，依次相差 60°。结合图 6-13 所示的三相交流电压波形，对这种接法的调压电路做重点分析，分析时认为三相负载是对称的。

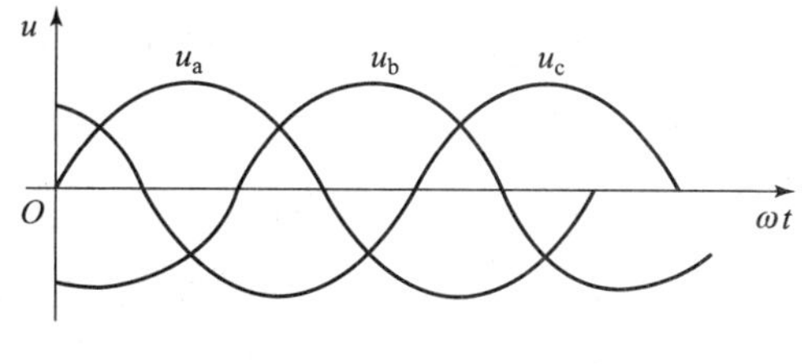

图 6-13　三相交流调压电路波形

如果将图 6-12 (b) 中反并联的晶闸管用二极管代替，则对于每一相，只要二极管承受正向电压就导通。在同一时刻，三相中总有一相的二极管承受正向电压，而剩余两相或者承受正向，或者承受反向。承受正压时正向二极管导通，承受反向时反向二极管导通，同一时刻，三相中总是各有一个二极管在导通，三相负载都有电流流通。

在 $\omega t=0°$～30°区间，u_o最大，u_b最小，VT_5和 VT_6因承受最大正向电压而导通，在这一区间，与 a 相连接的两个器件 VT_1和 VT_4所承受的电压取决于负载中性点 n'与 a 相电压的差值。假设 VT_1 和 VT_4 都不导通，则负载中性点电位为 n'。因此两个器件（VT_1 和 VT_4）两端的电压为左正右负，导通器件为 VT_1。

在 $\omega t=30°\sim60°$ 区间内，u_a 变为最大，u_b 仍为最小，VT_1、VT_6 继续导通，c 相电压虽然不再是最大，VT_5 仍然导通。因此在 $\omega t=0°\sim60°$ 区间，导通器件为 VT_5、VT_6、VT_1。

在 $\omega t=60°\sim90°$ 区间，仍为 u_a 最大，u_b 最小，VT_1 和 VT_6 导通，$u_c<0$。因 $(u_b+u_a)/2>u_c$，VT_2 开始导通，VT_5 关断，二者在 $\omega t=60°$ 时刻换流。在 $\omega t=90°\sim120°$ 区间，导通器件仍为 VT_6、VT_1、VT_2。可见，在 $\omega t=60°\sim120°$ 区间，导通器件一直是 VT_6、VT_1、VT_2。

在 $\omega t=120°\sim180°$ 区间，导通器件变为 VT_1、VT_2、VT_3。以后的情况依此类推。可以看出，每隔 60°就有两个器件换流，换流的两个器件在同一相上，换流时刻正是相电压过零点，这一点就是三相相控式交流调压电路的自然换流点，与三相全控桥整流电路相比，自然换流点提前了 30°，换流器件不再是同一组（共阴极组或共阳极组）内。

下面具体分析电阻性负载电路的工作原理。

（1）$\alpha=0°$。这时的工作情况与前述二极管代替晶闸管的情况完全相同，不再赘述。

（2）$0°<\alpha<60°$。结合图 6-14，以 a 相负载 $\alpha=30°$ 为例进行分析。假设电路处于稳定工作状态，在上一个导通区间，导通的器件为 VT_4、VT_5、VT_6。在 $0°\sim30°$ 区间内，a 相相电压由负变正，$u_a>(u_b+u_c)/2$ 开始承受反压，VT_1 开始承受正压，由于 VT_1 的触发脉冲还没到来，VT_4 关断，但 VT_1 并没导通，此时只有 VT_5 和 VT_6 导通，a 相没有电流流过，其负载上压降 $u_{an}=0$。在 $\omega t=30°$ 时，VT_1 得到触发脉冲而导通，这样在 $30°\sim60°$ 区间内 VT_5、VT_6 和 VT_1 同时导通，此时 a 相负载上的电压就等于 a 相相电压，即 $u_{an}=u_a$。到了 $\omega t=60°$ 时，$u_c=0$（由正变负的过零点），VT_5 因其中电流过零而关断，c 相断开，此时 VT_6 和 VT_1 维持导通，故在 $60°\sim90°$ 区间内，a 相负载上的电压就等于电压 u_{ab} 的一半，即 $u_{an}=u_{ab}/2$。当 $\omega t=90°$ 时，VT_2 触发导通，因此在 $90°\sim120°$ 区间内 VT_6、VT_1、VT_2 同时导通，此时 a 相负载上的电压又等于 a 相相电压，即 $u_{an}=u_a$。当 $\omega t=120°$ 时，$u_b=0$（由负变正过零点），VT_6 因电流过零而关断，b 相断开，此时 VT_1 和 VT_2 维持导通，因此在 $120°\sim150°$ 区间内 a 相负载上的电压就等于线电压 u_{ac} 的一半，即 $u_{an}=u_{ac}/2$，之后依此类推。a 相负载上的相电压 u_{an} 波形如图 6-14 所示。可见当 $0°<\alpha<60°$ 时，电路处于三个管子导通和两个管子导通的交替状态，每个晶闸管的导通角为 $180°-\alpha$。

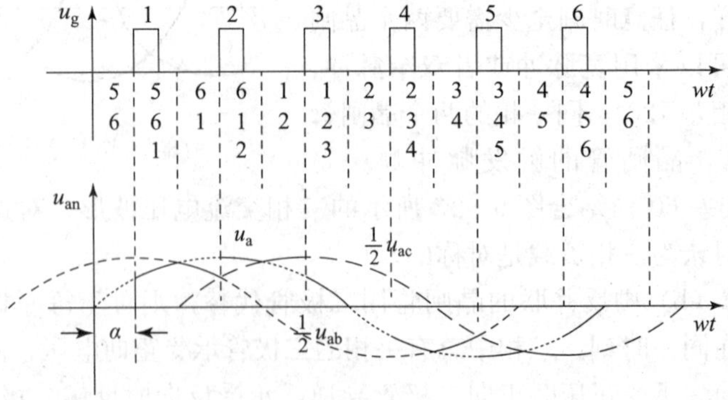

图 6-14 $\alpha=30°$ 负载两端电压波形

（3）$60°\leqslant\alpha<90°$。结合图 6-15，以 a 相负载为例进行分析。与 $\alpha=30°$ 的情况类似，不同之处在于触发脉冲推迟 30°出现。在 $0°\sim60°$ 区间内，由于 VT_1 没有触发脉冲，只有 VT_5 和

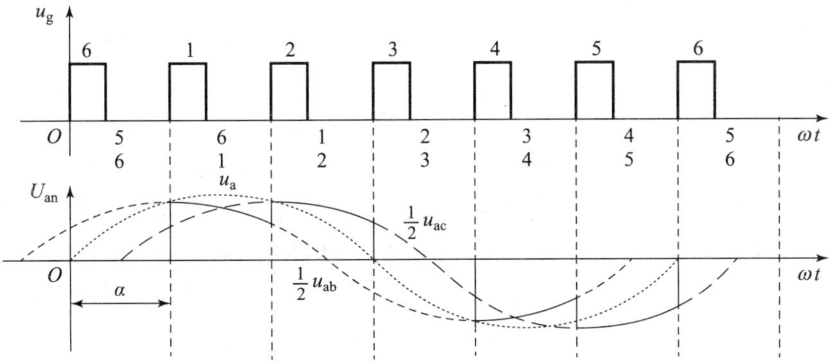

图 6-15　$\alpha=60^\circ$负载两端电压波形

VT_6导通，a 相无电流，负载上的压降 $u_{an}=0$。在 $\omega t=60^\circ$时，$u_c=0$（由正变负过零点），此时 a 相电压最高，VT_1承受正向电压，在触发脉冲的作用下 VT_1触发导通；同时，VT_5在 a 相电压的作用下，因承受反向电压而关断。故在 $60^\circ\sim120^\circ$区间，VT_6、VT_1同时导通，a 相负载上的电压等于线电压 u_{ab}的一半，即 $u_{an}=u_{ab}/2$。当 $\omega t=120^\circ$，$u_b=0$（由负变正过零点），此时 c 相电压最低，VT_2承受正向电压，在触发脉冲的作用下 VT_2触发导通；同时，VT_6在 c 相电压的作用下，因承受反向电压而关断。因此在 $\omega t=120^\circ\sim180^\circ$区间内，$VT_1$、$VT_2$同时导通，a 相负载上的电压等于线电压 u_{ac}的一半，即 $u_{an}=u_{ac}/2$。当 $\omega t=180^\circ$时，$u_a=0$（由正变负过零点），VT_3触发导通；同时，VT_1承受反向电压关断，a 相断开。因此在 $\omega t=180^\circ\sim240^\circ$区间，a 相负载上的电压 u_{an}为零，之后的工作情况依此类推，a 相负载上的相电压 u_{ab}波形如图 6-15 所示。可见当 $60^\circ\leqslant\alpha<90^\circ$时，电路始终处于两个管子同时导通状态，每个晶闸管的导通角为 120°。

（4）$90^\circ\leqslant\alpha<150^\circ$。结合图 6-16，以 a 相负载 $\alpha=120^\circ$为例进行分析。在 $\omega t=120^\circ$之前，器件都已关断。当 $\omega t=120^\circ$时，$u_a>u_b$，VT_6和 VT_1同时触发（双脉冲）导通，a、b 两相同时导通，c 相处于断态，因此在 $120^\circ\sim150^\circ$区间内，a 相负载上的电压就等于线电压 u_{ab}的一半，即 $u_{an}=u_{ab}/2$。当 $\omega t=150^\circ$时，$u_a=u_b$，流过 a、b 两相的电流降为零，VT_6和 VT_1过零关断，因其他晶闸管没有触发信号，故在 $150^\circ\sim180^\circ$区间内，a 相负载上的电压 $u_{an}=0$。当 $\omega t=180^\circ$时，$u_a>u_c$，VT_1和 VT_2同时触发导通，a、c 两相同时导通，b 相处于断态，因此在 $180^\circ\sim210^\circ$区间内，a 相负载上的电压就等于电压 u_{ac}的一半，即 $u_{an}=u_{ac}/2$。当 $\omega t=210^\circ$时，$u_a=u_c$，流过 a、c 两相的电流降为零，VT_1和 VT_2关断，因其他晶闸管无触发信号，故在 $210^\circ\sim240^\circ$

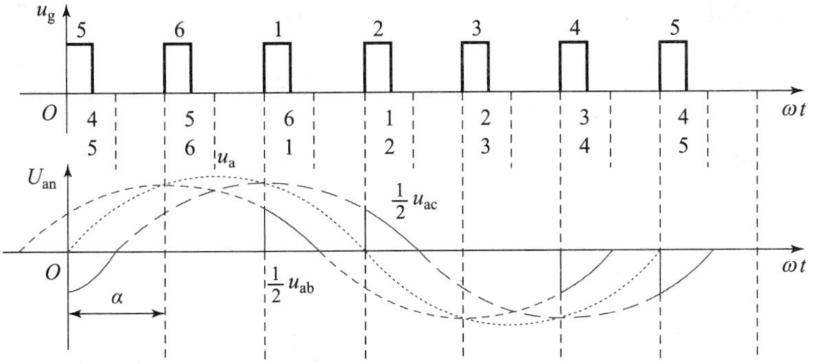

图 6-16　$\alpha=120^\circ$负载两端电压波形

区间内，a 相负载上的电压 $u_{an}=0$。当 $\omega t=240°$时，$u_b>u_c$，VT_2和 VT_3同时触发导通，b、c 两相同时导通，a 相处于断态，因此在 240°～270°区间，a 相负载上电压 $u_{an}=0$。之后依此类推，a 相负载上的相电压波形如图 6－16 所示。可见当 $90°\leqslant\alpha<150°$时，电路交替处于两个晶闸管导通状态和无晶闸管导通的状态。每个晶闸管的导通角为 $300°\sim2\alpha$。

(5) $\alpha=150°$。在 $\omega t=150°$时刻，虽然 VT_6和 VT_1有触发脉冲，但此时 $u_a=u_b$，即 a、b 两相的电位差为零，因此 VT_6和 VT_1不会导通，其他触发时刻也是如此，因此电路一直处于断态，a 相负载上的电压 $u_{an}=0$，可见阻性负载情况下 α 的移相范围是 0°～150°。

从上述波形分析可以看出，负载电压波形存在畸变，应用傅里叶变换进行谐波分析，可知谐波次数为 $6k\pm1$ ($k=1，2，3，\cdots$)，不含偶次谐波和 3 次谐波。

还有一种电路是支路控制三角形接法的三相交流调压电路，这种接法的电路，每相负载串联一个交流开关，相当于由三个单相交流调压电路组成，只不过这里的每个单相交流调压电路的电源电压为线电压。因此单相交流调压电路的分析方法和结论完全适用于支路控制三角形接法的三相交流调压电路，而电源的线电流可以由相连接的两相负载相电流求和得到。负载电流中的 3 的整数倍次谐波由于大小和相位都相同，在三相负载中形成环流，不出现在线电流中，因此线电流中的谐波次数也是 $6k\pm1$ ($k=1，2，3，\cdots$)。

2. 三相斩控式交流调压电路

三相斩控式交流调压电路如图 6－17 所示，每相接入了如图 6－5 (c) 所示的交流开关，三个交流开关 $S_1\sim S_3$ 和三角形接法的负载组成了三相斩控式交流调压电路。三相不可控整流桥和 VT_4 组成阻感性负载的续流回路。三个交流开关中的全控型器件 $VT_1\sim VT_3$ 采用同一个驱动信号 u_g 进行控制，VT_4 的驱动信号 u_{g4} 与 u_g 互补，即 $VT_1\sim VT_3$ 开通时 VT_4 关断，$VT_1\sim VT_3$ 关断时 VT_4 开通。$VT_1\sim VT_3$ 开通时，负载上的电压与电源电压相等；负载电流经过三相不可控整流器和 VT_4 续流，负载两端电压为零。

图 6－18 是在此控制方式下交流调压电路的输出线电压波形，与单相斩控式交流调压电路波形类似，为了避免输出电压和电流中含有偶次谐波，需要保持三相输出电压对称，载波比必

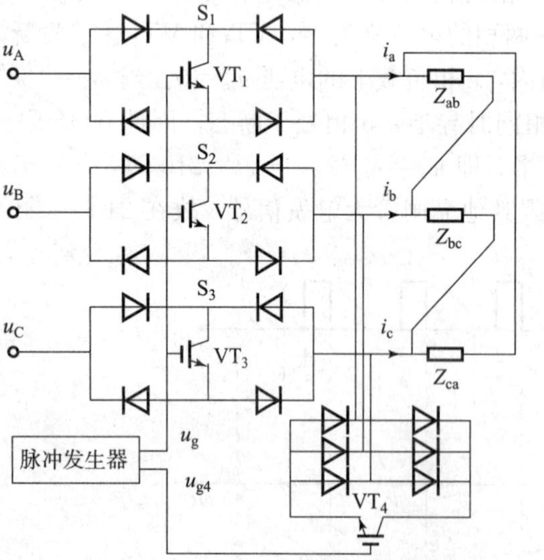

图 6－17　三相斩控式交流调压电路

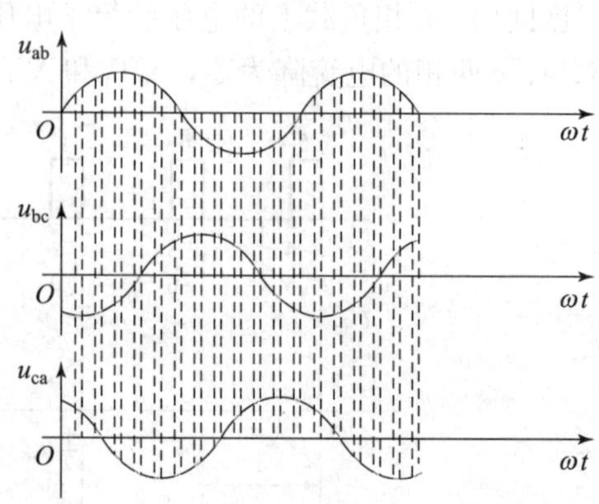

图 6－18　三相斩控式交流调压电路的输出线电压波形

须选为 6 的倍数。

6.4　交流调功电路

在采用相控方式的交流调压电路中，输出电压波形不是正弦波，电源和负载中含有大量谐波，电路的功率因数较低。为了解决这个问题，对于大惯性负载（如电阻加热炉进行炉温控制时），由于被控量是负载上的平均输出功率，这时就没有必要采用相控交流调压的方式了，可以采用过零触发（或称零触发）的方式。在不改变电路形式的情况下，以交流电源周期为基准进行通断控制，即先将负载和电源接通几个周期，再断开几个周期，通过改变电路接通与断开周期数的比值来直接调节负载上的平均输出功率，利用零触发开关使晶闸管在交流电压（或电流）的过零点触发导通，在需要关断的某个周期的交流电压（或电流）过零点自然关断，在负载上得到的是完整的正弦波，如图 6－19 所示。采用这种控制方式的电路称为交流调功电路。

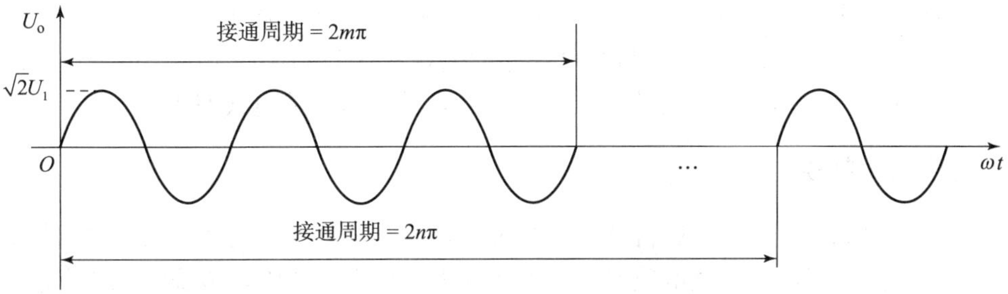

图 6－19　交流调功电路电阻性负载波形

设控制周期即电路接通和关断的总周期为 n 倍的电源周期，接通周期为 m 倍电源周期，则断开的周期数为（$n-m$），在一个控制周期内，负载输出电压有效值为

$$U_o = \sqrt{\frac{1}{2n\pi}\int_0^{2m\pi}(\sqrt{2}U_1\sin\omega t)^2\mathrm{d}(\omega t)} = \sqrt{\frac{m}{n}}U_1 \tag{6-6}$$

负载的输出功率为

$$P_o=\frac{U_o^2}{R}=\frac{U_1^2 m}{Rn} \tag{6-7}$$

负载的功率因数为

$$\lambda=\frac{P}{S}=\frac{U_o I_o}{U_1 I_o}=\frac{U_o}{U_1}=\sqrt{\frac{m}{n}} \tag{6-8}$$

定义 m/n 为通断比，则由式（6－7）可知，改变通断比，则负载的输出功率也随之发生变化，实现了对负载输出功率的调节，同时由式（6－8）可知，通断比越接近于 1，负载的功率因数也越接近于 1。

交流调功电路本质上就是通断式交流调压电路，与相控式交流调压电路的形式相同，只是控制方式不同。由于其通断频率低，虽然避免了高频干扰，却会产生低频干扰，不适用于诸如照明和电动机等小惯性对象的控制。

6.5 交流电力控制电路

近年来，电力电子技术在电能的发生、输送、分配和使用的全过程都得到了广泛而重要的应用，与其他应用领域相比，电力系统要求电力电子装置具有更高的电压、更大的功率容量和更高的可靠性。输电系统（Transmission System）是组成电力系统的重要环节之一，其作用是实现电能稳定、有效地传输。目前电能尚无办法进行大量存储，整个系统中的无功功率和有功功率必须保持动态平衡，然而负荷、传输、发电的变化是绝对的，因此需要进行控制和调节。输电系统的调节对象主要包括无功功率和有功功率、电流和相角、阻抗等，还需抑制系统谐振，维持电压和频率等的短期、中期和长期稳定。目前，公认的唯一有效途径是电力电子和先进控制技术的应用。这些技术的应用和发展，促成了近年来交流电网中的一个前沿领域——柔性交流输电系统（Flexible AC Transmission Systems，FACTS），也称灵活交流输电系统，其本质是输电的灵活可变、方便可控，使原来基本不可控的交流输电系统可以得到全面控制，运行更加安全、可靠、经济。FACTS 的核心设备是 FACTS 控制器，其类型很多，本节介绍晶闸管投切电容器（Thyristor Switch Capacitor，TSC）、晶闸管控制电抗器（Thyristor Controlled Reactor，TCR）和晶闸管控制的串联补偿电容器（Thyristor Controlled Series Capacitor，TCSC）。TSC 和 TCR 用于无功补偿，而 TCSC 用于改变输电线路阻抗。

6.5.1 无功功率补偿

在电力系统中，对无功功率进行补偿控制极为重要。通过无功功率补偿，可以提高电网功率因数，稳定电网电压，改善供电质量。在电网的无功功率补偿中，传统的做法有静态补偿和动态补偿两种。传统的静态补偿是靠投入无功补偿电容器来实现的，其阻抗固定且不能自动跟踪负荷中无功的变化。传统的动态补偿是靠同步调相机来完成的，由于它是旋转电机，因此响应速度慢，损耗和噪声大，维护难度大。

从 20 世纪 70 年代开始，出现了静止无功补偿装置（Static Var Compensator，SVC），并开始逐渐取代同步调相机。随着电力电子技术的飞速发展，之后出现了一种更为先进的静止无功补偿装置，即静止无功发生器。下面介绍 TSC 和 TCR。

1. 晶闸管投切电容器（TSC）

利用机械开关（接触器触点）投入或者切除电容器可以控制电网中的无功功率来提高电网的功率因数，这种方式在电容器投切时会对电网产生较大的电流冲击。由反并联晶闸管构成的变流电力电子双向开关来代替机械开关，就组成了 TSC。单相电路的 TSC 基本原理如图 6-20 所示，三相电路可以采用三角形或星形接法。

图 6-20（a）是 TSC 基本电路单元，其中所串联的电感很小，用来抑制电容器投入电网时可能出现的电流冲击，在简化电路中一般不画出。在实际工程中，为了避免容量较大的电容器投入或切除给电网带来较大的冲击，一般把电容器分成几组，如图 6-20（b）所示，这样就可以实现电容器的分级动态无功补偿，级数越多，切换的平滑性也就越好，精度越高。当然级数过多会增大设备成本，因此需要折中考虑，根据负载情况适当选取。

TSC 运行时晶闸管投切原则：在满足无功功率补偿要求的情况下，保证晶闸管导通使电容器投入时不产生电流冲击。为此，电容器投入之前预先充电至电源峰值电压，电容器投入时，使流经其电流为零，没有冲击，之后按正弦规律变化，如图 6-21 所示。如果需要切除电

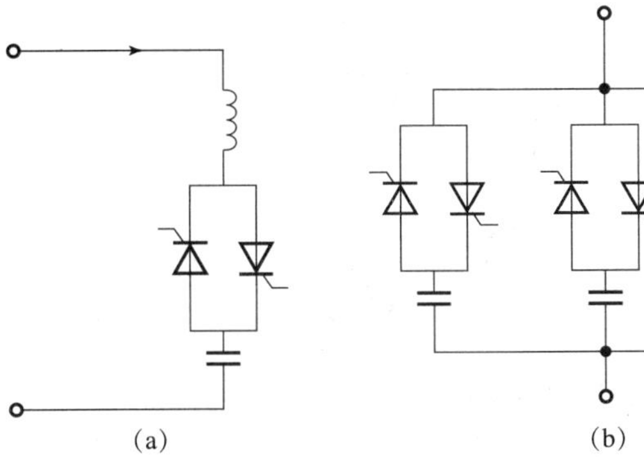

图 6 - 20　TSC 的基本原理

(a) 基本电路单元单相简图；(b) 分组投切单元简图

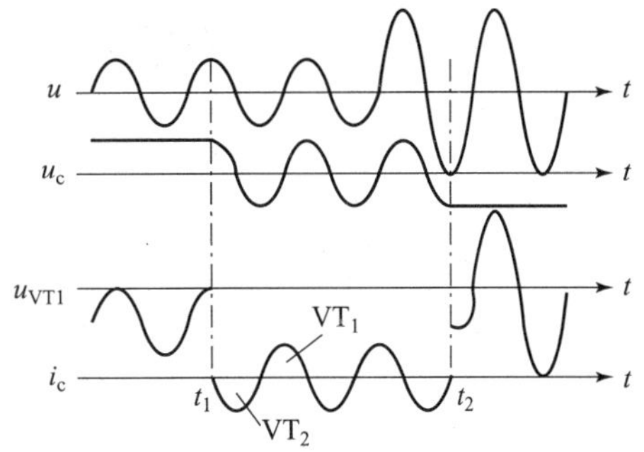

图 6 - 21　TSC 投切时刻波形

容器，去掉晶闸管上的触发脉冲即可，两个器件在电流过零时关断。

为了降低成本，实际使用中常采用晶闸管和二极管反并联的方法，如图 6 - 22 所示。这时由于二极管的作用，在电路不导通时，u_C 总会维持在电源电压峰值处，缺点是响应速度慢一些，电容器投切的最大滞后时间为一个周期。

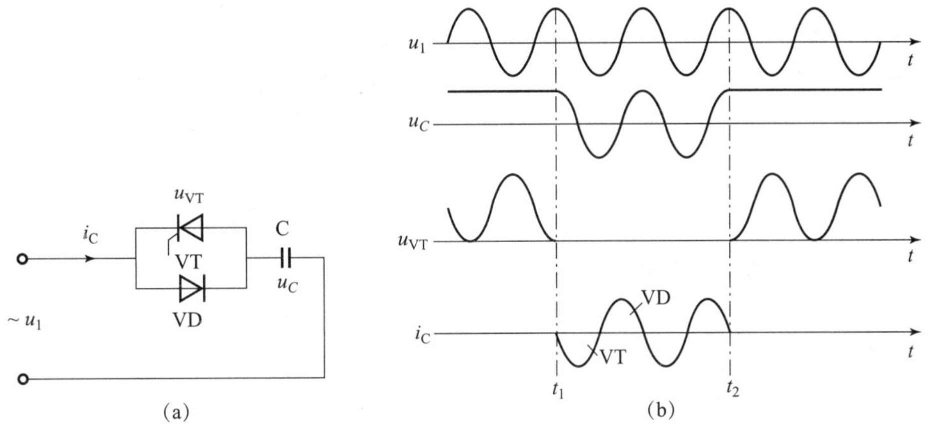

图 6 - 22　TSC 的电路及投切时刻波形

(a) TSC 电路；(b) 投切时刻波形

2. 晶闸管控制电抗器（TCR）

TCR 是相控式交流调压电路感性负载的一个典型应用。图 6 - 23 是 TCR 的典型电路，可以看出这是支路控制三角形联结方式的三相相控式交流调压电路。

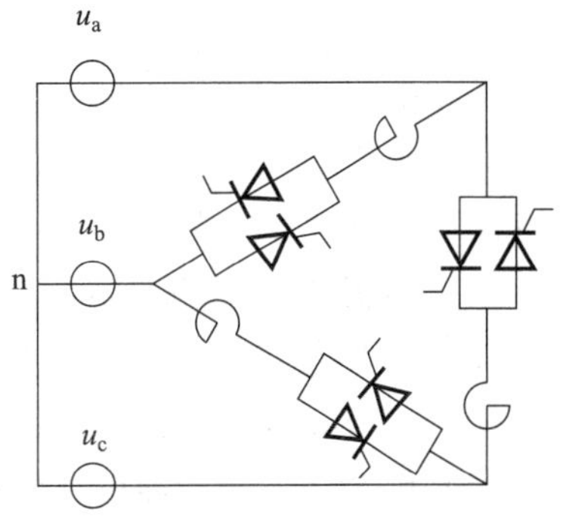

图 6 - 23　TCR 电路

图 6 - 23 中电抗器的电阻很小，故负载可以近似看作纯感性负载，晶闸管的移相范围是 90°～180°。通过调节触发角 α 可以连续调节流过电抗器的电流，从而调节电路从电网中吸收的无功功率。如果与电容器配合，就可以在从感性到容性的变化范围内对无功功率进行连续调节。

图 6 - 24 分别给出了 TCR 电路在触发角 α 为 120°、135° 和 150°时的负载相电流和输入线电流的波形。

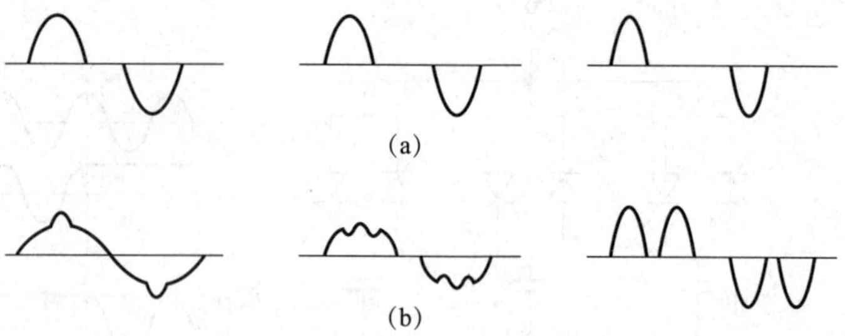

图 6－24 TCR 电路负载相电流和输入线电流波形

（a）负载相电流波形；（b）输入线电流波形

6.5.2 可控串联补偿

在长距离交流输电系统中，用 TCSC 来提高输电线路的电能输送容量、降低电压波动已有很长的历史，已经成为灵活交流输电系统中的主要项目。由于输电线路的电抗越大，所能够传输的功率极限值就越小，在输电线路中串联接入电容器可以补偿线路的电感，从而提高输电线路的输电能力，改善系统的稳定性。图 6－25 是 TCSC 电路及其波形。为了改变串联电容的大小，可将一定容量的电容 C 与一个晶闸管控制电抗器并联，然后再串联接入输电线路中。通过对晶闸管进行移相控制，改变等效电感的大小，从而连续调节图 6－25（a）中 A、B 两点间的等效容抗 X_C，补偿输电线路的感抗 X_L。此外，还可以调控线路 B 点的电压，改变输电线路或电网中有功功率、无功功率潮流分布，使之最优化。

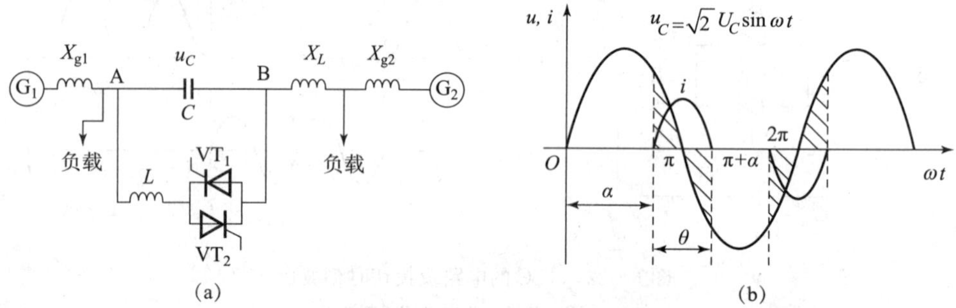

图 6－25 TCSC 电路及其波形

（a）TCSC 电路；（b）电路波形

图 6－25 中，电容器两端的电压 $u_C=\sqrt{2}U_C\sin\omega t$。与电容并联的 TCR 中电感电流为 i，晶闸管的有效移相范围是 $\pi/2\sim\pi$。控制角 $\alpha<\pi/2$ 时，晶闸管的控制作用和 $\alpha=\pi/2$ 时相同，此时电感支路的感抗 $X_L=\omega_L$，为纯电感。当 $\alpha=\pi$ 时，晶闸管不导通，电感支路断开，对并联的电容器支路不起作用，A、B 之间为纯电容。因此并联的电感支路对电容支路的影响，从 $\alpha=\pi/2$ 时的纯电感开始，随着触发角 α 的增大而逐渐减小，当 $\alpha=\pi$ 时，影响完全消失。控制角 α 在 $\pi/2\sim\pi$ 的变化过程中，A、B 之间的阻抗逐渐变化。由此可见，调节晶闸管的触发角 $\alpha(\pi/2\leqslant\alpha\leqslant\pi)$，即可改变电感支路感抗的大小，从而也就改变了 A、B 两端等效电容的大小。

6.6　交交变频电路

三相异步电动机采用变频调速控制时性能优越，已获得广泛应用。目前应用最多的是交直交变频电路，在后续章节会做介绍，本节主要介绍交交直接变频电路。利用两组整流电路的输出电压分别构成正弦波的正负半波可以实现由一种频率的交流电到另一种频率的交流电的变换，这样的电路称为晶闸管移相控制交交直接变频电路，也称周波变流器。由于这种电路构成的调速系统是一种适用于大功率（3000 kW 以上）、低转速（600 r/min 以下）场合的调速系统，在大型轧机主传动、矿井提升、矿石破碎、船舶推进等设备中得到了广泛的应用。另外，近年来还出现了一种采用全控型器件组成的直接变频电路——矩阵式变频电路，此电路将在第 7 章中介绍，这一节主要介绍周波变流器。

6.6.1　单相交交变频电路

图 6-26（a）是由晶闸管组成的三相输入单相输出的交交变频电路，电路由 P 组（正组）和 N 组（反组）晶闸管相控整流电路反并联组成。为了避免两组整流电路间产生环流，我们在任何时刻只让一组整流电路工作，即给某一组整流电路施加触发脉冲时，封锁另一组整流电路的触发脉冲，则当 P 组整流电路工作时，负载 Z 的电流 i_o 方向向下，定为正；当 N 组整流电路工作时，负载 Z 的电流 i_o 方向向上，定为负。让两组整流电路以一定的频率 ω 交替工作，则负载 Z 上得到该频率的交流电，改变切换频率，就可以改变交流电的频率 ω。

图 6-26（b）是两组整流电路均以某一固定的触发角 α 重复工作的波形，可见此时负载输出电压为矩形波交流电，该矩形波的平均幅值等于整流电路在触发角 α 时输出电压的平均值。从图中可以看出，α 角不同，矩形波的平均幅值也不同。

为了使负载上得到的输出电压 u_o 波形接近正弦波，可以按正弦波规律对触发角 α 进行控制，如图 6-26（c）所示。图中波形是两组整流电路均为三相半波可控整流电路时的波形。在

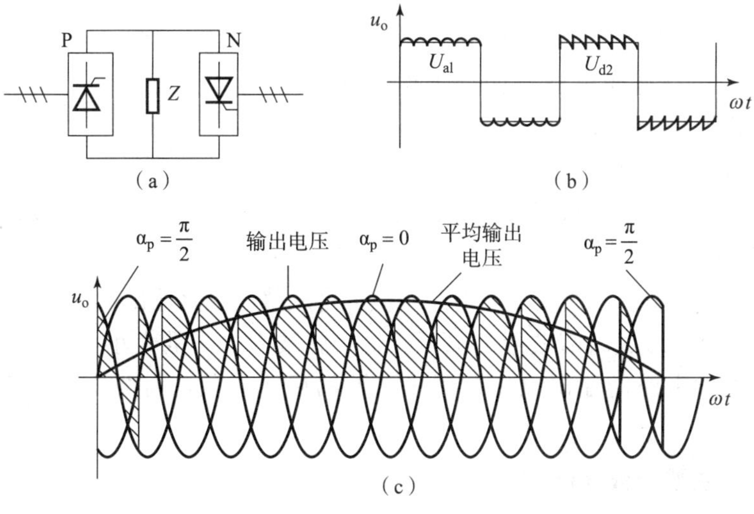

图 6-26　单相相控式交交变频电路及其输出电压波形

（a）单相相控式交交变频电路；（b）固定触发角电路的输出电压波形；

（c）触发角按正弦规律变化时电路的输出电压波形

波形的正半周期内让 P 组整流电路的 α 角按正弦规律从 90°逐渐减小到 0°，然后逐渐增大至 90°。这样，在每个控制间隔内的平均输出电压就按照正弦规律先从零逐渐增大至最大值，然后逐渐减小为零，平均输出电压波形如图 6-26（c）中所示。从图中可以看出，输出电压波形并不是平滑的正弦波，而是若干段电源电压波形的拼接。在输出电压的一个周期内，包含的电源电压段数越多，则最终得到的波形就越接近于正弦波。因此，实际应用中，两组整流电路通常采用 6 脉冲的三相桥式整流电路或 12 脉波整流电路。

1. 单相交交变频电路波形分析

这里以阻感性负载为例来分析单相交交变频的工作状态。分析时忽略交交变频电路输出电压和电流中的高次谐波，并设电路已工作于稳定状态，负载 Z 为电阻和电感串联，负载阻抗角为 ψ。图 6-27 给出了一个周期中负载电压 u_o 和电流 i_o 的波形、正组变流电路的电压 u_P 和电流 i_P 的波形、反组变流电路的电压 u_N 和电流 i_N 的波形，同时还给出了正组和反组变流电路的工作状态。

在 $t_1 \sim t_3$ 期间，P 组工作，N 组被封锁（晶闸管无触发脉冲），负载电流为正。其中在 $t_1 \sim t_2$ 期间，负载的输出电压和电流均为正，因此 P 组电路输出功率，电路工作于整流状态；$t_2 \sim t_3$ 期间，由于感性负载的输出电流滞后于输出电压，故当输出电压反向后，电流的方向没变，因此负载回馈电能给 P 组电路，电路工作于逆变状态。

在 $t_3 \sim t_5$ 期间，N 组工作，P 组被封锁，负载电流为负。其中，在 $t_3 \sim t_4$ 期间，负载的输出电压和电流均为负，因此 N 组电路输出功率，电路工作于整流状态；在 $t_4 \sim t_5$ 期间，负载的输出电压变为正，但电流方向仍为负，因此负载回馈电能给 N 组电路，电路工作于逆变状态。

从上面的分析可以看出，在阻感性负载输出电压的一个周期内，交交变频电路有四种工作状态。哪组变流电路工作取决于负载电流的方向，而该组变流电路的工作状态则取决于负载电压和负载电路的方向是否一致，二者方向一致则工作在整流状态，二者方向相反则工作在逆变状态。

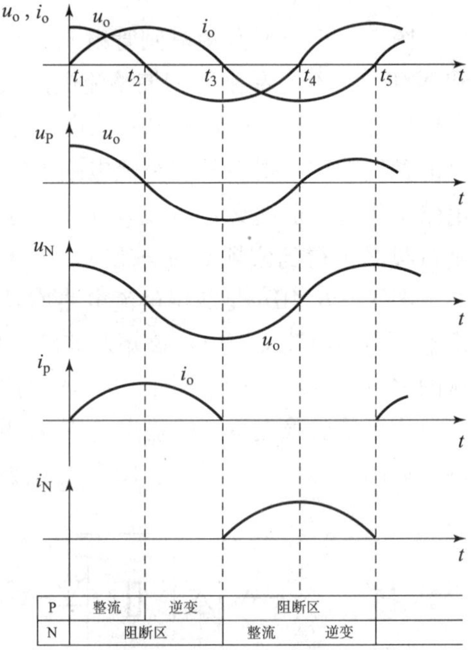

图 6-27 交交变频电路的整流和逆变工作状态波形

从前面的分析可以看出，交交变频电路实质上是从整流电路输出电压的每个脉波内截取一段电压进行重新组合，形成所需波形的电压。每个脉波内电压的大小由该脉波内的触发角决定。为了使交交变频电路的输出电压按照正弦波的规律变化，需要不断改变晶闸管的触发角 α。

2. 变频电路的主要参数分析

（1）输出上限频率。交交变频电路的输出电压是由整流输出电压的脉波拼接而成的，输出电压在一个周期内的脉波次数越多，波形也就越接近正弦波，由于交交变频电路输出电压在一周期内的脉波数是由其输出频率和整流电路的形式决定的，因此输出交流电压频率越高，一个周期内所含脉波数也就越少，波形畸变越严重。电压波形畸变和输出上限频率的关系很难有一个明确的界限，但是构成变流电路的整流脉波数越多，输出上限频率也就可以越高。一般而言，对常用的 6 脉波三相桥式电路，变频电路的输出上限频率不高于电网频率的 1/3（输出电流有死区）或 1/2（输出电流无死区）。对于频率为 50 Hz 的交流电网，变频电路的输出上限频率约为 20 Hz。

（2）输入功率因数。交交变频电路采用的是相位控制方式，因此其输入电流的相位总是落后于输入电压。同时在负载为感性负载情况下，负载的功率因数越低，输入的功率因数也越低。即使不是感性负载，在输出电压按正弦规律由零变为最大再变为零的过程中，整流电路的触发角也按正弦规律由 90°变为 0°再向 90°变化。在交流输出电压接近零时，整流电路输出电压平均值接近于零，触发角接近 90°，输入电流总是滞后于电压的，因而公因数较低。

（3）输入电流谐波。单相交交变频电路的输入电流波形和可控整流电路的输入电流波形类似，但是其幅值和相位均按正弦规律变化。采用三相桥式电路的单相交交变频电路的输入电流谐波频率 f_{in} 为

$$f_{in}=|(6k\pm1)f_i\pm2lf_o| \tag{6-9}$$

和

$$f_{in}=f_i\pm2kf_o \tag{6-10}$$

式中，f_i 为电网频率，f_o 为输出电压频率，$k=1$，2，3，…，$l=0$，1，2，…。和可控整流电路输入电流的谐波相比，交交变频电路输入电流的频谱要复杂得多，但各次谐波的幅值要比可控整流电路的谐波幅值小。

（4）输出电压谐波。交交变频电路的输出电压谐波非常复杂，既与输出频率 f_o、电网频率 f_i 有关，也与变流电路的脉波数有关。对于采用三相桥式电路的单相交交变频电路，其输出电压中所含主要谐波的频率为

$$6f_i\pm f_o,\ 6f_i\pm3f_o,\ 6f_i\pm5f_o,\ \cdots$$
$$12f_i\pm f_o,\ 12f_i\pm3f_o,\ 12f_i\pm5f_o,\ \cdots$$

如果采用无环流控制方式，受切换过程电流死区的影响，输出电压中还将增加 $5f_o$、$7f_o$ 等次谐波。

前面的分析都是基于无环流方式进行的。在无环流方式下，当负载电流反向时，为确保晶闸管可靠关断必须留有一定的死区时间，这就使得电路的输出电压波形畸变增大。另外，在负载电流断续时，输出电压被负载电动机反电动势抬升，这也造成了输出波形的畸变。电流死区和电流断续的影响也限制了输出频率的提高。和直流可逆调速系统一样，交交变频电路也可以采用有环流控制方式，这时正反两组变流器之间必须设有环流电抗器。采用有环流方式可以避免电流断续并消除电流死区，改善输出波形，还可以提高交交变频电路的输出上限频率，同时控制也比无环流方式简单。但是设置环流电抗器会增加设备的成本，运行效率也因环流而有所降低。因此，目前应用较多的还是无环流方式。

6.6.2 三相交交变频电路

三相交交变频电路由输出电压相位彼此相差 120°的三套单相交交变频电路组成，因此上面对单相交交变频电路的许多分析和结论同样适用于三相交交变频电路。其主电路主要有两种接线方式：公共交流母线方式和输出星形接线方式，如图 6－28 和图 6－29 所示。

图 6－28 中连接方式的三相交交变频电路是由三套彼此独立的单相交交变频电路通过进线

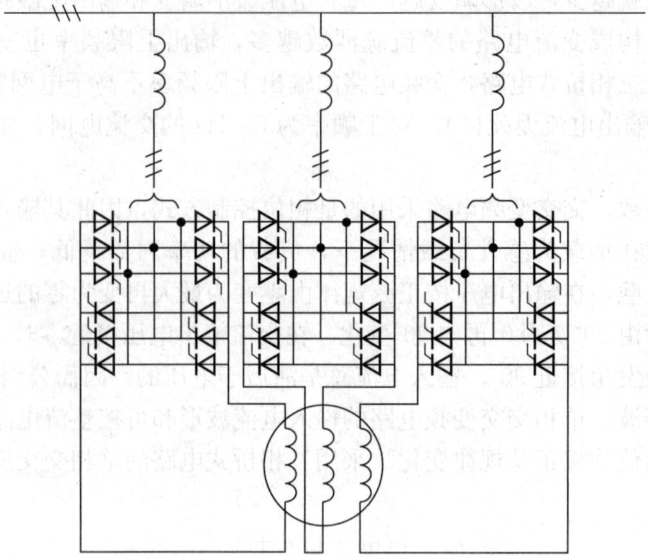

图 6-28 公共交流母线三相交交变频电路

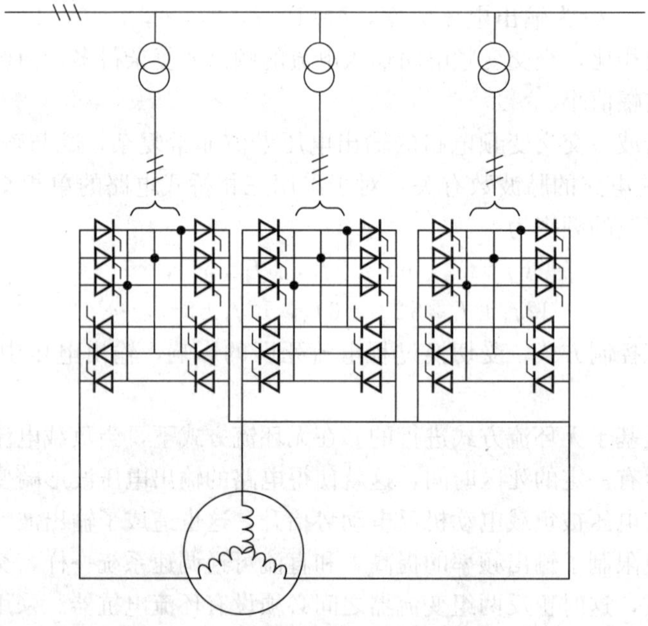

图 6-29 输出星形三相交交变频电路

电抗器接在 50 Hz 的公共交流母线上组成的。因为进线端公用，所以三组单相交交变频电路的输出端必须隔离，交流电动机的三个绕组必须分开，引出六根线。这种方式的电路主要用于中等容量的调速系统，有如下特点。

（1）只需一台变压器，简单、经济。

（2）三套单相变频电路完全独立，相互影响小，触发脉冲为双窄脉冲。

（3）许多交交变频调速电机的电压为 1600～1700 V，属中压范围，变频器及引线都需要满足中压规范要求。采用公共交流母线方式后，变频器及引线对地电压为相电压，小于

1000 V，属低压范畴，执行低压规范。

（4）为了提高变频器输出电压幅值利用率，采用准梯形波调制法。其中的三次谐波电压作用至电动机绕组上时，若电动机为隐极电动机，三次谐波也不会对电动机的运行带来影响。

图6－29这种接线方式的三套单相交交变频电路的输出端和电动机的三个绕组均为星形接法，且变频电路的中性点不与电动机的中性点相连。因为三套单相交交变频电路的输出连接在一起，其电源进线必须隔离，所以三套单相交交变频电路分别用三个变压器供电，这种电路主要用于较大容量的交流调速系统。由于变频器输出端中性点不和负载的中性点相连，因此在构成三相交交变频电路的六组桥式电路中，至少要有不同输出相的两组桥中的四个晶闸管同时导通才能构成电流回路。与整流电路一样，同一组桥内的两个晶闸管靠双脉冲来保证同时导通，而两组桥之间则是靠各自的触发脉冲有足够的宽度来保证同时导通的。

当用变频电路驱动交流电动机并在低速运行时，变频器的输出电压幅值很低，由于变流电路的控制角都在90°附近变化，因此输入功率因数非常低。如果给各相输出电压都叠加上同样的直流分量，控制角将减小，而三相交交变频器输出的线电压并不改变，这种方法既可以改善变频器的输入功率因数，又不影响电动机的正常运行，我们将其称为直流偏置法。对于长期工作在低速情况下的交流电动机，用该方法可以明显改善输入功率因数。

图6－29所示接线方式的三相交交变频电路，各相输出的是相电压，而作用到负载上的是线电压。如果在各相电压中叠加同样大小的直流分量或3倍于输出频率的谐波分量，由于它们不会反映在线电压中，因此也作用不到负载上，利用该特性，可以改善输入功率因数并提高输出电压。还有很多类似的方法，如梯形波控制方法。

6.7　矩阵式变频电路

近些年来，出现了一种新型的矩阵式变频电路。这种电路也是一种直接变频电路，电路所用的开关器件是全控型的，控制方式不是相控方式而是斩控方式。

图6－30（a）是矩阵式变频电路的主电路拓扑。三相输入电压分别为 u_a、u_b 和 u_c，三相输出电压分别为 u_u、u_v 和 u_w。9个开关器件组成3×3矩阵，因此该电路称为矩阵式变频电路（Matrix Converter，MC），也称为矩阵变换器。图6－30（a）中每个开关都是矩阵中的一个元素，采用双向可控开关；图6－30（b）给出了应用较多的一种开关单元。

矩阵式变频电路的优点是输出电压为正弦波，输出频率不受电网频率的限制；输入电流也可控制为正弦波且和电压同相，功率因数为1，也可控制为需要的功率因数；能量可双向流动，适用于交流电动机的四象限运行；不通过中间直流环节而直接实现变频，效率较高。因此，这种电路的电气性能十分理想。

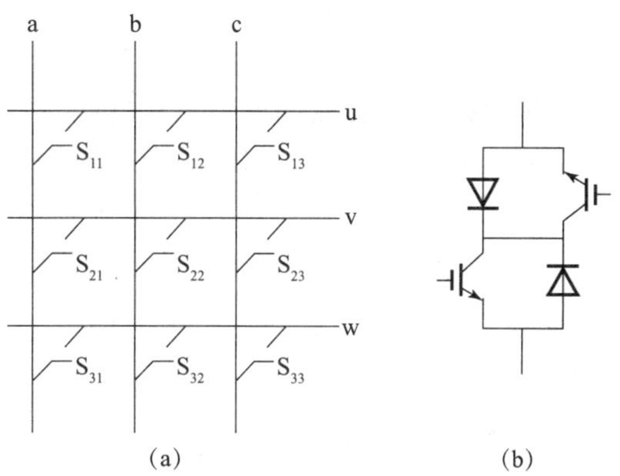

图6－30　矩阵式变频电路

（a）主电路拓扑；（b）应用较多的开关单元

下面来分析矩阵式变频电路的基本工作原理。

对单相交流电压 u_s 进行斩波控制，即进行PWM控制时，如果开关频率足够高，则其输出电压 u_o 为

$$u_o=\frac{t_{on}}{T_c}u_s=\sigma u_s \tag{6-11}$$

式中，T_C 为开关周期；t_{on} 为一个开关周期内开关导通的时间；σ 为占空比。在不同的开关周期中采用不同的 σ，可以得到与 u_s 频率和波形都不同的 u_o。由于单相交流电压 u_s 波形为正弦波，可以利用的输出电压部分只有如图 6－31（a）所示的单相电压阴影部分，因此输出电压 u_o 将受到很大的限制，无法得到所需要的输出波形。如果把输出交流电源改为三相，例如用图 6－30（a）中的第一行的 3 个开关 S_{11}、S_{12} 和 S_{13} 共同作用来构造 u 相输出电压 u_u，就可以利用图 6－31（b）中的三相相电压包络线中所有的阴影部分。从图 6－31 中可以看出，理论上所构造的 u_o 的频率可不受限制，但如果 u_u 必须为正弦波，则其最大幅值仅为相电压 u_a 幅值的 0.5 倍。如果利用线电压来构造输出线电压，例如用图 6－30（a）中第一行和第二行的 6 个开关共同作用来构造输出线电压 u_{uv}，就可以利用图 6－31（b）中 6 个线电压包络线中所有的阴影部分。这样，当 u_{uv} 必须为正弦波时，其最大幅值就可达到输出线电压幅值的 0.866 倍。这也是正弦波输出条件下矩阵式变频电路理论上最大的输出电压和输入电压的电压比。为了叙述方便，仍以相电压输出方式为例进行分析。

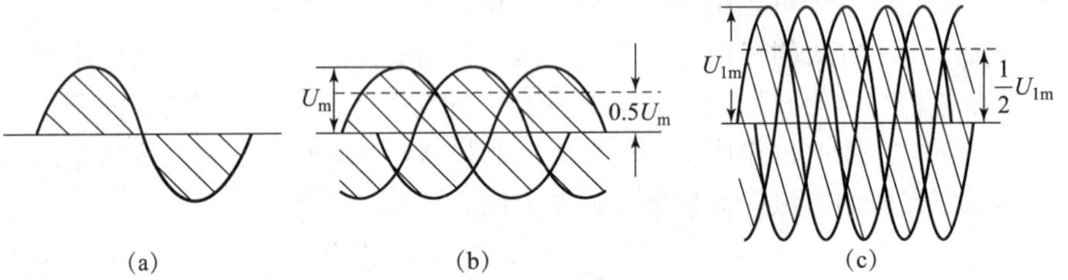

图 6－31　输入电压波形可能部分

（a）单相输入；（b）三相输入相电压构造输出相电压；（c）三相输入线电压构造输出线电压

利用对开关 S_{11}、S_{12} 和 S_{13} 的控制构造输出电压 u_u 时，为了防止输入电源短路，在任何时刻只能有一个开关接通。考虑到负载一般是阻感负载，负载电流具有电流源性质，为使负载不致开路，在任意时刻都必须有一个开关接通。因此 u 相输出电压 u_u 和各相输出电压的关系为

$$u_u=\sigma_{11}u_a+\sigma_{12}u_b+\sigma_{13}u_c \tag{6-12}$$

式中，σ_{11}、σ_{12} 和 σ_{13} 分别为一个开关周期内开关 S_{11}、S_{12} 和 S_{13} 的导通占空比。

由上面的分析可知

$$\sigma_{11}+\sigma_{12}+\sigma_{13}=1 \tag{6-13}$$

用同样的方法控制图 6－30（a）中矩阵第二行和第三行的各开关，可以得到类似于式（6－12）的表达式。把这些公式合成曲线的形式，即

$$\begin{bmatrix} u_u \\ u_v \\ u_w \end{bmatrix}=\begin{bmatrix} \sigma_{11} & \sigma_{12} & \sigma_{13} \\ \sigma_{21} & \sigma_{22} & \sigma_{23} \\ \sigma_{31} & \sigma_{32} & \sigma_{33} \end{bmatrix}\begin{bmatrix} u_a \\ u_b \\ u_c \end{bmatrix} \tag{6-14}$$

可缩写为

$$\boldsymbol{u}_o=\boldsymbol{\sigma}\boldsymbol{u}_i \tag{6-15}$$

其中：

$$\boldsymbol{u}_o=(u_u \quad u_v \quad u_w)^T$$

$$\boldsymbol{u}_i=(u_a \quad u_b \quad u_c)^T$$

$$\begin{pmatrix} i_a \\ i_b \\ i_c \end{pmatrix} = \begin{pmatrix} \sigma_{11} & \sigma_{12} & \sigma_{13} \\ \sigma_{21} & \sigma_{22} & \sigma_{23} \\ \sigma_{31} & \sigma_{32} & \sigma_{33} \end{pmatrix} \begin{pmatrix} i_u \\ i_v \\ i_w \end{pmatrix}$$

式中，σ 为调制矩阵，它是时间的函数，每个元素在每个开关周期中都是不同的。

阻感负载的负载电流具有电流源的性质，实际上各相输出电流都分别是各相输出电流按照相应的占空比相加而成的，即

$$\begin{pmatrix} i_a \\ i_b \\ i_c \end{pmatrix} = \begin{pmatrix} \sigma_{11} & \sigma_{12} & \sigma_{13} \\ \sigma_{21} & \sigma_{22} & \sigma_{23} \\ \sigma_{31} & \sigma_{32} & \sigma_{33} \end{pmatrix} \begin{pmatrix} i_u \\ i_v \\ i_w \end{pmatrix} \tag{6-16}$$

写成缩写形式为

$$\boldsymbol{i}_i = \boldsymbol{\sigma}^T \boldsymbol{i}_o \tag{6-17}$$

其中：

$$i_i = (i_a \quad i_b \quad i_c)^T$$

$$i_o = (i_u \quad i_v \quad i_w)^T$$

式（6-14）和式（6-16）是矩阵式变频电路的基本输出输入关系式。

对于一个实际系统来说，输出电压和所需要的输出电流是已知的，设输出电压和输出电流分别为

$$\begin{pmatrix} u_a \\ u_b \\ u_c \end{pmatrix} = \begin{pmatrix} U_{im}\cos\omega_i t \\ U_{im}\cos\left(\omega_i t - \frac{2\pi}{3}\right) \\ U_{im}\left(\cos\omega_i t - \frac{3\pi}{4}\right) \end{pmatrix} \tag{6-18}$$

$$\begin{pmatrix} i_u \\ i_v \\ i_w \end{pmatrix} = \begin{pmatrix} I_{om}\cos(\omega_o t - \varphi_o) \\ I_{om}\cos\left(\omega_o t - \frac{2\pi}{3} - \varphi_o\right) \\ I_{om}\left(\cos\omega_o t - \frac{4\pi}{3} - \varphi_o\right) \end{pmatrix} \tag{6-19}$$

式中，U_{im}、I_{om}分别为输入电压和输出电流的幅值；ω_i 和 ω_o 分别为输入电压和输出电流的角频率，φ_o 为相应输出频率的负载阻抗角。

变频电路希望的输出电压和输入电流分别为

$$\begin{pmatrix} u_u \\ u_v \\ u_w \end{pmatrix} = \begin{pmatrix} U_{om}\cos\omega_o t \\ U_{om}\cos\left(\omega_o t - \frac{2\pi}{3}\right) \\ U_{om}\left(\cos\omega_o t - \frac{4\pi}{3}\right) \end{pmatrix} \tag{6-20}$$

$$\begin{pmatrix} i_a \\ i_b \\ i_c \end{pmatrix} = \begin{pmatrix} I_{im}\cos(\omega_i t - \varphi_i) \\ I_{im}\cos\left(\omega_i t - \frac{2\pi}{3} - \varphi_i\right) \\ I_{im}\left(\cos\omega_i t - \frac{4\pi}{3} - \varphi_i\right) \end{pmatrix} \tag{6-21}$$

式中，U_{om}、I_{im}分别为输出电压和输入电流的幅值，φ_i 为输入电流滞后于电压的相位角。

当期望的输入功率因数为 1 时，$\varphi_i=0$。可以得出

$$\begin{bmatrix} U_{om}\cos\omega_o t \\ U_{om}\cos\left(\omega_o t-\dfrac{2\pi}{3}\right) \\ U_{om}\left(\cos\omega_o t-\dfrac{3\pi}{4}\right) \end{bmatrix}=\begin{bmatrix} U_{im}\cos\omega_i t \\ U_{im}\cos\left(\omega_i t-\dfrac{2\pi}{3}\right) \\ U_{im}\left(\cos\omega_i t-\dfrac{4\pi}{3}\right) \end{bmatrix} \tag{6-22}$$

$$\begin{bmatrix} I_{im}\cos\omega_i t \\ I_{im}\cos\left(\omega_i t-\dfrac{2\pi}{3}\right) \\ I_{im}\left(\cos\omega_i t-\dfrac{4\pi}{3}\right) \end{bmatrix}=\boldsymbol{\sigma}^{\mathrm{T}}\begin{bmatrix} I_{om}\cos(\omega_o t-\varphi_o) \\ I_{om}\cos\left(\omega_o t-\dfrac{2\pi}{3}-\varphi_o\right) \\ I_{om}\left(\cos\omega_o t-\dfrac{4\pi}{3}-\varphi_o\right) \end{bmatrix} \tag{6-23}$$

如果能求得满足式（6－22）和式（6－23）的调制矩阵 $\boldsymbol{\sigma}$，就可以得到式子当中所希望的输出电压和输入电流。可以满足上述方程的解有很多，直接求解却很困难。

从上面的分析可以看出，要使矩阵式变频电路能够很好地工作，有两个基本问题必须解决。首先要解决的问题是如何求取理想的调制矩阵 $\boldsymbol{\sigma}$，其次就是在开关切换时如何实现既无交叠又无死区。

目前看来，矩阵式变频电路所用的开关器件为 18 个，电路结构较为复杂，成本较高，控制方法还不算成熟。此外，输出、输入电压的最大电压比只有 0.866，用于交流电机调速时输出电压偏低。这些问题是其尚未进入实用化的主要原因，但是这种电路也有十分突出的优点。首先，矩阵式变频电路有十分理想的电气性能，可以使输出电压和输入电流均为正弦波，输入功率因数为 1，能量可以双向流动，可实现四象限运行；其次，和目前广泛应用的交直交变频电路相比，虽多用了 6 个开关器件，却省去了直流侧大电容，并使体积减小，且容易实现集成化和功率模块化。在电力电子技术飞速发展和计算机技术日新月异的今天，矩阵式变频电路将有很好的发展前景。

本章小结

本章介绍的电路均属于交交变换电路（AC/AC 变换电路）。其中，交流调压电路只改变电压、电流值，不改变频率；交流调功电路只对电路的通断进行控制，其交流频率也不会改变。而改变频率的电路是交交变频电路（通过中间直流环节来改变频率的间接变频电路不属于本章内容）。

本章重点介绍了相控式交流调压电路，对交流调功电路和电力电子开关也做了一些介绍。在交交变频电路中，重点介绍了目前应用较多的晶闸管交交变频电路，也详细介绍了矩阵式交交变频电路的基本工作原理。

习题与思考题

6.1　交流调压的周波数控制与移相控制的优缺点各是什么？适用于什么负载？

6.2　单相交流调压电路，电源电压为 220 V，阻感性负载，其中 $R=1\ \Omega$，$L=5.516\ \mathrm{mH}$。试求：触发角 α 的移相范围；负载电流的最大有效值；最大输出功率及此时电源侧的功率因数；画出负载电压和电流的波形。

6.3　一台 220 V/10 kW 的电动机，采用晶闸管单相交流调压电路，使其工作在 6 kW，试求：工作状态下的触发角、工作的电流，以及电源侧的功率因数。

6.4　交流调压电路和交流调功电路有什么区别？二者分别用于什么样的负载？为什么？

6.5　交交变频电路的主要优缺点是什么？其主要用途是什么？

6.6　三相交交变频电路有哪些接线方式？它们的区别是什么？

第 7 章

PWM 控制技术与软开关技术

前面几章讲述了四大类的基本电力电子电路。另外，电力电子还有两种控制技术，即PWM 控制和软开关技术。本章主要介绍 PWM 控制技术。PWM 控制是对脉冲宽度进行调制的技术，即通过对一系列脉冲的宽度进行调制，来等效地获得所需要的波形（形状和幅度）。

PWM 控制技术在前面几章都有涉及，例如直流斩波电路所采用的就是 PWM 技术，该电路把直流电压“斩”成一系列脉冲，改变脉冲的占空比获得所需要的输出电压。改变脉冲的占空比就是对脉冲宽度进行调制，只是因为输入电压和所需要的输出电压都是直流电压，因此脉冲既是等幅的，又是等宽的，仅仅是对脉冲的占空比进行控制，这是 PWM 控制中最简单的应用。

另外，斩控式交流调压电路的输入电压和输出电压都是正弦波交流电压，并且二者频率相同，只是输出电压的幅值要根据需要来调节。因此，斩控后得到的 PWM 脉冲的幅值是按正弦波规律变化的，而各脉冲的宽度是相等的，脉冲的占空比根据所需要的输出输入电压比进行调节。矩阵式变频电路的情况要复杂些，其输入电压和输出电压都是交流正弦波，但二者频率不等，并且输出电压是由不同的输入线电压组合而成的，因此 PWM 脉冲既不等幅也不等宽。

在逆变电路中，PWM 控制技术应用也比较广泛，绝大部分逆变电路采用 PWM 型逆变控制电路。这也确定了 PWM 控制技术在电力电子技术中的重要地位。

7.1　PWM 控制技术的基本原理

在采样控制理论中有一个重要的结论：冲量相等而形状不同的窄脉冲加在具有惯性的环节上时，其效果基本相同。这里的冲量即指窄脉冲的面积。这里的效果基本相同指的是环节的输出响应波形基本相同。如果把各输出波形用傅里叶变换分析，则其低频率段非常接近，只是在高频段略有差异。

图 7-1 给出了四种脉冲波形，其中图（a）为矩形脉冲，图（b）为三角形脉冲，图（c）为正弦半波脉冲，图（d）为单位脉冲函数，它们的面积均相同，但这四种脉冲电压作用在如图 7-2（a）所示的 RL 电路（惯性环节）时，输出电流波形如图 7-2（b）所示，它们分别与图 7-1 所示的四种窄脉冲相对应。可以看出，电压脉冲形状不同，其输出电流 $i(t)$ 形状略有不同，虽然在 $i(t)$ 的上升段，其波形有所不同，但是在 $i(t)$ 的下降段，其波形几乎相同。综上所述，脉冲越窄，输出的波形差异越小。

上述的原理就是面积等效原理，它是 PWM 控制技术的重要理论基础。基于该理论，可以用等幅不等宽的矩形脉冲来等效正弦半波。如图 7-3（a）所示，把正弦半波分为 N 等份，就

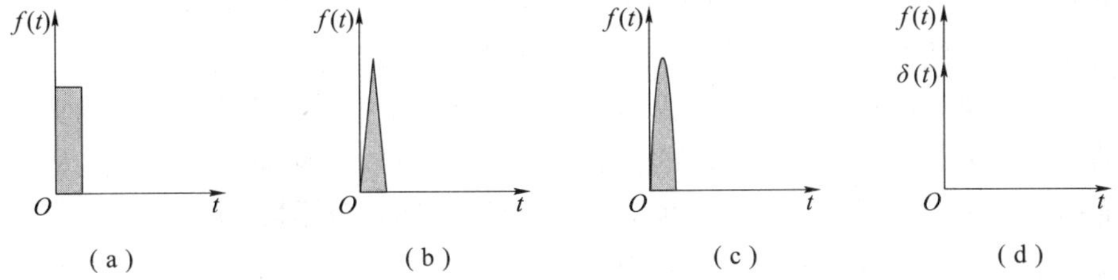

图 7-1　形状不同而冲量相同的各种窄脉冲

(a) 矩形脉冲；(b) 三角形脉冲；(c) 正弦半波脉冲；(d) 单位脉冲函数

可以把正弦半波看成是由 N 个彼此相连的脉冲序列所组成的波形。这些脉冲的宽度相等，均为 π/N，但是幅值不等，并且脉冲顶部不是水平直线，而是曲线，各脉冲的幅值按正弦规律变化。若把上述脉冲序列利用相同数量的等幅但是不等宽的矩形脉冲代替，使矩形脉冲的中点和相应正弦波部分的中点重合，且使矩形脉冲和相应的正弦波部分面积（冲量）相等，就可以得到图 7-3（b）所示的脉冲序列，这就是 PWM 波形。可以看出，各脉冲的幅值相等，其宽度是按正弦规律变化的。根据面积等效原理，PWM 波形和正弦半波作用在惯性环节上时，其输出响应是等效的。对于正弦波的负半波，可以用同样的方法得到 PWM 波形。这种脉冲宽度按正弦规律变化且和正弦波等效的 PWM 波形称为 SPWM（Sinusoidal PWM）波形。

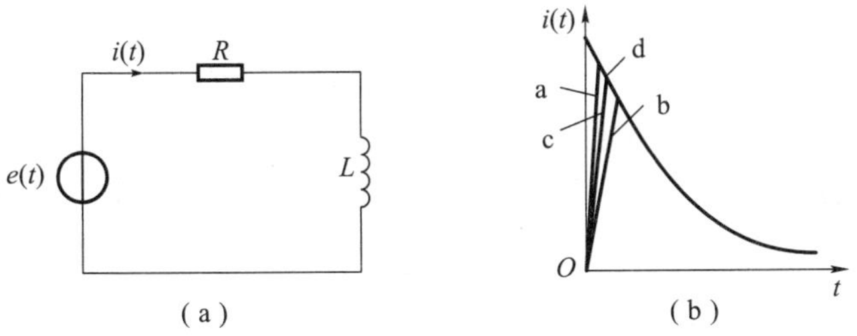

图 7-2　冲量相同的各种窄脉冲的响应波形

(a) 电路；(b) 响应波形

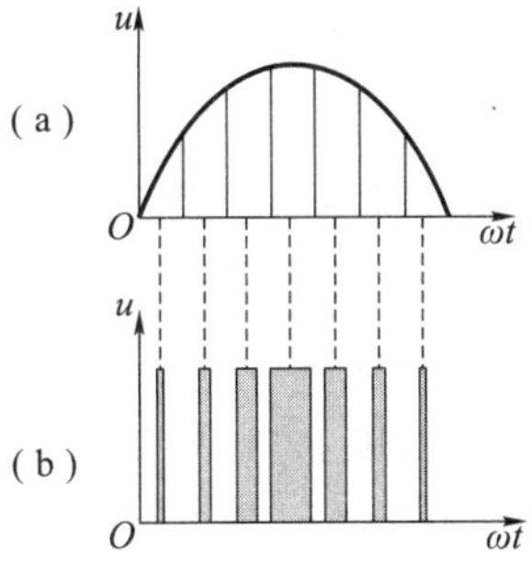

图 7-3　用 PWM 波等效正弦半波

(a) 正弦半波；(b) 脉冲序列

实际上，PWM 波形可以是等幅的，也可以是不等幅的。由直流电源产生的 PWM 波通常是等幅的，其原因是直流电源电压幅值基本恒定。有时用于产生 PWM 波形的电压是脉动的，此时则为不等幅 PWM 波。不管等幅与否，都是基于面积等效原理来进行控制的。PWM 波形可以等效直流波形，也可以等效交流正弦波形，还可以等效其他所需要的波形，无论如何，基本原理相同，都离不开面积等效原理。

7.2　PWM 控制技术的基本概念

PWM 控制技术在逆变电路中应用十分广泛，目前中小功率的逆变电路大多采用了 PWM 技术。

7.2.1　计算法和调制法

根据 PWM 控制的基本原理，如果给出了逆变电路的正弦波输出频率、幅值及半个周期内的脉冲数，PWM 波形中各脉冲的宽度和间隔就可以准确计算出来。按照计算结果控制逆变电路中各开关器件的通断，就可以得到所需要的 PWM 波形。这种方法称为计算法。此方法比较烦琐，当需要输出正弦波的频率、幅值或相位变化时，结果都会发生变化。

调制法是为解决等面积法的缺点而提出的，其原理就是把所希望的波形作为调制信号，把接受调制的信号作为载波，通过对载波的调制得到所期望的 PWM 波形。调制的概念源于通信系统。在通信系统中，为了便于信号的传输，需要把传输的信号附着在另一个信号上。调制法就是将需要传输的信号与载体电波进行合成，利于信号的传输。载波是传输信号的载体电波，用于携带需要传输的信号。信号波即为需要传输的信号波，用信号波与载波合成产生了新的波形，这一波形是已调制波形，波形合成的过程就是调制的过程，所以信号波亦称为调制波。把通信系统中调制技术推广到电力电子技术中，则产生 PWM 控制技术的调制法。通常采用三角波或者锯齿波作为载波，其中等腰三角波应用最多。因为等腰三角波上任一点的水平宽度和高度成线性关系且左右对称，当它与任何一个平缓变化的调制信号波相交时，如果在交点时刻对电路中开关器件的通断进行控制，就可以得到宽度正比于信号波幅值的脉冲，这正好符合 PWM 控制的要求。在调制信号波为正弦波时，所得到的就是 SPWM 波形。当调制波不是正弦波，而是其他所需要的波形时，也可以得到与之等效的 PWM 波。同样的载波也可以有多种选择，而且不同的载波对 PWM 的性能也有所影响，其中三角波是最常见的一种。

在实际中用调制法比较多，下面就结合具体的电路对此方法做进一步的说明。

图 7-4 是采用 IGBT 作为开关器件的单相桥式电压型逆变电路。设负载为阻感负载，工作时 VT_1 和 VT_2 的通断状态互补，VT_3 和 VT_4 的通断状态也互补。具体的控制规律如下：在输出电压 u_o 的正半周，使 VT_1 保持通态，VT_2 保持断态，VT_3 和 VT_4 交替通断。由于负载电流比电压滞后，因此在电压正半周，电流有一段区间为正，一段区间为负。在负载电流为正的区间，VT_1 和 VT_4 导通时，负载电压 u_o 等于直流电压 U_d；VT_4 关断时，负载电流通过 VT_1 和 VD_3 续流，$u_o=0$。在负载电流为负的区间，VT_1 和 VT_4 导通时，因 i_o 为负，故 i_o 实际上从 VD_1 和 VD_4 流过，仍有 $u_o=U_d$，VT_3 导通后，i_o 从 VT_3 和 VD_1 续流，$u_o=0$。这样，u_o 总可以得到 U_d 和 0 两种电平。同样，在 u_o 负半周，使 VT_2 保持通态，VT_1 保持断态，VT_3 和 VT_4 交替通断，负载电压 u_o 可以得到 $-U_d$ 和 0 两种电平。

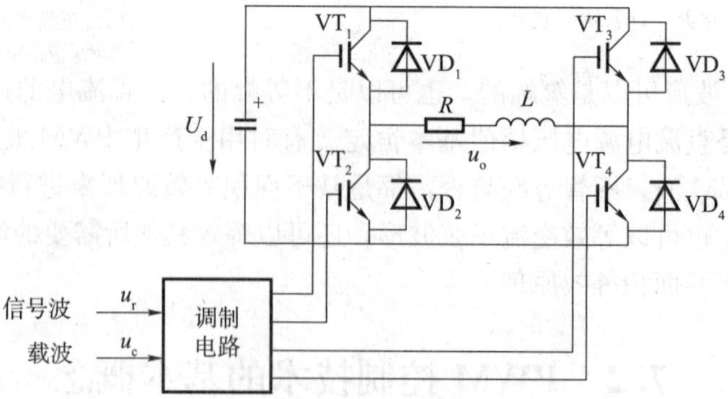

图 7-4 单相桥式电压型逆变电路

控制 VT_3 和 VT_4 通断的方法如图 7-5 所示。调制信号 u_r 为正弦波，载波 u_c 在 u_r 的正半周为正极性三角波，在 u_r 的负半周为负极性三角波。在 u_r 和 u_c 的交点时刻控制 IGBT 的通断。在 u_r 正半周，VT_1 保持通态，VT_2 保持断态，当 $u_r>u_c$ 时，VT_4 导通，VT_3 关断，$u_o=U_d$；当 $u_r<u_c$ 时，VT_3 导通，VT_4 关断，$u_o=-U_d$；当 $u_r>u_c$ 时，VT_3 关断，VT_4 导通，

$u_o=0$。这样，就得到了SPWM波形u_o。图7-5中的虚线u_{of}表示u_o中的基波分量。像这种在u_r的半个周期内，三角波载波只在正极性或负极性一种极性范围内变化，所得到的PWM波形也只在单个极性范围变化的控制方式称为单极性PWM控制方式。

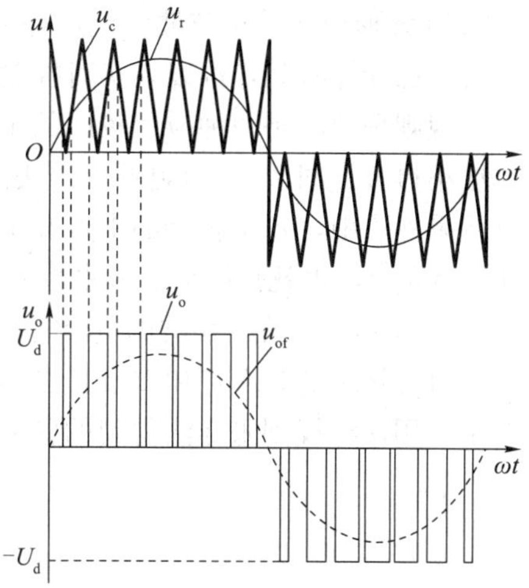

图7-5 单极性PWM控制方式波形

7.2.2 同步调制、异步调制和分段同步调制

在PWM控制电路中，载波频率f_c与调制信号频率f_r之比$N=f_c/f_r$，称为载波比。根据载波和信号波是否同步及载波比的变化情况，PWM调制方式可分为异步调制和同步调制两种。

1. 异步调制

在调制信号频率变化时保持载波信号频率不变的调制方法称为异步调制。在异步调制方式中，通常保持载波频率f_c固定不变，而调制波频率f_r连续变化时，载波比N也将相应地变化。每个调制波周期内，PWM脉冲的中心位置连续变化，脉冲的数目也不一定是整数。所以异步调制的缺点是，除非载波比恰好等于某些特殊的整数，否则PWM脉冲的对称性不可能得到保证。对于三相逆变电路而言，因多数情况下载波比N不会凑巧等于3的整数倍，因而三相PWM脉冲也无法保持严格的对称关系。这使得逆变电路输出的PWM波和正弦波的差异变大。但另一方面，异步调制也有优点：①因载波频率固定，利用微波处理器进行数字化控制非常方便，软件可以简化许多；②在调制波频率较低时，每个调制波周期内的载波数量可成倍增加，这对减小输出PWM波的谐波极为有利。

2. 同步调制

在改变调制信号频率f_r的同时，成比例地改变载波信号的频率f_c，使载波比N保持不变，使载波信号和调制信号始终保持同步，这种调制方法称为同步调制。在三相逆变电路中，通常共用一个三角载波，为了保证三相之间的对称性，三相调制波的相位必须互差2/3，为此载波比N取为3的整数倍。

同步调制的优点是，即使开关频率较低，仍可以保证输出波形的对称性和谐波分布特性。但是，当调制信号频率较低时，如果采用同步调制，载波频率就会很低，严重影响输出波形的质量。而当调制频率很高时，载波频率就会过高，开关器件难以满足。此外，大多数情况下要求逆变电路的输出频率能够连续变化，采用同步调制就要求载波频率也能够连续变化，这对于利用微处理器进行数字化控制是极为不便的。为了克服上述的缺点，可以采用分段调制的方法。

3. 分段同步调制

分段同步调制是将调制波频率分为若干个频率，在每个频段内都保持载波比N恒定不变，不同频段的载波比N不同，如图7-6所示。

7.2.3 规则采样法

按照SPWM控制的基本原理，在正弦波和三角波的自然交点时刻控制功率开关器件的通断，这种生成SPWM波形的方法称为自然采样法。自然采样法是最基本的方法，所得到的

SPWM 波形很接近正弦波。但这种方法要求解复杂的超越方程，在采用微机控制技术时需花费大量的计算时间，难以在实时控制中在线计算，因而在工程上实际应用不多。

规则采样法是一种应用较广的工程实用方法，其效果接近自然采样法，但计算却比自然采样法小得多。图 7-7 为规则采样法说明图。取三角波两个正峰值之间为一个采样周期 T_c。在自然采样法中，每个脉冲的中点并不和三角波一周期的中点（即负峰点）重合。而规则采样法使两者重合，也就是使每个脉冲的中点都以相应的三角波中点为对称，这样就使计算大为简化。如图 7-7 所示，在三角波的负峰时刻 t_D 对正弦信号波采样而得到 D 点，过 D 点作一水平直线，与三角波分别交于 A 点和 B 点，在 A 点时刻 t_A 和 B 点时刻 t_B 控制功率开关器件的通断。可以看出，用这种规则采样法得到的脉冲宽度 δ 和用自然采样法得到的脉冲宽度非常接近。

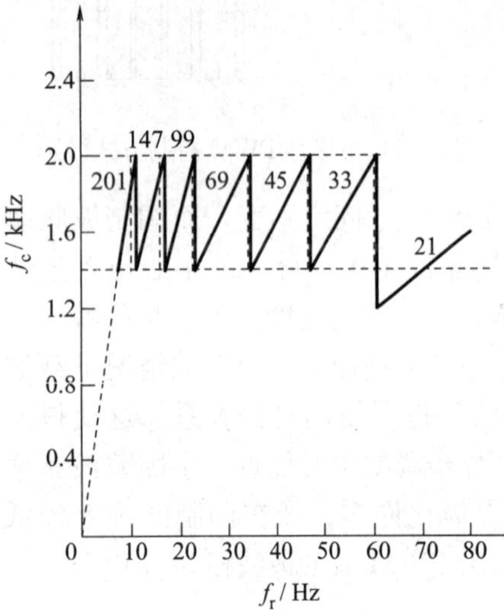

图 7-6　分段同步调制方式举例

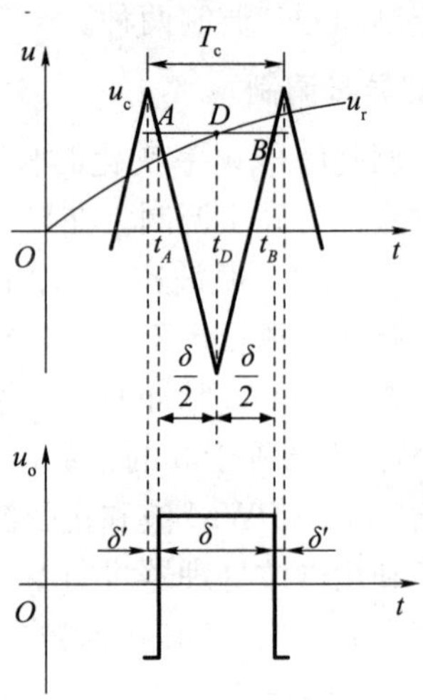

图 7-7　规则采样法说明图

设正弦调制信号波为

$$u_r = a\sin\omega_r t \tag{7-1}$$

式中，a 为调制度，$0 \leqslant a < 1$；ω_r 为正弦信号波角频率。

从图 7-7 中可得如下关系式：

$$\frac{1+a\sin\omega_r t_D}{\delta/2} = \frac{2}{T_c/2} \tag{7-2}$$

因此可得

$$\delta = \frac{T_c}{2}(1+a\sin\omega_r t_D) \tag{7-3}$$

在三角波的一周期内，脉冲两边的间隙宽度 δ' 为

$$\delta' = \frac{1}{2}(T_c - \delta) = \frac{T_c}{4}(1-a\sin\omega_r t_D) \tag{7-4}$$

对于三相桥式逆变电路来说，应该形成三相 SPWM 波形。通常三相的三角波载波是公用的，三相正弦调制波的相位依次相差 120°。设在同一三角波周期内三相的脉冲宽度分别为 δ_U、δ_V 和 δ_W，脉冲两边的间隙宽度分别为 δ'_U、δ'_V 和 δ'_W。由于在同一时刻三相正弦调制波电压之和为零，故由式（7-3）可得

$$\delta_{\mathrm{U}}+\delta_{\mathrm{V}}+\delta_{\mathrm{W}}=\frac{3T_{\mathrm{c}}}{2} \tag{7-5}$$

同样，由式（7-4）可得

$$\delta'_{\mathrm{U}}+\delta'_{\mathrm{V}}+\delta'_{\mathrm{W}}=\frac{3T_{\mathrm{c}}}{4} \tag{7-6}$$

利用式（7-5）和式（7-6）可以简化生成三相 SPWM 波形时的计算。

7.3 PWM 逆变电路及其控制方法

采用 PWM 控制技术的逆变电路即为 PWM 逆变电路。逆变电路是 PWM 控制技术最为重要的应用场合，本节介绍的逆变电路，相比前面的逆变电路，其电路结构完全相同，只是控制方式不同而已。采用 PWM 控制技术生成 SPWM 波形后，在 SPWM 脉冲边沿使开关器件导通或关断，把恒定直流电压变换为 SPWM 脉冲电压，从而完成由直流到交流的变换。下面将会介绍单相 PWM 逆变电路和三相 PWM 逆变电路的分析方法。另外，和前面所讲的逆变电路一样，把 PWM 逆变电路分为电压型和电流型两种。实际应用中用的比较多的是电压型电路，也会重点介绍。

7.3.1 单相桥式 PWM 逆变电路

图 7-8 所示为采用 IGBT 作为开关器件的单相桥式电压型逆变电路，每个开关由一个 IGBT 和一个二极管反并联组成，负载为阻感性负载。工作时 VT_1 与 VT_2 互补导通，VT_3 与 VT_4 互补导通。采用单极性控制模式时，调制电路输出信号 u_o 如图 7-9（f）所示。VT_1～VT_4 的控制信号如图 7-9（b）～(e) 波形所示，把这样的波形电压加到 VT_1～VT_4 控制端上，即可控制四个开关器件的通断。因负载中有电感，负载电流 i_o 滞后于负载电压 u_o 且滞后角度为负载阻抗角 φ，因此一个周期中存在负载电压 u_o 与负载电流 i_o 同极性与反极性的区间。分析时假设电路已进入正常稳定工作状态。具体控制规律如下：在输出电压 u_o 的正半周，即 0～π 区间，使 VT_1 控制信号持续为正，VT_2 控制信号持续为零，VT_3 与 VT_4 控制信号交替变化，如图 7-9（d）、（e）所示。在负载电流 i_o 为负的区间，负载中电流从右往左流动，若 $u_{g3}>0$，则 VT_3 导通，VT_4 关断，电流流通路径：负载（R、L）→VD_1→VT_3→负载，$u_o=0$。若 $u_{g3}=0$，$u_{g4}>0$，则 VT_3 关断，VT_4 虽然控制信号为正，因负载电流为负，VT_4 实际不导通，导通器件为 VD_4，此时电流流通路径：电源负端 VD_4→负载（R、L）→VD_1→电源正端，$u_o=u_d$。在负载电流为正的区间，即负载电流从左往右流动，若 $u_{g3}>0$，$u_{g4}=0$，VT_3 虽有控制信号但不能导通，导通器件为 VD_3，VT_4 则因控制信号为 0 而关断，电流流通路径：负载（R、L）→VD_3→VT_1→负载，$u_o=0$。若 $u_{g3}=0$，$u_{g4}>0$，VT_3 关断，VT_4 导通，电流流通路径：电源正端→VT_1→负载（R、L）→VT_4→电源负端，$u_o=U_d$。可见，在 0～π 区间，负载两端电压为 U_d 和 0 交替变化的脉冲系列，如图 7-9（f）所示。在输出电压 u_o 的负半周，即 π～2π 区间，使 VT_1 控制信号恒为零，VT_2 控制信号恒为正，VT_3、VT_4 控制信号交替变化，则得到一系列负脉冲，如图 7-9（f）所示，详细分析过程同上，这里不再细述。

若采用双极性控制模式，其波形图如图 7-10 所示。同样在 SPWM 的脉冲边沿产生驱动信号，VT_1、VT_4 具有相同的驱动信号，VT_2、VT_3 也具有相同的驱动信号，而 VT_1、VT_4 和 VT_2、VT_3 的驱动信号互补。在 u_o 的正负半周内，电流 i_o 有正有负，如图 7-10（d）所

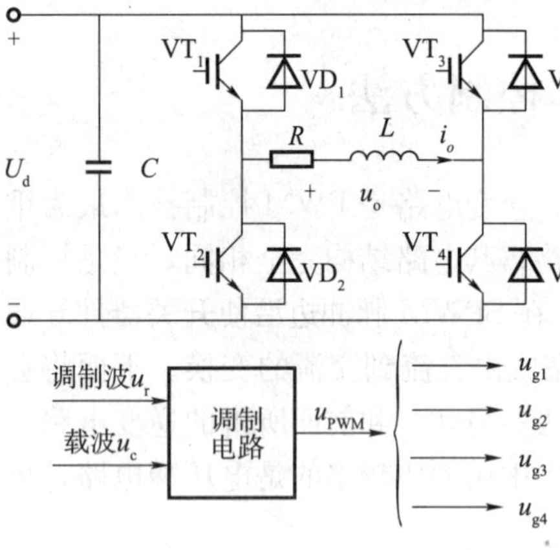

图 7-8　单相桥式电压型逆变电路

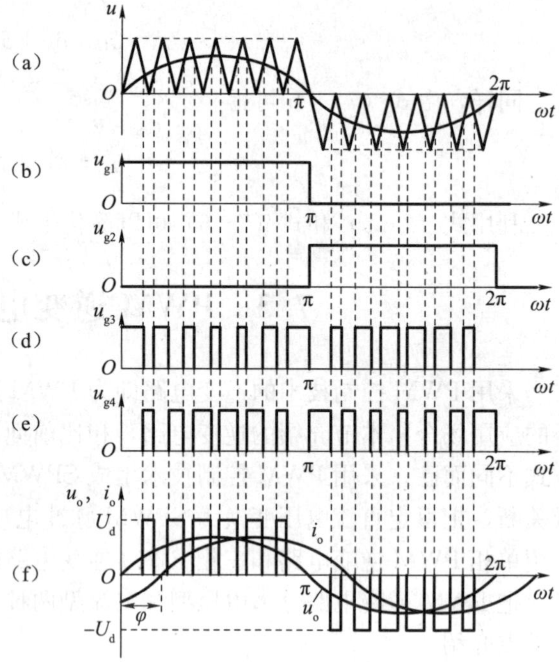

图 7-9　单极性控制模式时单相桥式逆变电路波形

(a) $u_{波}$ 形；(b) u_{g1} 波形；(c) u_{g2} 波形；(d) u_{g3} 波形；

(e) u_{g4} 波形；(f) u_o，i_o 波形

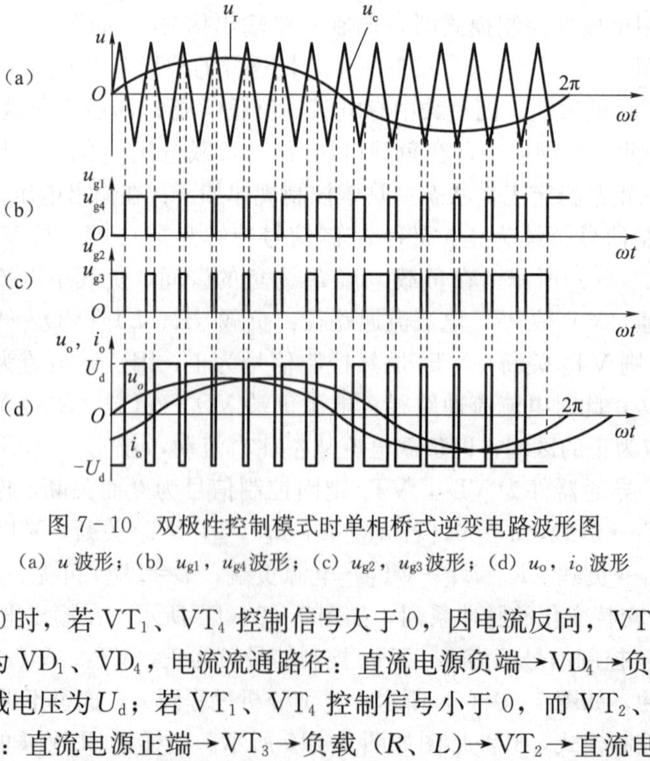

图 7-10　双极性控制模式时单相桥式逆变电路波形图

(a) u 波形；(b) u_{g1}，u_{g4} 波形；(c) u_{g2}，u_{g3} 波形；(d) u_o，i_o 波形

示。在 $u_o>0$，$i_o<0$ 时，若 VT_1、VT_4 控制信号大于 0，因电流反向，VT_1、VT_4 实际上并不导通，导通的器件为 VD_1、VD_4，电流流通路径：直流电源负端→VD_4→负载（R、L）→VD_1→直流电源正端，负载电压为 U_d；若 VT_1、VT_4 控制信号小于 0，而 VT_2、VT_3 控制信号大于 0，则电流流通路径：直流电源正端→VT_3→负载（R、L）→VT_2→直流电源负载，负载电压为 $-U_d$。在 $u_o>0$，$i_o>0$ 时，若 VT_1、VT_4 控制信号大于 0，则 VT_1、VT_4 导通，VT_2、VT_3 关断，电流流通路径：直流电源→VT_1→负载（R、L）→VT_4→直流电源负端，负载电压

为 U_d；若 VT_1、VT_4 控制信号小于 0，则 VT_1、VT_4 关断，VT_2、VT_3 虽然得到正的控制信号，因电流反向而不能导通，实际导通的器件为 VD_2、VD_3，因而电流流通路径：直流电源负端→VD_2→负载（R、L）→VD_3→直流电源正端，负载电压为$-U_d$。可见，在每个周期中，输出 SPWM 波形脉冲有正有负，在 u_o 的正半周，正脉冲宽度大于负脉冲；在 u_o 的负半周，负脉冲宽度大于正脉冲，脉冲宽度随 u_r 按正弦规律变化。

7.3.2　三相桥式 PWM 逆变电路

三相桥式 PWM 逆变电路如图 7－11（a）所示。其调制原理如图 7－11（b）所示，三相调制波 u_{rU}、u_{rV}、u_{rW}共用一个三角载波，交点处产生各自的驱动脉冲，一般三相 SPWM 逆变器采用双极性控制模式。图 7－11（c）～(e) 分别示出了三相输出端 U、V、W 相对于直流电源假想中性点 N′的电压波形。在各相上桥臂开关管导通时，该相输出电压为$+U_d/2$；在下桥臂开关管导通时，该相输出电压为$-U_d/2$，现以 U 相为例加以说明。当 $u_{rU}>u_c$ 时，给上桥臂 VT_1 以导通信号，给下桥臂 VT_4 以关断信号，则 U 相相对于直流电源假想中性点 N′的输出电压为 $U_d/2$。当 $u_{rU}<u_c$ 时，给下桥臂 VT_4 以导通信号，给上桥臂 VT_1 以关断信号，则 U 相相对于直流电源假想中性点 N′的输出电压为$-U_d/2$。VT_1 和 VT_4 的驱动信号始终是互补的。当给 VT_1 或 VT_4 加驱动信号时，可能是 VT_1 或 VT_4 导通，也可能是二极管 VT_1 或 VD_4 续流导通，这取决于阻感性负载中电流的方向，这一点与单相桥式 PWM 逆变电路在双极性控制模式时的情况相同。V 相和 W 相的控制方式与 U 相相同。图 7－11（f）为逆变器输出线电压 u_{UV} 的波形，该波形可由 $u_{UV}=u_{UN'}-u_{VN'}$ 得出。可见，当桥臂 1 和 6 导通时，$u_{UV}=U_d$；当桥臂 3 和 4 导通时，$u_{UV}=-U_d$；当桥臂 1 和 3 或桥臂 4 和 6 导通时，$u_{UV}=0$。因此，逆变电路输出线电压 PWM 波由 U_d、0 和$-U_d$ 三种电平构成。

在电压型逆变电路的 PWM 控制中，同一相上下两桥臂的驱动信号都是互补的。实际上，由于开关器件的导通与关断过程需要一定的时间，为了防止上下两桥臂切换时直通而造成短路，在上下两桥臂切换时要留一小段上下桥臂都施加关断信号的死区时间，这个时间的长短取决于开关器件的关断时间。死区时间的存在会影响输出的 PWM 波形，使其稍稍偏离正弦波。

7.3.3　电流跟踪型

电流跟踪型 PWM 控制技术的基本思想是把希望输出的电流波形作为指令信号，把实际的电流波形作为反馈信号，通过两者瞬时值的比较来决定逆变电路各开关器件的通断，使实际输出的电流随指令信号的改变而改变。该方法是以逆变电路的输出电流为控制量，采用闭环控制的方法生成 PWM 波形的。电流的比较一般采用滞环比较方式和三角波比较方式。

图 7－12 示出了采用滞环比较方式的 PWM 电流跟踪控制单相半桥逆变电路的原理图及其波形。逆变电路通过检测负载电流 i_o，并与给定电流 i_r 比较得到电流的偏差 Δi，偏差信号 Δi 经滞环控制器输出，当偏差超过滞环控制器的环宽 ΔI 时，则改变逆变电路开关状态产生驱动脉冲。控制电流 i_o 的波形及负载电压 u_o 的波形如图 7－12（b）所示。在负载电流的正半波，当负载电流 i_o 达到 $i_r+\Delta I$ 时，VT_2 导通而 VT_1 关断，因负载为电感性负载，实际为 VD_2 导通，负载电流 i_o 减小，输出电压 $u_o=-U_d$。当 i_o 减小到 $i_r-\Delta I$ 时，VT_1 导通而 VT_2 关断，负载电流 i_o 增加，负载电压 $u_o=U_d$。这样，通过滞环比较器控制 VT_1 和 VT_2 交替动作，使负载电流 i_o 始终保持在 $i_r\pm\Delta I$ 的范围内，从而实现负载电流 i_o 对 i_r 的跟踪。如果 i_r 为正弦波，则 i_o 为近似的正弦波，是以正弦波 i_r 为中心的锯齿状正弦波。显而易见，滞环比较器的环宽

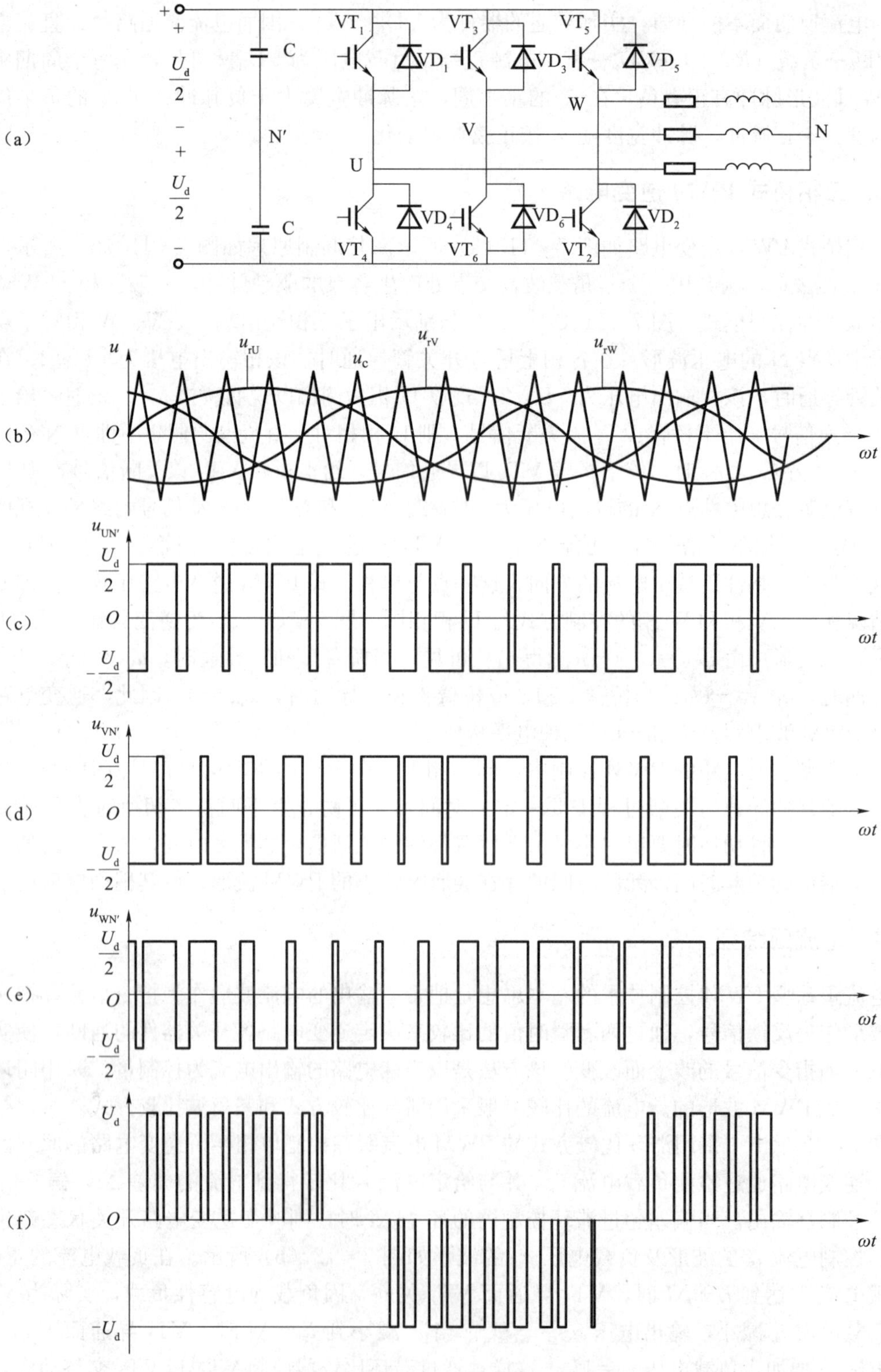

图 7－11　三相桥式 PWM 逆变电路及其波形

(a) 电路；(b) u 波形；(c) $u_{UN'}$ 波形；(d) $u_{VN'}$ 波形；(e) $u_{WN'}$ 波形；(f) U_d 波形

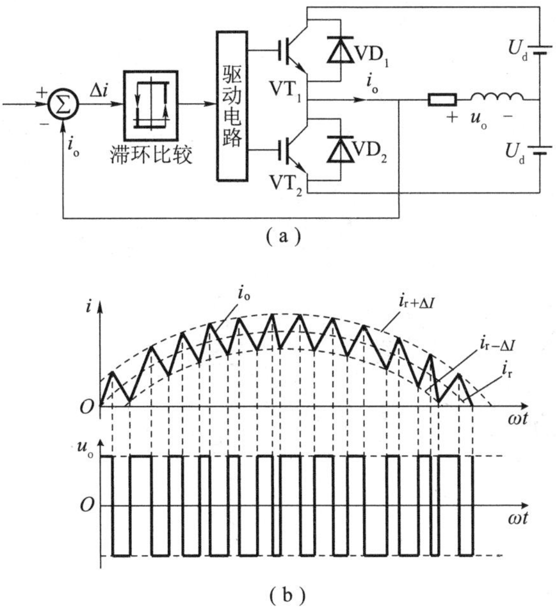

图 7－12　滞环比较电流跟踪型 PWM 逆变电路及其波形
（a）逆变电路；（b）波形

决定了锯齿形波的变换范围，也决定了逆变电路中开关器件的开关频率。若环宽小，则逆变电路输出电流跟踪给定电流的效果好，但开关器件的开关频率将提高，开关损耗大，因而环宽的选择非常重要。

在滞环比较电流跟踪型 PWM 逆变电路中，开关器件的开关频率不是固定的，除受环宽的影响外，还受负载电感、给定电流变化率和直流输入电压 U_d 的影响。因此在这种控制方式下，不同的工作条件，开关频率的变化很大，在某些运行点开关频率太高，而在其他工作点开关频率很低。为了克服这一缺点，可以采用定时比较的电流控制器，以固定采样周期对指令信号和被控制量进行采样比较，并根据二者偏差的极性来控制开关器件的通断，使被控制量跟踪指令信号。也可以采用三角波调制的电流跟踪逆变电路，把电流实际值与指令电流比较后的差值经放大器放大，再与三角波比较产生 PWM 驱动信号。这与前面介绍的三角载波调制法不同，前面介绍的指令信号和三角波直接比较后产生 PWM 波形，而现在是通过闭环控制，把指令信号和逆变电路输出信号比较后的差值经放大后与三角波进行比较后产生 PWM 波形。关于三角波调制的电流跟踪逆变电路这里不再详述。采用定时比较方式的电流控制误差没有一定的环宽，最高开关频率为定时采样频率的一半，控制精度较低。采用三角波比较方式的电路，开关器件的频率等于三角载波频率，输出电流的谐波含量较小，可以用于对谐波和噪声要求较高的场合。

电流跟踪型逆变电路采取了电流闭环控制，对电流进行实时控制，电流响应速度快。其控制思想也可用于电压的跟踪控制，不同的是给定量和检测量都是电压。因为逆变电路输出电压是 PWM 波，检测输出电压需要采取滤波措施。

由三个单相滞环比较电流跟踪型 PWM 逆变电路组合即可组成三相滞环比较电流跟踪型 PWM 逆变电路，如图 7－13 所示，其工作原理和控制方法均与单相逆变电路相同，这里不再赘述。

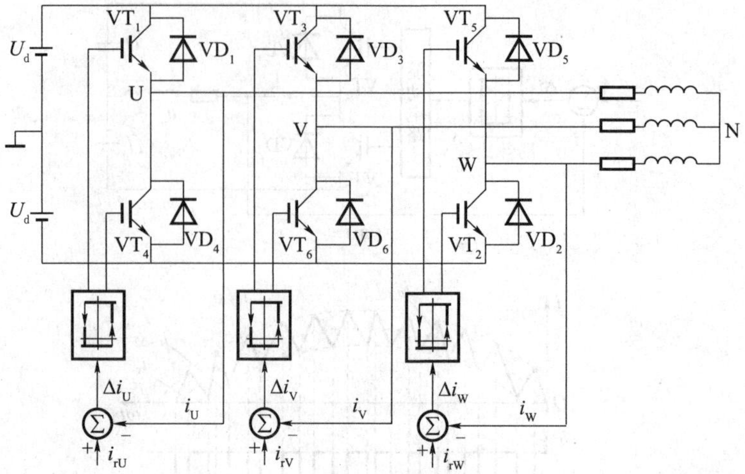

图 7-13　三相滞环比较电流跟踪型 PWM 逆变电路

7.3.4　电压空间矢量控制技术

电压空间矢量 PWM（Space Vector PWM）是研究交流电动机三相电压与电动机旋转磁场关系而提出的虚构物理量。三相交流电动机在定子绕组上施加三相对称交流电压，在定子绕组中即产生定子电流和磁通。对单个绕组而言，产生的磁通是脉振的。但在三相绕组共同作用下，在电动机的气隙中产生了合成的旋转磁场。电压和电流是时间变量，并没有空间概念，但电动机气隙中的旋转磁场则是空间和时间的变量，其大小和空间位置随时间变化，一般以矢量表示。时空变化的旋转磁场由三相平衡正弦电压产生，为了描述三相电压与电动机旋转磁场的关系，提出了电压空间矢量的概念。以跟踪圆形旋转磁场为目标来控制逆变电路输出的 PWM 电压，这样的控制方法称为磁链跟踪控制，磁链的轨迹是靠不同的电压空间矢量相加得到的，所以又称电压空间矢量控制。可以看出，电压空间矢量控制技术需要解决如下几个问题：第一，找出电压空间矢量与旋转磁场的关系，或者是与磁链空间矢量的关系；第二，找出由电压空间矢量运动形成的轨迹来逼近圆形磁链轨迹的方法；第三，找出合适的逆变电路开关器件的控制方法，使其输出的 PWM 电压所形成的空间电压矢量运动轨迹逼近圆形。

当电动机由三相平衡正弦电压供电时，电动机定子磁链幅值恒定，其空间矢量以恒速旋转，磁链矢量顶端的运动轨迹是圆形。根据相关资料，当电动机转速不是很低时，定子合成电压空间矢量与合成磁链空间矢量的近似关系为

$$u_s \approx \frac{d\psi_s}{dt} \tag{7-7}$$

或者

$$\psi_s \approx \int u_s dt \tag{7-8}$$

而定子磁链旋转矢量可表达为

$$\psi_s \approx \psi_m e^{j\omega_1 t} \tag{7-9}$$

式中，ψ_m 是磁链 ψ_s 的幅值；ω_1 为旋转角速度。

由式（7-7）和式（7-9）可得

$$
\begin{aligned}
u_s &\approx \frac{d}{dt}(\psi_m e^{j\omega_1 t}) \\
&= j\omega_1 \psi_m e^{j\omega_1 t} \\
&= \omega_1 \psi_m e^{j(\omega_1 t + \frac{\pi}{2})}
\end{aligned} \quad (7-10)
$$

式（7-10）表明，当磁链幅值 ψ_m 一定时，u_s 的大小与旋转角速度 ω_1 成正比，方向与磁矢量 ψ_s 正交，即磁链圆形轨迹的切线方向，如图 7-14 所示。当磁链矢量在空间旋转一周时，电压矢量也连续地按磁链矢量的切线方向运动一周，其轨迹与磁链圆重合。这样就找出了电动机旋转磁场的轨迹与电压空间矢量的运动轨迹的关系。从而把跟踪磁链矢量的问题转化为控制电压空间矢量的问题。

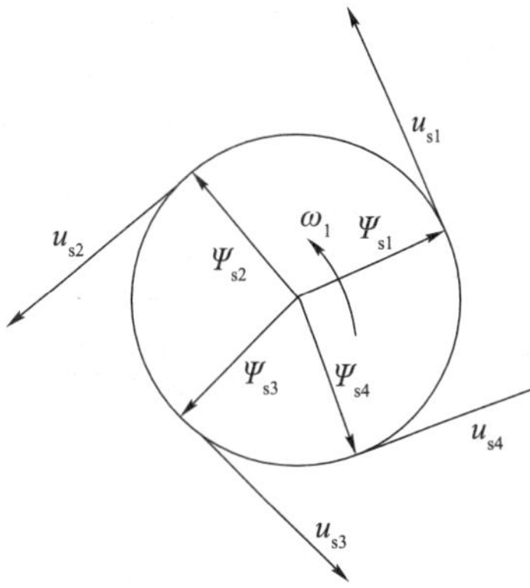

图 7-14　旋转磁场与电压空间矢量的运动轨迹

7.4　PWM 整流电路及其控制方法

目前在各个领域实际应用的整流电路大多是晶闸管相控整流电路或二极管整流电路。如第 3 章所述，晶闸管相控整流电路的输入电流滞后于电压，其滞后角随着触发延迟角 α 的增大而增大，位移因数也随之降低。同时，输入电流中谐波分量也相当大，因此功率因数很低。二极管整流电路虽然位移因数接近 1，但输入电流中谐波分量很大。所以功率因数也很低。如前所述，PWM 控制技术首先是在直流斩波电路和逆变电路中发展起来的。随着以 IGBT 为代表的全控型器件的不断进步，在逆变电路中采用的 PWM 控制技术已相当成熟。目前，SPWM 控制技术已在交流调速用变频器和不间断电源中获得了广泛的应用。把逆变电路中的 SPWM 控制技术用于整流电路，就形成了 PWM 整流电路。通过对 PWM 整流电路的适当控制，可以使其输入电流非常接近正弦波，且和输入电压同相位，功率因数近似为 1。这种整流电路也可以称为单位功率因数变流器，或高功率因数整流器。

7.4.1　PWM 整流电路的工作原理

和逆变电路相同，PWM 整流电路也可以分为电压型和电流型两大类。目前研究和应用较多的是电压型 PWM 整流电路，因此这里主要介绍电压型的电路。由于 PWM 整流电路可以看成是把逆变电路中的 SPWM 技术移植到整流电路中而形成的，所以 7.3 节讲述的 SPWM 逆变电路的知识对于理解 PWM 整流电路会有很大的帮助。下面分别介绍单相和三相 PWM 整流电路的构成及其工作原理。

1. 单相 PWM 整流电路

图 7-15（a）和（b）分别为单相半桥和单相全桥 PWM 整流电路。对于半桥电路来说，直流侧电容必须由两个电容串联，其中点和交流电源连接。对于全桥电路来说，直流侧电容只要一个就可以了。交流侧电感 L_s 包括外接电抗器的电感和交流电源内部电感，是电路正常工作所必需的。电阻 R_s 包括外接电抗器中的电阻和交流电源的内阻。

下面以全桥电路为例说明 PWM 整流电路的工作原理。由 SPWM 逆变电路的工作原理可知，按照正弦信号波和三角波相比较的方法对图 7-15（b）中的 $V_1 \sim V_4$ 进行 SPWM 控制，

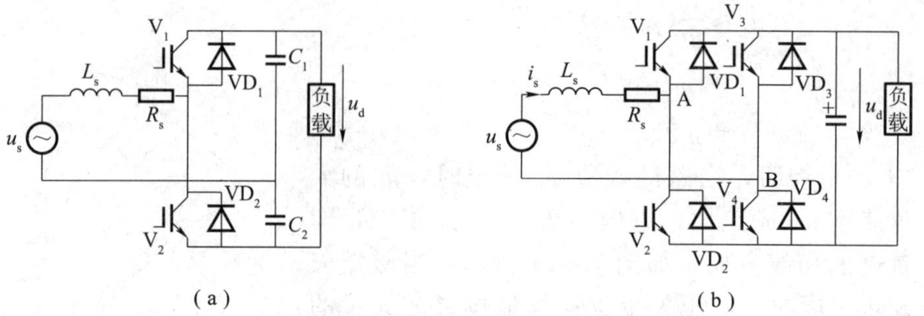

图 7-15　单相 PWM 整流电路

(a) 单相半桥电路；(b) 单相全桥电路

就可以在桥的交流输入端 A、B 产生一个 SPWM 波 u_{AB}，u_{AB} 中含有和正弦信号波同频率且幅值成比例的基波分量，以及和三角载波有关的频率很高的谐波，而不含有低次谐波。由于电感 L_s 的滤波作用，高次谐波电压只会使交流电流 i_s 产生很小的脉动，可以忽略。这样，当正弦信号波和电源频率相同时，i_s 也为与电源频率相同的正弦波。在交流电源电压 u_s 一定的情况下，i_s 的幅值和相位仅由 u_{AB} 中基波分量 u_{ABf} 的幅值及其与 u_s 的相位差来决定。改变 u_{ABf} 的幅值和相位，就可以使 i_s 和 u_s 同相位、反相位，i_s 比 u_s 超前 90°，或使 i_s 与 u_s 的相位差为所需要的角度。

图 7-16 所示的相量图说明了这几种情况，图中 $\dot{U}_s$、$\dot{U}_L$、$\dot{U}_R$ 和 $\dot{I}_s$ 分别为交流电源电压 u_s、电感 L_s 的电压 u_L、电阻 R_s 上的电压 u_R 以及交流电流 i_s 的相量，$\dot{U}_{AB}$ 为 u_{AB} 的相量。图 7-16（a）中，$\dot{U}_{AB}$ 滞后 $\dot{U}_s$ 的相角为 δ，$\dot{I}_s$ 和 $\dot{U}_s$ 完全同相位，电路工作在整流状态，且功率因数为 1。这就是 PWM 整流电路基本的工作状态。图 7-16（b）中，$\dot{U}_{AB}$ 超前 $\dot{U}_s$ 的相角为 δ，$\dot{I}_s$ 和 $\dot{U}_s$ 的相位正好相反，电路工作在逆变状态。这说明 PWM 整流电路可以实现能量正反两个方向的流动，既可以运行在整流状态，从交流侧向直流侧输送能量，也可以运行在逆变状态，从直流侧向交流侧输送能量。而且，这两种方式都可以在单位功率因数下运行。这一特

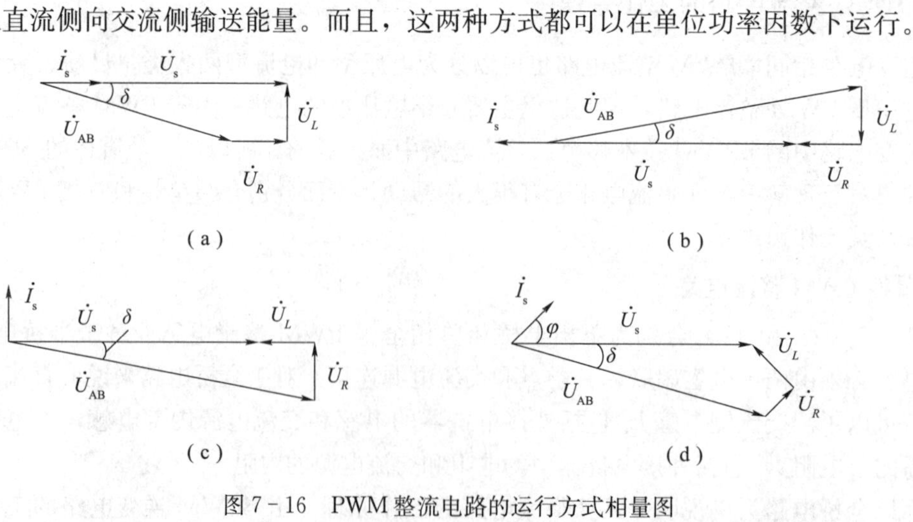

图 7-16　PWM 整流电路的运行方式相量图

(a) 整流运行；(b) 逆变运行；(c) 无偿运行；(d) I_s 超前角为 φ

点对于需要再生制动运行的交流电动机调速系统是很重要的。图 7－16（c）中$\dot{U}_{AB}$滞后$\dot{U}_s$的相角为δ，$\dot{I}_s$超前$\dot{U}_s$ 90°，电路在交流电源送出无功功率，这时的电路被称为静止无功功率发生器（Static Var Generator，SVG），一般不再称为 PWM 整流电路了。在图 7－16（d）的情况下，通过对$\dot{U}_{AB}$幅值和相位的控制，可以使$\dot{I}_s$比$\dot{U}_s$超前或滞后任一角度φ。

对于单相全桥 PWM 整流电路的工作原理再做如下说明。在整流运行状态下，当$u_s>0$时，由V_2、VD_4、VD_1、L_s和V_3、VD_1、VD_4、L_s分别组成了两个升压斩波电路。以包含V_2的升压斩波电路为例，当V_2导通时，u_s通过V_2、VD_4向L_s储能；当V_2关断时，L_s中储存的能量通过VD_1、VD_4向直流侧电容C充电。当$u_s<0$时，由V_1、VD_3、VD_2、L_s和V_4、VD_2、VD_3、L_s分别组成了两个升压斩波电路，工作原理和$u_s>0$时类似。因为电路按升压斩波电路工作，所以如果控制不当，直流侧电容电压可能比交流电压峰值高出许多倍，对电力半导体器件形成威胁。

从上述分析可以看出，电压型 PWM 整流电路是升压型整流电路，其输出直流电压可以从交流电源电压峰值附近向高调节，如要向低调节就会使电路性能恶化，以致不能工作。

2. 三相 PWM 整流电路

图 7－17 是三相桥式 PWM 整流电路，这是较基本的 PWM 整流电路之一，其应用也最为广泛。图中L_s、R_s的含义和图 7－15（b）所示的单相全桥 PWM 整流电路完全相同。电路的工作原理也和前述的单相全桥电路相似，只是从单相扩展到三相。对电路进行 SPWM 控制，在三相桥的交流输入端 A、B 和 C 可以得到 SPWM 电压，对各相电压按图 7－16（a）所示的相量图进行控制，就可以使各相电流i_a、i_b、i_c为正弦波且和电压相位相同，功率因数近似 1。和单相电路相同，该电路也可以工作在图 7－16（b）所示的逆变运行状态及图 7－16（c）或（d）所示的状态。

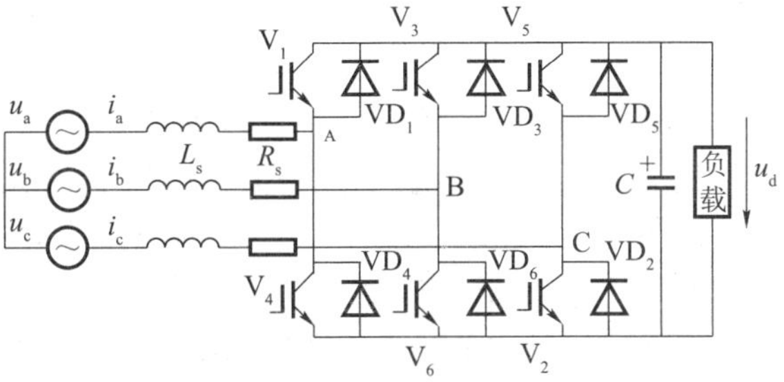

图 7－17　三相桥式 PWM 整流电路

7.4.2　PWM 整流电路的控制方法

为了使 PWM 整流电路在工作时功率因数近似为 1，即要求输入电流为正弦波且和电压同相位，可以有很多种控制方法。根据有没有引入电流反馈可以将这些控制方法分为两种，没有引入交流电流反馈的称为间接电流控制，引入交流反馈的称为直接电流控制。下面分别介绍这两种控制方法的基本原理。

1. 间接电流控制

间接电流控制也称为相位和幅值控制。这种方法就是按照图 7－16（a）［逆变运行时为

图 7－16（b）］所示的相量关系来控制整流桥交流输入端电压，使得输入电流和电压同相位，从而得到功率因数为 1 的控制效果。

图 7－18 为间接电流控制的系统结构图，图中的 PWM 整流电路为图 7－17 所示的三相桥式整流电路。控制系统的闭环是整流直流侧电压控制环。直流电压给定信号 u_d^* 和实际的直流电压 u_d 比较后送入 PI 调节器，PI 调节器的输出为一直流电流指令信号 i_d，i_d 的大小和整流器交流输入电流的幅值成正比。稳态时，$u_d=u_d^*$，PI 调节器输入为零，PI 调节器的输出 i_d 和整流器的负载电流大小相对应，也和整流器交流输入电流的幅值相对应。当负载电流增大时，直流侧电容 C 放电而使其电压 u_d 下降，PI 调节器的输入端出现正偏差，使其输出 i_d 增大，i_d 的增大会使整流器的交流输入电流增大，也使直流侧电压 u_d 回升。达到平稳时，u_d 仍和 u_d^* 相等。PI 调节器输入仍恢复到零，而 i_d 则稳定在新的较大的值，与较大的负载电路和较大的交流输入电流相对应。当负载电流减少时，调节过程和上述过程相反。当整流器要从整流运行变为逆变运行时，首先是负载电流反向而向直流侧电容 C 充电，使 u_d 抬高，PI 调节器出现负偏差，其输出 i_d 减小后变为负值，使交流输入电流相位和电压相位相反，实现逆变运行。达到稳态时，u_d 和 u_d^* 仍然相等，PI 调节器输入恢复到零，其输出 i_d 为负值，并与逆变电流的大小相对应。

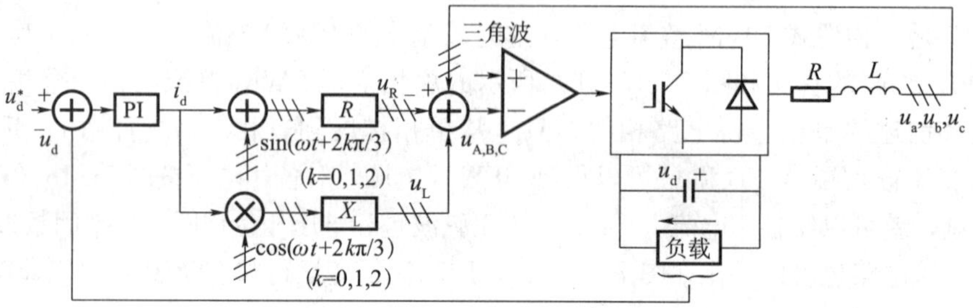

图 7－18　间接电流控制系统结构图

下面再来分析控制系统中其余部分的工作原理。图 7－18 中两个乘法器均为三相乘法器的简单表示，实际上两者均由三个单相乘法器组成。上面的乘法器是 i_d 分别乘以三相正弦信号；下面的乘法器是 i_d 分别乘以比 a、b、c 三相电压相位超前 π/2 的余弦信号，再乘以电感 L_s 的电抗，得到各相电流在电感 L_s 上的压降 u_{La}、u_{Lb} 和 u_{Lc}。各相电源相电压 u_a、u_b、u_c 分别减去前面求得的输入电流在电阻 R 和电感 L 上的压降，就可得到所需要的整流桥交流输入端各相电压 u_A、u_B 和 u_C 的信号，用该信号对三角波载波进行调制，得到 PWM 开关信号去控制整流桥，就可以得到需要的控制效果。对照图 7－16（a）所示的相量图来分析控制系统结构图，可以对图中各环节输出的物理意义和控制原理有更为清楚的认识。

从控制系统结构及上述分析可以看出，这种控制方法在信号运算过程中要用到电路参数 L_s 和 R_s。当 L_s 和 R_s 的运算值和实际值有误差时，必然会影响控制效果。此外，对照图 7－16（a）可以看出，这种控制方法是基于系统的静态模型设计的，其动态特性较差。因此，间接电流控制的系统应用较少。

2. 直接电流控制

在这种控制方法中，通过运算求出交流输入电流指令值，再引入交流反馈，通过对交流电流的直接控制而使其跟踪指令电流值，因此这种方法称为直接电流控制。直接电流控制中有不同的电流跟踪控制方法，图 7－19 给出的是一种最常用的采用电流滞环比较方式的控制系统结构图。

图 7－19 的控制系统是一个双闭环控制系统。其外环是直流电压控制环，内环是交流电流控制环。外环的结构、工作原理均和图 7－18 所示的间接电流控制系统相同，前面已进行了详细的分析，这里不再赘述。外环 PI 调节器输出为直流电流信号 i_d，i_d 分别乘以和 a、b、c 三相相电压同相位的正弦信号，就得到三相交流电流的正弦指令信号 i_a、i_b 和 i_c。可以看出，i_a、i_b 和 i_c 分别和各自的电源电压同相位，其幅值和反映负载电流大小的直流信号 i_d 成正比，这正是整流器做单位功率因数运行时所需要的交流指令信号。该指令信号和实际交流电流信号比较后，通过滞环对各开关器件进行控制，便可使实际交流输入电流跟踪指令值，其跟踪误差在由滞环环宽决定的范围内。

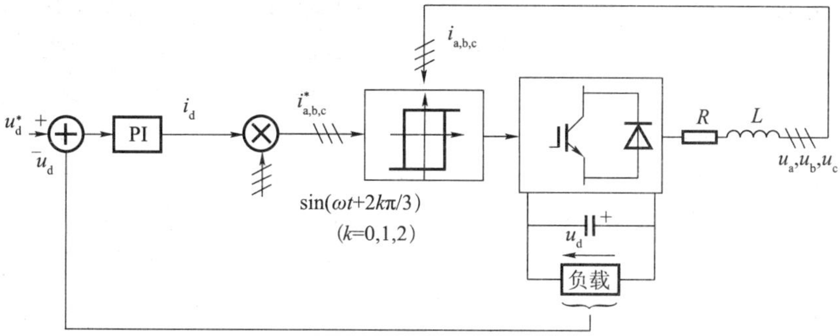

图 7－19　直接电流控制系统结构图

采用滞环电流比较的直流电流控制系统结构简单，电流响应速度快，控制运算中未使用电路参数，系统鲁棒性好，因而获得了较多的应用。

7.5　开关损耗、硬开关和软开关的基本概念及类型

如前所述，电力电子器件的损耗主要由通态损耗和开关损耗两部分组成。通态损耗与器件通态电阻引起的管压降有关，它取决于器件本身的性能。开关损耗是器件在开通与关断过程中产生的损耗，一方面取决于器件本身的开关特性，另一方面与电路的结构和负载的性质等因素有关。按器件的开关情况，可将电力电子器件分为硬开关和软开关两大类。

7.5.1　开关损耗和硬开关

硬开关依靠电力电子器件自身的开关能力在驱动信号的作用下导通和关断，是非理想的开关状态切换过程。其开关过程的电压、电流波形如图 7－20 所示。图中，u、i、p 分别为开关两端电压、通过开关的电流、开关过程中的损耗。从图 7－20 中可见，硬开关是在电压和电流均不为零的情况下导通和关断的，有较大的电压、电流的重叠，会引起开关损耗，而且在开关过程中电压和电流的变化很快，波形出现明显的过冲，会产生开关噪声。

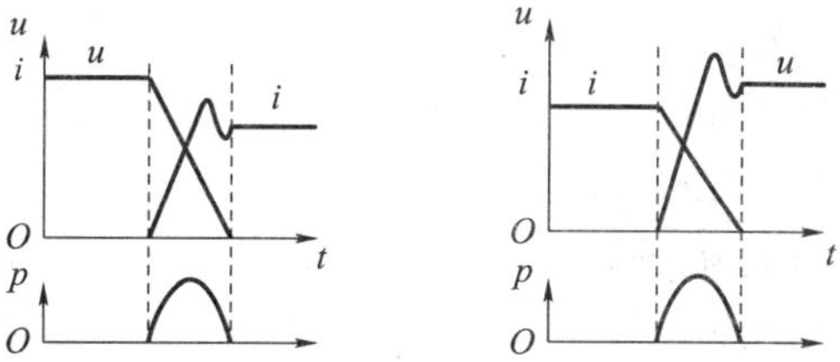

(a)　　(b)

图 7－20　典型的硬开关在开关过程中的电压和电流波形

(a) 开关过程波形；(b) 关断过程波形

硬开关在开关过程中，电压和电流所出现的重叠现象使开关处于强迫开通或关断状态。由硬开关组成的电路结构简单，输出波形较好，因此

在电力电子领域得到了广泛的应用。但是，在高频状态下工作时，会受到以下因素的限制。

（1）开关损耗加大。在一个开关周期内，器件的平均开关损耗所占比例随开关频率的提高而提高。过大的开通损耗和关断损耗将使器件的结温升高，电路总的转换效率较低。反过来，器件结温的温度限额也制约了开关频率的进一步提高。例如，对于硬开关电路，当GTR的开关频率达到3 kHz时，其结温已到达极限值，尽管GTR本身的开通和关断时间都很短，但是，由于结温的限制，不仅工作频率不能再提高，而且器件的电压和电流必须降容使用，不能按额定条件下的参数运行。

（2）容性开通和感性关断情况下使器件承受的开关应力增大。随着开关频率的提升，在容性开通和感性关断的情况下，电力电子器件将承受很大的动态功耗。当开关器件在很高的电压下开通时，存储在开关器件结电容中的能量将全部耗散在该开关器件内，会使器件的结温升高过快，甚至烧损器件。同时，在交流电路中经常会存在感性元件，如负载电感、引线电感、变压器漏感等。当器件关断时，由于通过感性元件的电流变化率很大，将产生较高的尖峰电压加在开关器件两端，容易造成器件的电压击穿，而且会产生较强的电磁干扰。

（3）二极管反向恢复的限制。对于电力电子电路中的二极管，由于其由导通变为截止时存在着反向恢复期，在此期间内，二极管实际还处于导通状态，若立刻开通与其串联的开关器件，容易造成瞬时的直流电源短路，在回路中产生很大的冲击电流，将引起二极管和开关器件功率损耗的急剧增加，甚至使其损坏。随着器件开关频率的增加，这种问题越来越突出。

（4）缓存电路的限制。缓存电路是为了降低器件的开通和关断损耗最早采用的方法。其作用是限制器件开通时的 di/dt 和关断时的 du/dt，使器件的动态开关轨迹处于直流安全工作区域内，确保开关器件的安全运行。但从能量的角度来看，它只是将器件的开关损耗转移到缓冲电路中消耗掉了，从而改善了器件的开关特性。这种方法，系统中总的功率没有减小，电路的效率没有提高，甚至会使效率有所降低。对于硬开关电路，随着器件工作频率的升高，会产生可观的开关损耗，这一问题将更加严重。

7.5.2 软开关的概念

软开关技术是为减小开关损耗而产生的，是针对硬开关的工作状况而言的。采用软开关技术可以减小电力电子器件在开通和关断过程中加在器件两端电压和电流的重叠时间，从而减小开关损耗。同时，抑制电压或电流过冲的发生，降低开关噪声带来的电磁干扰问题。

软开关技术通过在原来的电路中增设电感和电容等谐振元件，构成辅助换流电路，在器件的开关过程中引起了谐振过程。对于理想的软开关电路，器件开通前电压先降为零，电流再缓慢上升到通态值；或器件关断前电流先降为零，电压再缓慢上升到断态值，这样就可以完全消除器件开关过程中电压、电流的重叠现象，从而消除开关损耗和开关噪声。此外，器件开关前电压先降为零，使器件结电容上电压为零，解决了容性开通的问题；电压降为零，意味着反并联的二极管已经截止，其反向恢复过程结束，二极管的反向恢复阻断问题迎刃而解。器件关断前电流先降为零，表明线路电感中的电流亦为零，感性关断的问题也得以解决。这样的电路就是理想的软开关电路。其开通和关断过程电压、电流波形如图7－21所示。

软开关按照其作用对象——开关器件的开关过程细节，可以简单划分为零电压开关（Zero Voltage Switch，ZVS）和零电流开关（Zero Current Switch，ZCS）。具体地讲，零电压开关是在开关切断期间开关两端电压为零，即在器件开通的过程中采取措施，使器件的端电压下降为零后再驱动开关器件导通使电流上升，在电流的建立过程中由于端电压已为零，开通损耗也

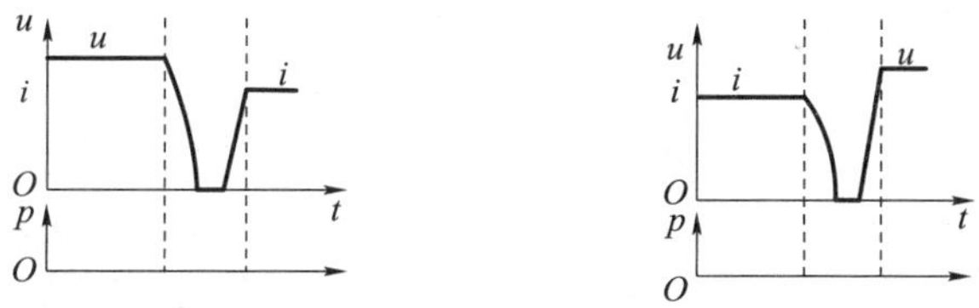

(a) (b)

图 7-21 理想软开关在开关过程中的电压和电流波形

(a) 开通过程波形；(b) 关断过程波形

为零；零电流开关是在开关切断期间开关承载电流为零，即在器件关断过程中采取措施，使器件电流下降为零后才撤除驱动信号，这使器件的内电阻增加，两端电压升高，管子关断，在电压逐步上升的过程中，因为电流已为零，关断损耗亦为零。显然，只要满足零电压开关/零电流开关其中之一，开关过程就可以避免高电压、大电流的重叠。这样的开关过程就是软开关。

实际的软开关和上述理想情况下的软开关是有区别的，一般认为开关状态切换期间开关管电压或电流维持在一个较低的程度就可以视为零电压开关、零电流开关了。软开关的实现需要在硬开关换流模式中插入一些新的状态，在原本开关管电压、电流幅值同时存在的阶段将其一或二者暂时转移到别的地方，亦即进行一定的能量转移，这样的转移可以是无能量损失的，也可能是耗散性的。需要说明的是，软开关技术的目的是实现开关的低损耗、低噪声，而不是仅仅实现零电压开关或零电流开关，任何实现零电压开关/零电流开关的高损耗开关辅助技术都不能算作软开关技术。

7.5.3 软开关电路的类型

自从软开关技术在电力电子变流电路中应用以来，在不断发展和完善的过程中先后出现了许多软开关电路，并且新型的软开关电路拓扑仍在不断的出现。每种软开关电路都有各自的技能特点和应用场合，因此对这些软开关电路进行分类很有必要。分类方法很多，按照实现软开关的技术手段进行划分，分为有源（active）和无源（passive）两大类。所谓有源，是指所采用的方法中使用了额外的开关器件及其检测、控制、驱动电路，或多或少地会改变原有硬开关的工作模式；而无源方式，则不能使用附加开关器件及相应检测、控制、驱动电路，完全在原有电路上附加一些“被动”元器件，不改变原有的工作模式。有源软开关技术可能是控制型软开关、谐振式软开关、有源能量回馈吸收技术等。无源软开关只有无源、无损耗吸收（缓存）技术。

软开关的基本思想是消减开关过程中电压、电流的重叠，其基本策略是控制开关过程中开关管电压、电流的变化速度，缓解其变化率，力图将其一或二者在开关过程中保持在接近零的较低水平。我们知道，电感元件具有承载电流不可突变的特性，而电容元件具有两端电压不可突变的特性，同理，理论上二者是非耗能元件，只是进行能量吞吐。软开关技术的基本手段都是基于这两点，即利用储能元件电压、电流不可突变的特性来实现软开关的目的。

无源软开关技术来源于晶闸管的缓冲电路。早期的电力电子变流装置主要使用晶闸管，开关频率很低，没有软开关的要求，出于安全工作考虑，需要对自身电压、电流变化率进行限制。实现方法是把电容、电阻并联于器件两端以抑制器件端电压变化率，把电感、电阻和器件串联以抑制器件电流变化率。无源软开关在此基础上尽量不使用耗能元件（电阻），设法以无源方式将暂存在这些电感、电容元件中的能量转移到输入电源或负载上，而不是消耗在电阻上，以提高转化效率。

有源软开关由晶闸管的强迫关断电路发展而来。全控型器件出现之前，进行直交变换和直直变换的交流电路采用半控型器件，器件的关断依靠附加的强迫换流电路施加反向电压完成。这样的附加电路一般由电感、电容、二极管、小容量晶闸管及相关检测、控制、驱动电路组成，它们在主晶闸管关断时刻附近工作，在短暂的时间内处理与主开关容量类似的较大电压和电流过程，以改变主开关的开关状态。这成了有源软开关技术的基础。

零电压开关（ZVS）对关断而言可以简单地以并联电容实现，可以是无源的；但对于开通来说，必须附加额外开关，在开通信号到达前将主开关电压释放，故 ZVS 开通必然是有源的。零电流开关（ZCS）开通可以简单地串联电感实现，是无源软开关；而关断则需要使用另一个开关将开关管电流分走后再施加关断信号，属于有源软开关。

早期的软开关技术主要是无源、无损吸收技术和谐振变流技术，这两种技术都无须在基本拓扑基础上使用附加开关器件。无源、无损吸收技术只是在主电路中串联电感、并联电容以实现 ZCS 开通和 ZVS 关断，以及附加必要的电容、电感、二极管等无源元件以吸收能量。谐振变流技术工作在谐振过程中，开关电压和电流呈正弦形状，它们仅仅在正弦波过零的时候进行开关动作，以实现软开关。初期的谐振变流技术整个周期都工作在谐振状态，后期将谐振工作部分限制在开关状态切换附近的短暂时间间隔内，因而需要附加开关及相关电路来主导开关切换时刻附近发生的短暂过程，称为部分谐振技术，当今绝大部分有源软开关技术属于此类。另一类软开关技术在拓扑上与硬开关电路没有多大区别，也不增加额外开关，但是工作原理、开关时序完全不同，使用了不同的控制方法和工作原理，使得主功率开关能够工作在 ZVS、ZCS 状态。这类技术以相移软开关技术、非对称半桥技术为典型，是在工作原理、控制方法上进行了变动的特殊有源软开关技术，已成为目前软开关技术的主流，最具使用价值。

7.6 无源软开关技术

前已述及，无源软开关技术主要有无源、无损耗（低损耗）吸收技术。因此首先介绍吸收电路。

7.6.1 吸收电路

吸收电路（缓冲电路）除了具有抑制 du/dt 和 di/dt 的作用外，另一个作用就是实现软开关。绝大多数脉宽调制变流电路可以看作图 7-22（a）和图 7-22（b）所示的电路拓扑单元的组合。图中，I 为电流源，E 为电压源，VT 为有源开关，VD 为二极管无源开关，图 7-22（a）中的能量从电压源向电流源传递，图 7-22（b）中的能量从电流源向电压源传递。在实际电路中，电压源、电流源一般以大电容、大电感元件来等效。在开关管 VT 为阻断状态时，电流源电流通过二极管续流来维持。当给 VT 施加开通控制信号时，VT 中电流开始上升，因为 VT 并非理想开关，开关存在一个过程，流经其电流由零逐渐增大，而二极管 VD 的电流逐渐减小，期间 VT 和 VD 中各流过电流源电流的一部分，VD 导通时不承受反向电压，这意味着 VT 开通过程中同时承受电压源电压 E 和部分电流，直至流经其电流达到 I，二极管由导通转为阻断；同样，当给 VT 施加关断信号时，VT 并不立即关断，其两端电压逐渐上升，在二极管 VD 中的电流出现之前，开关管 VT 必须同时承受全部电流 I 和部分电压，之后 VT 和 VD

同时导通，直到 VT 两端电压上升到 E 为止。可见，在开关管的开关过程中，如果能使电压或电流的变化延缓，则可能实现软开通或软关断。吸收电路正是起着这样的作用。

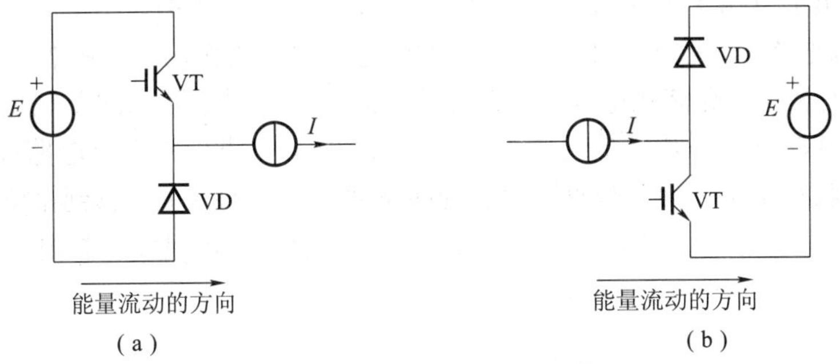

图 7－22　典型电力电子变流电路拓扑单元

(a) 能量从电压源向电流源传递；(b) 能源从电流源向电压源传递

吸收电路把容性支路与主开关并联，在主开关管关断期间，电容支路为其提供分流路径，主开关管两端电容钳位，实现零电压开关的关断状态切换；相应地，把感性元件与主开关管串联，在主开关管开通期间，为主开关分压，使主开关管电流缓缓上升，实现零电流开关的开通状态切换。图 7－23 给出了吸收电路的基本结构和原理波形图。为了避免储能元件的能量释放回路与主电路之间的不良相互作用，往往用一个二极管将它们隔离。

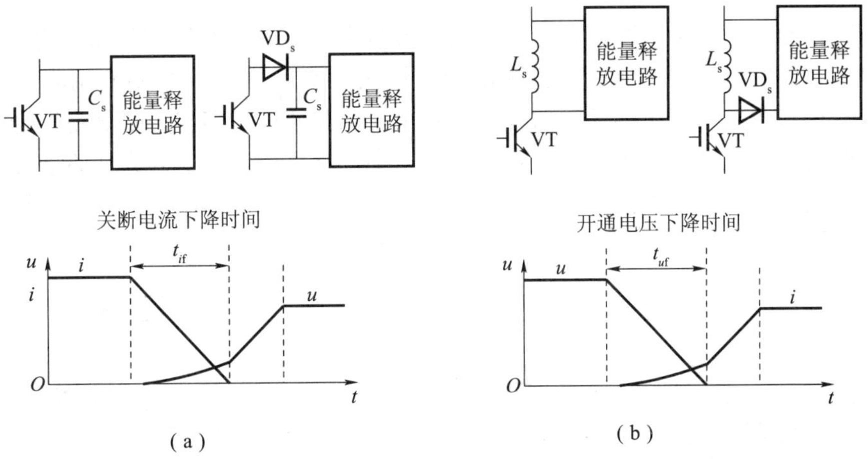

图 7－23　关断及开通吸收电路的基本结构及波形

(a) 关断吸收电路及波形；(b) 开通吸收电路及波形

7.6.2　无源软开关技术

作为无源软开关技术的无源、无损吸收技术是把吸收元件中存储的能量释放到负载或电源中去，而并不附加开关。其优点是不改变原有工作模式，工作可靠、效率高、附加成本低；不足之处是附加电路比较复杂，适应性较差。下面通过两个电路加以说明。

1. 单端无源软开关技术

第 5 章介绍的 DC/DC 变换电路中，6 种非隔离的 DC/DC 变换电路和使用一个主功率开关器件（或两个开关器件同时通断）的隔断型 DC/DC 变换电路，都是对负载进行单方向激励的，因而称为单端变流电路。其基本工作单元如图 7－24 所示。电路工作过程中，流经开关管的电流存在断续和连续两种情况。电流断续时，需要对开通和关断都设置软开关电路。

图 7－24 示出了单端变流器几种常见的无源软关断结构。其中，图 7－24（a）所示为经典的 LCD 无损吸收电路，吸收电容取值较大，兼有电压钳位的作用，其吸收、钳位能量在开关导通时通过 LC 谐振反向存储在电容中，最终馈送到负载。对于隔离式单端变流器，由于变压器绕组的串入，其漏抗使得开通情况得到改善。图 7－24（b）的吸收电路使用了两个电容，分别作为关断吸收和钳位之用，吸收所存储的能量通过导通的开关转移到钳位电容，最终经二极管传到负载。图 7－24（c）结构与图 7－24（b）原理相近，但没有将电容直接并联于开关管两端。

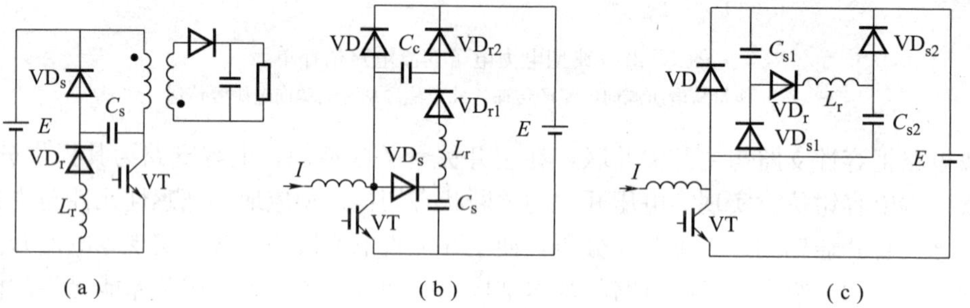

图 7－24 几种常见的单端无源软关断电路

图 7－25 是两个用于单端变流器的无源软开通结构。其中，图 7－25（a）利用了二极管的反向恢复电流在吸收电感中的储能，负载依赖性较强；图 7－25（b）则利用附加二极管较高的正向压降复位吸收电感。单端无源软开通电路很少单独使用，多与关断电路配合使用，随着开关器件关断特性的改善，二极管的反向恢复与功率、频率的矛盾上升为开关损耗、电磁干扰来源中的主要成分。单独的无损、低损开通吸收电路作为 di/dt 抑制器，越来越受到重视。

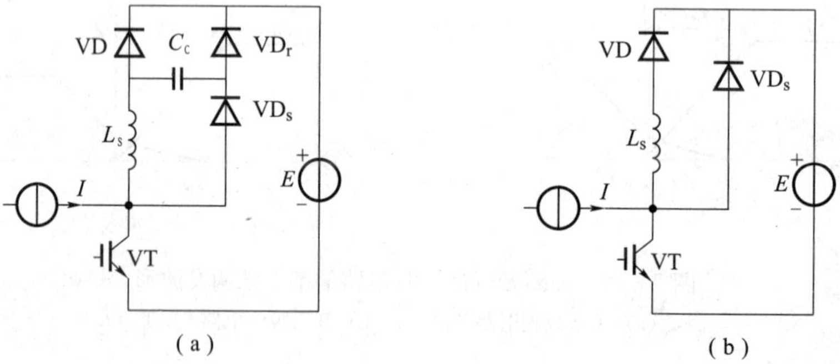

图 7－25 两种常见单端无源软开通电路

把软开通和软关断电路加以组合，可以实现开通与关断的无源软开关，当然并不是简单的电路结构的累加。图 7－26 示出了两种单端无源开通、关断软开关电路。下面着重分析图 7－26（a）所示电路的工作情况。

图 7－26（a）是具有无源无损吸收电路的 Boost 变换器，其中无源无损吸收电路由电感 L_s，电容 C_s 和 C_c（$C_s<C_c$），二极管 VD_{r1}、VD_{r2}、VD_s 组成。L_s 限制二极管 VD 的反向恢复电流，且可为开关管 VT 提供零电流开通条件，电容 C_s 可使开关管 VT 实现准零电压关断。下面结合波形进行分析，分析时假定电路已进入稳定工作状态。

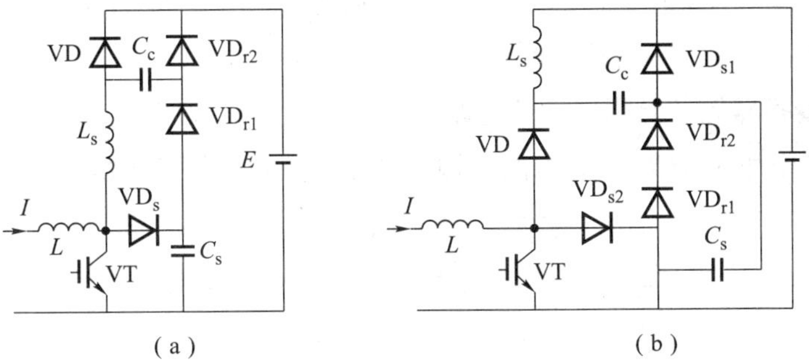

图 7-26 单端无源软开关电路

变换器一个开关周期的工作过程可分成七个阶段，各阶段的波形如图 7-27 所示。

(1) 第一阶段 ($0\sim t_1$)：开关管 VT 处于关断状态，电容 C_s 两端电压等于 E，电容 C_C 两端电压为零，电感 L_s 中电流为 I。电流流通路径：$L\to L_S\to VD\to E\to L$。

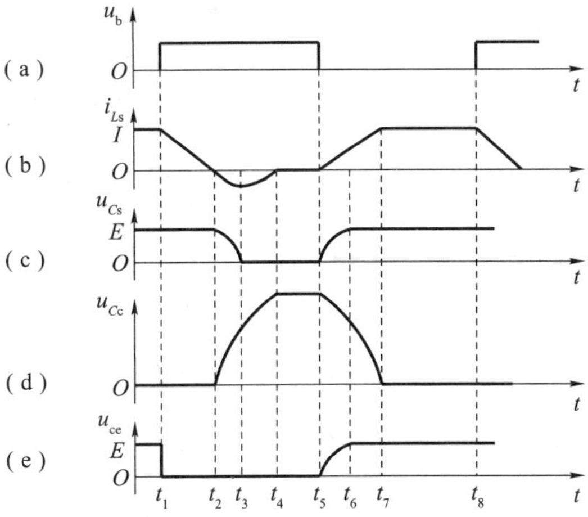

图 7-27 具有无源无损吸收电路的 Boost 变换器工作波形

(a) u_b 波形；(b) i_{LS}波形；(c) u_{Cs}波形；(d) u_{Cc}波形；(e) u_{ce}

(2) 第二阶段 ($t_1\sim t_2$)：t_1 时刻，开关管 VT 导通，电流 i_{Ls}下降，L_s 两端电压为上正下负，开关管 VT 的 $U_{CE}=0$。电流流通路径有两个，分别为 $L\to L_s\to VD\to E\to L$ 和 $L\to VT\to L$。到 t_2 时刻，电流 i_{Ls}减小到零，二极管 VD 关断。期间，流过 VT 的电流由零逐渐增大到 I，实现了零电流开通。

(3) 第三阶段 ($t_2\sim t_3$)：t_2 时刻开始，VD 已关断，电容 C_s 经二极管 VD_{r1}、电容 C_c、电感 L_s、开关管 VT 放电，电流流通路径：$C_s\to VD_{r1}\to C_s\to L_s\to VT\to C_s$。$C_c$ 两端的电压上升，极性为左负右正，L_s 中电流反向增加（从上到下），到 t_3 时刻，C_s 放电结束，i_{Ls} 达负的最大，u_{cs} 为零。

(4) 第四阶段 ($t_3\sim t_4$)：从 t_3 时刻开始，由于 u_{cs} 为零，VD_s 导通，电感 L_s 和电容 C_c 发生谐振，电感电流 i_{Ls}流经 VD_s、VD_{r1} 向 C_c 充电，u_{Cc}继续增加，直到 t_4 时刻 i_{Ls} 下降到零，此时 u_{Cc}达到最大值。这期间电流流通路径：$L_s\to VD_s\to VD_{r1}\to C_c\to L_s$。

(5) 第五阶段 ($t_4\sim t_5$)：从 t_4 时刻起，$i_{Ls}=0$，VD_s、VD_{r1} 随之关断，u_{Cc}、电流源电流 I 由开关管 VT 流通，u_{Cc}保持为零。

(6) 第六阶段 ($t_5\sim t_6$)：在 t_5 时刻，给开关管 VT 以关断信号，VT 随之关断，电流源电流 I 一方面经 VD_s 向 C_s 充电，u_{Cc} 下降，i_{Ls} 上升。这期间电流流通路径有两个，分别为 $L\to VD_s\to C_s\to L$ 和 $L\to L_s\to C_c\to VD_{r2}\to E\to L$。到 t_6 时刻，u_{Cs} 达到 E。

(7) 第七阶段 ($t_6\sim t_7$)：t_6 时刻起，u_{Cs} 被钳位在 E，电源继续经由 L_s、C_c、VD_{r2} 向 E 传输能量，C_c 放电，u_{Cc} 下降，直到 t_7 时刻，$U_{Cc}=0$，i_{Ls} 达到 I。这期间电流流通路径：$L\to L_s\to C_c\to VD_{r2}\to E\to L$。

之后的情况 ($t_7\sim t_8$) 与第一阶段 ($0\sim t_1$) 的状态相同。

从上面的分析可见，VT 导通时，L_s 限制了电流的突变，实现了零电流开通；VT 关断时，C_c钳位了电压，实现了零电压关断。

2. 双管正激变换器无源无损软开关电路

双管正激电路中加入 LCD 吸收电路即构成了无源无损的软开关电路，如图 7－28 所示。

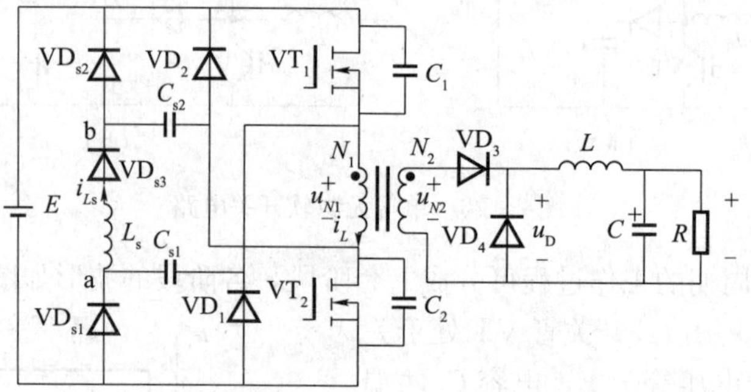

图 7－28　具有无源无损软开关电路的双管正激电路

图 7－28 中，C_1、C_2分别为 VT_1、VT_2的寄生漏源极电容，C_{s1}、C_{s2}为缓冲电容（一般$C_{s1}=C_{s2}$），VD_{s1}、VD_{s2}在缓冲电路工作期间提供单向导电通路，C_{s1}、C_{s2}、VD_{s3}和 L_s 组成吸收电路。下面结合图 7－29 的波形分析其工作过程。

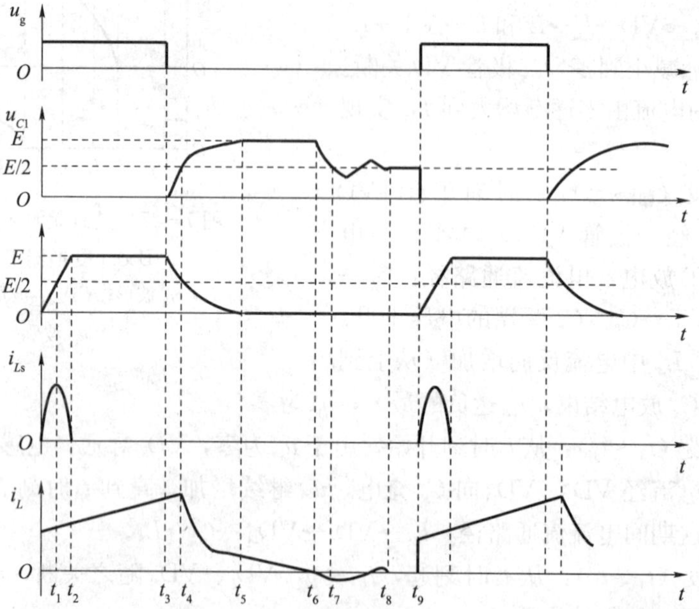

图 7－29　具有软开关电路的双管正激变换器的工作波形

一个工作周期按九个工作阶段进行分析。开关导通前，吸收电路的电容电压 U_{Cs1}、U_{Cs2}为零，电感电流 $i_{Ls}=0$。

(1) 第一阶段 ($0\sim t_1$)：开关管 VT_1、VT_2导通，电流有两个流通路径，一个为 $E(+)\to VT_1\to N_1\to VT_2\to E(-)$；另一个为 $E(+)\to VT_1\to C_{s1}\to L_S\to VD_{s3}\to C_{s2}\to VT_2\to E(-)$。$E$ 对 L_s、C_{s1}、C_{s2}充电，C_{s1}、C_{s2}两端电压 u_{Cs1}、u_{Cs2}和 L_S中的电流 i_{Ls}从零开始增加，当 u_{Cs1}、u_{Cs2}分别达到 $E/2$ 时，i_{Ls}达到最大值，此时 u_{Cs1} 极性为左负右正，u_{Cs2}极性为左正右负。

（2）第二阶段（$t_1 \sim t_2$）：t_1时刻，U_{Cs1}、U_{Cs2}之和为 E，E 不能再为其充电，i_{Ls}开始减小，L_s放电，直到 t_2时刻，L_s放电完毕，u_{Cs1}、u_{Cs2}都达到 E，i_{Ls}降为零。

在 $0 \sim t_2$期间，由于 VT_1、VT_2导通，电容 C_1、C_2两端电压 u_{C1}、u_{C2}都为零。若 u_{Cs1}、u_{Cs2}达到 E 时 L_s未放完电，VD_{s1}、VD_{s2}将会导通，把 u_{Cs1}、u_{Cs2}钳位在 E，L_s中的能量回馈到电源，直至放电结束。VD_{s3}起着阻断反向电流的作用，防止电容 C_{s1}、C_{s2}对电感 L_s反充电，防止反向谐振。

（3）第三阶段（$t_2 \sim t_3$）：u_{Cs1}、u_{Cs2}达到 E 后，电路的工作情况与通常的正激电路相同，电源 E 继续通过变压器一次侧电感将能量传输到二次侧。

（4）第四阶段（$t_3 \sim t_4$）：t_3时刻，$U_{Cs1}=U_{Cs2}=E$，$U_{C1}=U_{C2}=0$，此时给开关管以关断信号，变压器的一次电流对 C_1、C_2充电，C_{s1}、C_{s2}开始放电（$U_{Cs1}+U_{Cs2}=2E$），电流流通路径为 $E(+)\rightarrow C_1\rightarrow N_1\rightarrow C_2\rightarrow E(-)$；$C_{s1}\rightarrow N_1\rightarrow C_2\rightarrow VD_{s1}\rightarrow C_{s1}$ 和 $C_{s2}\rightarrow VD_{s2}\rightarrow C_1\rightarrow N_1\rightarrow C_{s2}$。到 t_4时刻，u_{Cs1}、u_{Cs2}下降到 $E/2$，而 u_{C1}、u_{C2}则上升到 $E/2$，变压器一次电压为零。

（5）第五阶段（$t_4 \sim t_5$）：t_4时刻，$U_{Cs2}=U_{C1}=E/2$，$U_{Cs1}=U_{C2}=E/2$，C_{s1}、C_{s2}不能再放电，变压器一次电流继续对 C_1、C_2充电，同时也对 C_{s1}、C_{s2}充电，u_{Cs1}、u_{Cs2}继续上升，直到 t_5时刻，$U_{Cs2}=U_{Cs1}=0$，$U_{C1}=U_{C2}=E$，二极管 VT_1、VT_2导通，导通路径分别为 $C_1\rightarrow E\rightarrow VD_1\rightarrow C_1$ 和 $C_2\rightarrow VD_2\rightarrow E\rightarrow C_2$，开关管 VT_1、VT_2两端电压被钳位在 E。这期间，由于 $C_{s2}>C_1$、$C_{s1}>C_2$，抑制了 C_1、C_2两端的电压上升率，起到了缓冲的作用，从 t_3时刻起，流经 VT_1、VT_2的电流转移到 C_1、C_2，从而使开关管实现了软关断。

（6）第六阶段（$t_5 \sim t_6$）：VD_1、VD_2导通后，励磁电流 i_L从缓冲电路转移到钳位二极管，直到 t_6时刻，i_L下降到零，去磁结束。此时 $U_{C1}=U_{C2}=E$，变压器一次电压为 E，极性上负下正。这一期间，电流通路为 $E(-)\rightarrow VD_1\rightarrow N_1\rightarrow VD_2\rightarrow E(+)$。

（7）第七阶段（$t_6 \sim t_7$）：从 t_6时刻开始，电容 C_1、C_2通过变压器一次侧向电源放电，u_{C1}、u_{C2}下降，变压器励磁电流反向增加，一次电压（下正上负）随之减小，直到 t_7时刻，$U_{C1}=U_{C2}=E/2$，一次电压减小为零，一次电流达到反向最大。这期间，电流通路为 $E(-)\rightarrow C_2\rightarrow N_1\rightarrow C_1\rightarrow E(+)$。

（8）第八阶段（$t_7 \sim t_8$）：电容 C_1、C_2继续放电，u_{C1}、u_{C2}小于 $E/2$，使得变压器一次电压变正但其值不大，VD_3可能导通，使 i_L的值继续变小，当 $i_L=0$ 时，u_{C1}、u_{C2}达到最小值，电源 E 向 C_1、C_2充电，u_{C1}、u_{C2}开始上升，当二者超过 $E/2$ 时，又开始放电，直到 i_L衰减振荡到零为止，u_{C1}、u_{C2}最后稳定在 $E/2$。

（9）第九阶段（$t_8 \sim t_9$）：去磁结束，i_L保持为零，u_{C1}、u_{C2}保持在 $E/2$，VT_1、VT_2可靠关断，直到下一周期开始。

7.7　有源软开关技术

无源软开关和有源软开关是根据软开关电路的元器件类型划分的。无源软开关由无源元器件构成，如 RC、RCD、LCD；而有源软开关不仅包含无源和有源元器件（主要是全控型器件，如 GTR、MOS 管等），还包括全控型器件的控制电路和驱动电路，所以电路构成复杂。有源软开关电路不仅能减少开关损耗，提高变换器的效率，与无源软开关电路相比，还可以进一步提高开关频率。有源软开关有多种，本节以有源钳位正激变换器为例，说明有源软开关的电路构成、工作原理，图 7 - 30 是其工作原理图，图中 S_2是为实现 S_1的软开关所增加的辅助开关。

图 7 - 31 是其工作波形。

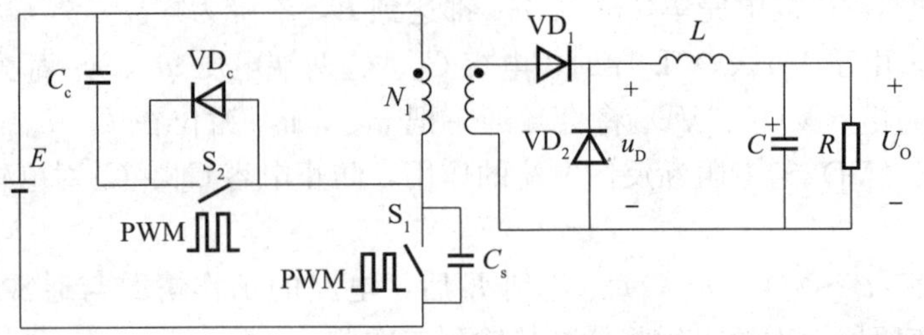

图 7 - 30　采用有源钳位的正激变换器电路

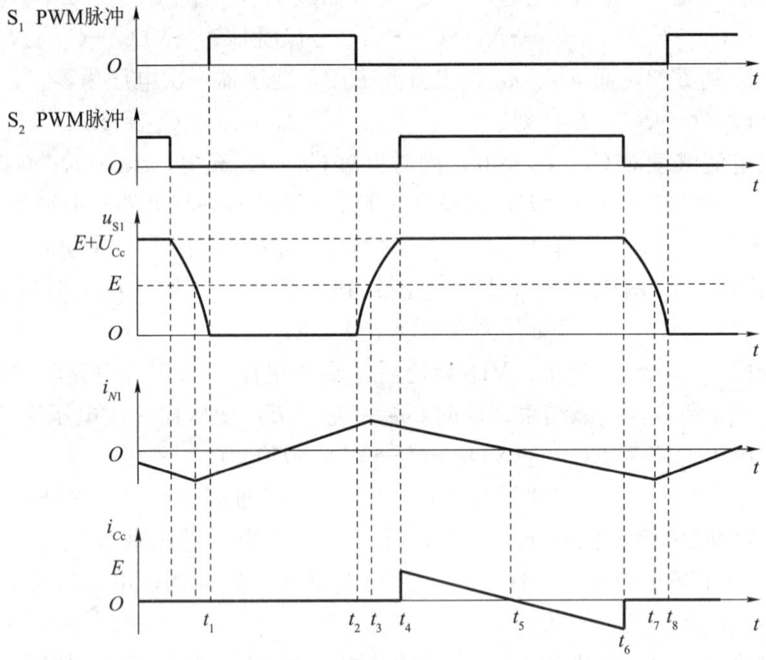

图 7 - 31　有源钳位正激变换器的工作波形

每个工作周期分为七个工作阶段，从 t_1时刻开始算起。t_1时刻之前，两个开关 S_1、S_2均无驱动信号，主开关 S_1处于关断状态，钳位开关管 S_2也关断，二极管 VD_1因反偏而关断，钳位电容 C_c（值较大）中的电流 i_{Cc}为零，变压器一次绕组电流为负值。

（1）第一阶段（$t_1 \sim t_2$）：t_1时刻，给 S_1驱动信号，S_1随之导通，变压器一次绕组电压为 E。变压器磁心正向励磁，二次侧整流二极管 VD_1导通，续流二极管 VD_2阻断，能量由电源 E 经变压器传输到负载。此阶段，钳位开关 S_2两端电压为 $E+U_{Cc}$（U_{Cc}极性为下正上负）。这期间，一次电流通路为 $E(+) \rightarrow N_1 \rightarrow S_1 \rightarrow E(-)$。

（2）第二阶段（$t_2 \sim t_3$）：在 t_2时刻，主开关 S_1的驱动信号变为零，S_1开始关断过程。由于 S_1有寄生电容 C_s，其两端电压 u_{Cs}不能突变，$u_{Cs}=0$，S_1实现了软关断。S_2和 VD_c仍处于关断状态，整流二极管 VD_1则继续导通。一次绕组电流给 C_s充电，当 u_{Cs}上升到 E 时，一次绕组电流 i_{N1}达到最大值，第二阶段结束。

（3）第三阶段（$t_3 \sim t_4$）：t_3时刻，$U_{Cs}=E$，i_{N1}开始下降，变压器一次侧极性变为下正上负，二次侧 VD_1关断，VD_2续流导通。变压器励磁电感与寄生电容 C_s谐振，u_{Cs}继续上升，磁心开始复位，到 t_4 时刻，$U_{Cs}=E+U_{Cc}$。这一阶段，变压器一次电流通路为 $E \to N_1 \to C_s \to E$。

（4）第四阶段（$t_4 \sim t_5$）：t_4 时刻，$U_{Cs}=E+U_{Cc}$，钳位二极管 VD_c 正向偏置而导通，励磁电流流经 VD_c，钳位开关 S_2 两端电压变为零，主开关 S_1 的电压被钳位在 $E+U_{Cc}$。此时，变压器一次绕组电压为 $-u_{Cc}$，变压器励磁电流继续下降。由于 VD_c 已导通，将钳位开关 S_2 两端电压钳位在零，此时给 S_2 施加驱动信号，S_2 实现零电压开通，VD_C 截止。直到 t_5 时刻，励磁电流 i_{N1} 降为零，这一阶段结束。这一阶段一次电流通路为 $N_1 \to VD_c$ 或 $S_2 \to C_c \to N_1$。

（5）第五阶段（$t_5 \sim t_6$）：t_5 时刻，励磁电流 $i_{N1}=0$，之后 i_{N1} 变负，钳位电容 C_c 开始向励磁电感 N_1 反向充电，S_2 仍处于导通状态，直到 t_6 时刻，S_2 关断。由于 C_c 和 C_s 的存在，S_2 两端电压不能突变，所以 S_2 为零电压关断。这期间一次电流通路为 $C_c \to S_2 \to N_1 \to C_c$。

（6）第六阶段（$t_6 \sim t_7$）：t_6 时刻，S_1、S_2 均处于关断状态，变压器励磁电感与结电容 C_s 再次谐振，C_s 放电，其两端电压从 $E+U_{Cc}$ 开始下降，励磁电流继续反向增加，直到 S_1 两端电压下降到 E 时（对应 t_7 时刻），励磁电流达到反向最大值。这期间的电流通路为 $C_s \to N_1 \to E \to C_s$。

（7）第七阶段（$t_7 \sim t_8$）：从 t_7 时刻开始，励磁电流 i_{N1} 的值开始下降，U_{Cs} 随之下降，变压器一次电压变正，i_{N1} 向正值变化，直到 t_8 时刻，U_{Cs} 变为零，S_1 的体二极管（与 S_1 反并联）导通，把 U_{Cs} 钳位在零，为主开关 S_1 的软开通创造了条件。

在 t_8 时刻，开通主开关 S_1，开始下一个开关周期。

7.8　谐振型软开关技术

从前面所介绍的无源软开关技术和有源软开关技术可以看到，电路在工作过程中都离不开谐振，谐振原理直接作用于开关过程或其他辅助过程，从而实现软开关。无源软开关技术只在主电路中串联电感、并联电容以实现 ZCS 开通和 ZVS 关断，以及附加必要的电容、电感、二极管等无源元件以构成谐振电路来吸收转移能量，谐振变流器并没有附加额外开关，按开关周期的时间尺度看，谐振变流技术整个周期都工作在谐振状态下以获得软开关。有源软开关技术则将谐振工作部分限制在开关状态切换附近的短暂时间间隔内，属于部分谐振变流器，需要附加开关控制和驱动来主导开关切换时刻附近发生的短暂过程。本节通过 DC/DC 变换器、DC/AC 变换器中的几种软开关技术来加以说明。

7.8.1　DC/DC 变换中的软开关技术

目前，应用于 DC/DC 变换器中的软开关技术最多，可以分为以下几类：

（1）谐振型变换器（Resonant Converter）。此类变换器由 *LC* 电路和负载组成负载谐振回路，*LC* 元件（谐振元件）参与了整个开关周期中能量变换的全过程。谐振型变换器按照谐振元件的谐振方式，有串联谐振变换器（Series Resonant Converters，SRC）和并联谐振变换器（Parallel Resonant Converters，PRC）；而按照负载与谐振电路的连接方式，有串联负载（或串联输出）谐振变换器（Series Load Resonant Converters，SLRC）和并联负载（或并联输出）谐振变换器（Parallel Load Resonant Converters，PLRC）。

（2）准谐振型变换器（Quasi-Resonant Converters，QRC）。DC/DC 变流电路中，输入、输出都是直流，变流器中往往使用二极管作为输出功率器件，以获得输出电量的单向性。在这样的电路中采用谐振技术获得的软开关效果，必然被二极管打断，不能够完成谐振的全过程，谐振仅发生在一个开关周期的部分时间段中，其余时间变流器仍运行在非谐振的工作状态，即谐振仅发生在变流器能量变换的某一阶段内。这样使得变流器中电压或电流的波形为正弦半波，因此称为准谐振。准谐振型变换器可以分为零电压开关准谐振变换器（Zero-Voltage-Switching Quasi-Resonant Converter，ZVS QRC）、零电流开关准谐振变换器（Zero-Current-Switching Quasi-Resonant Converter，ZCS QRC）、零电压开关多谐振变换器（Zero-Voltage-Switching Multi-Resonant Converter，ZVS MRC）。三种软开关变换器的基本单元电路如图 7-32 所示。

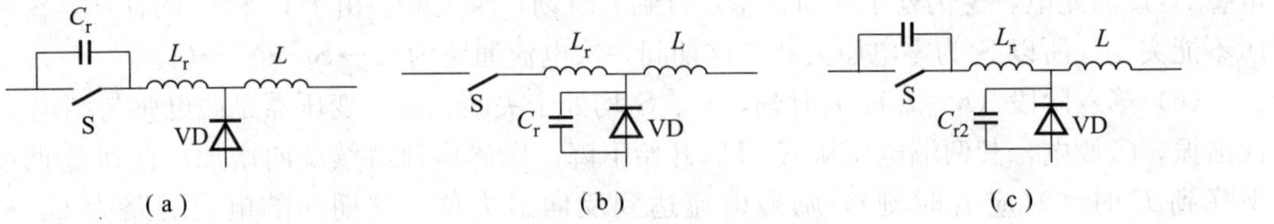

图 7-32 准谐振型变换器中的基本开关单元

(a) 零电压开关准谐振变换器的基本开关单元；(b) 零电流开关准谐振变换器的基本开关单元；(c) 零电压开关多谐振变换器的基本开关单元

(3) 零开关 PWM 变换器（Zero Switching PWM Converter）。该种变换器属于有源软开关，是在准谐振回路中加入了辅助开关来控制谐振的过程。在需要谐振时才启动谐振回路，使谐振仅发生在开关过程的前后，形成零电压或零电流的开关条件，谐振工作时间仅为开关周期的 1/10～1/5，因此变换器能以 PWM 方式工作。零开关 PWM 变换器又可分为零电压开关 PWM 变换器（Zero-Voltage-Switching PWM Converter，ZVS PWM）和零电流开关 PWM 变换器（Zero-Current-Switching PWM Converter，ZCS PWM），其基本开关单元如图 7-33 所示。

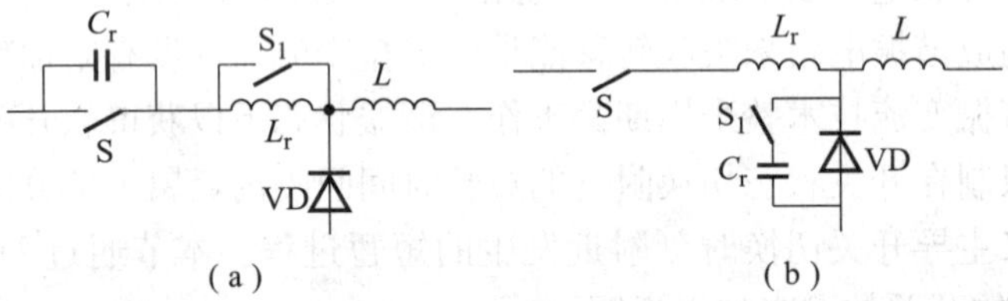

图 7-33 零开关 PWM 变换器的基本开关单元

(a) 零电压开关 PWM 变换器的基本开关单元；(b) 零电流开关 PWM 变换器的基本开关单元

(4) 零转换 PWM 变流器（Zero Transition PWM Converter）。这类软开关电路也是有源软开关，采用辅助开关控制谐振的起始时刻。零转换 PWM 变流器与零开关 PWM 变流器的区别在于：将控制谐振的辅助开关与主开关的连接关系由串联改为并联，并联后辅助开关不流过负载主电流，输入电压和负载电流对电路的谐振过程影响很小，电路在很宽的输入电压范围内，从零负载到满负载都能工作在软开关状态，并且电路中无功功率的交换被消减到最小，使电路的转换效率得到了进一步提高。

零转换 PWM 变流器可以分为零电压转换 PWM 变换器（Zero-Voltage-Transition PWM Converter，ZVT PWM）和零电流转换 PWM 变换器（Zero-Current-Transition PWM Converter，ZCTPWM），其基本开关单元如图 7-34 所示。

本节只介绍零开关 PWM DC/DC 变换器和零转换 PWM DC/DC 变换器。

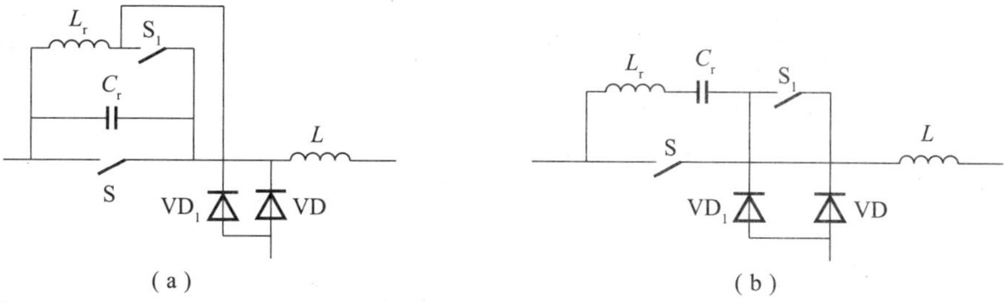

图 7－34　零转换 PWM 电路的基本开关单元

（a）零电压转换 PWM 变换器的基本开关单元；（b）零电流转换 PWM 变换器的基本开关单元

1. 零电压开关（ZVS）PWM DC/DC 变换器

图 7－35（a）所示为零电压 PWM 控制 Buck 电路的等效回路。在谐振电感 L_r上并联了 VT_1和 VD_1组成了辅助的开关支路，电路在负载电感较大时，负载回路电流 i_L近似不变，所以负载回路电流可以用恒定电流 I_L来表示。

t_1时刻之前，主开关管 VT 处于导通状态，提前给辅助开关 VT_1驱动信号，如图 7－35（b）、（c）所示。

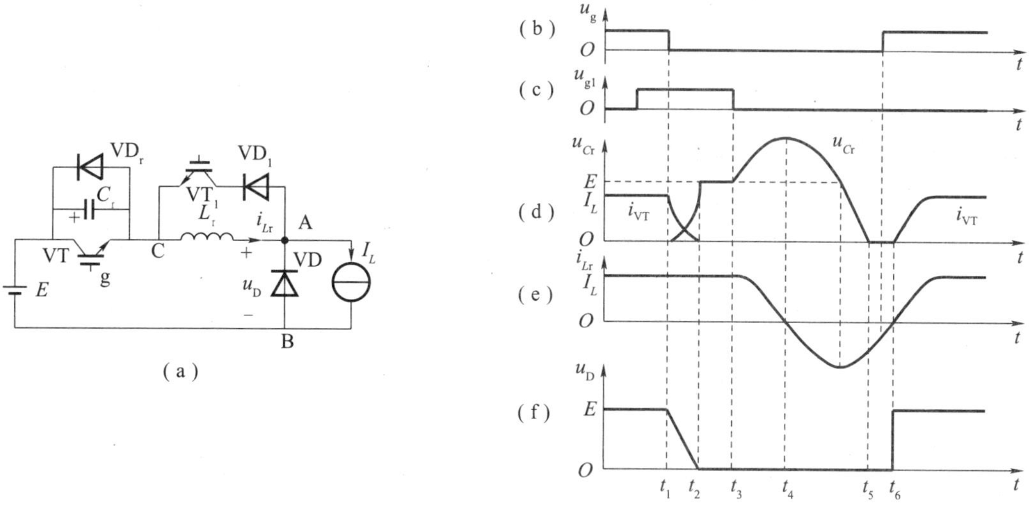

图 7－35　Buck-ZVS 零开关 PWM 等效电路及其波形

（a）等效电路；（b）u_g 波形；（c）u_{g1}波形；（d）u_{Cr}波形；（e）i_{Lr}波形；（f）u_D 波形

此时，VT_1实际不导通，电流通路为 E→VT→L_r→负载→E，$i_{Lr}=I_L$，电容 C_r两端电压为零。下面分五个阶段进行分析。

第一阶段：t_1～t_2区间。t_1时刻，去掉主开关管 VT 的驱动信号，谐振电容 C_r开始充电，两端电压逐渐上升，直到 t_2时刻，VT 两端电压上升到 E，B、C 两点电位相同，I_L经 VD 续流导通，电感 L_r中的电流经由 VD_1、VT_1流通。此时，A、B、C 三点电位相同。

第二阶段：t_2～t_3区间。二极管 VD 续流导通，i_{Lr}经 VD_1、VT_1续流。

第三阶段：t_3～t_4区间。t_3时刻，关断辅助开关 VT_1，则 L_r和 C_r产生谐振，i_{Lr}逐渐下降，而电容 C_r两端电压逐渐上升，当 i_{Lr}下降到零时，电容 C_r两端电压上升到最大值，这时到达 t_4时刻。

第四阶段：$t_3 \sim t_4$区间。从t_4时刻开始，电容C_r开始放电，电感L_r中电流开始反向，电容C_r两端电压下降，直到C_r放电完毕，二极管VD_r导通，主开关管 VT 被钳位，谐振停止。此时到达t_5时刻，为主开关管 VT 的 ZVS 导通创造了条件。

第五阶段：$t_5 \sim t_6$区间。这一区间，L_r在电源E的作用下其中电流线性上升，直到t_6时刻，i_{Lr}增为零，VD_r截止。在这一阶段内使 VT 导通，实现了 ZVS 导通。

之后的工作情况与$0 \sim t_1$区间相同。

从上面的工作过程可以看出，辅助开关的关断时刻决定了谐振的起始时刻，变换器在一个周期内有一小段时间工作在 ZVS 准谐振状态，其余时间工作于 PWM 状态。谐振频率取决于谐振电感L_r和谐振电容C_r的值，选择合适的值可以使主开关管实现较高频率的零电压开关。

2. 零电流开关（ZCS）PWM DC/DC 变换器

图 7－36 所示为 ZCS PWM 控制 Buck 变换器电路及其波形。其中，VT 为主开关管，VT_1为辅助开关管，L_r和C_r为谐振电感和谐振电容。下面按一个周期六个阶段分析其工作过程。

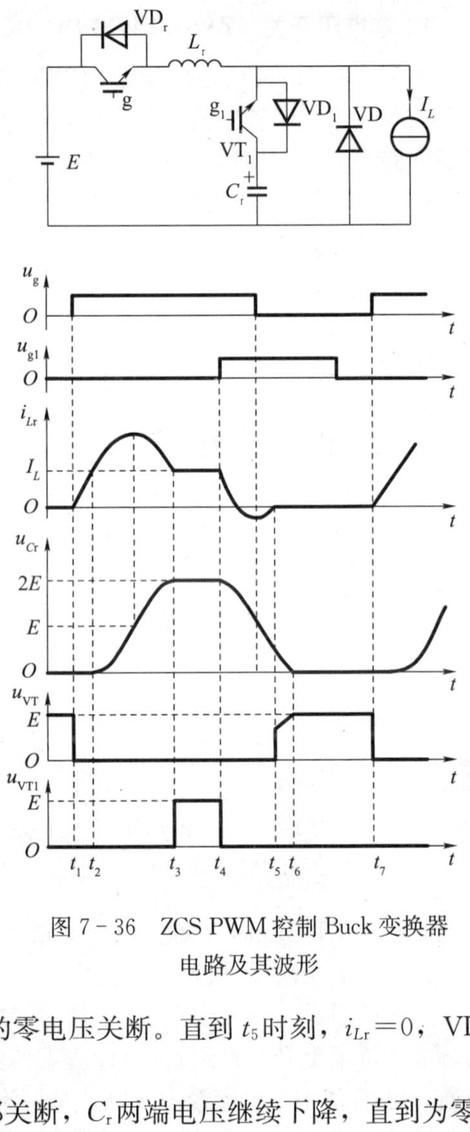

图 7－36　ZCS PWM 控制 Buck 变换器电路及其波形

t_1时刻之前，VT 和VT_1均处于关断状态，负载电流I_L由 VD 续流，L_r中的电流为零，VT 两端电压为E。

第一阶段：$t_1 \sim t_2$区间。t_1时刻，为主开关管 VT 施加驱动信号，VT 导通，L_r两端承受电压E，因L_r中电流不能突变，VT 实现了零电流开通。之后，L_r中电流线性上升，直到t_2时刻，$i_{Lr}=I_L$，VD 关断，VT 与 VD 实现换流，进入第二阶段。

第二阶段：$t_2 \sim t_3$区间。t_2时刻，二极管 VD 关断，VD_1、C_r支路导通，L_r和C_r谐振。当i_{Lr}上升到最大值时，C_r两端电压为E，之后i_{Lr}下降，C_r两端电压继续上升，直到t_3时刻，i_{Lr}下降到I_L，C_r两端电压上升到$2E$。此时VD_1、C_r支路电流变为零，VD_1关断，进入第三阶段。

第三阶段：$t_3 \sim t_4$区间。这一阶段，VT 正常导通，向负载传输能量，电路工作于 PWM 方式。

第四阶段：$t_4 \sim t_5$区间。在t_4时刻，VT_1导通，电容C_r开始放电，L_r和C_r又开始谐振。i_{Lr}下降并由正变负，再由负变为零。i_{Lr}为负期间，二极管VD_r导通，导通期间关断主开关管 VT，实现了 VT 的零电压关断。直到t_5时刻，$i_{Lr}=0$，VD_r关断。

第五阶段：$t_5 \sim t_6$区间。这一区间，VT 和VD_r都关断，C_r两端电压继续下降，直到为零，续流二极管 VD 导通。

第六阶段：$t_6 \sim t_7$区间。这期间，VD 导通，电路按 PWM 方式工作。关断VT_1，则实现VT_1的零电压关断。

t_7时刻之后，电路进入下一个工作周期。

3. 零转换 PWM DC/DC 变换器

在前述的零开关 PWM 电路中，主谐振元件基本上都是与主开关器件相串联，即主谐振元件多是在主功率的通道上。谐振时流过谐振电感的电流包含了负载电流的成分，谐振时过高的电压和电流使开关器件的通态损耗有所增加，部分抵消了通过软开关所降低的电路损耗。

零转换 PWM 电路是将谐振元件从主功率通道上移开，将串联关系变为并联关系，谐振元件不通过负载电流，使负载对谐振过程的影响最小，这样电路可以在很宽的输入电压和负载变化范围内实现软开关工作过程，同时减小了谐振时过高压和电流对主开关器件的影响。零转换 PWM 电路有多种形式，包括零电压转换的 Buak 电路、Boost 电路、Cuk 电路、Sepic 电路、Zeta 电路和零电流转换的 Buak 电路、Boost 电路、Cuk 电路、Sepic 电路、Zeta 电路。本节列举几个电路，如图 7 - 37 所示。下面重点分析零电流转换 Boost 电路［图 7 - 37（d）］的工作原理，其工作波形如图 7 - 38 所示。

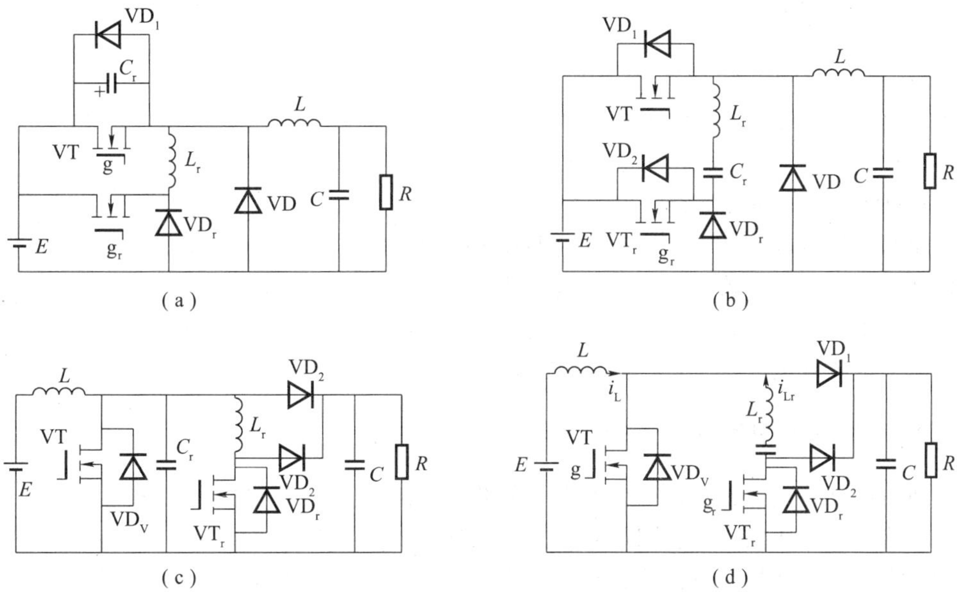

图 7 - 37　几个零转换 PWM DC/DC 变换电路

（a）ZVT PWM Buck 电路；（b）ZCT PWM Buck 电路；（c）ZVT PWM Boost 电路；
（d）ZCT PWM Boost 电路

假设电路中的电感 L 足够大，$i_L=I_L$，输出电容 C 足够大，$u_C=U_o$，因此电路的输入和输出可以分别以恒流源 I_L和恒压源 U_o来代替。

假设 t_1时刻之前电路已处于稳定工作状态，主开关 VT 处于关断状态，$u_{VT}=U_o$，$i_{VD1}=i_L$，且电容 C_r已充电至 U_{Crm}。下面分五个阶段分析其工作过程。

第一阶段：$t_1\sim t_2$区间。t_1时刻驱动主开关 VT 导通，C_r、L_r经 VD_r和 VT 形成谐振回路，电容 C_r开始放电，两端电压开始下降，谐振电感中的电流 i_{Lr}随之上升，当 $U_{Cr}=0$ 时，i_{Lr}达到谐振峰值，之后，i_{Lr}开始下降，U_{Cr}变负，直到 i_{Lr}为零，达到负的最大值$-U_{Crm}$，如图 7 - 38 所示。

第二阶段：$t_2\sim t_3$区间。t_2时刻开始，VD_r截止，谐振过程暂时停止，电路保持 t_2时刻状态不变，直到 t_3时刻。

第三阶段：$t_3 \sim t_4$ 区间。t_3 时刻驱动辅助开关 VT_r，C_r、L_r经 VT_r和 VT 形成谐振回路，C_r放电使谐振电感中的电流 i_{Lr}反向，主开关器件 VT 中的电流 $i_{VT} = I_L - i_{Lr}$逐渐下降，到 t_4时刻电流 i_{VT}变为零。

第四阶段：$t_4 \sim t_5$区间。t_4时刻之后，i_{VT}变为负，二极管 VD_V导通，为主开关器件 VT 创造了零电流的条件，因此在 $t_4 \sim t_5$区间内停止主开关器件 VT 的驱动信号，VT 将在零电流的状态下关断。这一区间，C_r继续放电并反向充电。直到 t_5 时刻，VD_V 关断。

第五阶段：$t_5 \sim t_6$区间。在 t_5时刻，二极管 VD_V 关断，谐振电感 L_r中的电流下降到 $i_{Lr} \leqslant I_L$，i_L则通过 L_1流通，$u_{VT} = U_o$，i_{Lr}则通过 VD_2、VD_1 流回 C_r，此时流过 VD_1 的电流为 i_L 与 i_{Lr}之差，即 $i_{VD1} = i_L - i_{Lr}$，$i_{VD2} = i_{Lr}$。这期间停止 VT_r 的驱动信号使其关断，实现了 VT_r的零电流关断。到 t_6时刻，谐振电感 L_r中的储能释放完毕，二极管 VD_2 截止，C_r 充电至 U_{Crm}，为下周期的工作做好准备。

从上面的分析可以看出，ZCP PWM Boost 电路依靠辅助开关将主开关开关过程的电气应力转移到附加的辅助网络中，不增加主开关器件的理论电压、电流值，从而实现软开关。

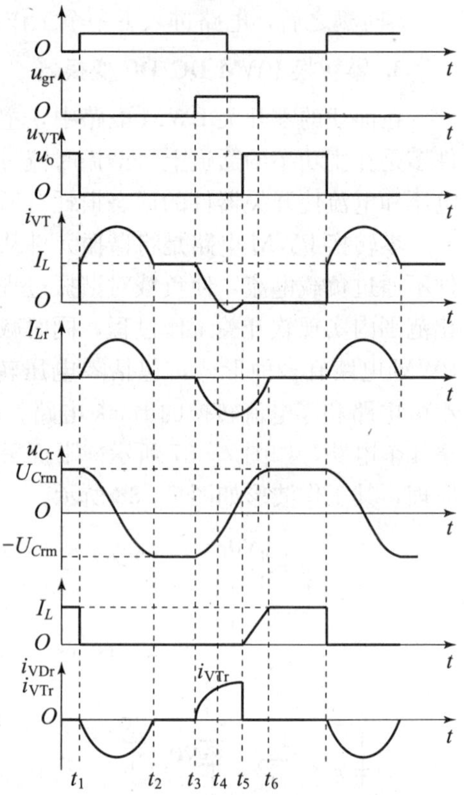

图 7－38 ZCT PWM Boost 变换器的工作波形

7.8.2 DC/AC 变换中的软开关技术

由于逆变器（特别是多相逆变器）开关器件较多，如果对每个器件都采用类似于 DC/DC 变换器中的软开关工作模式，会引起软开关谐振电路中元器件的相互影响，使电路很难正常工作，因此 DC/AC 变换器中的软开关技术的应用难度较大。如果在 DC/AC 变换的直流环节部分加入 LC 谐振电路，利用 LC 回路谐振时电压周期性过零的特点，为后级逆变器开关器件创造零电压开通或零电流关断的开关条件，从而减小逆变器的开关损耗，则可较好地解决上述难题。下面通过谐振直流环节逆变器（Resonant DC Link Inverter，RDCLI）说明其工作原理。

对于三相逆变电路，谐振直流环节逆变器的特点是用一套直流环节上的谐振电路为三相逆变器的六个电力电子开关器件提供软开关条件。图 7－39 所示为基本谐振直流环逆变器的电路结构及其工作波形，图中谐振电容 C_r和谐振电感 L_r组成谐振电路，VT_r和 VD_r是辅助开关器件，由于电压型逆变器的负载通常为感性，并且一般情况下，负载电感远大于谐振回路电感 L_r，感性负载的电流变化非常缓慢，在一个谐振周期中逆变器的负载电流 I_o可以视为常量。下面分阶段分析电路的工作过程，分析时假定电路已进入正常工作状态。

$0 \sim t_1$阶段：0 时刻之前，VT_r处于关断状态，而 VD_r处于导通状态。0 时刻，谐振电感 L_r中的电流 i_{Lr}等于负载电流 I_o，电容 C_r两端电压为零，谐振开关 VT_r开始闭合导通。VT_r导通后，E 作用在电感 L_r上会产生一个电流（导通回路为 $E \rightarrow L_r \rightarrow VT_r \rightarrow E$），这个电流与负载电流 I_o相叠加使得电流 i_{Lr}上升，直到 t_1时刻。这期间电容 C_r两端电压一直保持为零。

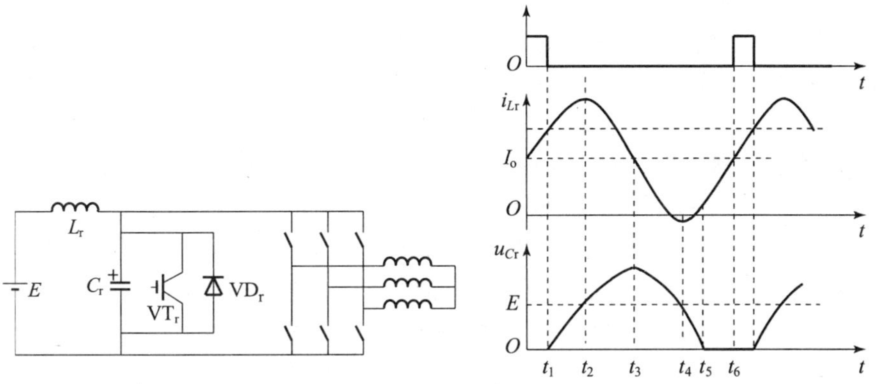

图 7－39　基本谐振直流环逆变器的电路结构及其工作波形

t_1～t_2阶段：t_1时刻，VT_r关断，电路将发生谐振。因为 $i_{Lr}>I_o$，而负载电流保持 I_o不变，所以 i_{Lr}对谐振电容 C_r充电，使其两端电压 u_{Cr}不断升高，直到 t_2时刻，$u_{Cr}=E$，谐振电感 L_r两端的电压为零，谐振电流 i_{Lr}达到谐振峰值。

t_2～t_3阶段：t_2时刻之后，i_{Lr}继续向谐振电容 C_r充电并且减小，而 u_{Cr}不断升高，直到 t_3时刻，$i_{Lr}=I_o$，电容 C_r的充电电流变为零，其两端电压 u_{Cr}达到最大值。

t_3～t_4阶段：t_3时刻，由于 $u_{Cr}>E$，故 u_{Cr}向 L_r放电，谐振电流 i_{Lr}继续减小，到零后反向，只要 $u_{Cr}>E$，C_r就会继续向 L_r放电，谐振电流 i_{Lr}反向增加，直到 t_4时刻，$u_{Cr}=E$，i_{Lr}达到最大值（反向谐振峰值）。

t_4～t_5阶段：t_4时刻之后，i_{Lr}开始增加，u_{Cr}继续下降，直到 t_5时刻，$u_{Cr}=0$，二极管 VD_r开始导通。

t_5～t_6阶段：从 t_5时刻开始，由于 VD_r导通，u_{Cr}钳位为零，只要 $i_{Lr}<I_o$，VD_r就会继续导通。在 VD_r导通期间，逆变器的开关管就可以在零电压条件下进行状态切换，实现零电压开关。到 t_6时刻，谐振开关 VT_r导通，电流 i_{Lr}继续上升，开始下一周期的过程。可见，在这一阶段逆变器开关器件实现软开关动作。

实际上，在三相逆变器中，无须设置专门的谐振开关 VT_r和反并联二极管 VD_r，逆变器的任何一个桥臂都可实现 VT_r和 VD_r的功能，只是控制较为复杂。

该电压型逆变器的谐振直流环软开关电路的缺点：直流环节零电压的出现是周期性的，逆变器的六个主开关必须在谐振电容 C_r两端电压 $u_{Cr}=0$ 时动作，这会对逆变器 PWM 控制带来一定的时间误差，并且 PWM 的波形在脉宽范围内不再是矩形，而是由一系列正弦脉冲组成，这将造成逆变器的输出中含有更多的谐波成分。目前，谐振直流环软开关电路已有许多改进电路和新的拓扑结构，并且还在不断地研究改进过程中，本书不再介绍。

本章小结

PWM 控制技术是在电力电子领域有着广泛的应用，对电力电机技术产生了十分深远影响的一项技术。

PWM 控制技术在晶闸管时代就产生了，但是为了使晶闸管通断要付出很大的代价，因而难以得到广泛应用。以 IGBT、电力 MOSFET 等代表的全控型器件的不断完善给 PWM 控制技术提供了强大的物质基础，推动了这项技术的迅猛发展，使它应用到整流、逆变、直/直、交/交的所有四大类变流电路中。

直接直流斩波电路实际上就是直流 PWM 电路，这是 PWM 控制技术应用较早也成熟较早的一类电路，把直流斩波电路应用于直流电动机调速系统，就构成广泛应用的直流脉冲调速系统。

交流/交流变流电路中的斩控式交流调压电路和矩阵变频电路是 PWM 控制技术的应用代表，且 PWM 控制技术在逆变电路和整流电路中同样得到广泛的应用。

高频化是提高功率变换器功率密度的重要途径，高频化后带来了器件开关损耗加大、电磁噪声污染严重等问题。软开关技术可以有效地减小高频化器件的开关损耗和改善高频化开关电路的电磁兼容性。软开关技术中普遍使用了谐振技术，利用谐振中产生的电压过零或电流过零的特点，为主开关器件创造零电压或零电流开关条件，但随之带来了高电压和高电流应力的副作用。本章介绍了硬开关及软开关技术的基本概念及软开关的类型，对几种典型的软开关电路的工作原理和波形进行了较为仔细的分析。本章的重点内容为硬开关和软开关的概念；软开关的类型及其特点；如何引入谐振实现软开关。

习题与思考题

7.1　说明 PWM 控制的基本原理、载波比对 PWM 变流电路的影响。

7.2　生成 PWM 波形有哪些方法？它们分别以什么为控制目标？有何特点？

7.3　什么是同步调制？什么是异步调制？为什么要采用分段同步调制？

7.4　与方波型逆变电路相比，PWM 逆变电路有何优点？

7.5　说明 SVPWM 控制的基本原理。

7.6　说明电流跟踪型 PWM 的基本原理。采用滞环比较器的电流跟踪型 PWM 控制有何特点？

7.7　在 PWM 整流电路中，什么是间接电流控制？什么是直接电流控制？为什么后者应用较多？

7.8　说出提高开关频率可以减少变压器和滤波器的体积和质量的原因。

7.9　电力电子装置高频化的意义是什么？硬开关电路简单地提高开关频率会造成什么后果？

7.10　软开关电路可以分为哪几类？软开关的基本思想是什么？软开关的基本手段基于什么原理？

7.11　无源软开关的发展基础是什么？有源软开关的发展基础是什么？

7.12　最简单的零电压开关如何实现？最简单的零电流开关如何实现？

7.13　无源软开关与有源开关有何区别？

7.14　零转换 PWM 软开关电路与零开关电路的主要区别是什么？

7.15　谐振直流环节逆变器的基本工作原理和特点是什么？

第 8 章

电力电子器件的应用基础

电力电子技术包括电力电子器件、电力电子电路、控制技术三部分内容，其中电力电子器件是核心和基础，在整个电力电子技术的发展过程中，占有极其重要的地位。电力电子器件种类繁多，性能各异，其性能除了与器件内部结构有关，还与外部应用条件密切相关。器件性能是否充分得到发挥，与器件的驱动电路、过电流过电压的保护电路、散热设计直接相关。本章介绍电力电子器件的驱动电路、保护电路、缓冲与吸收电路，以及电力电子器件的串联和并联。

8.1　电力电子器件的驱动电路

8.1.1　电力电子器件驱动电路概述

电力电子器件按照控制的程度分为不可控器件、半控型器件和全控型器件。不可控器件不需要驱动电路；半控型器件需要在门极施加驱动才可以导通，需要驱动电路；而对于全控型器件而言，导通与关断都需要对控制极加以控制。电力电子器件的驱动是通过对控制极施加一定大小的电压或电流信号使器件导通或关断，产生驱动信号的电路称为驱动电路，驱动电路的形式取决于开关器件的类型、变流电路的结构及电压电流的等级因素。电力电子驱动电路是电力电子主电路与控制电路之间的接口，其性能对变流电路有重要的影响。采用性能良好的驱动电路，可以使电力电子器件工作在较为理想的开关状态，缩短开关时间，减小开关损耗，对变流电路的运行效率、可靠性和安全性都有重要的意义。

驱动电路的功能就是接收控制电路的输出信号，经处理后给开关器件的控制极提供足够大的电流或电压。所以，驱动电路将信息电子电路传来的信号按照其控制要求，转换为加在电力电子器件控制端和公共端之间具有足够能量以使电力电子器件可靠开通或者关断的信号。对半控型器件只需提供开通控制信号；对全控型器件既需要提供开通控制信号，又要提供关断控制信号。

由于驱动电路是低压电路，一般在数十伏以下，而主电路电压在数千伏以上，如果二者之间有电的直接联系，主电路高压将对低压驱动电路产生威胁，因此驱动电路还需要提供控制电路与主电路之间的电气隔离环节。一般采用光隔离或者磁隔离。光隔离一般采用光耦合器，光耦合器由发光二极管和光敏晶体管组成，封装在一个外壳内。磁隔离的元件通常是脉冲变压器，当脉冲较宽时，为避免铁芯饱和，常采用高频调制和解调的方法。图 8－1 所示为变压器隔离和光电隔离原理图。

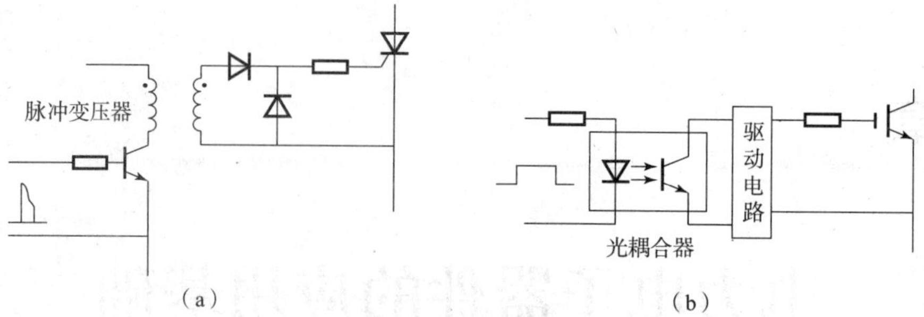

图 8-1 隔离电路原理图
（a）变压器隔离；（b）光电隔离

目前，驱动电路以电力电子器件生产商生产的专用驱动电路为多，这些驱动电路可能是集成驱动电路芯片，也可能是将多个芯片和器件集成在一块的混合集成电路，还可能是将多个驱动电路封装在一起的驱动模块。

电力电子器件按照控制极的控制方式分类可分为电流驱动型（如晶闸管、GTO、GTR 等）和电压驱动型（如 MOSFET、IGBT 等场控器件）两类。这两类器件对驱动电路的要求有所不同，前者要求驱动功率比较大，能输出足够的驱动电流；后者一般为场控器件，对驱动电路输出电流要求较小。晶闸管虽然为电流驱动型器件，但为半控型器件，其驱动方式有自己的特殊性，其驱动电路称为触发电路。本节主要介绍驱动电路，介绍全控型器件的驱动控制。

8.1.2 晶闸管的门极驱动电路

晶闸管是一种大功率半导体变流器件，具有很多优点。但是与一般电气元件相比，晶闸管承受过电压和过电流的能力较差。晶闸管由阻断转为导通，除了在阳极和阴极之间加正向电压外，还须在控制极和阴极之间施加合适的触发电压。提供正向触发电压的电路就是触发电路。晶闸管的开通需要通过门极触发电路来实现，晶闸管的门极特性和门极参数反映了其对触发电路的要求。

门极特性是指对晶闸管门极和阴极之间的伏安特性，表示在门极电压和门极电流之间的关系。由于门极和阴极之间有一个 PN 结，所以其特性与二极管的正向伏安特性相似。不同晶闸管，其门极的伏安特性也不尽相同，即使是同一型号同一规格的产品亦是如此。一般晶闸管的门极正向电压可以从几伏到几十伏，门极电流可以从几毫安到几百毫安，存在一个很大的范围。实际应用时，通常给出一个最小值和一个区域。图 8-2 中显示了晶闸管的伏安特性。

图 8-2 中，U_{GK}为门极电压，I_{GK}为门极电流。可以看出，晶闸管门极伏安特性是一个区域，是由最大允许触发电流、最大允许触发功率、极限低阻伏安特性、极限高阻伏安特性包围构成的，可以分为不触发区、不可靠触发区和可靠触发区三个区域。触发电路的输出电压和电流必须在可靠触发区才能保证晶闸管的可靠触发导通，同时需要满足门极触发功率在要求的平均功耗以内。

晶闸管的参数有门极触发电流、门极触发电压、门极不触发电流、门极不触发电压等。为了确保晶闸管可靠导电，对晶闸管触发脉冲的宽度、高度、形状都有要求，其形状如图 8-3 所示。

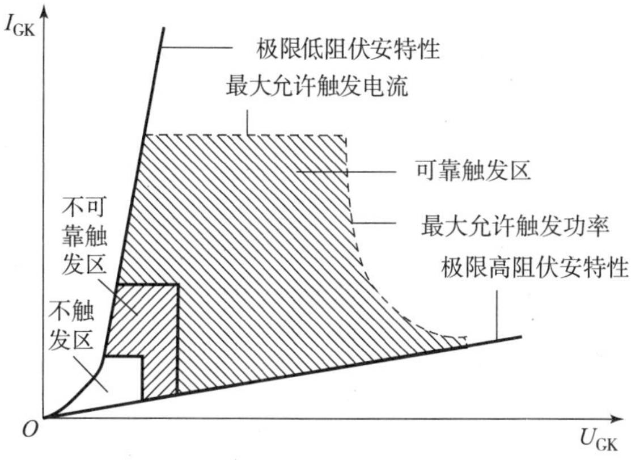

图 8－2　晶闸管门极伏安特性曲线

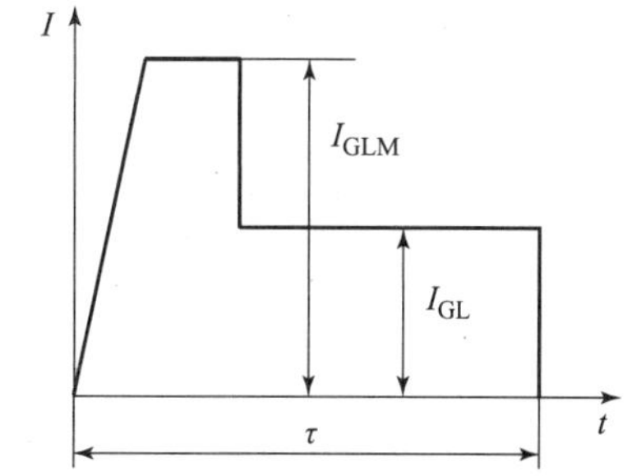

图 8－3　晶闸管触发脉冲形状

I_{GLM}—强触发脉冲的幅度；I_{GL}—脉冲幅度；τ—脉冲宽度

8.1.3　GTO 的门极驱动电路

GTO 同晶闸管一样属于电流型驱动器件，其开通控制与晶闸管相似，但对开通驱动信号前沿的幅值和陡度要求高，且一般需要在整个导通期间一直施加正门极电流。一般门极开通电流变化率为 5～10 A/μs，开通驱动电流脉冲宽度一般为 10～60 μs，下降沿尽量缓一些。GTO 的关断需要施加负门极电流，对其幅值和陡度的要求更高，幅值需达门极电流的三分之一左右，陡度在 10～50 A/μs，强脉冲宽度约为 30 μs，负脉冲总宽约 100 μs，关断后还应在门极阴极之间施加 5 V 的负偏压，以提高抗干扰能力。GTO 门极电压、电流波形如图 8－4 所示。

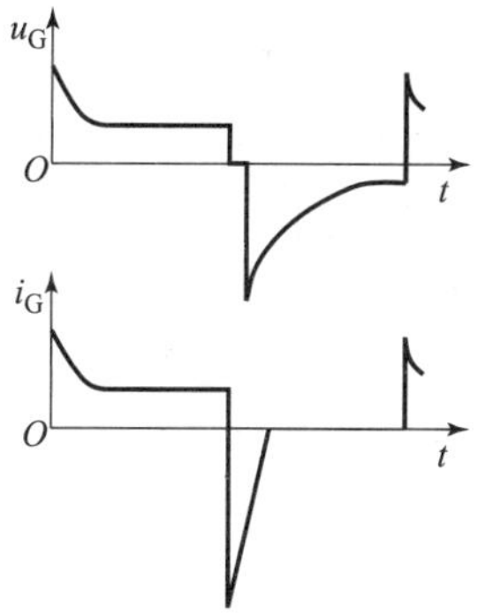

图 8－4　GTO 的门极电压、电流波形

GTO 一般用于大容量场合，其驱动电路通常包括开通驱动电路、关断驱动电路和门极反偏电路三部分，可以分为脉冲变压器耦合方式和直接耦合方式两种类型。图 8－5 所示是 GTO 门极驱动电路的一个例子。图中驱动电路的开通电路和关断电路采用的是并联结构，上面部分是开通电路，下面部分是关断电路。为了避免两条通路互相影响，在并联连接处串入晶闸管 VT 阻止高频变压器 T_2 的二次绕组对开通电流的分流作用。当开通信号 $u_1>0$ 时，VT_1 导通，此时 $u_2=0$，VT_2 处于截止状态，T_2 上没有电压，VT 不导通，T_1 产生的正向电流全部流过 GTO 的门极。关断 GTO 时，使关断信号 $u_2>0$，$u_1=0$，VT_2 和 VT 相应导通，产生反向门极关断电流。该电流一部分注入 GTO 门极；另一部分流向另一条通路，即沿着 R_2→T_1 变压器二次侧二极管 VD→R_1→VT→变压器 T_2，这样可以防止变压器 T_1 的二次绕组因流过反向电流而存储能量。

除分立元件组成的门极驱动电路外，目前采用厚膜封装的门极驱动集成电路（如 HL301A）使 GTO 的驱动更加可靠，所占用空间尺寸更小。

8.1.4　GTR 的基极驱动电路

使 GTR 开通的基极驱动电流应处于准导通饱和状态，使之不进入深饱和区。关断 GTR 时，施加一定的负基极电流有利于减小开关时间和开关损耗，关断后同样应在基射极之间施加

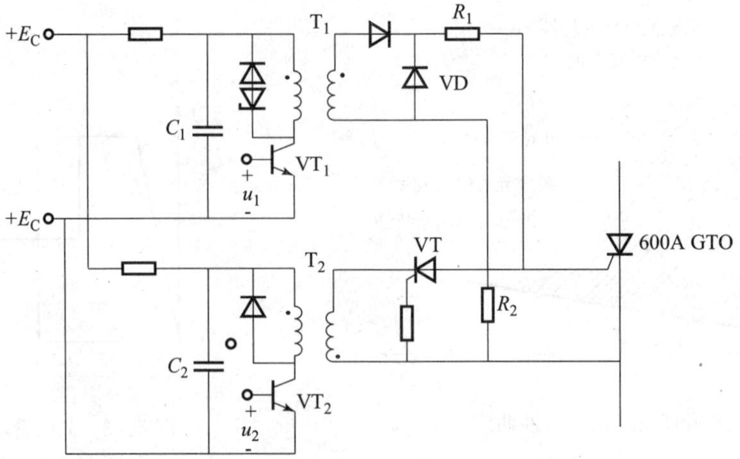

图 8-5 脉冲变压器耦合式 GTO 驱动电路

一定幅值的负偏电压。GTR 驱动电流的前沿上升时间应小于 1 μs，以保证其能快速开通与关断。理想的 GTR 基极驱动电流波形如图 8-6 所示。

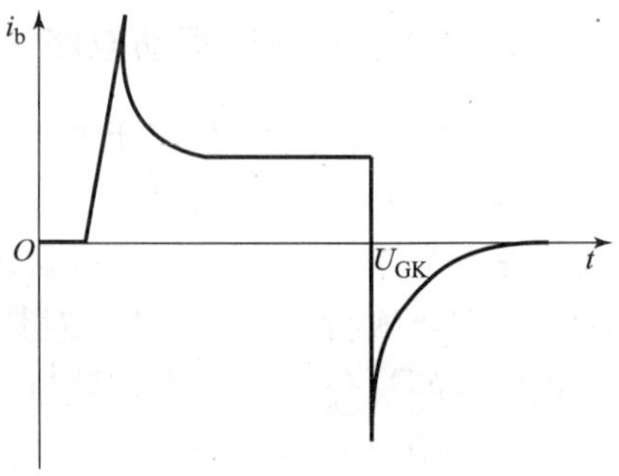

图 8-6 理想的 GTR 基极驱动电流波形

理想的基极电流波形应具有以下特征：

(1) 开通时快速的上升沿，并有一定的过程以缩短开通时间。

(2) 导通期间提供的基极电流在任何负载情况下都能保证 GTR 处于饱和导通状态，使饱和压降较低，导通损耗较小，而关断前使 GTR 处于临界饱和状态，以减少存储时间。

(3) 关断瞬间提供足够大的反向电流，以迅速抽出基区的剩余载流子，使集电极电流迅速下降以减少下降时间。

图 8-7 给出了 GTR 的一种驱动电路，包括电隔离和晶体管放大电路两部分。图中 VT_7 是

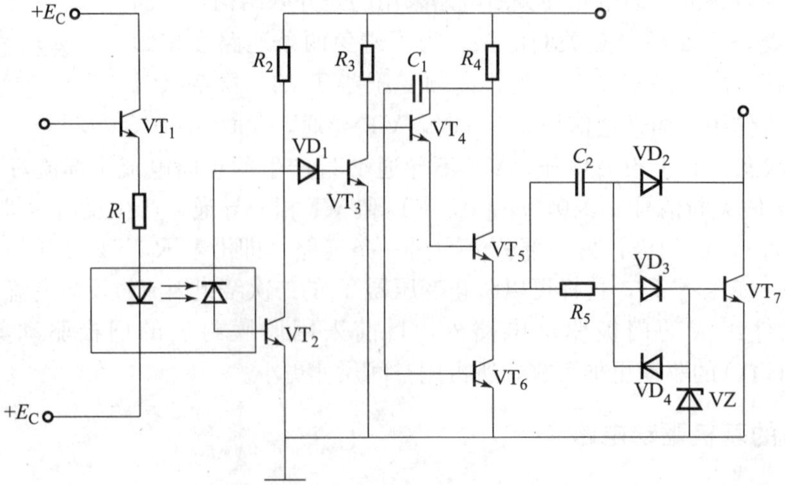

图 8-7 GTR 驱动电路

被驱动的 GTR，二极管 VD_2 和电位补偿二极管 VD_3 构成贝克钳位电路，是一种抗饱和电路，可使 GTR 导通时处于临界饱和状态。当负载较轻时，如果 VT_3 的发射极电流全部注入 VT_7，会使 VT_7 过饱和，关断时退出饱和时间加长。有了 VD_2 和 VD_3 构成的贝克钳位电路，当 VT_7 过饱和而使其集电极电位低于其基极电位时，VD_2 会自导通，使 VT_5 中多余的驱动电流流入 VT_7 的集电极，使得 VT_7 导通时处于临界饱和状态。图中的 C_2 为加速开通过程的电容，开通时，R_5 被 C_2 短路，这样在其两端电压变化时可以实现驱动电流的快速变化，加快开通。

8.1.5 电力 MOSFET 的驱动电路

电力 MOSFET 属于电压型驱动器件，其栅源极之间有数千皮法的极间电容，在开通和关断过程中，需要一定的门极电流对该门极输入电容完成充电和放电，在高频交替开通和关断时需要一定的动态驱动功率。为加速建立驱动电压，要求驱动电路有较小的输出电阻。电力 MOSFET 管开通的栅源极间驱动电压一般选取 10～15 V，关断时施加一定幅值的负驱动电压有利于减小关断时间和关断损耗。在栅极串入一只低值电阻可以减小寄生振荡，该电阻阻值应随被驱动器件额定值的增大而减小。

图 8-8 给出了电力 MOSFET 的一种驱动电路。该电路包括光电隔离和晶体管放大电路两部分。当无输出信号时告诉放大器 A 输出负电平，VT_3 导通输出负驱动电压。当有输入信号时，放大器 A 输出正电平，VT_2 导通输出正驱动电压。

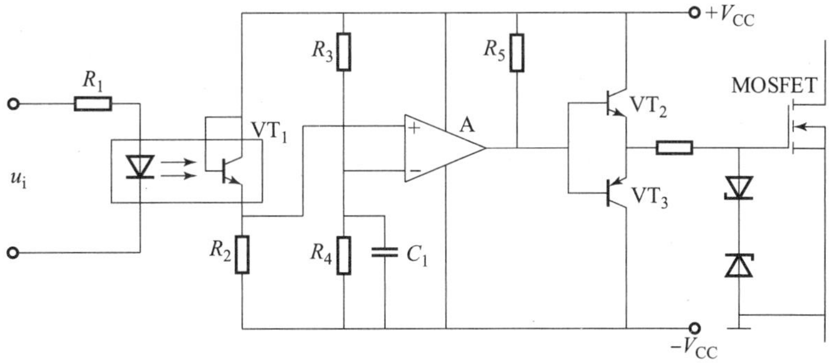

图 8-8 电力 MOSFET 的驱动电路

对于小功率的电力 MOSFET 可以直接用 CMOS 管或集电极开路的 TTL 管，或者在 CMOS 管外加推挽电路进行驱动。图 8-9 所示为使用 TTL 管驱动小功率的电力 MOSFET 驱动电路。图（a）中为晶体管推挽射极跟随器，可用于低频开关电路。在高频电路中，可用 NMOS、PMOS 代替 NPN 和 PNP 型晶体管，如图（b）所示。图（c）为使用 TTL 管直接驱动的电力 MOSFET 电路，图（d）为由 TTL 管外加推挽电路驱动的电力 MOSFET 电路。

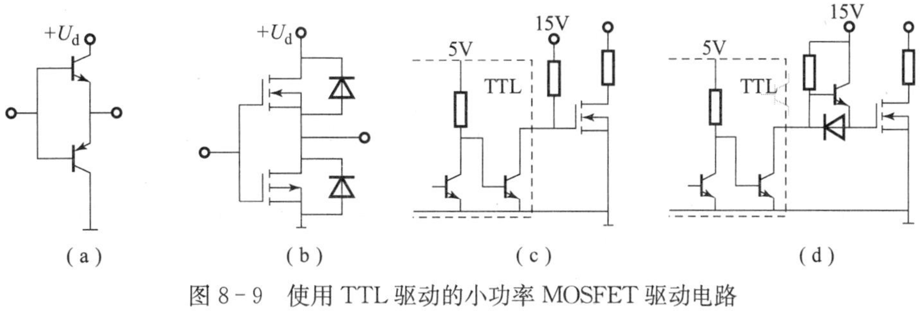

图 8-9 使用 TTL 驱动的小功率 MOSFET 驱动电路

8.1.6 IGBT 的栅极驱动电路

IGBT 是场控型器件，同电力 MOSFET 一样，IGBT 的栅极和发射极之间存在极间电容，需要较大的驱动功率。IGBT 可以采用分立元件组成的驱动电路。图 8-10 示出了由脉冲变压器隔离的分立元件组成的驱动电路。该电路还具有过电流保护的作用。图中 VT_1 传递驱动信号，VT_2 和 VT_3 为推挽电路，过电流是通过检测 IGBT 的通态压降来实现的。当 IGBT 中检测出过电流时，其中集电极电压显著升高，通过检测二极管 VD_4 传递到 VT_1 的基极，进而关闭 IGBT。

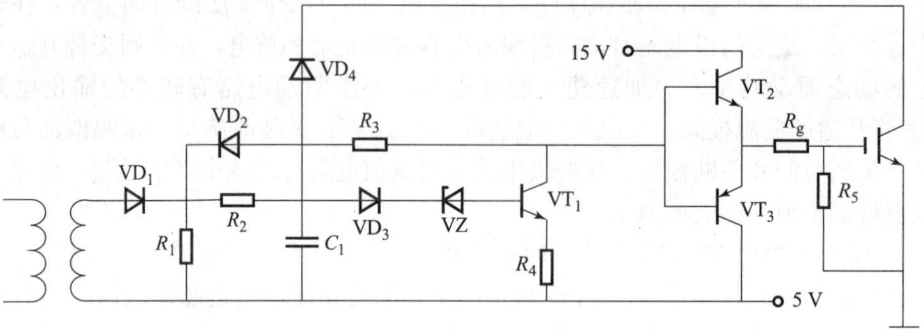

图 8-10　由脉冲变压器隔离的分立元件组成的驱动电路

目前，大多数的驱动电路采用专用混合集成驱动器，如三菱公司的 M579 系列，其中应用较普遍的是 M57962L 和 M57959L，具体可见表 8-1。

表 8-1　三菱公司 IGBT 混合集成驱动电路

型号	模块	功能	电源方式	光耦元件	电源电压/V	驱动通道数
M57957L	600 V	开关驱动	双电源	高速度	−10～15	一通道
M57957A				高噪声容限		
M57959L	200 等级	开关驱动（有保护功能）				
M57959AL						
M57963L			单电源	低速度	20	
M57958L	1200 V 400 A 等级	开关驱动		高速度	−10～15	
M57962L		开关驱动（有保护功能）	双电源	高速度		
M57962AL						

同一系列但不同型号的引脚和接线基本相同，只是被驱动器件的容量和开关频率以及输入电流幅值等参数不同。图 8-11 和图 8-12 给出 M57962L 型 IGBT 驱动器的原理图和接线图。该驱动器内部都具有退饱和、检测和保护环节，当发生过电流时能快速响应并慢速关断 IGBT，并向外电路发出故障信号。M57962L 型输出正电压在 +15 V 左右，负驱动在 −10 V 左右。对大功率的 IGBT 来说，一般采用专业厂家提供的专业驱动模块。

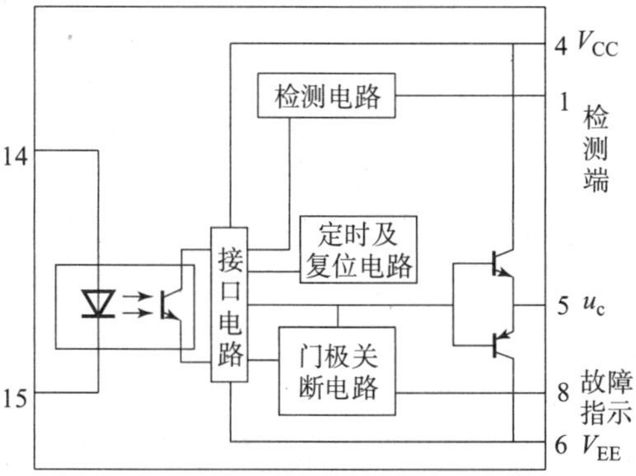

图 8-11　M57962L 型 IGBT 驱动器原理图

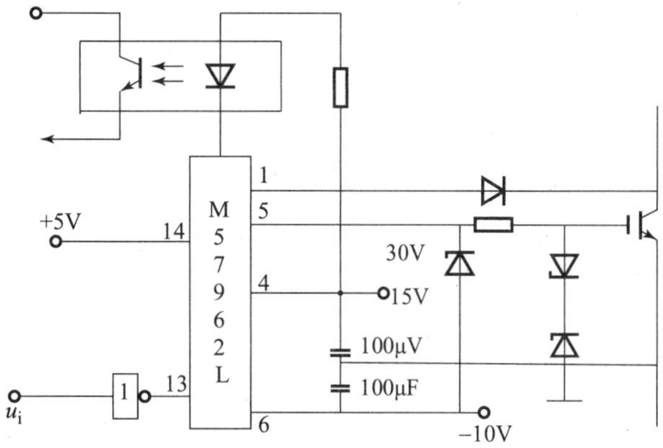

图 8-12　M57962L 型 IGBT 驱动器接线图

8.2　电力电子器件的保护

设计电力电子电路时，除了合理地选择电力电子器件参数外，还必须进行合理的保护。保护主要有过电流、过电压和过热三种。实际应用中，保护电路必不可少，其性能的优劣直接影响器件的安全运行和电力电子装置整机的可靠性。器件的保护从系统设计的一开始就应加以考虑。

8.2.1　过电压保护

电力电子电路中所发生的过电压，主要来自器件通断等内部因素引起的过电压和雷击、电网中电压浪涌等外部因素引起的过电压两类。

1. 过电压产生的原因

1）内因过电压

电力电子器件在换流过程中，由于电流发生突变，线路电感会在器件两端产生过电压、过电流的情况，这往往是由于器件换流或器件关断造成的，所以，这种过电压分为换相过电压和关断过电压。

（1）换相过电压。由于晶闸管或者全控型器件反并联的续流二极管在换相结束后不能立即恢复阻断能力，恢复过程中有较大的反向电流从其中流过，一旦恢复阻断能力，反向电流急剧减小，电路中的杂散电感会产生很大的自感反电动势，这个反电动势与电源电压共同作用在器件两端，可能导致开关器件的过电压。

（2）关断过电压。全控型器件在较高频率下工作，当器件关断时，正向电流迅速降低，使得线路中电感两端感应出很高的感应电压并加在开关器件上，从而出现了过电压。

2）外因过电压

雷击过电压：即由雷击引起的过电压。

操作过电压：由线路分闸、合闸等开关操作引起的过电压。线路在合闸的瞬间，变压器一侧高电压经由一、二次绕组之间的分布电容感应耦合到二次侧的电力电子装置上。线路在分闸断开变压器供电的过程中，变压器一次侧励磁电流突然被切断所引起的感应过电压会耦合到二次侧，使二次侧所接的电力电子装置中的开关器件产生过电压。电力系统出现的电网电压波动、闪变、谐波污染引起电压尖峰等通过变压器耦合到电力电子装置中也会产生过电压。

2. 过电压保护措施

针对不同的过电压，应采取不同的保护措施。图 8-13 中给出了各种过电压保护措施及其配置位置，并非所有的措施都需要采取，可根据电力电子装置的具体情况采取几种。图 8-13 中，F 为避雷器，防止雷击过电压；C 为静电感应过电压抑制电容器，主要抑制合闸时操作过电压；RC_1 和 RC_2 分别是两种过电压阻容吸收电路，二者都是出现过电压时，通过对电容的充电来抑制电压的上升，电容越大，过电压抑制效果越好。其中，RC_1 在过电压充电之后，对电阻放电时，可能会危害被保护的设备，而 RC_2 则利用整流二极管阻止了放电电流进入电网，不会危害电路中的其他器件。R_V 为非线性压敏电阻，其功能类似于两个反向对称的雪崩二极管，一旦出现过电压，立即导通，把电压钳位在保护值上，过电压消失后，立即恢复压敏电阻的高阻态。

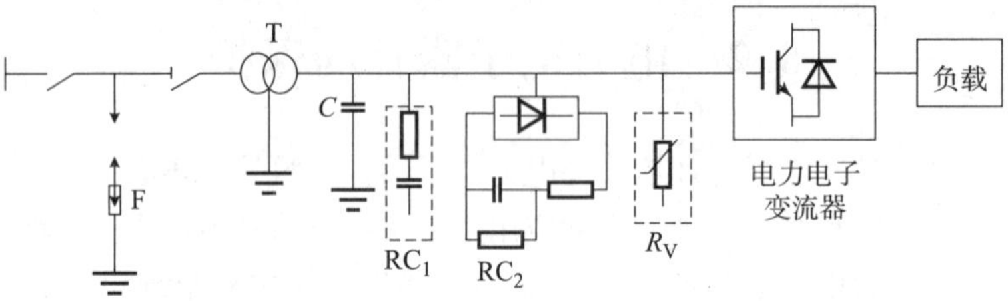

图 8-13 过电压抑制措施及配置位置

常用的阻容吸收保护电路接线如图 8-14 所示。其中图（a）为三相电力电子装置阻容吸收电路的常用配线接线方法，可在网侧、闸侧、直流侧分别进行吸收保护；图（b）为大容量电力电子装置中常采用的放电阻止型阻容吸收电路。

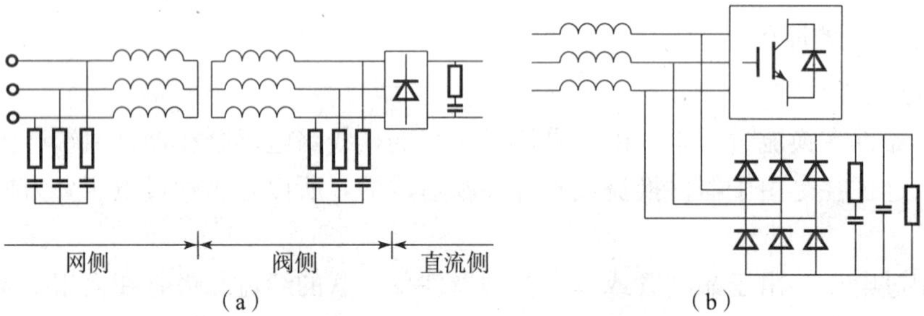

图 8-14 常用阻容吸收电路的配置位置和接线方式

（a）阻容吸收电路；（b）放电阻止型阻容吸收电路

除上述过电压保护措施以外，还可以采用电力电子电路进行过电压保护。阻容电路的保护能力有限，压敏电阻保护抑制过电压的能力很强，体积小，反应快，但其缺点是额定持续功率小，长时间过电压会使压敏电阻损坏。采用电力电子电路进行过电压检测、判别和保护，可以起到很好的效果。

8.2.2 过电流保护

导致电力电子电路过电流的原因很多，多数为外部原因所致，如短路故障、负载增大、干扰侵入引起器件误动作、人为接线错误等。图 8-15 中给出了常用的过电流保护措施。

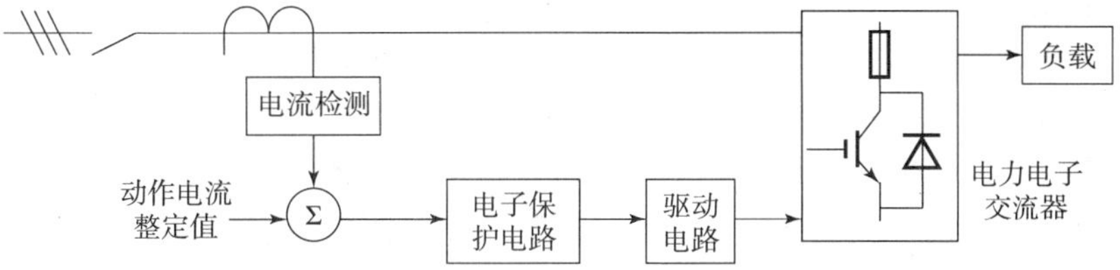

图 8-15　电力电子电路常用的过电流保护措施及保护装置

除了采用电气保护措施外，通常电力电子电路采用快速熔断器和电子电路进行过电流保护。电气保护措施是最简单的保护措施，动作时间长，反应慢，主要用来限制过电流故障的进一步扩大。快速熔断器一般与电力电子器件串联，在电子保护电路未能奏效的情况下进行保护，动作时间一般为 20 ms 左右。快速熔断器是电力电子电路中最有效、应用最广泛的一种过电流保护措施。电子保护电路具有灵活、快速的特点，通过检测电力电子器件电路中的电流，去封锁驱动电路的输出信号，有效关断电力电子器件。通常几种过电流保护措施配合使用，以提高保护的可靠性。一般选用电子保护作为电力电子电路的一级保护；快速熔断器主要进行短路保护，是电力电子器件最后一级防护措施。

电子保护措施中，需要检测电路电流。一般用分流器或电流互感器检测流过开关器件的电流。对 IGBT 等器件可以通过检测其饱和压降来反映过电流情况。负载电流则采用电流互感器检测。

电子电路通过过电流保护分为集中保护和分散保护。集中保护是通过检测逆变器支流母线上的电流来实现的，由霍尔元件完成检测。分散保护是检测各个桥臂上的电流或对每个开关器件的电流进行保护。

需要说明的是，过电流发生后，开关机键应采取软开关措施，以免电流的急剧变化导致过电压。

8.2.3　过热保护

电力电子器件并非理想开关，在导通状态下有通态压降，在关断状态下有漏电流，这会导致器件的通态损耗和断态损耗，在开关过程中需要一定的时间，会产生开关损耗。所有这些损耗都会以热能形式展现出来，造成器件的工作温度升高。通常断态损耗很小，在开关器件工作频率不高时，开关损耗也不大，造成器件的发热主要是通态损耗。如果不采取合适的散热措施，会导致器件的损坏。

过热保护措施通常采用以下两种：

(1) 安装合适的散热器，采取风冷、油冷、水冷等措施。

(2) 由电子热保护电路完成，检测开关器件的工作温度，当工作温度超过安全设定值时，采取关断措施或限流措施。

上述两种措施中，第一种必须用，第二种需要与第一种配合使用。也可在使用开关器件时采用降低额定容量的方法来提高温度裕量。

8.3　缓冲与吸收电路

图 8-16 是传统的耗能式吸收电路。图 8-16 (a) 为 RCD 吸收电路，在开关器件 VT 关

断时，部分管电流从 VD_S、C_S旁路流过，C_S吸收能量，VT 关断后，吸收电容 C_S与 VT 承受相同电压，当 VT 再次导通时，C_S所储存的能量通过 R_S和 VT 释放，适用于中等容量场合。图 8－16（b）为 RLD 式缓冲电路，在 VT 开通时部分电源电压由电感元件 L_S分担，L_S吸收能量，VT 完全导通后，缓冲电感 L_S流过与 VT 完全相同的电流，到 VT 再次关断时，L_S储存的能量通过 R_S和 VD_S释放。图 8－16（c）所示为在工程中使用最多的 RC 吸收电路，主要用于小容量器件。此外，晶闸管实际应用中一般只承受换相过电压，没有关断过电压问题，一般采用 RC 吸收电路。图 8－16（d）实际是图 8－16（a）和图 8－16（b）的简化组合，开通吸收电路和关断吸收电路共享了吸收二极管和电阻。

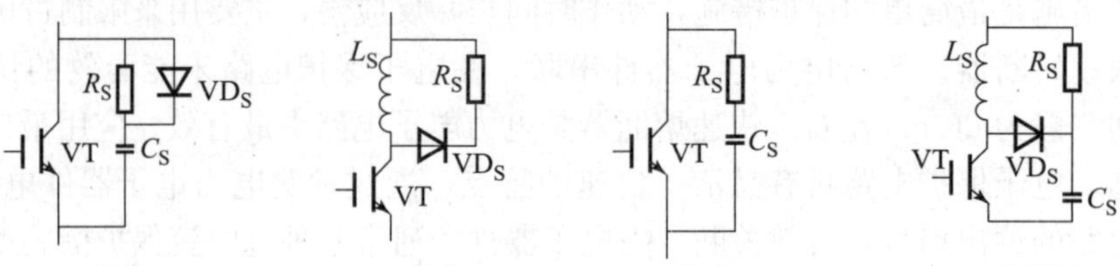

图 8－16　传统的耗能式吸收电路

（a）RCD 吸收电路；（b）RLD 式缓冲电路；（c）RC 吸收电路；
（d）图（a）和图（b）的简化组合

图 8－17 所示为吸收电路采用不同参数时开关器件的开关轨迹，图中虚线以内为安全工作区域。从图中可以看出，在没有缓冲电路的情况下，开关动作引起的电压、电流的变化非常剧烈，可以导致电压和电流的冲击和振荡，随着吸收储能元件的参数变化，开关轨迹随之也在变化。吸收电路的主要作用是削弱开关器件开关过程中的过大的电压变化率和电流变化，将开关轨迹约束在安全区内，确保电路的可靠运行。吸收电路的储能元件参数不必过大，能满足安全工作的需求即可。

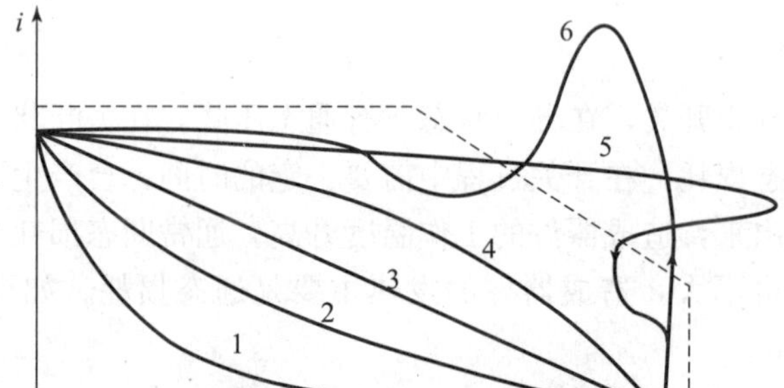

图 8－17　吸收电路采用不同参数时开关器件的开关轨迹

1—无损吸收；2—强吸收；3—中吸收；4—弱吸收；5—无吸收关断；6—无吸收开通

缓冲电路的另一个应用场合实际是实现软开关，优化开关轨迹，使开关轨迹非常靠近坐标轴。

8.4　电力电子器件的串联和并联

大容量电力电子装置中所采用的电力电子器件需要承受高电压大电流，尽管大容量的电力电子器件不断出现，但是许多场合，单个电力电子器件不能满足需求，需要将多个器件串联或并联进行使用，通过器件的串联以提高耐压能力，通过器件的并联以提高通流能力。由于电力电子器件的静态阻断特性、通态特性和动态开关特性等都存在一定的分散性，使电力电子器件直接串联时出现电压和电流分配不均问题，一方面器件的容量不能得到充分的利用，另一方面还有可能损坏器件。尽管在器件的选择上尽量保证器件的型号和参数一致，使串联的每个器件承受的电压都一致，并联的每个器件通过的电流都一致，但仍然不可能做到参数完全相同。为了解决器件串并联时的均压、均流问题，需要在器件特性选配、门极驱动特性、均压电路和均流电路等方面采取一定的措施，保障器件在电路当中可靠运行。

8.4.1　电力电子器件的串联

电力电子器件有多个工作状态，包括导通状态、关断状态，开通过程、关断过程。器件在导通时压降较小，不存在均压问题。只有在阻断状态时，由于串联器件流过相同的漏电流，而器件的伏安特性有一定的分散性，每个器件上的阻断电压都不相同。图 8-18 显示出了两个串联器件的伏安特性及相同漏电流时器件两端的电压。图中 VT_1 和 VT_2 的伏安特性不同，在漏电流相同时两端电压分别为 U_1 和 U_2。为了均衡二者的电压，必须采取静态均压措施。图 8-19 是静态均压电路。

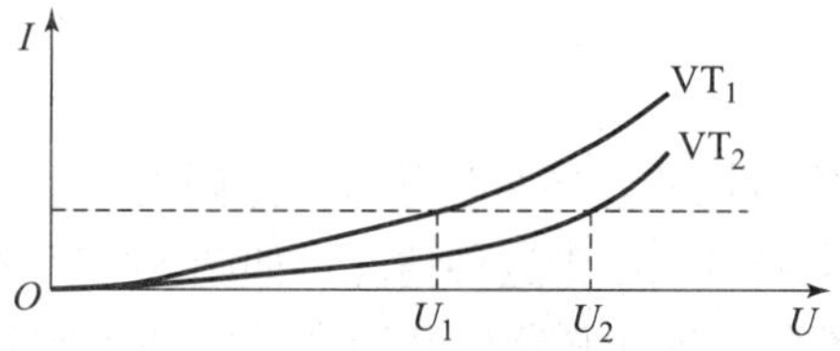

图 8-18　串联器件的伏安特性

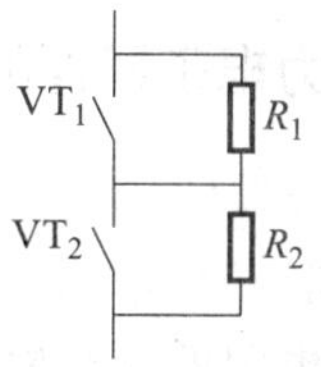

图 8-19　静态均压电路

器件的端电压在开关过程中变化很大，因器件的开通时间和关断时间不同，会产生动态电压不均衡的问题。开通过程中，后开通的器件将承受很高的动态电压；关断过程中，先关断的器件承受着极大的电压，串联器件的动态均压更为重要。器件的开关时间既与器件的结构参数有关，又与驱动信号有关。为了克服串联器件运行中的动态均压不均衡的问题，一般采用每个串联器件的两端都并联阻容性支路的方法。对于晶闸管而言，一般采用 RC 支路；对于 GTO、IGBT、MOSFET 等器件，一般采用 RCD 支路。图 8-20 给出了两个串联器件均压电路，其中图（a）为串联晶闸管动态均压电路，图（b）为串联 IGBT 均压电路。晶闸管的静态均压与动态均压电路相结合，即为串联晶闸管均压电路。IGBT 均压电路中的 $R_1 \sim R_4$ 为静态均压电阻，电容 $C_1 \sim C_4$ 实现动态均压（$C_1 \gg C_2$，$C_3 \gg C_4$），二极管 VD_1 和 VD_2 用以引入过电压信号，同时起着隔离驱动信号的作用。下面对串联 IGBT 均压电路做简单介绍。

在 VT_1 和 VT_2 导通期间，其集电极和发射极之间的电压接近 0 V，驱动电压为正，因 $C_1(C_3) \gg C_2(C_4)$，被 $C_1(C_3)$ 反向充电，充电结束后，$U_{C1}=-U_{C2}(U_{C3}=-U_{C4})$，二极管 $VD_1(VD_2)$ 被阻断。$C_1(C_3)$、$C_2(C_4)$ 通过电阻 $R_1(R_3)$ 和 $R_2(R_4)$ 放电，这期间 $C_1(C_3)$ 上的电压为正，$C_2(C_4)$ 上的电压为负。当开关管关断时，驱动电压变为零或负，开关管中的电流开始逐渐下降并减小到零，开关管端电压 $U_{C1}+U_{C2}(U_{C3}+U_{C4})$ 逐渐上升，(U_{C2}) U_{C4} 由负逐渐增大为零（近似零），(U_{C1}) U_{C3} 等于开关管所承受的电压，其值逐渐由零增为 $E/2$（近似值）。若相串联的两个开关管因参数的不同使得其中之一上升较快，端电压大于了平衡电压

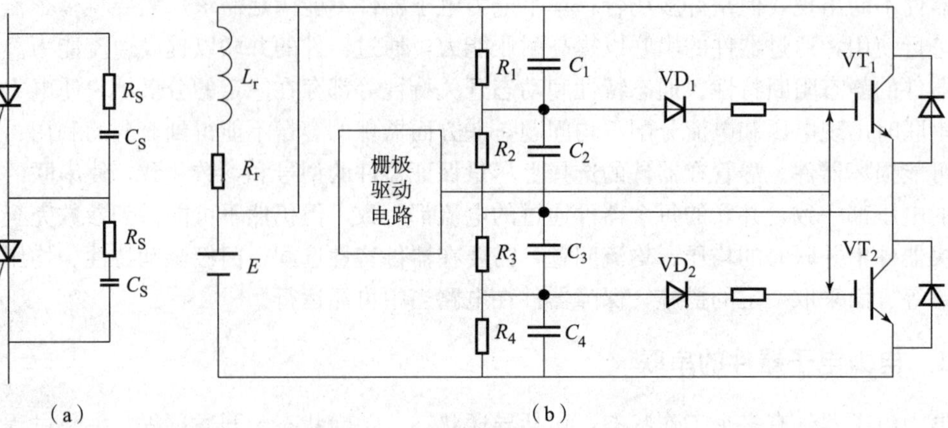

图 8-20 串联器件均压电路

(a) 串联晶闸管动态均压电路；(b) 串联 IGBT 均压电路

$E/2$，$C_1(C_3)$、$C_2(C_4)$ 就会被继续充电，(U_{C2}) U_{C4}变为正值，这个电压加到了驱动端，减缓了开关管的关断速度，阻止开关管上电压的继续上升，使开关管的电压维持在平衡电压 $E/2$。开关管由关断变为导通的过程可自行分析。

8.4.2 电力电子器件的并联

电力电子器件并联工作时，各并联器件的通态伏安特性的差异及各并联支路阻抗的差异会导致器件稳态电流不均衡，如图 8-21 所示。通过串联电阻可以改善这种情况，如图 8-22 (a) 所示，但串联电阻的功率损耗很大，只适用于小功率场合。各并联器件开通和关断的不同步导致动态电流的不均衡，开通过程中先导通的器件和关断过程中后关断的器件将流过较大的电流。为此，需与开关器件串联电抗器，采取动态均流措施，以防止器件的损坏，如图 8-22 (b) 所示。

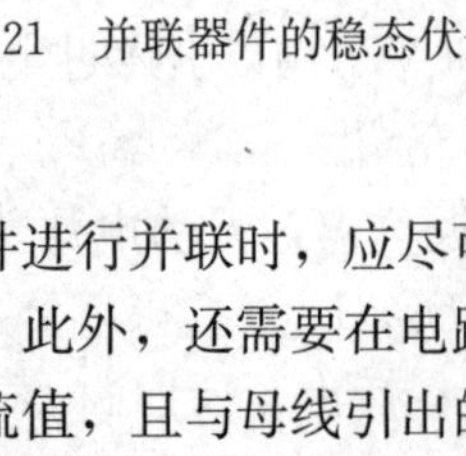

图 8-21 并联器件的稳态伏安特性

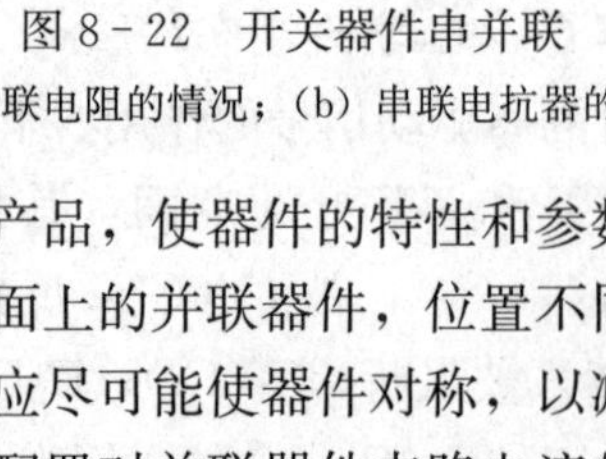

图 8-22 开关器件串并联

(a) 串联电阻的情况；(b) 串联电抗器的情况

器件进行并联时，应尽可能选用同厂家同型号同批次的产品，使器件的特性和参数尽量保持一致。此外，还需要在电路上采取相应的措施。在同一平面上的并联器件，位置不同会有不同的电流值，且与母线引出的位置有关，在可能的情况下，应尽可能使器件对称，以减轻引线电感、互感和电磁场相互作用所引起支路电抗的差异。母线配置对并联器件支路电流的影响如图 8-23 所示。

当通过开关器件的电流是周期性脉动电流时，在并联器件的每一个支路中各串入一只电抗器能起到很好的强迫均流作用。多数电流电路中的开关器件所流过的电流是周期性的，采用电

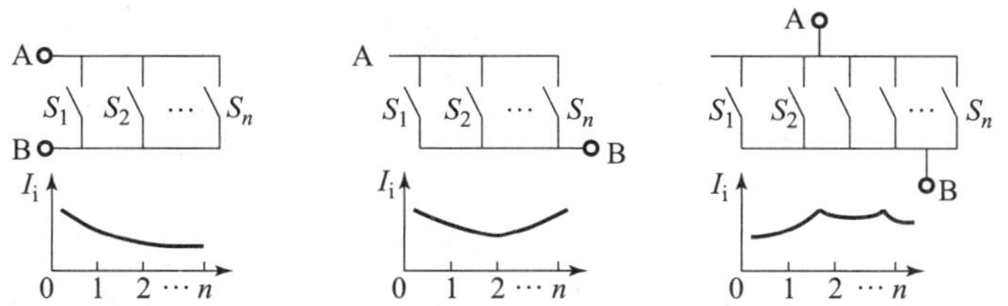

图 8－23　母线配置对并联器件支路电流的影响

抗器既可以均流，又可以抑制器件的电流变化率，功率损耗减小，目前在大容量晶闸管变流装置中已获得广泛应用。对于并联晶闸管的均流，还可以采用均流互感器均流，如图 8－24 所示。均流互感器的两个绕组分别接在相邻的两个并联的支路中，两个绕组同名端相反，若两支路电流相等，铁芯励磁安匝为零，当两支路电流不相等时，一次、二次绕组感应出的合成电动势迫使原支路电流向相反方向变化，即原来电流小的支路电流增大，原来电流大的支路电流减小，从而达到均流的目的。

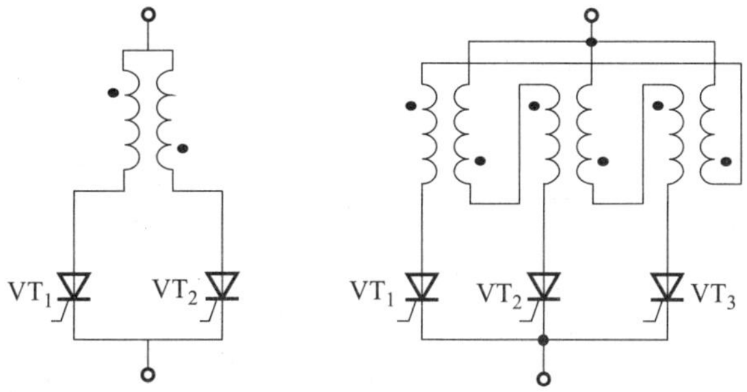

图 8－24　采用均流互感器的均流电路

电力 MOSFET 的通态电阻具有正的温度系数，并联时具有一定的电流自均衡能力，因而并联起来比较容易。但也要注意，电力 MOSFET 的通态电阻、开启电压、跨导和输入电容，尽量选择相近的器件相并联。并联的电力 MOSFET 及其驱动电路的走线和布局应尽量做到对称，散热条件也要尽量一致，为了更好的动态均流，有时可以在源极电路中串入小电感，起到均流电抗器的作用。

IGBT 的通态压降一般在 1/3～1/2 额定电流以下的区段具有负的温度系数，在以上的区段则具有正的温度系数，因而 IGBT 在并联使用时也具有一定的自动均衡能力，与电力 MOSFET 类似，易于并联使用。图 8－25 给出了 IGBT（或 MOSFET）并联的电路图。图中，栅极电阻 R_g 具有均衡栅极电流的作用，R_e 一般取 R_g 的 1/3。实际并联使用 IGBT 时，在器件参数和特性选择、电路布局和走线、散热条件等方面也应尽量一致，且相并联的器件应降额使用。

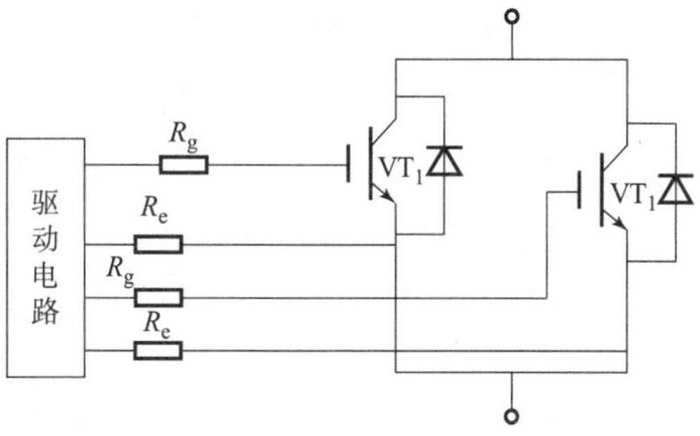

图 8－25　IGBT 并联电路

本章小结

本章主要讨论了电力电子器件的驱动、保护、缓冲，以及串联、并联使用的问题，以便读者较好地了解电力电子器件。

主要内容如下：

(1) 电力电子器件的驱动。驱动电路用于实现电力电子器件的开通与关断，然而不同的器件对于驱动电路要求存在较大的差别。晶闸管驱动电路仅仅对晶闸管的触发导通有意义，不需要考虑对导通的晶闸管进行关断设计；GTO 的开通控制与晶闸管基本相同，关断时，需要驱动电路产生足够大的反向电流；GTR 的驱动电路必须有抗饱和电路，使器件工作在准饱和区，以降低开关损耗，提高开关速度。电力 MOSFET 和 IGBT 都是电压型驱动器件，由于驱动电流小，驱动电路相对比较简单，目前有专门的驱动电路芯片与器件相配合。

(2) 电力电子器件的保护。电力电子器件的保护包括过电压、过电流及过热保护。保护电路的性能直接影响器件的安全可靠运行及电力电子装置整机的可靠性。本章给出了电力电子器件过电压、过电流产生的原因，过电压、过电流保护的主要方法，过热的保护方法。

(3) 缓冲电路。缓冲电路的实质是一种开关辅助电路，利用缓冲电路来降低开关器件在开关过程中产生的过电压、过电流、过热和抑制电压变化率、电流变化率。把开关损耗从器件内部转移到缓冲电路中，然后由缓冲电路处理，保证器件的安全可靠运行。

(4) 电力电子器件的串并联。许多场合单个电力电子器件不能承受高电压、承载大电流，为此需将多个器件进行串联或并联，通过器件的串联以提高耐压能力，通过器件的并联以提高通流能力。器件的串联需要采取均压措施，以保证器件的可靠运行。均压不仅要考虑静态均压，同时还要考虑动态均压。电力电子器件并联时则必须采取均流措施。本章主要分析电阻均流和互感器均流。

习题与思考题

8.1 说明典型电力电子器件晶闸管、GTO、GTR、电力 MOSFET 和 IGBT 对触发信号有哪些要求。

8.2 说明 GTO 门极驱动电路包括哪几部分。

8.3 阐述电力电子器件在串联、并联使用中应注意哪些问题，以晶闸管为例，说明这些问题可能会带来什么损害，为避免这些情况的出现常采用哪些措施。

8.4 说明电力电子器件散热设计的步骤。

第 9 章

电力电子技术的实际应用

在自动化领域，工业生产中广泛应用的电力传动系统由电源装置、检测装置、电动机和控制装置组成，高性能的电源装置是由电力电子器件组成的电力电子变流电路。在电力系统中，电能质量的提高、电力传输及清洁能源的并网越来越多地依靠电力电子技术来完成。生活和工业生产中广泛应用的各类电源（开关电源、UPS、电池充电电源等）都是电力电子产品。因而电力电子技术在日常生活和工业中，特别是自动化领域和电力系统中具有越来越重要的地位。

9.1 电力电子技术在单片机中的应用

9.1.1 晶闸管触发脉冲的单片机实现技术

晶闸管作为电力电子技术发展最早和最成熟的器件，至今仍有广泛的应用。它的控制方式通常有移相触发控制和过零开关控制两种。过零开关控制适用于如电子调温器、微波炉等需要调节功率的场合，晶闸管反向并联后（或使用双向晶闸管），使其在几个周期内导通，几个周期内关断，从而达到调节输出功率的目的；而移相触发控制适用于大功率整流电源、电动机软起动器、可调光照明等场合，通过调节晶闸管导通时刻的相位来达到控制输出的目的。

晶闸管的触发控制可以通过模拟电路、数字电路、单片机控制等方法实现，以往采用模拟电路实现触发控制的方法应用最多，并出现过许多专用触发芯片，如 KJ004、KJ041、KJ042、TCA785 等，然而模拟电路控制总是存在控制精度不高、对称度不好、易受温度漂移影响等问题。此外，分类元件较多、体积过大也是模拟电路不受欢迎的原因。数字式触发电路则通过脉冲定时技术的方式实现触发角的延迟计算，与模拟方式相比，其控制精度高，对称性好，温漂影响小，但其主要缺点是电路复杂，移相触发角较大时控制精度有所降低。而单片机控制除了具有与数字式触发电路相同的优点外，更因为其移相触发角由软件计算完成，因而具有触发电路结构简单，控制灵活，精度可通过软件补偿，移相范围可任意调节等特点，目前已获得了广泛应用。

单片机控制的数字触发器大体由同步（过零）检测电路、软件部分的设计（如计数器、脉冲分配等）和驱动电路等几个部分组成，如图 9－1 所示。单片机通过检测电路获知触发信号，而通过编程实现预定的程序流程，以在相关时间或规定时间上通过 I/O 端口输出触发脉冲，而且触发脉冲的上升沿和下降沿产生的时刻可以根据单片机的特性进行设定。经过驱动电路的隔离和放大，触发脉冲才能驱动晶闸管整流器。

下面介绍使用单片机实现晶闸管触发技术的各个电路模块的具体方法。

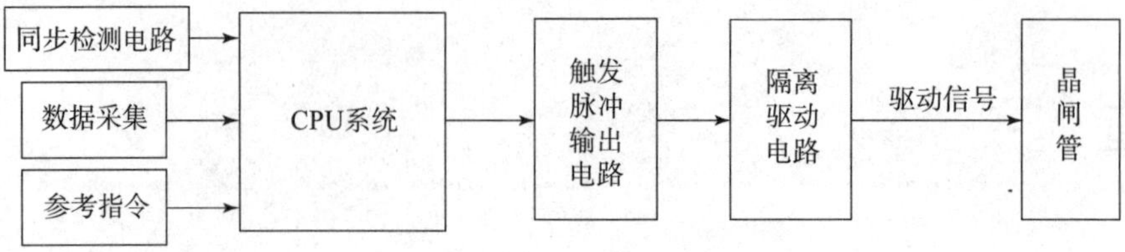

图 9-1 数字触发器

9.1.2 晶闸管的同步检测

晶闸管的同步检测要与其使用方式相适应，一般有电流过零检测与电压过零检测两种。电流过零检测常用在交流电子开关方面（如调功器），采用双向晶闸管或双反并联晶闸管结构，在导通的晶闸管电流未降到零之前，触发其反并联的晶闸管是没有意义的，因此常采用电流过零检测实现同步过零触发。而在整流电路中，由于晶闸管的触发信号应以同步电压信号为基准延迟一定的相位角，故此时应采用同步电压过零检测。

1. 电压过零检测

电压过零检测用于可控整流电路、交流调压电路中，一般以同步电压过零点作为触发电路的相位延迟基准，因此检测的任务就是通过测量同步电压过零的时刻，以此点作为单片机计算晶闸管触发相位角的起始点。检测一个正弦电压信号的过零点的方法很多，最为简单的方法就是测量电压的极性变化，也可以使用比较器或其他简单电路来检测。下面简要介绍几种常用的方法。

检测电压极性的简单方法是将两只二极管同方向串联后接到数字电路的电源与地之间，如图 9-2（a）所示。将被检测电压的一端也连接到数字电路电源上，另一端通过一个限流电阻连接到两个二极管之间，当被测电压极性为正（设此时为连接到二极管端的电位高），则连接到电源上的二极管导通，两个二极管连接点的电位被钳位于高电平；当被测电压极性为负时，二极管连接点的电位被钳位于低电平，因此当被测电压极性发生变化时，二极管连接点的电平也发生跳变，检测出过零点。采用这种方法检测电压同步过零点，具有简单和低成本的特点。若采用的单片机内部端口含有图 9-1 所示的二极管结构，被测电压无须任何处理便可直接输

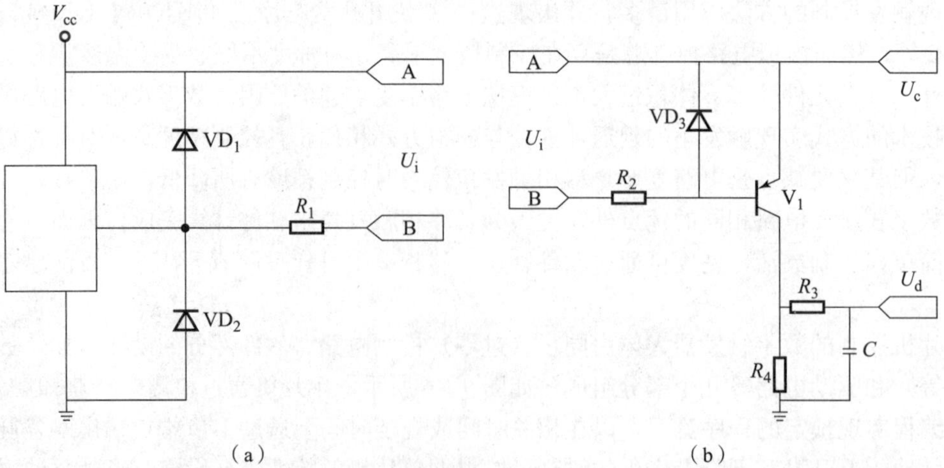

图 9-2 二极管同步过零检测电路和晶体管组成的同步过零检测电路

（a）二极管同步过零检测电路；（b）晶体管组成的同步过零检测电路

入，仅需一个高阻抗的限流电阻。不过该电路的主要缺点是检测的过零点有延迟，且延迟时间取决于与之连接的单片机 I/O 端口工作模式（TTL 或施密特触发），还与被测电压的大小有关，被测电压越小，过零延迟时间越长，因此这种电压过零检测方式对于被测电压高，特别是电源电压直接输入的情况较为合适。

图 9－2（b）则是利用晶体管及电阻等分立元件实现的同步信号过零检测电路，正弦同步信号电压经过一个限流电阻输入晶体管的基极，在同步信号每一次正半周过零后，晶体管便饱和导通一次，在晶体管的集电极电压上将产生一个正脉冲；在同步信号负半周，晶体管截止。为防止高电压反向击穿晶体管的发射结，在其基极上反向并联一个二极管，在负半周时，二极管导通，使晶体管基极反向电压只有 0.7 V，从而保证晶体管不被损坏。因此在一个同步信号周期内，晶体管的集电极电阻上将输出一个与之同步的矩形脉冲信号。

使用比较器进行同步电压过零检测非常适用于带内部比较器的单片机，以 Philips 的 LPC 系列单片机为例，比较器的正向输入端通过一个高值的限流电阻与被测电压的一端 B 相连，被测电压的另一端 A 接在数字电路的电源上，反向输入端连接外部或内部参考电压，如图 9－3（a）所

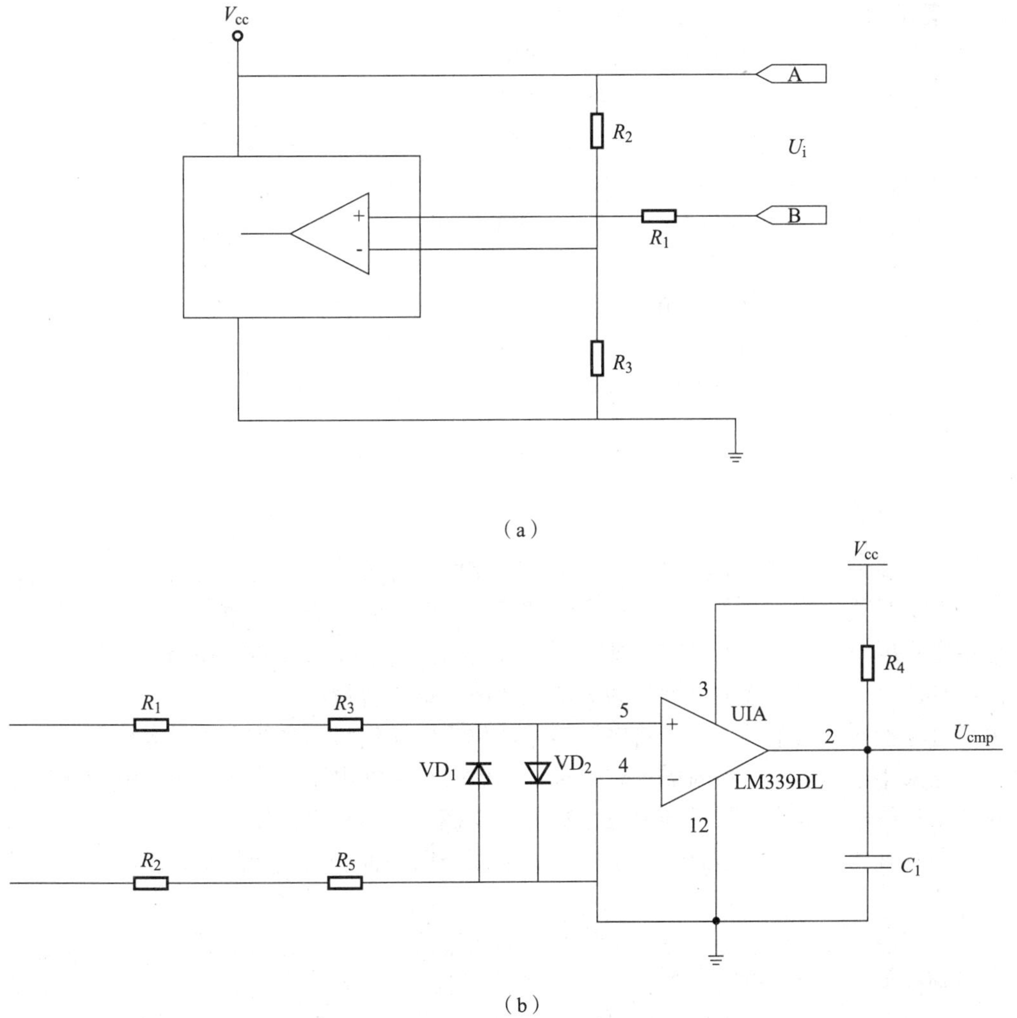

图 9－3　单比较器实现过零检测

（a）单比较器原理电路；（b）基于 LM339 的比较器

示。当A点电位低于B点电位时，比较器正向输入引脚的电压被内部钳位二极管限压略高于电源电压，比较器输出高电平；当A点电位高于B点电位时，比较器正向输入引脚的电压被内部二极管钳位在0 V，反向输入端电位高，比较器输出低电平，即比较器在电压过零时触发反转，检测出同步过零。LPC单片机可通过查询比较器的输出或由比较器产生中断来实现同步。当然，也可采用独立的外部比较器芯片来实现。

图9-3（b）则是一个使用比较器的同步信号过零检测电路实例，A和B分别是输入同步信号的两个信号端；电阻R_1~R_4为限流和保护电阻（可根据实际同步电压信号的大小确定其阻值）；VD_1和VD_2为限制比较器输入电压的钳位二极管，其作用一方面实现对LM339芯片的保护，另一方面限制正反向输入端的电压偏差，避免比较器因输入偏差电压太大而出现输出延迟。由于采用了该比较电路，无论输入的同步电压信号是高还是低，LM339芯片的输出信号U_{cmp}都能较准确地反映同步输入信号的过零点，R_4和C_1对输出结果进行滤波，以避免输出信号出现抖动。

在图9-3（a）所示的检测电路中，当B点电位由负变正时，比较器输出并未立即翻转，而是要等到B点电位高于比较器反向输入端电位时，才能翻转，也就是说，检测的过零点与实际电压过零点之间有偏差，且输入的交流同步信号电压越低，引起的相位偏差越大。因此，该电路只适用于具有较高电压的同步信号（如220 V）。

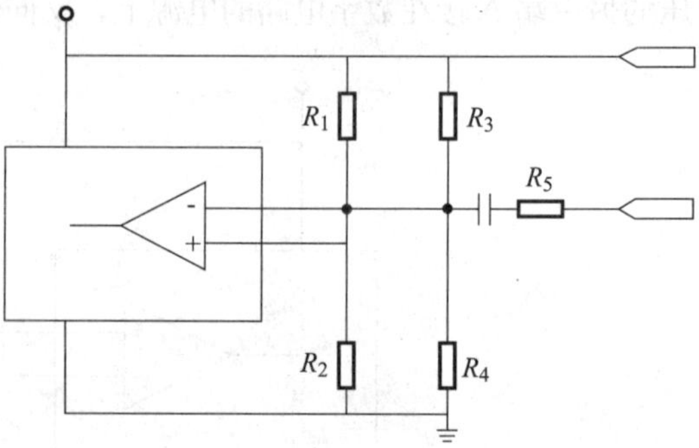

图9-4 高精度同步过零检测

在同步信号的电压较低时，可采用图9-4所示的对称结构，并通过电容耦合隔离被测电压的直流偏差来获得高精度的电压过零检测，其中分压电阻R_2/R_3和R_4/R_5比值相同。

以上介绍的仅为几种实用的电压同步信号过零点检测方法，实际上检测方法还有很多，这里不再讨论了。

2. 电流过零检测

电流过零检测常用于以双向晶闸管为主的交流电子开关，其主要的目的是实现负载功率的调节，由电子开关控制，使负载导电几个周期后，又断电几个周期，通过改变通电与断电周期数的比值来实现对负载功率的调节，即所谓的调功器。与移相式控制方法相比，其主要的优点是控制简单，且通电时负载电压波形为完整正弦波，谐波含量小。

电流过零检测最简单的方法是将电流信号转化为电压信号，再按电压过零检测的方法进行检测。当然采用这种检测方法时需要在负载上串联一个采样电阻，或在负载电流较大时采用电流传感器来获取电流信号，然后经过放大和电平变换才与单片机连接。这至少需要一个额外的运算放大器及其相关元件，电路复杂了很多。下面介绍一种利用双向晶闸管门极电压检测电流过零的方法。

对于交流电子开关的应用，通常采用双向晶闸管器件，它也有三个极，但没有阳极和阴极之分，分别称为第一电极T1、第二电极T2和控制极G。一般第一电极T1靠近G极，它们之间的正、反向电阻都很小，而第二电极T2离控制极G较远，它们之间的阻值较大。根据负载电流和双向晶闸管的特性，在电流过零时，门极G到T1极的电压V_G可低至0.1 V或大于1.2 V，因此使用窗口比较器监视该电压，即可检测到电流过零。窗口比较器的监视电路如

图 9-5 所示。

图 9-5 中门极电压 V_G 相对于 T1 极可正可负，取决于负载电流的方向。也就是说，V_G 相对于数字电路电源而言是交变的，使用 LPC 系列单片机的内部比较器组成窗口比较器时，被监视电压 V_G 必须通过电阻 R_4 和 R_5 分压，使其低于数字电路电源电压并处于比较器的操作电压范围内。R_1、R_2 和 R_3 组成分压电路，使输入比较器正向输入端的电压限制在设置的过零点窗口附近。

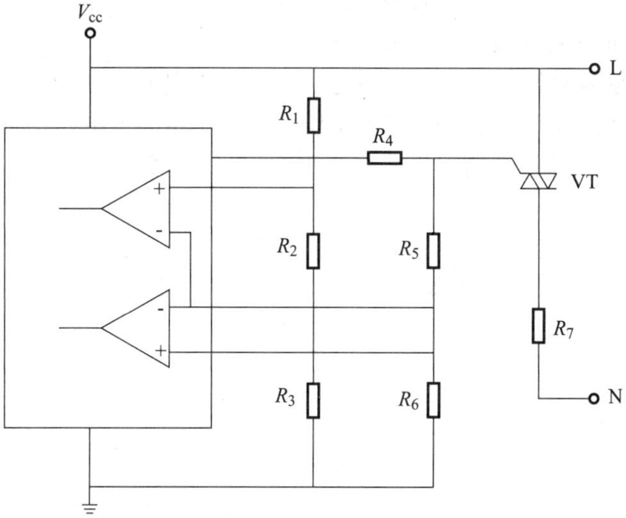

图 9-5　窗口比较器的监视电路

电流的过零检测也非常适合监视双向晶闸管的状态，如果晶闸管意外地发生换流，单片机可通过窗口比较器检测到门极电压变化，并进行相应的处理，如重新触发晶闸管，发出警告信号或关闭晶闸管。

此外，上述各种检测电路与单片机之间可直接相连，也可通过光电隔离电路等相连，这需要根据实际情况来决定。

9.1.3　触发脉冲控制的实现方法

相位控制要求以变流电路的自然换相点（即用二极管替代晶闸管时，对应位置二极管导通的时刻）为基准，经过一定的相位延迟后，再输出触发信号使晶闸管导通。在实际应用中，自然换相点通过同步信号给出，再按前面介绍的同步电压过零检测的方法在 CPU 中实现，并由 CPU 控制软件完成移相计算后，按移相要求输出触发脉冲。下面主要介绍如何实现相位的延迟计算。

在单片机控制系统中，晶闸管触发相位的延迟可以通过 CPU 内部定时器计算产生。仍以 LPC 系列单片机为例，单片机检测的同步信号过零时刻作为触发相位延迟定时器计算的起点，而定时器的定时时间常数则需要根据检测的同步信号周期（一般用另一个定时器来测量）和应延迟的触发相位大小进行计算。

假定 0°～180°的触发相位延迟角以 8 位二进制数的形式给出，触发相位延迟角指令的分辨率为 0.7°，此 8 位二进制数 D 与触发延迟角 α 的关系为

$$\alpha=\frac{D}{256}\times180^{\circ} \tag{9-1}$$

设单片机定时器计数脉冲的周期为 T_s，在此计数周期条件下，经过内部定时计数测量的同步信号周期计数值为 T，即 360°角对应的计数值为 T，那么在相同的定时计数周期下由式（9-1）推导可得到触发延迟角 α 对应的计数值 T_N 为

$$T_N = \frac{D}{512} \times T \tag{9-2}$$

将式（9-2）计算的定时计数值变换成定时初值装入定时器后，并在检测的同步信号过零时刻起动定时器工作，当定时器溢出时输出触发脉冲，即可获得所需的脉冲延迟相位。在单片机中，所有这些处理都可完全通过中断来实现。

在三相电路中，触发脉冲信号输出的时序也可以由单片机根据同步信号电平情况来确定。以图 9-6（a）所示的三相桥式可控整流电路为例，当 A 相同步电压信号被 LPC 单片机检测，得到矩形波的电平信号，设它们的相位关系如图 9-6（b）所示，这时，单片机实现输出脉冲

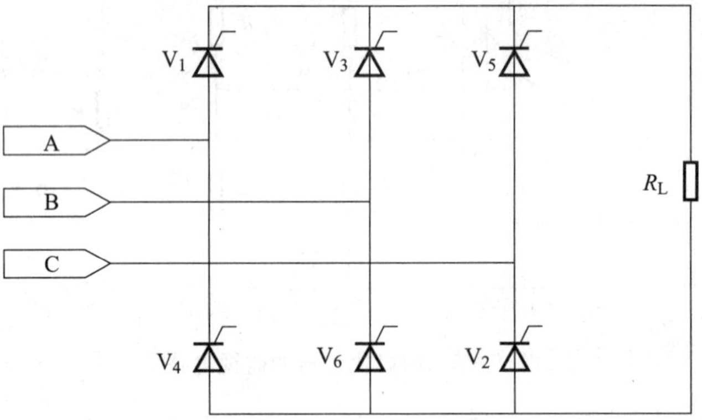

（a）

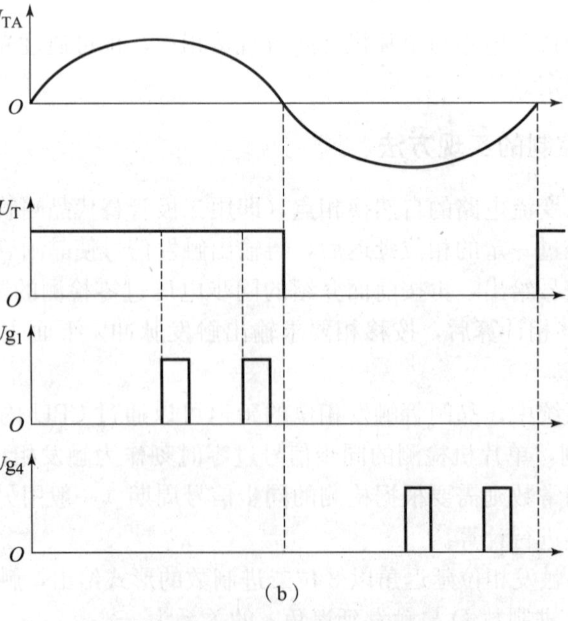

（b）

图 9-6 三相桥式可控整流电路的触发信号时序

（a）三相桥式可控整流电路；（b）电平的相位关系

时序的计算通常有两种方法：第一种方法是每相都用一套独立的同步电压信号和定时器来完成触发脉冲的定时输出，此时需要三个同步电压信号和三个定时器。以 A 相为例，单片机在完成同步检测和相位延迟定时后，输出触发脉冲，但该脉冲送 A 相的哪个晶闸管则由同步信号电平决定。当同步信号为高电平时，触发脉冲送 V_1 晶闸管，反之，同步信号电平为低，则送 V_4 晶闸管，其他相以此类推。这种方法简单，容易编程实现，但需要单片机的资源较多。第二种方法是用一个同步电压信号和一个定时器来完成触发脉冲的计算，这在三相电路对称时是可行的。因为三相完全对称，各相彼此差 120°，电路每个 60°需要换流一次，且换流的时序事先是已知的。该方法与第一种方法比较，所用单片机资源少，只要一个同步信号，电路也简单，但软件计算工作量稍大些。

采用第二种方法实现触发脉冲的延迟要比第一种算法复杂，具体实现方法如下：由于只用一个同步信号，所有晶闸管的触发脉冲延迟都以它为基准，为了保证触发脉冲延迟相位的精度，用一个定时器测量同步电压信号的周期，并由此计算出 60°和 120°电角度所对应的时间。由于三相桥式可控整流电路的触发电路必须每隔 60°换流一次，也就是说，每隔 60°时间必然要输出一次触发脉冲信号，因此第一个基准触发脉冲信号必须调整到小于 60°才能保证触发脉冲不遗漏。以 A 相同步电压信号为基准，当单片机检测到 A 相同步电压信号由 0 到 1 的跳变时，启动定时器工作，当定时器溢出时，输出第一个触发脉冲信号，以后每隔 60°定时时间输出一次触发脉冲，直到单片机再次检测到 A 相同步信号的正跳变时，又重复上述过程。值得注意的是，从单片机检测到同步电压正跳变到输出第一个触发脉冲信号的时间必须调整到小于 60°电角度时间，否则会造成触发脉冲的遗漏。第一个触发脉冲相对于同步信号正跳变的时间可根据三相桥式整流电路的触发时序来调整，如图 9－7 所示。

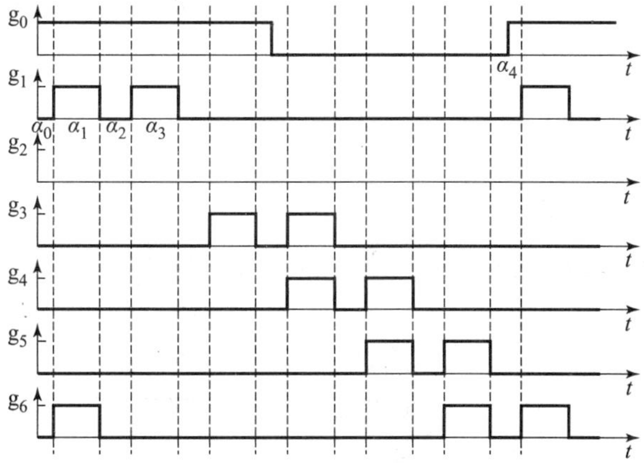

图 9－7　单一同步基准的双窄触发脉冲时序调整方法

α_0—触发延迟角；$(\alpha_1-\alpha_0)$—触发窄脉冲宽度；$(\alpha_1-\alpha_0)=(\alpha_3-\alpha_2)=60°$；$\alpha_4=360°$

g_0—同步脉冲信号；g_1、g_2、g_3、g_4、g_5、g_6—触发脉冲信号；0—低电平；1—高电平

当移相延迟角 $\alpha<60°$时，以 A 相同步信号为基准并按延迟角时间定时实现的第一个脉冲输出应该是 A 相 V_1 晶闸管的触发信号，因而延迟时间无须调整。之后，每隔 60°时间依次输出 A 相 V_2、V_3、V_4、V_5、V_6 晶闸管的触发信号。

当 $60°<$移相延迟角 $\alpha<120°$时，为保证触发脉冲不遗漏，应将延迟角的定时时间调整在 60°电角度时间之内，即减去一个 60°电角度时间，相应地，输出触发脉冲的时序也要进行调

整，此时第一个输出触发脉冲信号应该是 B 相 V_6 晶闸管的触发信号，之后，每隔 60°时间依次输出 V_1、V_2、V_3、V_4、V_5 晶闸管的触发信号。

当移相延迟角 $\alpha>120°$时，要将延迟角的定时时间调整在 60°电角度时间之内，则需减去一个 120°电角度时间，此时第一个输出触发脉冲信号应该是 C 相 V_5 晶闸管的触发信号，之后，每隔 60°时间依次输出 V_6、V_1、V_2、V_3、V_4 晶闸管的触发信号。

9.1.4 触发脉冲控制的软件设计

根据前面的分析，由单片机产生所需的晶闸管移相触发脉冲，必须包括同步电压检测环节、移相延迟角定时环节、触发脉冲时序分配环节等部分，它与模拟电路实现的方法是类似的，下面以单个同步信号的系统为例来说明控制软件的设计方法。

控制 CPU 选用 MCS-51 系列的 AT89C2051 小型单片机。AT89C2051 是一种精简紧凑型 51 单片机，其将一些资源予以简化，另外加强了其他方面的一些功能。单片机芯片仅有 20 个引脚，封装如图 9－8 所示。

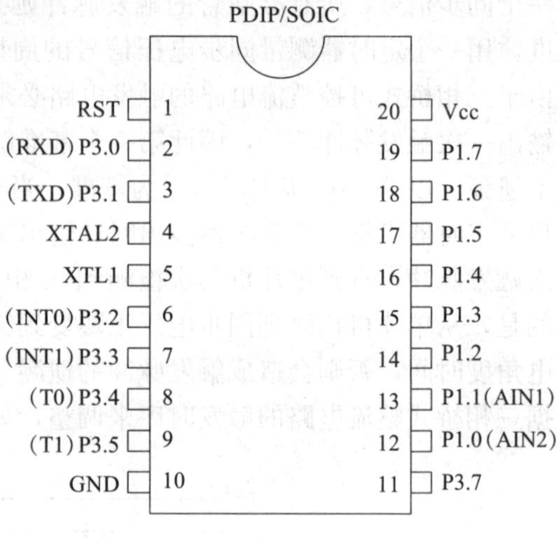

图 9－8 AT89C2051 的引脚封装

该单片机的特点如下：

- 内部继承 2 KB 的 Flash。
- 2.7～6 V 的工作电压范围。
- 晶振工作范围：0～24 MHz。
- 两级程序内存锁。
- 15 个 I/O 口线（比 40 个引脚的 51 芯片要少很多）。
- 6 个中断源。
- 直接驱动 LED 的输出端口。
- 内部集成模拟比较器。
- 低电压休眠和节能模式。

移相触发脉冲控制系统的硬件连接如图 9－9 所示。同步检测信号在发生正跳变时，经反

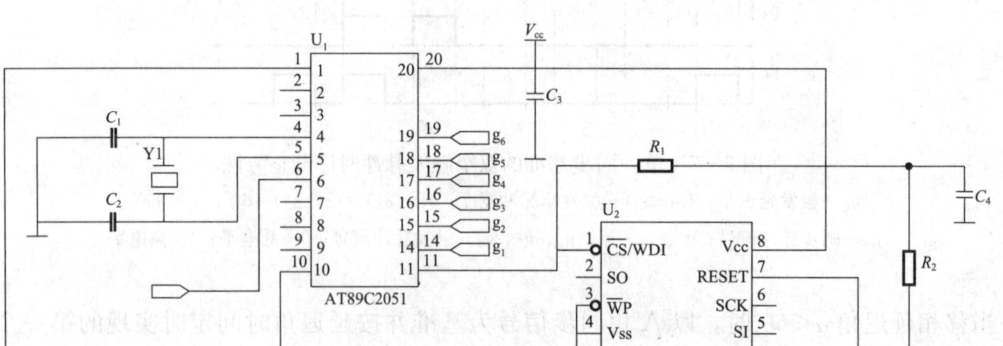

图 9－9 移相触发脉冲控制系统的硬件连接

相后，以外部中断的形式向 CPU 的 INT0（引脚 6）提供同步指令，并采用 CPU 内部 T0 定时器检测同步信号的周期，用 T1 定时器实现移相相位角的定时控制，P1 端口的 P1.2～P1.7（引脚 14～19）分别用于输出三相桥式整流电路 T1～T6 的触发脉冲信号，而 P1 口的 P1.0～P1.1（引脚 12～13）可预留作为片内比较器使用，通过外接 *RC* 网络实现 A/D 转换功能，对移相触发角指令进行采样。关于利用片内比较器实现 A/D 转换的方法本书不再介绍，读者可参考有关书籍和资料。由于 MCS-51 系列单片机在 CPU 加电复位期间，所有端口输出为高电平，为避免复位期间所有晶闸管存在驱动信号，应采用低电平为有效触发信号。即当端口输出为低电平时，经外加反相器变为高电平后触发晶闸管导通，输出触发脉冲的宽度也通过定时器 T1 来控制。产生移相触发脉冲的控制软件流程图如图 9-10 所示。

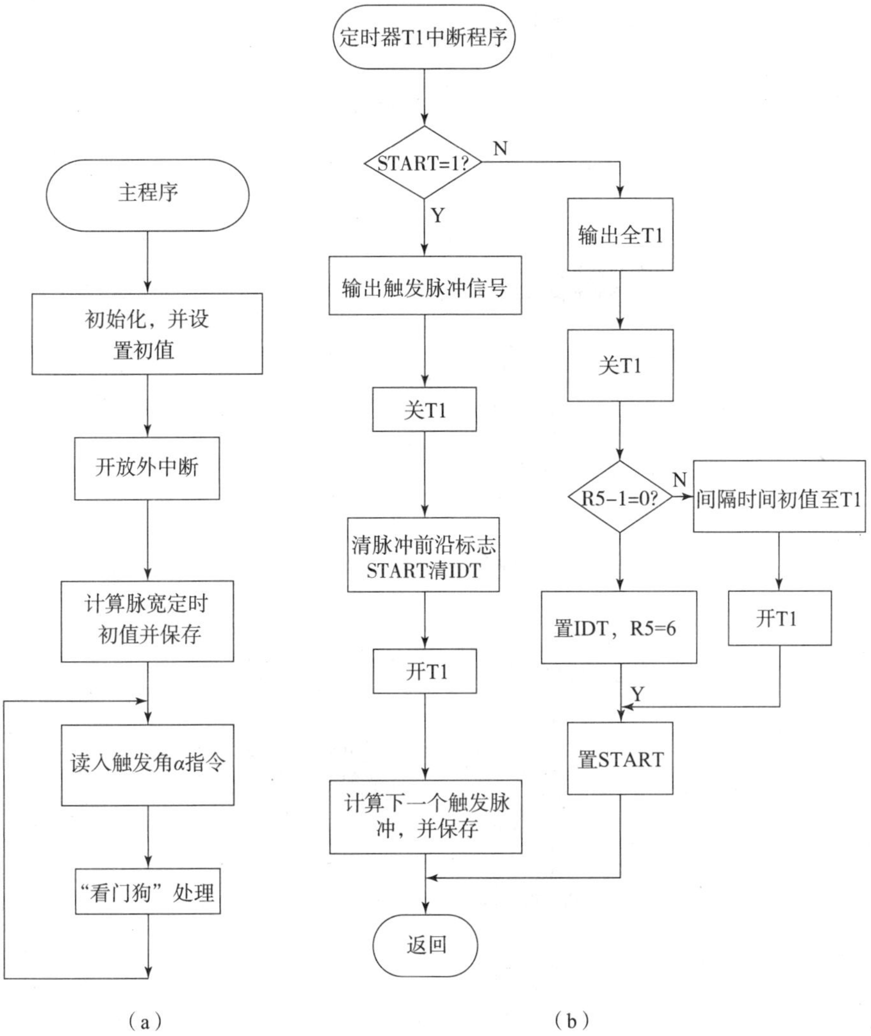

图 9-10　产生移相触发脉冲的控制软件流程图

(a) 主程序流程；(b) T1 定时中断驱动子程序

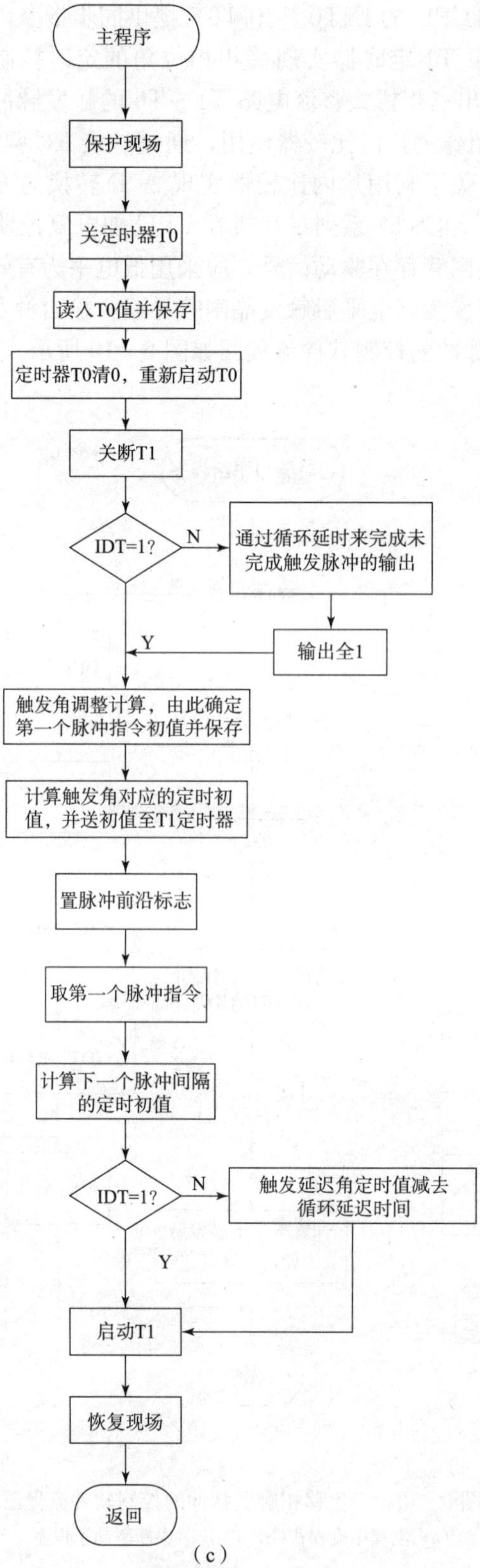

(c)

图 9-10 产生移相触发脉冲的控制软件流程图（续）

(c) 外部中断程序流程

根据上述控制思路，用 MCS-51 汇编语言编写的控制软件清单如下：

```
************** Start of Program********
            (MCS-51 汇编程序)
*************************************
    WIDTH       EQU 07H     ;脉冲宽度定时计数值高 8 位
    WIDTL       EQU 0D0H    ;脉冲宽度定时计数值低 8 位,07D0H=2000 次计数周期
    ALFA        EQU 31H     ;触发脉冲延迟角保存单元
    DRIVE       EQU 32H     ;输出触发脉冲保存单元
    DRIVE0      EQU 33H     ;第一个输出触发脉冲信号保存单元
    H           EQU 34H     ;同步电压信号周期的计数值保存单元
    TL          EQU 35H
    ATH         EQU 36H     ;触发延迟角的定时计数值保存单元
    ATL         EQU 37H
    INTERVH     EQU 38H     ;保存 60°角的定时计数值高 8 位单元
    INTERVL     EQU 39H     ;保存 60°角的定时计数值低 8 位单元
    WIDTH0      EQU 3AH     ;脉冲宽度定时初值保存单元高 8 位
    WIDTL0      EQU 3BH     ;脉冲宽度定时初值保存单元低 8 位
    START       BIT 01H     ;脉冲前沿标志(=1 为前沿)
    IDT         BIT 3CH     ;触发信号是否发送完毕的判断标志(=0 为未输出完)

    ORG         0000H
    SJMP        BEGIN       ;主程序入口
    ORG         0003H
    AJMP        INT0        ;外部中断 0 入口
    ORG         001BH       ;定时器 T1 中断入口
    AJMP        T1_INT
*************************************
    ORG         0030H
BEGIN:  MOV     SP,#60H     ;设置堆栈指针
        MOV     TMOD,#11H   ;设置 T0、T1 均为 16 位定时器
        MOV     TCON,#01H   ;置 INT0 为跳变触发方式,T0、T1 停止计数
        MOV     IP,#08H     ;用于输出脉冲的 T1 为最高优先中断级
        MOV     IE,#8BH     ;仅开放 INT0 中断允许
        MOV     A,#0        ;计算脉冲宽度定时初值
        CLR     C
        SUBB    A,#WIDTL
        MOV     WIDTL0,A
        SETB    IDT
        MOV     A,#0
        SUBB    A,#WIDTH
```

```
        MOV     WIDTH0,A
        CLR     C
LOOP:   CLR     P3.7
        MOV     ALFA,#01H  ;读入触发延迟角指令值(本程序假定为 01H)
                           ;实际上可通过 A/D 转换、串行传送、压控振荡计数等
                           ;许多方式完成触发延迟角指令值的输入
        SETB    P3.7
        SJMP    LOOP       ;循环等待中断
*************************************
INTO:   PUSH PSW
        PUSH ACC
        MOV R5,#6H         ;设置输出脉冲计数器初值
        CLR TR0            ;关定时器 T0
        MOV TH,TH0         ;读取定时器计数值的同步信号周期
        MOV TL,TL0
        MOV TH0,#O         ;清计数值,便于下次计数
        MOV TL0,#0
        SETB TRO           ;重新启动定时器 T0 工作
        JB IDT,COUNT       ;判断 IDT=1?
        CLR TR1            ;否,关定时器 T1
        CYC:CLR C
        MOV A,#0           ;计算触发角触发的剩余时间
        SUBB A,TL1
        MOV R1,A           ;保存在 R1、R2 中
        MOV A,#0
        SUBB A,TH1
        MOV R2,A
        CLR C
        RRC A              ;除以 2
        MOV R3,A
        MOV A,R1
        RRC A
        CYC1:MOV R4,A      ;通过循环来完成触发脉冲
        CYC2:DJNZ R4,CYC2
        DJNZ R3,CYC1
        MOV P1,#0FFH       ;循环完则引脚置 1
        COUNT:CLR TR1      ;关定时器 T1
        MOV A,ALFA         ;读入触发延迟角指令
        SETB C
        SUBB A,#55H
```

```
        JC NO_ADJ          ;延迟角小于 60°,有借位,无须调整
        MOV A,ALFA
        CLR C
        SUBB A,#0AAH
        JNC ADJ            ;无借位则延迟角大于或等于 120°,程序跳转到调整
        MOV A,ALFA         ;顺序执行,即延迟角大于或等于 60°小于 120°
        CLR C
        SUBB A,#55H
        MOV ALFA,A         ;延迟角减去 60°,实现调整
        MOV DRIVE0,#7FH    ;第一个触发信号为 T6 管导通(低有效)
        SJMP ADJEND
ADJ:    MOV ALFA,A         ;保存调整后的延迟角(此时减去了 120°)
        MOV DRIVE0,#0BFH   ;第一个触发信号为 T5 管导通
        SJMP ADJEND
NO_ADJ: MOV DRIVE0,#0FBH   ;第一个触发信号为 T1 管导通
ADJEND: MOV A,TH           ;计算触发延迟角定时计数值
        MOV B,ALFA
        MUL AB
        CLR C
        MOV R0,A           ;计数值保存在 B,R0 中
        MOV A,B            ;高位移至 A 中
        RRC A              ;除以 2
        CJNE A,#0H,AD1     ;判断计数值高位是否为 0
        MOV A,#01H         ;为 0 则输入 1H
AD1:    MOV ATH,A
        MOV A,R0           ;低位移至 A 中
        RRC A              ;除以 2
        CJNE A,#0H,AD2     ;判断低位是否为 0
        MOV A,#01H         ;是则输入 1
AD2:    MOV ATL,A          ;输入计数值保存单元
        MOV A,#0           ;转换成定时器初值送 T1 定时器
        CLR C
        SUBB A,ATL
        MOV TL1,A
        MOV A,#0
        SUBB A,ATH
        MOV TH1,A
        CLR C
        SETB START         ;置脉冲前沿标志初值
        MOV DRIVE,DRIVE0   ;取第一个触发脉冲信号
```

```
MOV A,TH            ;周期计数值除以 6,得 60°定时计数值
MOV B,#6H
DIV AB              ;高 8 位先除以 6,得商的高 8 位在 A 中,余数在 B 中
MOV INTERVH,A
MOV A,TL            ;取周期定时计数值低 8 位的高 4 位
SWAP A
ANL A,#0FH
MOV R7,A            ;和余数组成一个新 8 位,便于计数作除法
MOV A,B             ;取出余数,送 A
SWAP A              ;A 的高低 4 位互换
ADD A,R7            ;将余数作为高 4 位
MOV B,#6H
DIV AB              ;除 6,得 60°定时计数值低 8 位的高 4 位
SWAP A
MOV R6,A            ;商的低 4 位保存在 R6 高 4 位中
MOV A,TL            ;取周期定时计数值的低 4 位
ANL A,#0FH
MOV R7,A
MOV A,B
SWAP A
ADD A,R7
MOV B,#6H
DIV AB
ADD A,R6            ;获得周期计数值除以 6 结果的低 8 位,在 A 中
MOV INTERVL,A       ;保存到存储单元中
MOV A,#0            ;计算定时初值
CLR C
SUBB A,INTERVL
MOV INTERVL,A
MOV A,#0
SUBB A,INTERVH
MOV INTERVH,A
CLR C
MOV A,INTERVL       ;应剔除脉冲宽度的定时时间
ADDC A,#WIDTL
MOV INTERVL,A
MOV A,INTERVH
ADDC A,#WIDTH
MOV INTERCH,A
JB IDT,TT           ;判断 IDT 是否为 1
```

```
        CLR C
        CLR TR0
        MOV R6,TL0
        MOV R7,TH0
        SETB TR0
        MOV A,TL1           ;减掉延迟时间并重新置 T1 值
        ADDC A,R6
        MOV TL1,A
        MOV A,TH1
        ADDC A,R7
        MOV TH1,A
TT:     SETB TR1            ;启动 T1 定时器工作
        POP ACC
        POP PSW
        RET1
************************************
T1_INT: PUSH PSW
        PUSH ACC
        SETB P1.0
        JB START,ST         ;脉冲前沿标志,跳转
        MOV P1,#0FFH        ;脉冲前沿,输出全 1
        CLR TR1             ;关 T1
DJNZ    R5,T1_1             ;R5 为输出脉冲个数计数器,6 个为一个周期
        SETB IDT            ;置位 IDT
        MOV R5,#6H          ;R5=6
        AJMP T1_2
T1_1:   MOV TH1,INTERVH     ;重新送间隔时间的定时初值
        MOV TL1,INTERVL
        SETB IDT
        SETB TR1            ;开 T1
T1_2:   SETB START          ;重置脉冲前沿标志
        SJMP T1_BACK
ST:     MOV P1,DRIVE        ;输出触发脉冲信号
        CLR TR1
        MOV TH1,WIDTH0      ;置脉冲宽度定时初值
        MOV TL1,WIDTL0
        CLR START           ;清脉冲前沿标志
        SETB TR1
        CLR IDT             ;清 IDT
        MOV A,DRIVE         ;触发信号左移一次,为下一个脉冲输出准备
```

```
        RL A
        MOV DRIVE,A
        ANL A,#01H
        JNZ T1_BACK
        MOV DRIVE,#0FBH
T1_BACK:CLR P1.0
        POP Acc
        POP PSW
        RET1
*********** End of Program**********
```

9.1.5 晶闸管触发脉冲的驱动

由单片机产生的触发脉冲信号，经单片机 I/O 端口输出，能否直接触发晶闸管导通，不仅与晶闸管的门极触发参数有关，而且与单片机 I/O 口的结构和驱动能力有关。一般来说，如果单片机 I/O 口的结构是推挽模式，则输出 MOSFET 不管输出为 1 或输出为 0 都能保持较低的输出阻抗，因而具有一定的电流驱动能力。要有效地触发晶闸管导通，在负载电流上升到大于晶闸管维持电流之前，必须保持门极触发电流大于晶闸管门极触发所需的最小电流 I_{GT}。因此只有在单片机 I/O 口驱动电流大于晶闸管门极触发所需的最小电流 I_{GT}时，才可能用单片机直接驱动。例如，LPC 系列单片机的单个口线的最大驱动能力 I_{OL}为 20 mA，PhilipsH 象限 D 型双向晶闸管的门极触发电流仅需几毫安（额定为 16 A 的 BTA216-600D 晶闸管，仅需 5 mA）。因此使用一个口线可以轻易驱动此类晶闸管。对于灵敏度最低、换流性能最好的 B 型双向晶闸管（如 BTAZ 16-600B），可用三个 LPC 口并行驱动以达到 50 mA 以上触发电流的要求。当然这对 I/O 口非常有限的单片机来说，实在是一种浪费。

当单片机 I/O 的驱动能力不足以直接驱动晶闸管导通时，可以使用晶体管进行功率放大后驱动，图 9－11 就是利用晶体管实现晶闸管驱动的典型电路。在不隔离驱动情况下，将单片机的电源与交流输入电源的一端连接，晶闸管的驱动信号由单片机的一个口线输出，经过电阻 R_1到晶体管的基极，当单片机输出驱动信号时，晶体管 V_1饱和导通，在晶体管 V_2也处于饱和

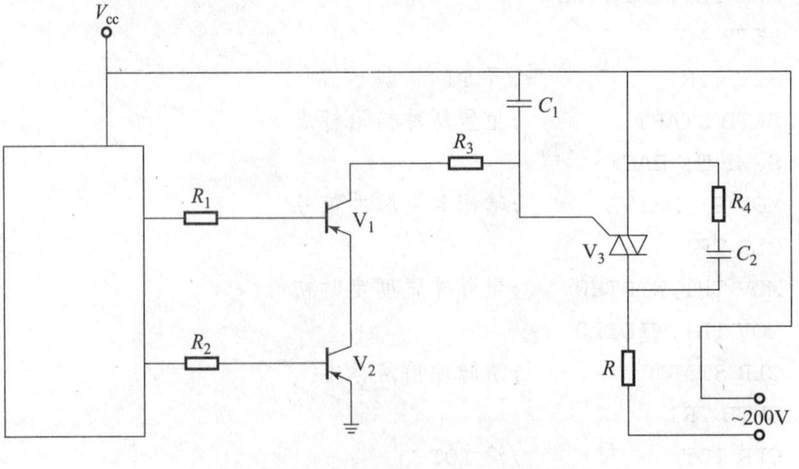

图 9－11 利用晶体管实现的晶闸管驱动电路

导通的情况下，单片机的电源电压经双向晶闸管的 T_1 极、G 极、限流电阻 R_2 和两个导通的晶体管形成通路，使晶闸管的 T_1 和 G 极之间产生一定的电压降，从而触发晶闸管导通，交流回路负载供电。其中并联在 T_1 和 G 极之间的电容 C_1 起高通滤波作用，避免晶闸管被高频干扰信号误触发而导通，而 R_4 和 C_2 组成的阻容网络实现晶闸管的过电压保护。此外，当系统发生故障需要封锁触发脉冲时，只需要使晶体管 V_2 处于截止状态即可，这时不管驱动信号是否存在，都不能触发晶闸管导通。

当然，如果要实现单片机控制系统和主电路的隔离，可以通过光耦合器传递触发驱动脉冲信号，或者通过脉冲变压器进行触发驱动。一般地，当触发小功率晶闸管时，可在触发电路板上采用光电耦合隔离，直接触发晶闸管；而当触发大功率晶闸管时，为了获得大的触发功率，一般采用脉冲变压器隔离驱动。这里给出一个实用的脉冲触发功放电路。此电路由缓冲器、光耦合器（简称光耦）、变压器等器件组成，如图 9－12 所示。

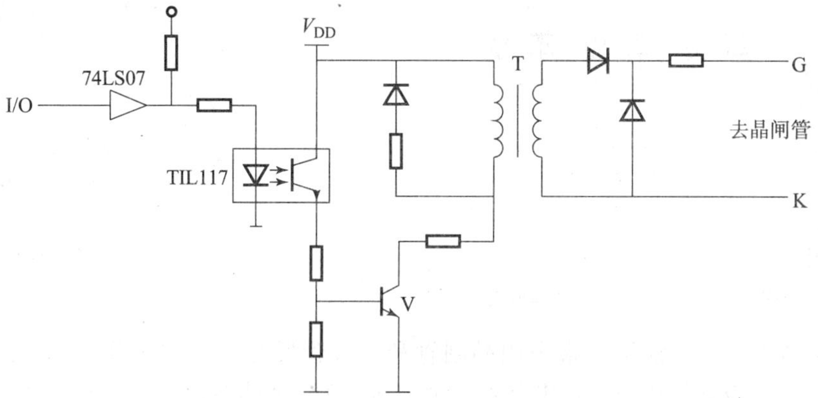

图 9－12　脉冲触发功放电路

图 9－12 中，I/O 指单片机的任何具备 I/O 功能的端口，如 196 单片机的高速 I/O 端口 HSO、51 单片机的 P3 口等。单片机通过 I/O 口输出逻辑电平信号，经 74LS07 进行初步驱动后，驱动光耦 TIL117，光耦的输出信号经晶体管等电路调理输出至隔离变压器 T，然后经过二极管和电阻组成的抗干扰和隔离电路将驱动信号通过 G、K 输出晶闸管的驱动信号。

此外，采用集成驱动芯片或器件也是可行的。例如，美国国际整流公司的 IR2130 等芯片，UNITRODE 公司的 UC 系列芯片，瑞士 CONCEPT 公司的 SCALE 芯片等都可驱动各种电力电子器件。

9.2　电力电子技术在电力系统的应用

9.2.1　无功功率补偿器

电力电子技术在电能的发生、输送、分配和使用的全过程都得到了广泛而重要的应用。柔性交流输电系统也称灵活交流输电系统（Flexible AC Transmission Systems，FACTS），包括晶闸管投切电容器（TSC）、晶闸管控制电抗器（TCR）、晶闸管控制的串联补偿电容器（TC-SC）等，它们都属于无功功率补偿器。

1. 晶闸管投切电容器（TSC）

利用机械开关（接触器触点）投入或者切除电容器可以控制电网中的无功功率，来提高电网的功率因数，这种方式在电容器投切时会对电网产生较大的电流冲击。由反并联晶闸管构成的交流电力电子双向开关来代替机械开关，就组成了晶闸管投切电容器（TSC），如图 9－13 所示。

TSC 运行时晶闸管投切原则：在满足无功功率补偿要求的情况下，保证晶闸管导通，使电容器投入时不产生电流冲击。为此，电容器投入之前预先充电至电源峰值电压，电容器投入时，使流经其电流为零，没有冲击，之后按正弦规律变化，如图 9－14 所示。如果需要切除电容器，去掉晶闸管上的触发脉冲即可，两个器件在电流过零时关断。

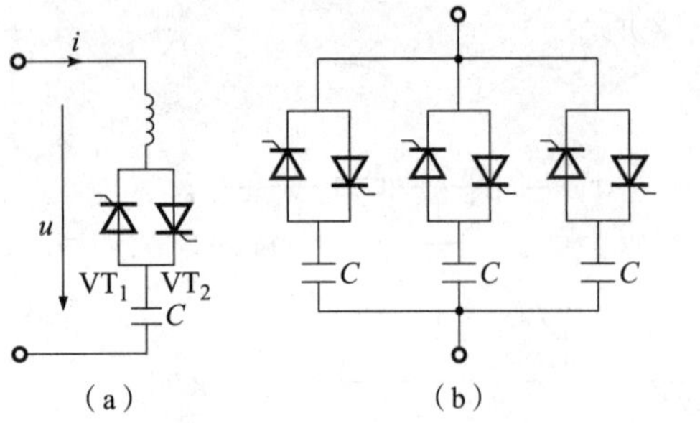

图 9－13　TSC 基本原理

(a) 基本单元单相简图；(b) 分组投切单位简图

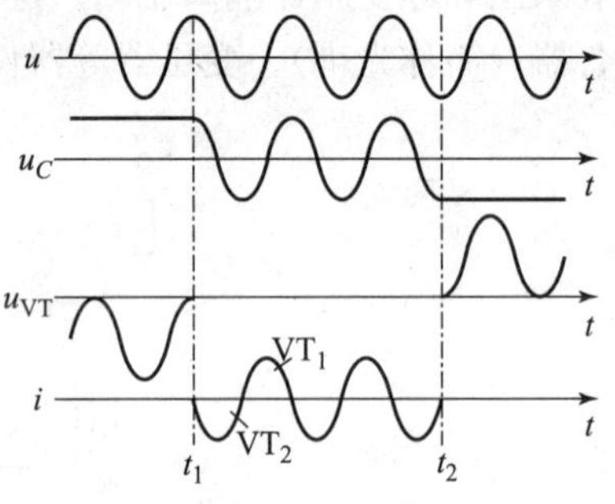

图 9－14　TSC 投切时刻波形

为了降低成本，实际使用中常采用晶闸管和二极管反并联方式的 TSC 电路，如图 9－15 所示。这是由于二极管的作用，在电路不导通时 u_C 总会维持在电源电压峰值处，缺点是响应速度慢一些，电容器投切最大滞后一个周期。

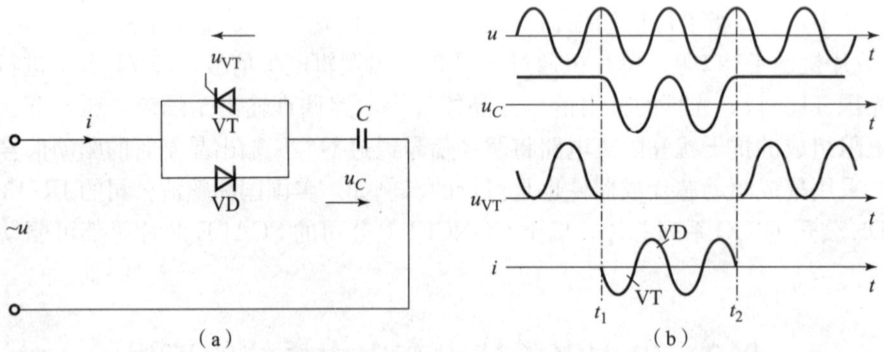

图 9－15　晶闸管和二极管反并联方式的 TSC 电路及投切时刻波形

(a) 晶闸管和二极管反并联方式的 TSC 电路；(b) 投切时刻波形

2. 晶闸管控制电抗器（TCR）

负载近似为纯感性负载，晶闸管的移相范围是 90°～180°。调节触发角 α，可连续调节流过电抗器的电流，从而调节电路从电网中吸收的无功功率。与电容器相配合，可以在从感性到容性变化的范围内对无功功率进行连续调节。

图 9－17 分别给出了 TCR 电路在触发角 α 为 120°、135°和 150°时的负载相电流和输入线

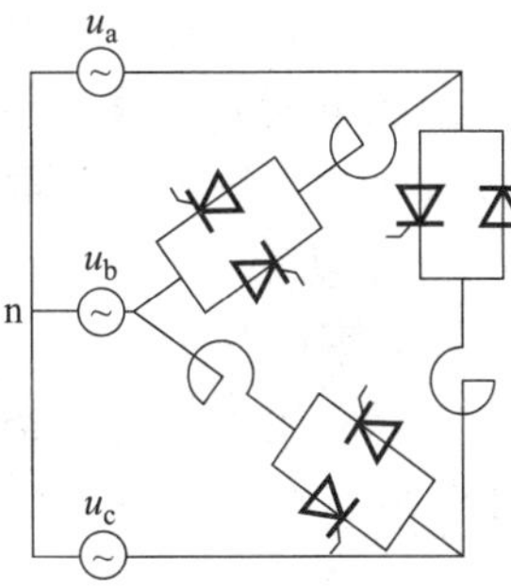

图 9 - 16　TCR 电路

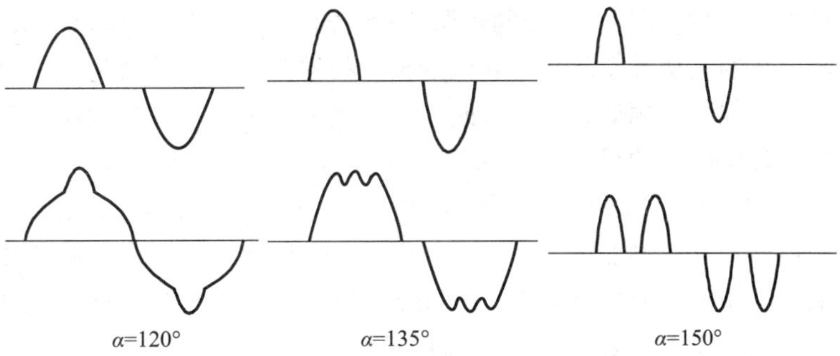

图 9 - 17　TCR 电路负载相电流和输入线电流波形

电流波形。

3. 晶闸管控制的串联补偿电容器（TCSC）

在长距离交流输电系统中，用晶闸管控制的串联补偿电容器来提高输电线路的电能输送容量、降低电压波动已有很长的历史，已成为灵活交流输电系统中的主要项目。由于输电线路的电抗大，所能传输的功率极限就越小，在输电线路中串联接入电容器可以补偿线路的电感，从而提高输电线路的输电能力，改善系统的稳定性。图 9 - 18 是 TCSC 电路及波形。为了改变串联电容的大小，可将一定容量的电容 C 与一个晶闸管电抗器相并联，再串联接入输电线路中。通过对晶闸管进行移相控制，改变等效电感的大小，从而连续调节图 9 - 18（a）中 A、B 两点间的等效电容 X_C，补偿输电线路的感抗 X_L。此外，还可以调控线路 B 点的电压，改变输电线路或电网中的有功功率、无功功率潮流分布，使之最优化。

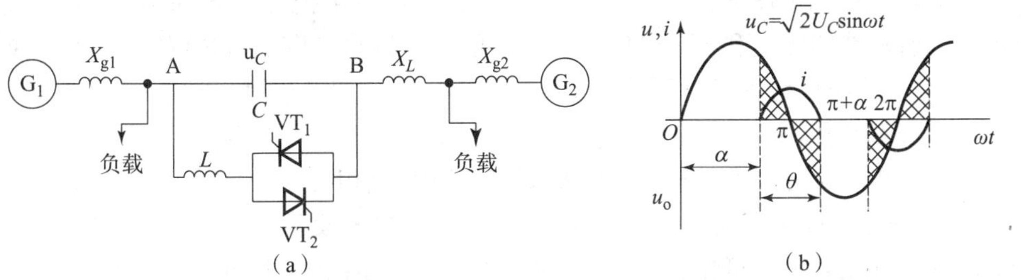

图 9 - 18　晶闸管控制的 TCSC 电路及波形

(a) TCSC 电路；(b) $\alpha>\pi/2$ 时的电压和电流波形

图 9 - 18 中，电容器两端电压 $u_C=\sqrt{2}U_C\sin\omega t$。与电容相并联的 TCR 中电感电流为 i，晶闸管的有效移相范围是 $\pi/2\sim\pi$。控制角 $\alpha<\pi/2$ 时，晶闸管的控制作用和 $\alpha=\pi/2$ 时相同，此时电感支路的感抗 $X_L=\omega L$，为纯电感。当 $\alpha=\pi$ 时，晶闸管不导通，电感支路断开，对并联的电容器支路不起作用，A、B 之间为纯电容。因此并联的电感支路对电容支路的影响从 $\alpha=\pi/2$ 时的纯电感开始，随着触发角 α 的增大而逐级减小，当 $\alpha=\pi$ 时，影响完全消失。控制角 α 在 $\pi/2\sim\pi$ 的变化过程中，A、B 之间的阻抗逐渐变化。由此可见，调节晶闸管的控制角 α（$\pi/2\leqslant\alpha\leqslant\pi$），即可改变电感支路感抗的大小，从而也改变了 A、B 端等效电容的大小。

9.2.2　静止同步补偿器

静止同步补偿器（Static Synchronous Compensator，STATCOM）同样也是柔性交流输电系统中的重要成员之一。静止同步补偿器有时也称静止无功发生器（Static Var Generator，

SVG)，早期还称为静止同步调相机（Static Synchronous Condenser，STATCON)，是一种并联同步的无功补偿装置。它以变换器技术为基础，等效为一个可调的电压源或电流源，通过控制电压或电流幅值和相位来改变向电网输送无功功率的大小，从而达到控制电力系统参数（电压、稳定性）的目的。STATCOM 具有体积小、响应速度快、可连续调节无功功率等优点。

STATCOM 的核心组成是变换器，按照直流侧储能元件采用电容还是电感可分为电压型变换器和电流型变换器两种，如图 9-19 所示。由于电容储能效率较高，实际应用中基本上都采用电压型变换器（Voltage-Source Inverter，VSI)。下面以基于 VSI 的 STATCOM 为例来说明其工作原理，如图 9-19（a）所示。

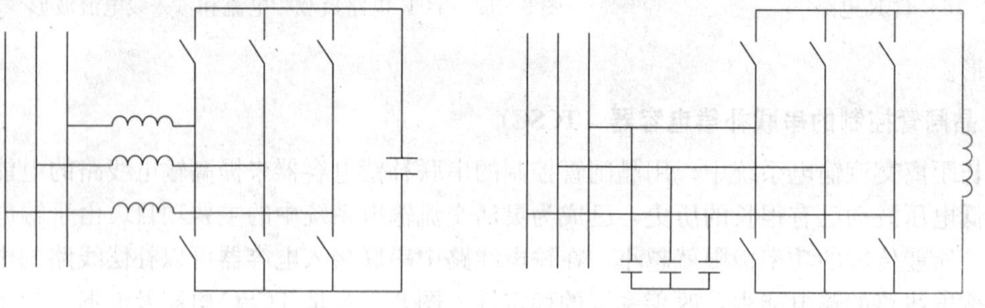

（a）　　（b）

图 9-19　STATCOM 变换器主电路基本结构示意图

(a) 电压型变换器；(b) 电流型变换器

STATCOM 的主电路包括储能元件电容和 VSI，变换器通过连接电抗器或变压器接入电力系统，其简化工作原理图如图 9-20（a）所示，电压及电流相量图如图 9-20（b）所示。理想情况下（忽略线路阻抗和 STATCOM 的损耗），可以将 STATCOM 的输出等效成“可控”电压源 U_1，交流系统视为理想电压源 U_s，二者相位一致。当 $U_1>U_s$ 时，从 STATCOM 流出的电流相位超前 U_1 电压 90°（$U_1-jX_sI=U_s$），STATCOM 工作于容性区，输出无功功率；反之，当 $U_1<U_s$ 时，从交流系统输入 STATCOM 的电流相位滞后电压 90°（$U_1+jX_s=U_s$），STATCOM 工作于感性区，吸收无功功率；当 $U_1=U_s$ 时，交流系统与 STATCOM 之间的电流为零，不交换无功功率。可见，STATCOM 输出无功功率的极性和大小取决于 U_1 和 U_s 的大小，通过控制 U_1 的大小就可以连续调节 STATCOM 发出或吸收的无功功率。图 9-20（a）中的储能电池 E_P 也可以提供有功功率，使系统进行有功调节。

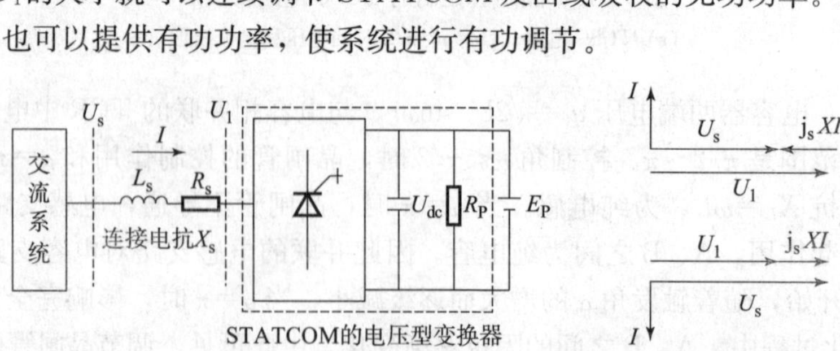

（a）　　（b）

图 9-20　STATCOM 简化工作原理图及相量图

(a) STATCOM 简化工作原理图；(b) 相量图

实际的 STATCOM 中总是存在一定损耗的，并考虑到各种动态元件的相互作用及电力电子开关器件的离散操作，其工作过程要比上面介绍的简单工作原理复杂得多。

9.3　电力电子技术在新能源领域的应用

9.3.1　光伏发电

太阳能是地球其他各主要能源的最初来源，是一种重要的可再生能源。太阳能的利用方式有热利用（如热水器）、光化学利用和光伏利用等。其中，太阳能发电包括热动力（水流和气流）发电和目前普遍采用的光伏（Photovoltaic，PV）发电。光伏发电由太阳能电池实现，太阳能电池单元是光电转换的最小单元，其所能产生的电压较低（Si 电池约为 0.5 V/25 mA），一般需要将电池单元进行串、并联组成太阳能电池组件，众多太阳能电池组件再进行串并联后形成太阳能电池阵列才能实际应用。太阳能发电系统只有在白天有阳光时才能发电，因此系统需要储能单元将日间发出的电能储存起来以便发电系统连续供电。太阳能电池阵列发出的电能是直流电，用电设备一般需要交流供电，所以系统中需要由逆变电路将直流电变换为交流电供交流负载使用。典型的太阳能光伏发电系统结构如图 9-21 所示。系统由光伏电池阵列、DC/DC 变换器、DC/AC 变换器、控制器、蓄电池等组成。DC/DC 变换器在光伏电池与电网或负载之间建立一个缓冲直流环节，根据网压需求提升或降低光伏电池电压、维持直流电压稳定。DC/AC 变换器产生合适的交流电能注入电网。

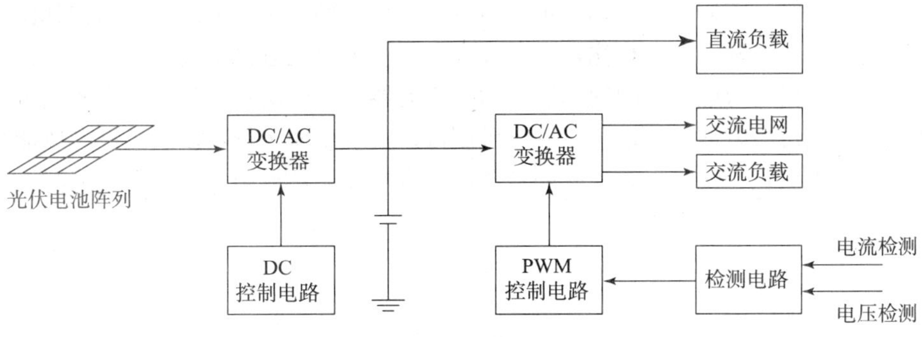

图 9-21　典型太阳能光伏发电系统结构

光伏发电系统可以分为独立和并网发电系统。独立发电系统不与大电网并网，只在较小范围内给负载供电。并网发电系统与电网连接，利用大电网，使供电的稳定性和电能品质得到保证，并且可以取消能量储存环节。

光伏并网逆变器的拓扑结构是逆变器的关键部分，关系着逆变器的效率和成本。一般情况，拓扑结构可以大致分为单级并网模式和两级并网模式两种。单级式光伏并网系统拓扑结构示意图如图 9-22 所示，主要特点：通过光伏电池阵列串联提升直流侧电压等级，满足并网逆变器正常工作时所需的直流母线电压，通过一次变换将直流功率转换成交流功率并馈送到电网上。与此同时，通过对逆变器并网功率的控制实现对光伏电池阵列最大功率点的跟踪。

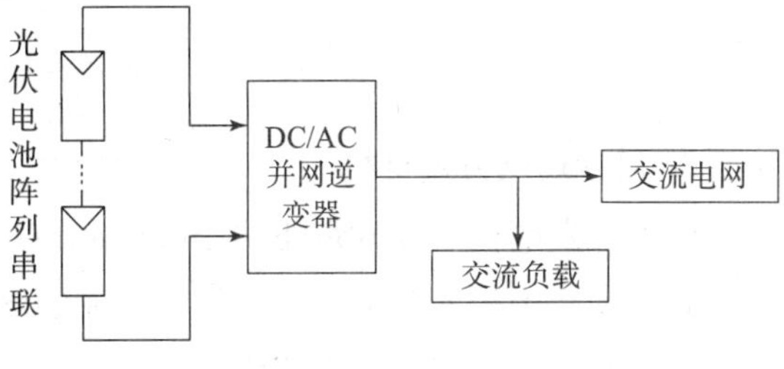

图 9-22　单级式光伏并网系统拓扑结构

两级式光伏并网系统拓扑结构示意图如图 9-23 所示，主要特点：首先通过第一级 DC/

DC 变换器将光伏电池阵列的直流电升压或者降压为满足并网逆变器要求的直流电压，实现对光伏电池阵列的最大功率点跟踪（Maximum Power Point Tracking，MPPT）；其次通过第二级 DC/AC 逆变器，直流母线上的直流功率逆变为交流功率，实现光伏发电能量到电网的传送。第一级变化通常采用 Boost 升压电路。

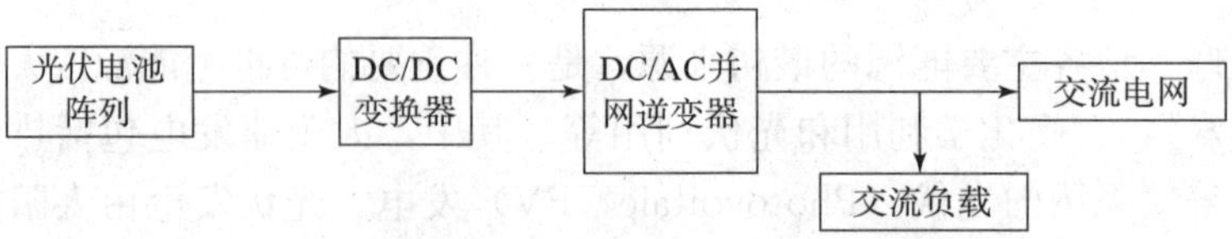

图 9-23　两级式光伏并网系统拓扑结构

9.3.2　风力发电

在风力发电系统中，目前主流机型主要包括笼形异步发电机、直驱式永磁同步风力发电机、双馈式风力发电机。

1. 直驱式永磁同步风力发电机

直驱式永磁同步风力发电机组（Direct-drive Permanent Magnet Synchronous Generator，D-PMSG）包括风力机、永磁同步发电机及全功率变流器等主要器件。风力机与永磁同步发电机之间没有经齿轮箱，它们直接驱动，定子通过全功率变换器接入电网。其结构如图 9-24 所示。与其他类型的风力发电机组相比，直驱式永磁同步风力发电机组具有如下优点：①无齿轮箱；②在风力发电机组与电网之间使用了全功率变流器，从而电网故障对风力发电机组的影响较小，实现了发电机与电网的解耦；③发电机侧可以实现变速运行，以满足最大风能捕获的要求，而且调速范围更宽；④可以实现网侧变流器的有功和无功控制。当电网故障时，能提供无功支持。

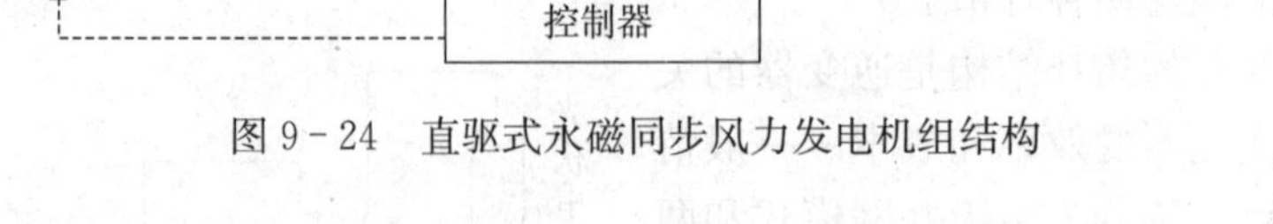

图 9-24　直驱式永磁同步风力发电机组结构

2. 双馈式风力发电机

双馈式发电机（Double-Fed Induction Generator，DFIG）的结构是在绕线转子异步电动机的转子回路中接入一个变频器实现交流励磁，其并网结构如图 9-25 所示。采用双馈感应发电机时，发电机定子绕组直接接到电网上，转子上的双向功率变流器组的另一端也接入电网。

用于双馈式异步风力发电系统的交流励磁变流器主要有交直交电压型变流器（两电平双 PWM 变流器）、晶闸管相控交交直接变流器（周波变换器）、矩阵式交交变流器。其中，两电平电压型双 PWM 变流器的控制最简单、可靠，技术上最成熟，目前应用最多。还可采用诸如

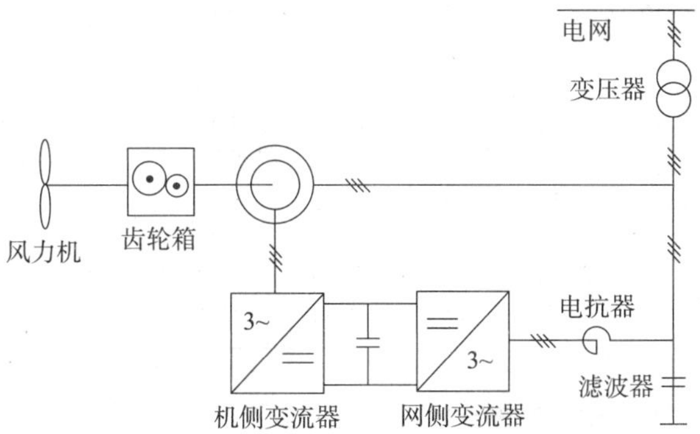

图 9-25　双馈式发电机并网结构图

多电平等技术的变流技术。

双馈风力发电系统采用的双变流器典型拓扑如图 9-26 所示。由两个相同结构的电压源型变流器采用背靠背连接方式构成，中间直流环节采用电容连接，两个变流器之间实现独立控制，两个变流器之间进行有功功率交换。交流侧接电网的变流器简称为网侧变流器，转子侧接双馈电机转子绕组的变流器简称为机侧变流器。当双馈电机运行于亚同步状态时，网侧变流器运行在整流模式，机侧变流器则运行于逆变模式，定子通过双变流器从电网吸收功率；当双馈电机运行于超同步状态时，机侧变流器运行在整流模式，网侧变流器则运行在逆变模式，定子通过双变流器向电网输出功率。从图中拓扑可以看出，直流环节使其两侧变流器实现了解耦。在整流或逆变的运行过程中，两个变流器根据不同的控制目标进行各自的独立控制，可根据整个系统的需求进行相互的协调控制。因此，研究双变流器的协调控制策略，必须首先研究电压源型变流器的运行与控制特性，为双变流器的协调控制提供理论基础。

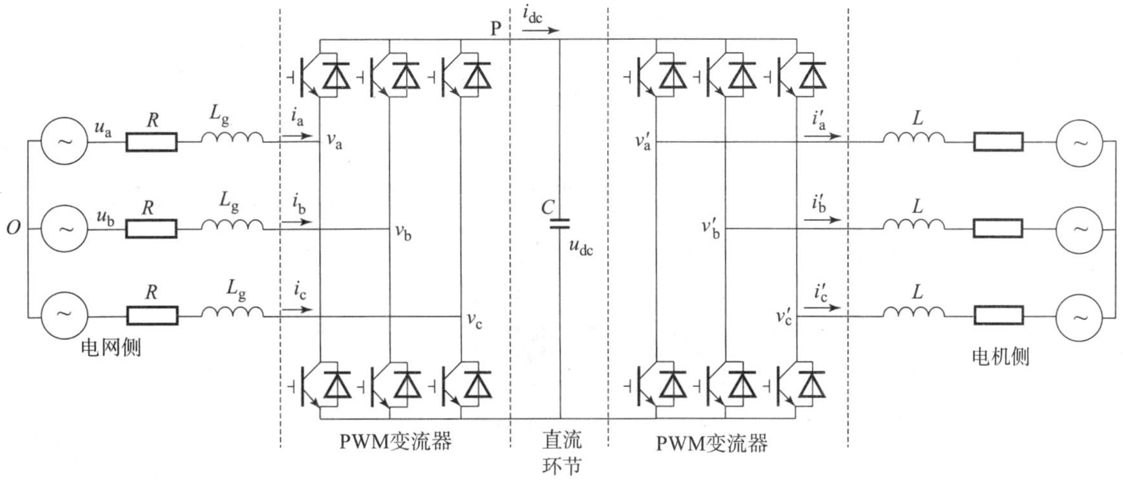

图 9-26　双馈电机用双变流器典型拓扑

v_a、v_b、v_c、v'_a、v'_b、v'_c—电位

双变流器中的功率交换情况取决于双馈风力发电机组的运行状态。当网侧变流器工作于单位功率因数整流状态时，交流侧的电压和电流同相位，功率流入网侧变流器，过直流环节将功率传递到运行于逆变模式的机侧变流器。当网侧变流器工作于单位功率因数逆变状态时，交流侧的电压和电流相位相反，功率经网侧变流器流入电网，功率是从机侧变流器通过直流环节传递过来

的。因此，变流器具有能量双向流动的能力，其功率交换关系如图 9－27 和图 9－28 所示。

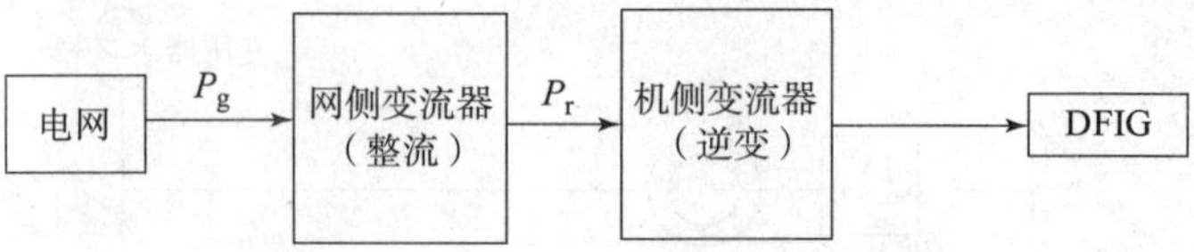

图 9－27　双变流器整流状态功率交换示意图

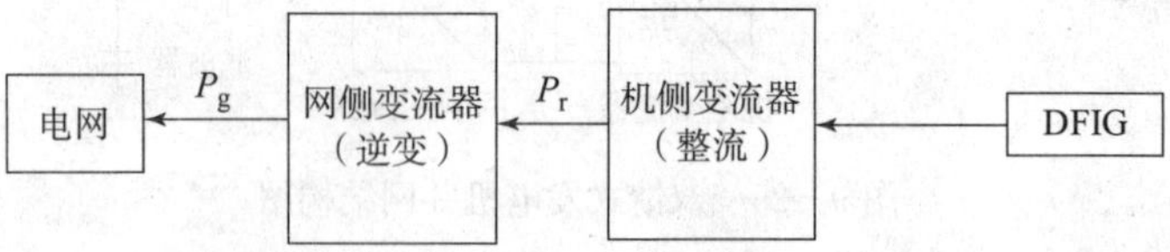

图 9－28　双变流器逆变状态功率交换示意图

9.4　电力电子技术在电源技术中的应用

9.4.1　开关电源

开关电源指通过控制电力电子开关的通断比对电能的形式进行变换和控制的变流装置。我们通常所说的开关电源是专指变流装置中的直流电源。开关电源的控制有其专门的集成电路。

开关电源产生之前，主要使用线性稳压电源。由于开关电源具有效率高、稳压范围宽、体积和质量小等特点，除了对直流输出电压的纹波要求极高的场合外，开关电源正全面取代线性稳压电源。例如，电视机、计算机、各种仪器仪表等小功率场合，开关电源已完全取代线性电源。通信电源、电镀装置及电焊机等中等容量的电源，开关电源也在逐步取代相控电源。开关电源已成为直流电源的主要形式，在电子、电气、通信、航空航天、能源、军事及家电等领域是一种应用广泛的电力电子装置。

开关电源的组成如图 9－29 所示。交流输入电压经整流滤波后，将得到的直流电压供给 DC/DC 变换器，DC/DC 变换器是开关电源的核心，其主电路就是不隔离和带隔离的直流变换器。

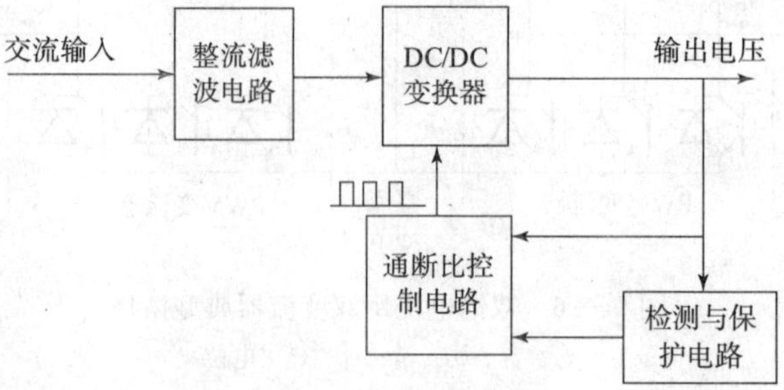

图 9－29　开关电源的组成

当前关于 DC/DC 变换器拓扑的研究众多，特点鲜明。按照输入侧和输出侧之间是否带有电气隔离将 DC/DC 变换器分为两类：非隔离型 DC/DC 变换器和隔离型 DC/DC 变换器。基本的非隔离型DC/DC变换器包括Buck、Boost、Buck-Boost、Cuk、Zeta和Sepic变换器。目前最为常见的非隔离型双向DC/DC变换器是通过开关管上反并联二极管和二极管上反并联开关管后得到的双向Buck-Boost变换器，其拓扑如图9-30（a）所示。这种变换器结构简单，使用的元器件少，成本低。但开关管的电压应力高，输出电压极性为负。为有效降低加在开关器件上的电压应力，可采用四管双向Buck-Boost变换器，它能够输出正极性的电压，缺点是使用的功率器件增加，提高了成本。四管双向Buck-Boost变换器拓扑如图9-30（b）所示。

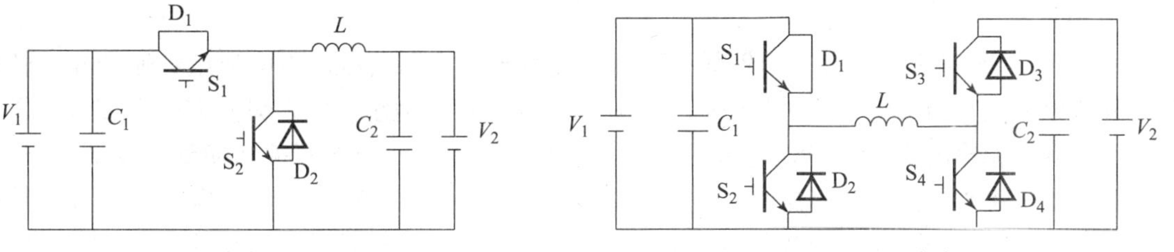

图9-30　DC/DC变换器拓扑

（a）双向Buck-Boost变换器；（b）四管双向Buck-Boost变换器

非隔离型双向DC/DC变换器拓扑简单，易于实现，但是受到输入、输出电压比限制，在宽输入、输出电压范围下，变换器功率密度会降低，同时因为不具备电气隔离，所以在要求有较大的电压传输比和需要电气隔离的场合时，需要考虑采用隔离型双向DC/DC变换器。

当前关于隔离型双向DC/DC变换器的拓扑研究有正激双向DC/DC变换器、反激双向DC/DC变换器、推挽双向DC/DC变换器、半桥双向DC/DC变换器及全桥DC/DC变换器等。其中，隔离型全桥双向DC/DC变换器因其易实现软开关、高可靠性、高功率密度和结构对称等优点，成为了微电网储能系统中首选的电力电子接口装置。相对于其他几种隔离型双向DC/DC变换器拓扑，隔离型全桥双向DC/DC变换器开关管所承受的电流、电压应力较小，适用于大功率、电压变比较大、需要电气隔离的场合，如电动汽车充放电系统、航空电源、不间断电源等。隔离型双向全桥DC/DC变换器的拓扑如图9-31所示。

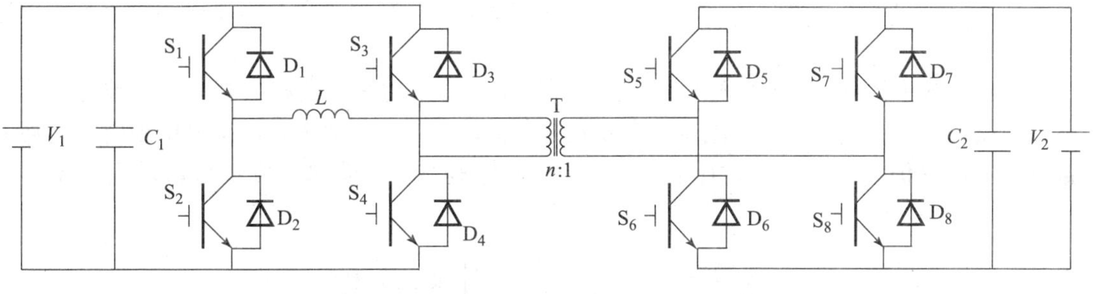

图9-31　隔离型双向全桥DC/DC变换器

9.4.2　不间断电源

一些重要用电设备需要不间断的高质量的电力供应，如通信、计算机、自动化设备、航空航天、金融、医院、网络、政府部门、军事、应急照明、电梯、消防等领域中的关键设备，一旦停电将会造成巨大损失，即使瞬时的供电也可能造成不堪设想的后果。不间断电源（UPS）能够在电网供电中断的情况下保证用电设备的正常供电。

UPS是一种含有储能装置，以逆变电路为主要组成部分的恒压、恒频不间断电源，可以向用电设备提供输出稳压精度高、工作频率稳定、输出失真度小的正弦电压波。不论市电电网供电正常与否，在长期运行过程中，能够把所产生的任何瞬时供电中断时间控制在5～10 ms的范围内，对于要求严格的场合，瞬时供电中断时间可控制在3 ms之内。UPS包括单相输入单相输出方式、三相输入单相输出方式及单相输入三相输出方式。从电路结构上可以分为后备式、在线互动式、双变换在线式和双变换电压补偿在线式四类。

1. 后备式

后备式UPS的结构如图9－32所示，由交流稳压器、充电器、蓄电池组、逆变器、转换开关五部分组成。当市电正常供电时，一方面充电器给蓄电池组充电，另一方面由交流稳压电源通过转换开关输出稳定的交流电。当市电供电电压异常时，转换开关切换到逆变器输出端，逆变器工作，将蓄电池组的直流电压逆变为交流电压输出。后备式UPS市电利用率高，结构简单，成本低廉，输入功率因数和电源电流谐波含量取决于负载性质，输出能力强，输出电压稳定度差，但能满足一般要求。当市电中断时，转换时间一般为4～10 ms，多用在2 kVA以下。

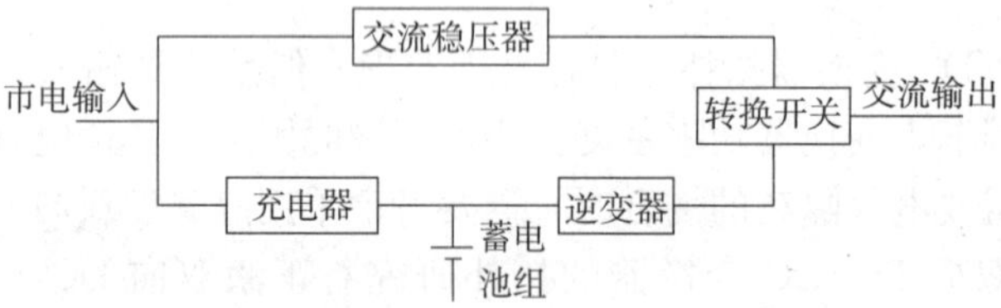

图9－32　后备式UPS的结构

2. 在线互动式

在线互动式UPS的结构由输入开关、交流稳压器、DC/AC双向变换器及蓄电池组组成，如图9－33所示。其核心为一个双向变换器，目前主要采用PWM变流电路，既可以整流又可以逆变，该变换器一直处于热备份状态。市电正常时，双向变换器工作于整流状态，完成对蓄电池组的充电；当市电异常时，变换器立即转换为逆变工作状态，将蓄电池组的直流电压逆变成交流电压输出。

在线互动式UPS市电利用率高，可达98%以上，输入功率因数和电源电流谐波含量取决于负载性质，输出能力强，输出电压稳定度较差，但能满足一般要求，当市电中断时，转换时间接近于零，但仍有转换时间，比后备式UPS小得多，电路简单，成本低，输出功率多在5 kVA以下。

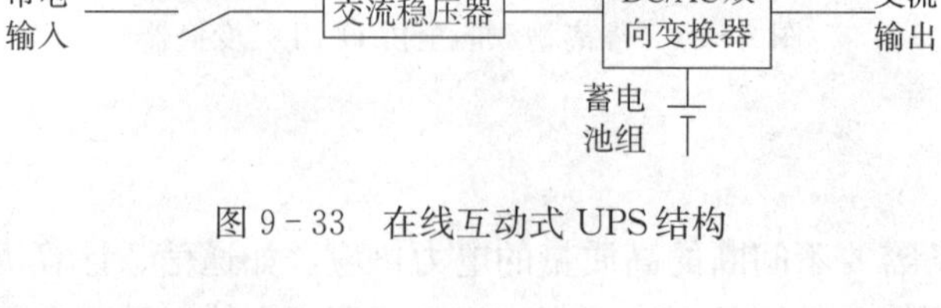

图9－33　在线互动式UPS结构

3. 双变换在线式

图9－34为双变换在线式UPS的结构，其中包括了AC/DC整流器、蓄电池组、DC/AC逆变器、旁路开关。当市电存在时，AC/DC变换器工作在整流状态，向蓄电池组充电。该整

流器多为晶闸管可控整流器，目前有向全控型 PWM 整流器发展的趋势。DC/AC 逆变器完成向负载供电的功能，无论由市电供电，还是转为蓄电池组供电，转换时间均为零。旁路开关只有在逆变器发生故障时才接通，把市电直接输出。

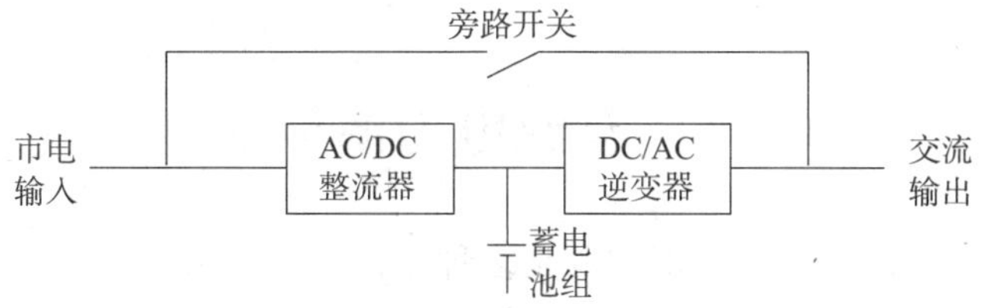

图 9-34 双变换在线式 UPS 结构

双变换在线式 UPS 不管有无市电，负载的全部功率都由逆变器提供，输出正弦波形失真系数小，输出的电能质量较高。市电中断时，输出电压不受影响，无转换时间。由于负载功率全部由逆变器提供，输出能力不理想，对负载有诸多限制。市电存在时，串联的两个变换器都承担 100%的负载功率。整机效率高。

4. 双变换电压补偿在线式

双变换电压补偿在线式结构也称串并联调整式结构，如图 9-35 所示，该结构把交流电源稳压技术中的电压补偿原理应用到 UPS 电路中，其组成包括变压器、两个逆变器、蓄电池组。两个逆变器均为能量双向流动的变流器。市电正常时，两个逆变器只对输入电压与输出电压的差值进行补偿，当输入电压高于输出电压额定值时，逆变器Ⅰ吸收功率，反极性补偿输入输出电压的差值；当输入电压低于输出电压额定值时，逆变器Ⅰ输出功率，正极性补偿输入输出电压的差值。逆变器Ⅱ主要补偿逆变器Ⅰ吸收或发出的功率，并实现对蓄电池的充电。在市电中断时，全部输出功率由逆变器Ⅱ输出，保证输出电压不间断，转换时间为零。

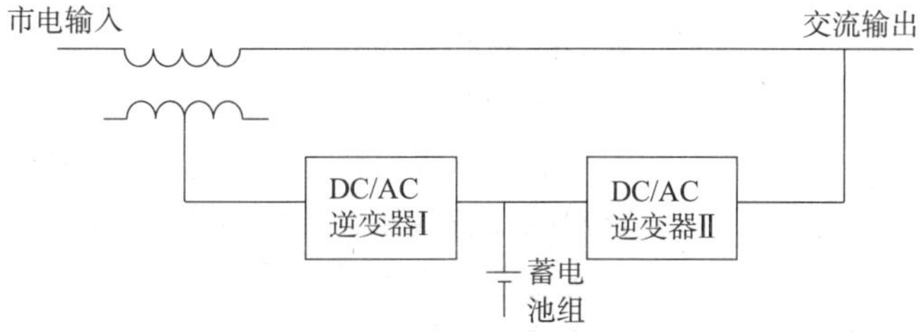

图 9-35 双变换电压补偿在线式 UPS 结构

双变换电压补偿在线式 UPS 无转换时间，市电中断时输出电压不受影响，由并联的逆变器进行补偿可以实现输入端的功率因数校正和谐波补偿。市电存在时，两个逆变器并不处理全部功率，整机效率较高。

9.4.3 应急电源

应急电源（Emergency Power Supply，EPS）与 UPS 相似，用于在电网停电时为负载供电，允许有 0.1～0.25 s 的短时间供电中断，而 UPS 的供电中断时间一般小于 10 ms。EPS 一般不对输入交流电进行稳压处理，平时逆变器不输出功率，但处于起动状态，一旦市电中断，立即通过接触器切换投入。因 EPS 允许供电中断时间较长，故对电路和工作模式的设计限制较小，功能和性能都要求较低。

EPS与UPS相比结构简单，设备成本低，大部分时间由市电直接供电，因而耗能小、寿命长、节能、无噪声。EPS主要用于消防系统、应急照明、电梯、水泵等场合，负载为混合负载，即容性、感性及整流式非线性负载兼而有之，要求其输出动态特性要好，抗过载能力要强，可靠性要高。

9.5 有源电力滤波器

现在在电力系统引起波形畸变的谐波源是多种多样的，电力系统向非线性设备供电时，这些设备在传递（如变压器）、变换（如交/直流换流器）、吸收（如电弧炉）系统电源所供给的基波能量的同时，把部分基波能量转换为谐波能量，反注入系统，电力系统的正弦波形发生畸变，电能质量降低，一般认为其主要原因在以下三个方面：一是发电源质量不高产生谐波；二是输配电系统产生谐波；三是用电设备产生谐波。这些谐波功率不仅会消耗系统和设备本身的无功功率储备，影响电力网和电气设备的安全、经济运行，而且会危及广大用户的正常用电和生产。

总体来说，电力系统谐波的危害主要表现在以下方面：①通过电力电容器引起谐波放大，导致电容器过载并损坏电容器；②增加旋转电机的损耗；③增加输电线路的损耗，缩短输电线路使用寿命；④增加变压器的损耗；⑤造成继电保护、自动装置工作紊乱；⑥引起电力测量的误差；⑦干扰通信线路、通信设备的正常工作；⑧延缓电弧熄灭，导致断路器断弧困难，影响断流能力；⑨对其他设备造成影响，导致功率开关器件控制装置误动作，影响互感器的测量精度等。

因此，消除或降低电网中运行的电力电子装置所产生的谐波不但是贯彻执行国家标准和对相关法规的技术支持，而且是改善电网电能质量，提高电网运行效率，维护电气设备的安全稳定运行的电气环境所迫切要求的。随着PWM技术、大功率可关断器件的快速发展，以及高性能数字控制技术的不断推出，电能质量的控制和管理技术得到了大量的研究和应用。目前最具代表和影响的电能质量控制器主要包括动态电压调节器、有源电力滤波器、静止无功补偿器、统一电能质量管理器等。其中对电网中大量的非线性负荷所产生的谐波，采取的治理措施主要有三种：一是受端治理，从受到谐波影响的设备或系统出发，提高它们的抗谐波干扰能力；二是主动治理，从谐波源本身出发，使谐波源不产生谐波或降低谐波源产生的谐波；三是被动治理，外加滤波器，阻碍谐波源产生的谐波注入电网，或者阻碍电力系统的谐波流入负载端。

被动治理方法中采用无源滤波器虽然成本低廉、结构简单，但是滤波效果受电网阻抗和自身参数变化影响较大，且易与电网阻抗发生谐振；而有源滤波器则克服了上述不足，实现动态治理，具备多种补偿功能，可以对无功功率和负序进行补偿等，虽然有源滤波器有很好的滤波性能，但是造价较高，特别是在变电站或大型企业这样的高压大功率场合，难以得到应用。因此当今谐波治理的趋势是发展有源电力滤波器（APF）与无源滤波器（PF）的混合型APF，既可克服APF容量要求大、成本高的缺点，又可弥补PF的不足，同时还可以提供较大容量的无功功率，使整个滤波系统获得良好的性能。

APF的主体是有源逆变器，其类型可以分为电压型和电流型两种。电压型APF的直流侧储能元件为大电容，其损耗小，效率高，价格低廉，而且可以采用多电压源逆变器连接的结构，适合于构成大容量APF。电流型APF的直流侧储能元件为大电感，存在直流端短路的危险，可靠性高、动态性能好，但大电感体积大，价格昂贵，直流侧总是有电流流过，耗能较大。就目前电力电子元器件和电力电子技术的现状来说，直流侧储能元件用大电容比用大电感更具现实意义。APF 技术发展到今天，出现了多种拓扑结构。APF 根据其与系统连接的电路拓扑可具体分为单独（串并联）型 APF、混合型 APF（有源滤波器和无源滤波器的结合）和多变流器混合型 APF。

1. 单独（串并联）型 APF

单独串联型 APF 通过变压器串联于输电线路中，如图 9－36 所示，是一种基本的 APF 型式。单独串联型 APF 的滤波器原理是跟踪谐波源电压中的谐波分量，产生与之相反的谐波电压，而隔离谐波源产生的谐波电压。有源滤波装置容量小，运行效率高，电压型谐波源有较好的补偿特性。因此单独串联型 APF 一方面用于改善系统的供电电压，为负载提供基波正弦供电电压，特别适用于对电压很敏感的负载；另一方面用于治理电压型谐波负载，带电容滤波的整流器，避免负载产生的谐波电压影响电网电压波形。但是单独串联型 APF 存在绝缘强度高、难以适应线路故障条件，以及不能进行无功功率动态补偿等缺点，负载的基波电流全都流过连接用的变压器，对变压器的容量要求非常苛刻，工程实用性受到限制。负载谐波含量较大时单独串联型 APF 装置容量也将很大，初期投资也很大。

单独并联型 APF 是最早期的有源滤波装置，如图 9－37 所示，是 Akagi 于 1986 年提出的，是现在实际工业应用最多的一种 APF。这种装置相当于一个谐波电流发生器，其原理是跟踪谐波源电流中的谐波分量，产生与之相位相反的谐波电流，从而抵消谐波源产生的谐波电流。通过不同的控制作用，可以对谐波、无功、不平衡分量等进行补偿，因此功能很多，接地方便。还可以将几个有源滤波器并联起来使用，补偿大容量的谐波电流，由此可见，并联型有源滤波器的应用范围比较广泛。但是，电源电压直接加在逆变器上，开关器件电压等级要求高；负载谐波电流含量高时，这种有源滤波装置的容量也必须很大，投资也大。因为兼具大的补偿容量和宽的补偿频带比较困难，所以它只适用于电流型谐波源的谐波治理。

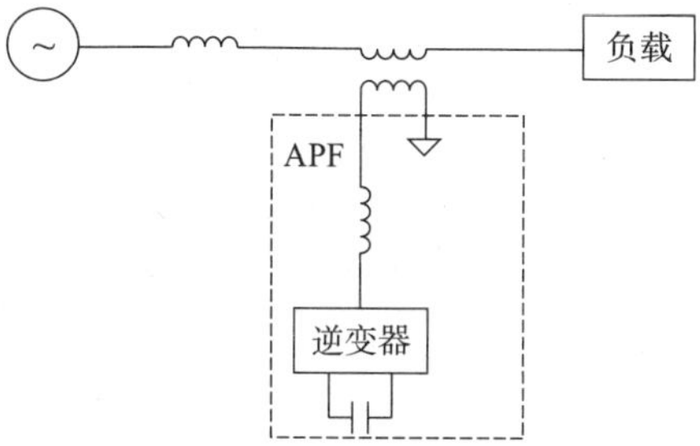

图 9－36　单独串联型 APF

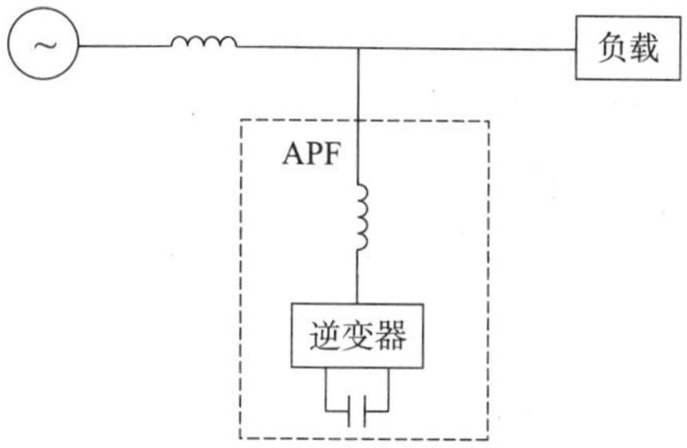

图 9－37　单独并联型 APF

2. 混合型 APF

单独使用的并联型 APF 或串联型 APF 由于具有有源装置容量相对较大，开关器件的等级较高，在初期投资大、运行效率低的缺点，且两者对不同类型谐波源的补偿特性不同，各有千秋。因此，研究 APF 多功能化的同时，人们也致力于使有源装置容量降低的混合补偿方案的研究。根据与 APF 混合的对象不同，混合型有源滤波器（Hybrid Active Power Filter，HAPF）可分为两类：一类是与 PF 的混合，优点是降低成本，充分发挥 APF 和 PF 的优势，一般把 APF 和 PF 所组成的整个系统称为电力线路功率调节器（Active Power Line Conditioner，APLC）；另一类是与其他变流器的混合，完善 HAPF 的功能。一般，其中一个主要负责补偿无功，另一个主要负责治理谐波。混合型 APF 的形式多种多样，有并联 APF＋PF、串联 APF＋PF、PF 与 PF 串联后再并联接入电网等。

3. 多变流器混合型

随着各种全控型功率开关器件的电压和电流额定值不断提高，成本不断降低，研究者从双逆变器或多逆变器的方向提出了各种 APF 的拓扑结构，以满足工业应用的要求。1994 年，Akagi 等提出一种将串联型 APF 和并联型 APF 进行混合的方式，称为统一电能质量调节器(Unified Power Quality Conditioner，UPQC)。从理论上讲，这种混合方式可以抑制电压闪变、电压波动、不对称和谐波，但是由于采用了双逆变器，存在控制复杂和成本高的缺点。此外，这种混合方式还有许多双逆变器的拓扑结构，由低频逆变器和高频逆变器并联构成 APF 的结构等，存在控制复杂和初期投资大的缺点，工业实用性还有待深入研究。

本章小结

本章首先讲述了电力电子技术在单片机中的应用，主要介绍利用单片机实现晶闸管的控制，介绍了控制电路硬件的组成和软件算法的流程和程序；接着讲述了电力电子技术在电力系统的应用，介绍了无功功率补偿装置［晶闸管投切电容器（TSC)、晶闸管控制电抗器(TCR)、静止同步补偿器（STATCOM)］的基本原理；然后讲述了电力电子技术在新能源领域的广泛应用，主要介绍了风力发电和光伏发电；之后讲述了电力电子技术在电源技术中的应用，主要介绍了开关电源和不同类型的不间断电源的原理；最后介绍了有源电力滤波器的原理及构成。

习题与思考题

9.1　在线式 UPS 与后备式 UPS 最根本的区别是什么？这是否影响对用户的供电质量？

9.2　试简述静止无功补偿器的基本原理。

9.3　试简述并联型有源电力滤波器的基本原理。与传统的 LC 调谐滤波器相比，有源电力滤波器有哪些更优越的性能？

9.4　风机发电的结构是怎样的？

9.5　光伏发电的结构是怎样的？

第 10 章

MATLAB 仿真技术

随着电力电子技术的迅速发展与推广应用，利用计算机辅助设计方法对电力电子电路进行分析与研究也得到了日益广泛的重视，尤其是计算机高度发展的今天，利用计算机进行仿真和研究以及进一步实现计算机直接控制，已成为从事电力电子科研与控制工程人员所必须掌握的一门技术。目前，应用 MATLAB 仿真软件进行电力电子电路的分析、建模、开发受到了广泛关注。

MATLAB 是一种适用于工程应用各领域分析设计与复杂计算的科学计算软件，由美国 Mathworks 公司于 1984 年正式推出，1988 年推出 3. X（DOS）版本，1992 年推出 4. X（Windows）版本；1997 年推出 5. 1（Windows）版本；2000 年下半年，Mathworks 公司推出了 MATLAB 6. 0 版本；2007 年，MATLAB 7. 3 版本正式发布。随着版本升级，内容不断扩充，功能更加强大。本书采用 6. 0 及以上版本即可。

MATLAB 在国内外的大学中，特别是数值计算应用最广的电气信息类学科中，已成为每个学生都应掌握的工具。

10. 1　电力电子器件仿真模型

SimPowerSystems 是专门用于电力电子系统仿真的工具包，其模型库中包含常用的电源模块、电力电子模块、电力电子器件模块、电机模块，以及相应的驱动、控制、测量模块，通过对这些模块的组合，可以进行电力电子电路的仿真。下面主要介绍电力电子器件的仿真模型。

10. 1. 1　二极管仿真模型

1. 二极管仿真模型描述

二极管是一个由自身电压和电流控制的半导体器件。在 MATLAB 中，二极管模块图标如图 10 - 1 所示。二极管模块包括由一个电阻 R_s 和一个电容 C_s 串联组成的缓冲电路，该缓冲电路与二极管并联。

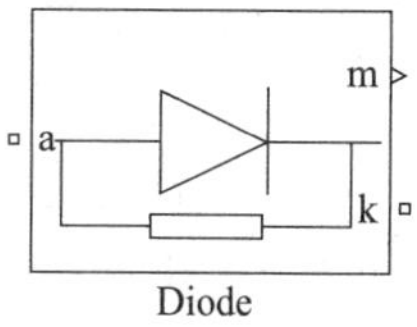

图 10 - 1　二极管模块图标

二极管模块有三个接线端子。标有 a 的端子是二极管的阳极，标有 k 的端子是二极管的阴极，标有 m 的端子可用于测量二极管的电流和电压。

二极管的仿真模型由电阻 R_{on}、电感 L_{on}、直流电压源 V_f 和一个开关 SW 串联而成。这个开关受二极管电压 V_{ak} 和电流 I_{ak} 控制。二极管的仿真模型如图 10 - 2 所示。

2. 二极管仿真元件的静态伏安特性

二极管仿真元件的静态伏安特性如图 10－3 所示，当二极管的两端承受正向电压（$V_{ak}>V_f$）时，二极管导通；当二极管的两端承受反向电压（$V_{ak}<V_f$）时，二极管关断。

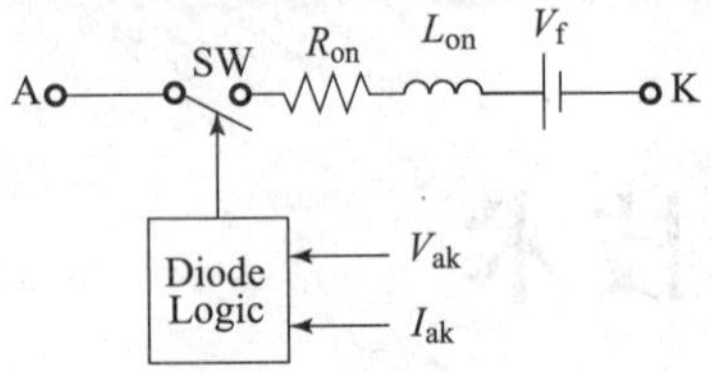

图 10－2　二极管的仿真模型

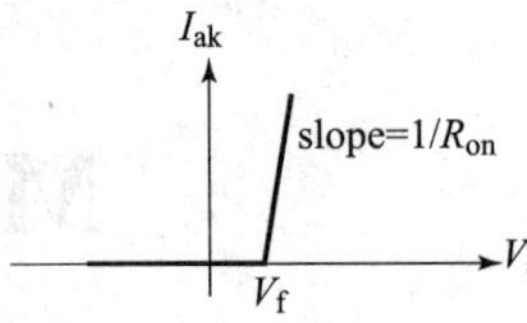

图 10－3　二极管的静态伏安特性

3. 二极管仿真元件的参数设置

二极管参数设置对话框如图 10－4 所示，各参数的意义如下：

二极管内电阻 R_{on}（单位是 Ω）：当内电感参数设置为 0 时，内电阻参数不能设置为 0。

二极管内电感 L_{on}（单位是 H）：当内电阻参数设置为 0 时，内电感参数不能设置为 0。

二极管正向管压降 V_f（单位是 V）。

初始电流 I_c（单位是 A）：通常将 I_c 设为 0。

缓冲电阻 R_s（单位是 Ω）：如果不用缓冲电路，可将 R_s 设置为无穷大（inf）。

缓冲电容 C_s（单位是 F）：将 C_s 设置为 0 时，可以消除缓冲电路；将 C_s 设置为 inf 时，可得到纯电阻缓冲电路。

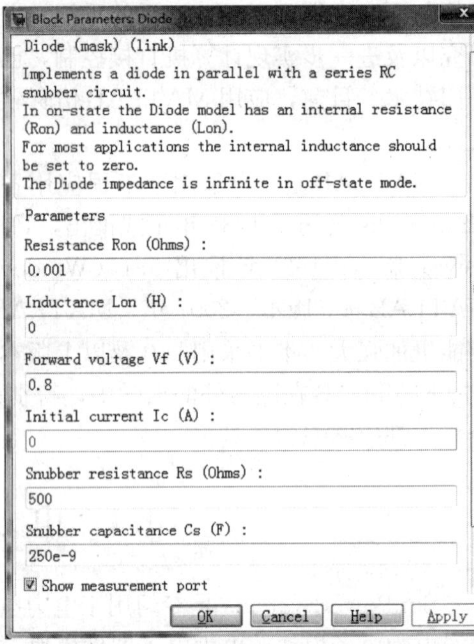

图 10－4　二极管参数设置对话框

10.1.2　晶闸管仿真模型

1. 晶闸管仿真模型描述

晶闸管是通过门极信号使其导通的半导体器件。在 MATLAB 中，晶闸管模块图标如图 10－5 所示。晶闸管模块包括由一个电阻 R_s 和一个电容 C_s 串联组成的缓冲电路，与晶闸管并联。

晶闸管模块有四个接线端子。标有 a 的端子是晶闸管的阳极，标有 k 的端子是晶闸管的阴极，标有 g 的端子是门极控制信号，标有 m 的端子用于测量晶闸管的电流和电压。

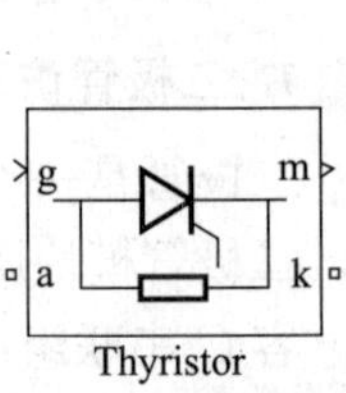

图 10－5　晶闸管模块图标

晶闸管的仿真模型由内电阻 R_{on}、内电感 L_{on}、直流电压源 V_f 和一个开关 SW 串联组成。这个开关受晶闸管电压 V_{ak}、电流 I_{ak} 和门极触发信号 g 控制。晶闸管的仿真模型如图 10－6 所示。

2. 晶闸管仿真元件的静态伏安特性

晶闸管仿真元件的静态伏安特性如图 10－7 所示，当晶闸管承受正向电压（$V_{ak}>V_f$）并且有正向门极信号（g>0）使得 $I_{ak}>I_l$ 时，晶闸管导通；当流过晶闸管的电流变为零（$I_{ak}=$

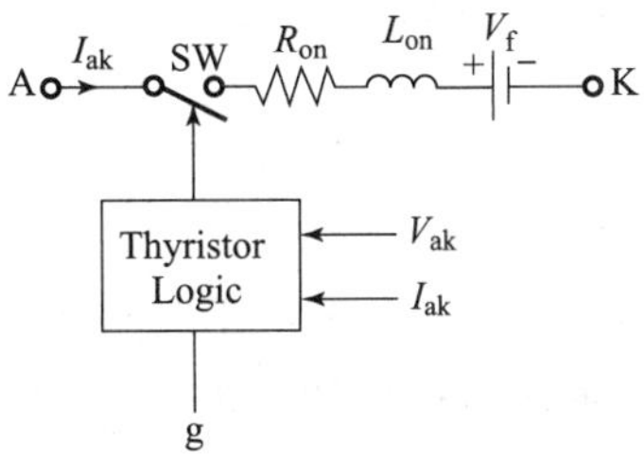

图 10－6　晶闸管的仿真模型

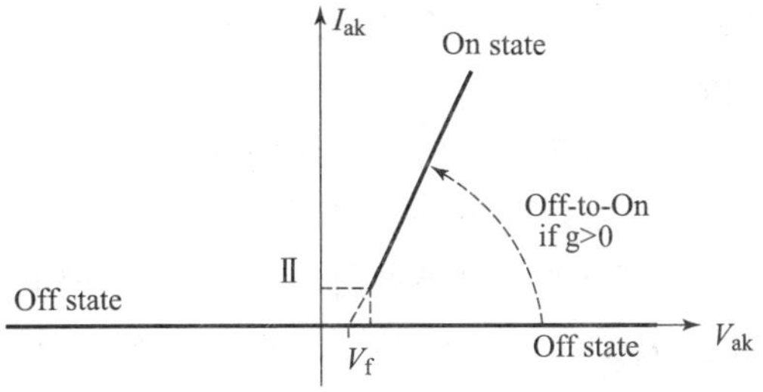

图 10－7　晶闸管静态伏安特性

0）或晶闸管承受反向电压时，晶闸管关断。

3. 晶闸管仿真元件的参数设置

晶闸管参数设置对话框如图 10－8 所示，各参数的意义如下：

晶闸管内电阻 R_{on}（单位是 Ω）：当内电感参数设置为 0 时，内电阻参数不能设置为 0。

晶闸管内电感 L_{on}（单位是 H）：当内电阻参数设置为 0 时，内电感参数不能设置为 0。

晶闸管正向管压降 V_f（单位是 V）。

初始电流 I_c（单位是 A）：通常将 I_c 设置为 0。

缓冲电阻 R_s（单位是 Ω）：如果不用缓冲电路，可将 R_s 设置为无穷大（inf）。

缓冲电容 C_s（单位是 F）：将 C_s 设置为 0 时，可以消除缓冲电路；将 C_s 设置为 inf 时，可得到纯电阻缓冲电路。

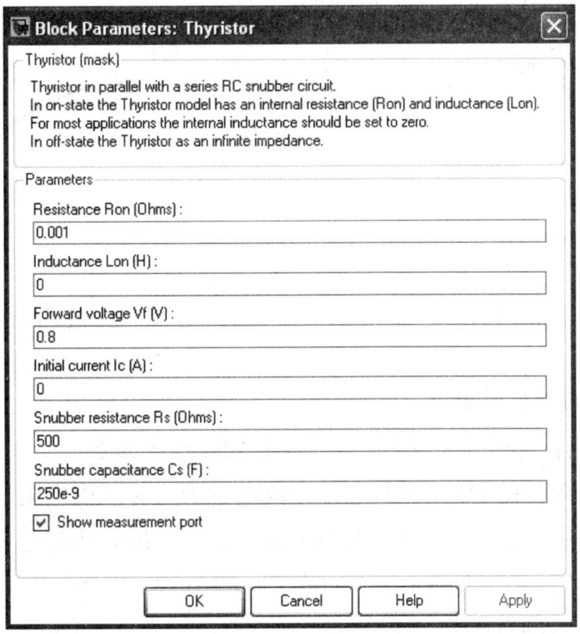

图 10－8　晶闸管参数设置对话框

10.1.3　门极可关断晶闸管（GTO）仿真模型

1. GTO 仿真模型描述

GTO 是通过门极信号使其导通和关断的半导体器件。在 MATLAB 中，GTO 模块图标如

图 10 - 9 所示。GTO 模块包括由一个电阻 R_s 和一个电容 C_s 串联组成的缓冲电路，与 GTO 并联。

GTO 模块有四个接线端子。标有 a 的端子是 GTO 的阳极，标有 k 的端子是 GTO 的阴极，标有 g 的端子是门极控制信号，标有 m 的端子用于测量 GTO 的电流和电压。

GTO 的仿真模型由内电阻 R_{on}、内电感 L_{on}、直流电压源 V_f 和一个开关 SW 串联组成。这个开关受 GTO 电压 V_{ak}、电流 I_{ak} 和门极触发信号 g 控制。GTO 的仿真模型如图 10 - 10 所示。

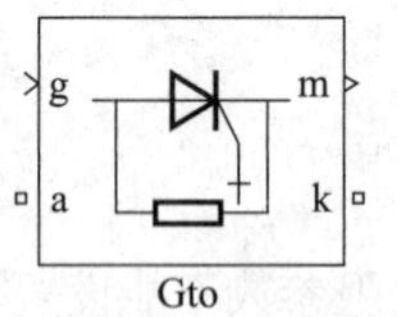

图 10 - 9　GTO 模块图标

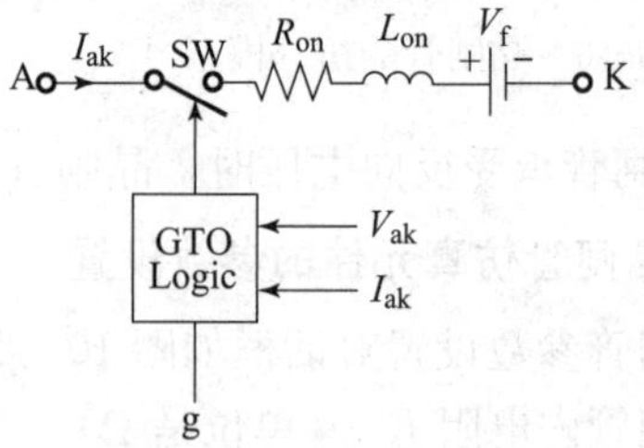

图 10 - 10　GTO 的仿真模型

2. GTO 仿真元件的静态伏安特性

GTO 仿真元件的静态伏安特性如图 10 - 11 所示，当 GTO 承受正向电压（$V_{ak}>V_f$）并且有正向门极信号（g>0）时，GTO 导通；当门极信号为零（g=0）时，GTO 开始关断，但是电流不会立即变为零。关断电流曲线如图 10 - 12 所示，其中 T_f 为电流从 I_{max} 下降到 10% I_{max} 的时间，T_t 为电流从 10% I_{max} 下降到 0 的时间。

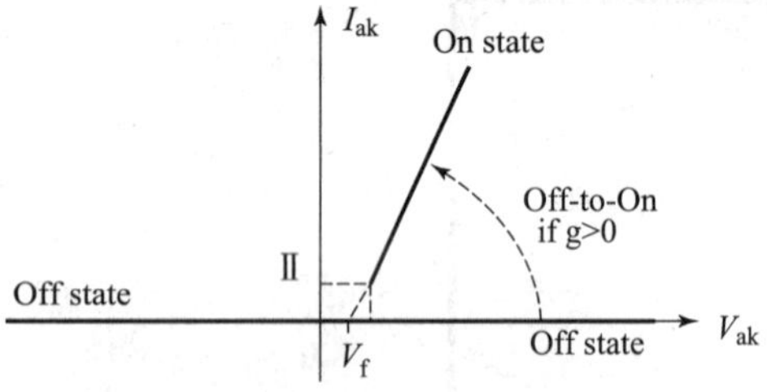

图 10 - 11　GTO 静态伏安特性

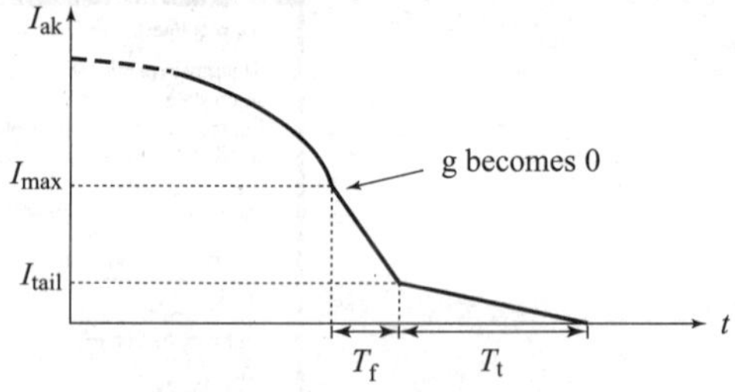

图 10 - 12　GTO 关断电流曲线

3. GTO 仿真元件的参数设置

GTO 参数设置对话框如图 10 - 13 所示，各参数的意义如下：

GTO 内电阻 R_{on}（单位是 Ω）：当内电感参数设置为 0 时，内电阻参数不能设置为 0。

GTO 内电感 L_{on}（单位是 H）：当内电阻参数设置为 0 时，内电感参数不能设置为 0。

GTO 正向管压降 V_f（单位是 V）。

电流下降到 10% I_{max} 的时间 T_f（单位是 s）。

电流拖尾时间 T_t（单位是 s）。

初始电流 I_c（单位是 A）：通常将 I_c 设为 0。

缓冲电阻 R_s（单位是 Ω）：如果不用缓冲电路，可将 R_s 设置为无穷大（inf）。

缓冲电容 C_s（单位是 F）：将 C_s 设置为 0 时，可以消除缓冲电路；将 C_s 设置为 inf 时，可得到纯电阻缓冲电路。

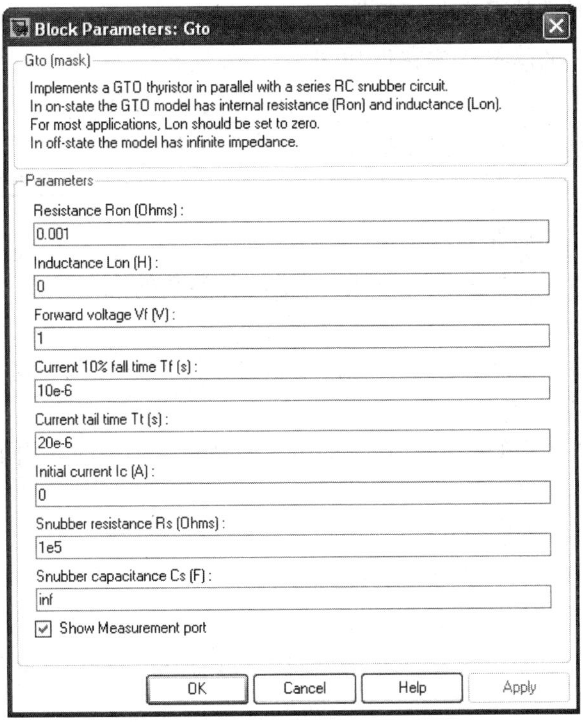

图 10 - 13　GTO 参数设置对话框

10.1.4　半导体场效应晶体管（MOSFET）仿真模型

1. MOSFET 仿真模型描述

MOSFET 是一种可控的半导体器件，在漏极电流 $I_d>0$ 时，通过栅极信号对其进行控制。在 MATLAB 中，MOSFET 模块图标如图 10 - 14 所示。MOSFET 模型内部并联了一个二极管，该二极管在 MOSFET 承受反向电压时导通。MOSFET 模块包括由一个电阻 R_s 和一个电容 C_s 串联组成的缓冲电路，与 MOSFET 并联。

MOSFET 模块有四个接线端子。标有 D 的端子是 MOSFET 的漏极，标有 S 的端子是 MOSFET 的源极，标有 g 的端子是栅极控制信号，标有 m 的端子用于测量 MOSFET 的电流和电压。

MOSFET 的仿真模型由内电阻 R_{on}、内电感 L_{on}、直流电压源 V_f 和一个开关 SW 串联组成。这个开关受 MOSFET 电压 V_{ds}、电流 I_d 和栅极触发信号 g 控制。MOSFET 的仿真模型如图 10 - 15 所示。

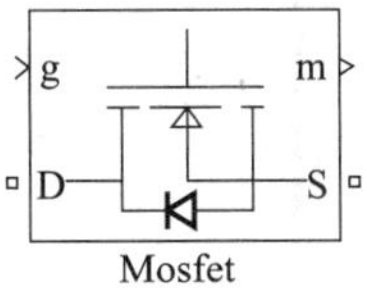

图 10 - 14　MOSFET 模块图标

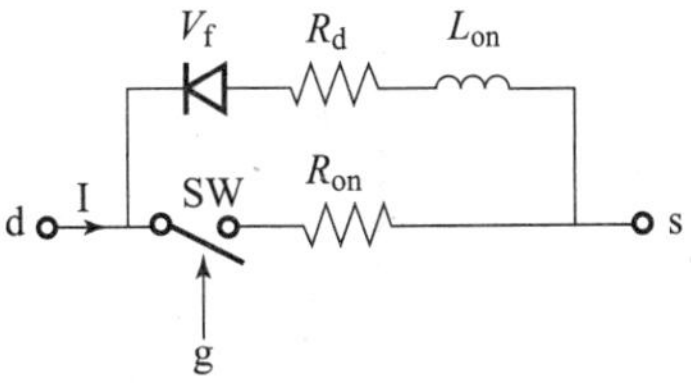

图 10 - 15　MOSFET 的仿真模型

2. MOSFET 仿真元件的静态伏安特性

MOSFET 仿真元件的静态伏安特性如图 10－16 所示，当 MOSFET 承受正向电压（$V_{ds}>0$）并且有正向栅极信号（g>0）时，MOSFET 导通；如果漏极电流 $I_d>0$，当栅极信号为零（g=0）时，MOSFET 关断。

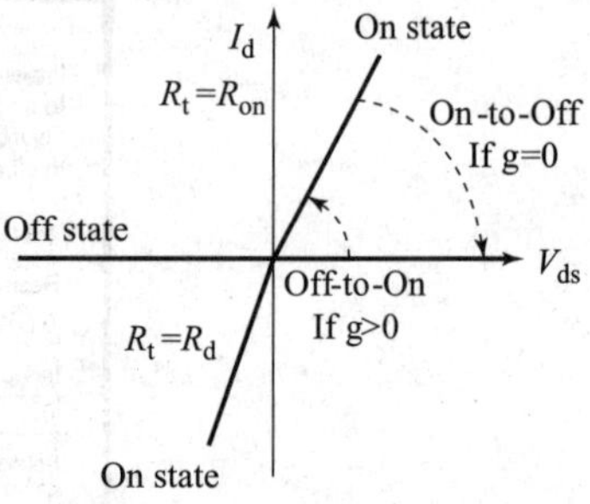

图 10－16　MOSFET 静态伏安特性

3. MOSFET 仿真元件的参数设置

MOSFET 参数设置对话框如图 10－17 所示，各参数的意义如下：

MOSFET 内电阻 R_{on}（单位是 Ω）：当内电感参数设置为 0 时，内电阻参数不能设置为 0。

MOSFET 内电感 L_{on}（单位是 H）：当内电阻参数设置为 0 时，内电感参数不能设置为 0。

内部二极管电阻 R_d（单位是 Ω）。

正向导通压降 V_f（单位是 V）。

初始电流 I_c（单位是 A）：通常将 I_c 设置为 0。

缓冲电阻 R_s（单位是 Ω）：如果不用缓冲电路，可将 R_s 设置为无穷大（inf）。

缓冲电容 C_s（单位是 F）：将 C_s 设置为 0 时，可以消除缓冲电路；将 C_s 设置为 inf 时，可得到纯电阻缓冲电路。

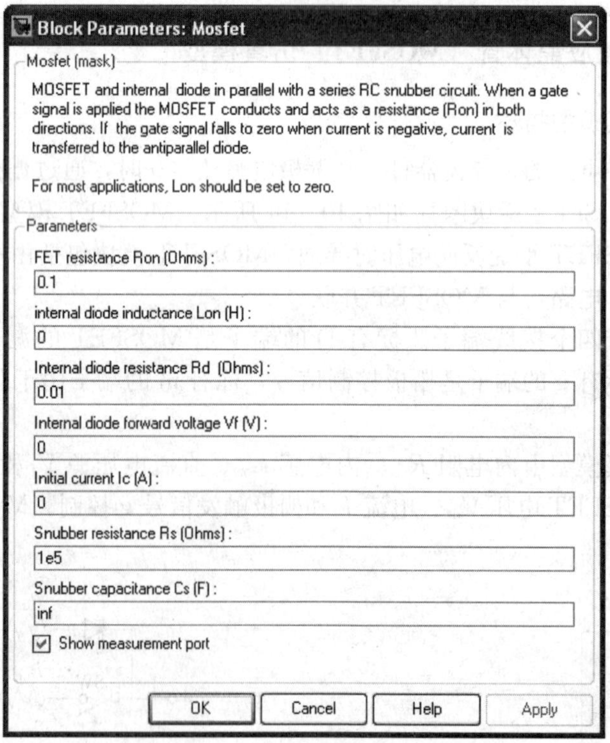

图 10－17　MOSFET 参数设置对话框

10.1.5　绝缘栅双极型晶体管（IGBT）仿真模型

1. IGBT 仿真模型描述

IGBT 是一种由栅极信号控制的半导体器件。在 MATLAB 中，IGBT 模块图标如图 10－18 所示。IGBT 模块包括由一个电阻 R_s 和一个电容 C_s 串联组成的缓冲电路，与 IGBT 并联。

IGBT 模块有四个接线端子。标有 C 的端子是 IGBT 的集电极，标有 E 的端子是 IGBT 的发射极，标有 g 的端子是栅极控制信号，标有 m 的端子用于测量 IGBT 的电流和电压。

IGBT 的仿真模型由内电阻 R_{on}、内电感 L_{on}、直流电压源 V_f 和一个开关 SW 串联组成。这个开关受 IGBT 逻辑信号控制，该逻辑信号又由 IGBT 的电压 V_{ce}、电流 I_c 和栅极触发信号 g 决定。IGBT 的仿真模型如图 10－19 所示。

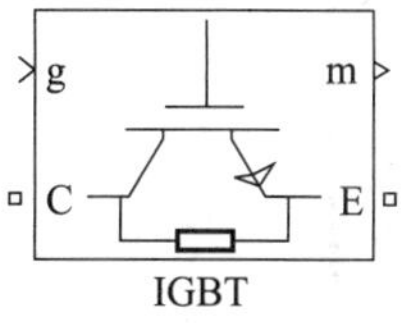

图 10－18　IGBT 模块图标

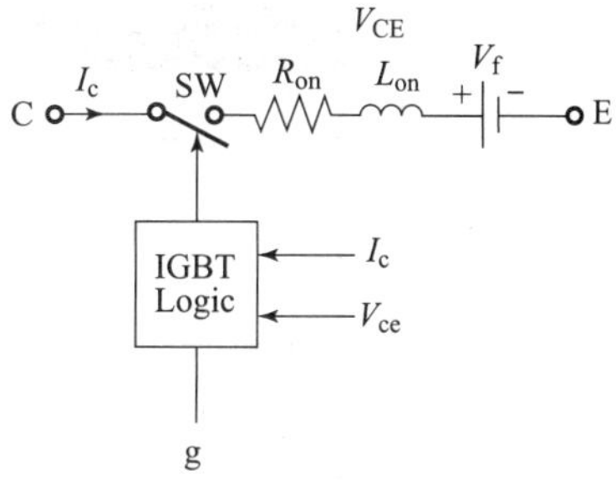

图 10－19　IGBT 的仿真模型

2. IGBT 仿真元件的静态伏安特性

IGBT 仿真元件的静态伏安特性如图 10－20 所示，当 IGBT 承受正向电压（$V_{ce}>V_f$）并且有正向栅极信号（g>0）时，IGBT 导通；当栅极信号为零（g=0）或 IGBT 承受反向电压（$V_{ce}<0$）时，IGBT 开始关断，但是集电极电流不会立即变为零。关断电流曲线如图 10－21 所示，其中 T_f 为电流从 I_{max} 下降到 10% I_{max} 的时间，T_t 为电流从 10% I_{max} 下降到 0 的时间。

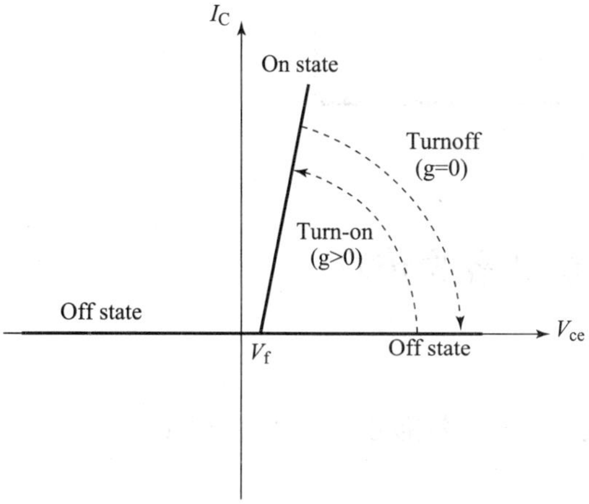

图 10－20　IGBT 静态伏安特性

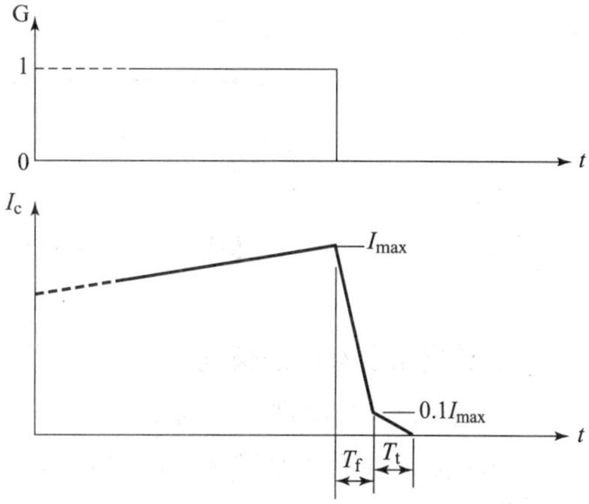

图 10－21　IGBT 关断电流曲线

3. IGBT 仿真元件的参数设置

IGBT 参数设置对话框如图 10－22 所示，各参数的意义如下：

IGBT 内电阻 R_{on}（单位是 Ω）：当内电感参数设置为 0 时，内电阻参数不能设置为 0。

IGBT 内电感 L_{on}（单位是 H）：当内电阻参数设置为 0 时，内电感参数不能设置为 0。

IGBT 正向管压降 V_f（单位是 V）。

电流下降到 10% I_{max}的时间 T_f（单位是 s）。

电流拖尾时间 T_t（单位是 s）。

初始电流 I_c（单位是 A）：通常将 I_c设为 0。

缓冲电阻 R_s（单位是 Ω）：如果不用缓冲电路，可将 R_s设置为无穷大（inf）。

缓冲电容 C_s（单位是 F）：将 C_s设置为 0 时，可以消除缓冲电路；将 C_s设置为 inf 时，可得到纯电阻缓冲电路。

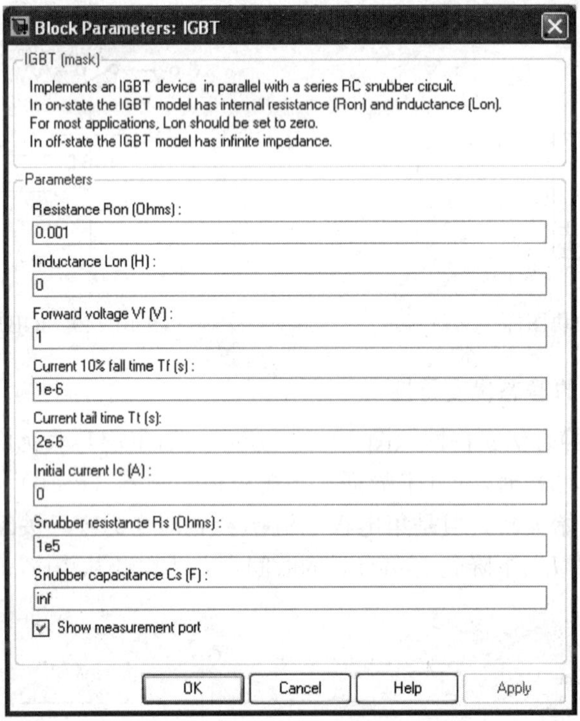

图 10－22　IGBT 参数设置对话框

10.2　单相半波整流电路的仿真

1. 带电阻负载时的情况

在 MATLAB 中搭建如图 10－23 所示的仿真模型，图中各部分参数设置如下：

(1) 交流电源（AC Voltage Source）参数。

Peak amplitude（V）：100。

Phase（deg）：0。

Frequency：50。

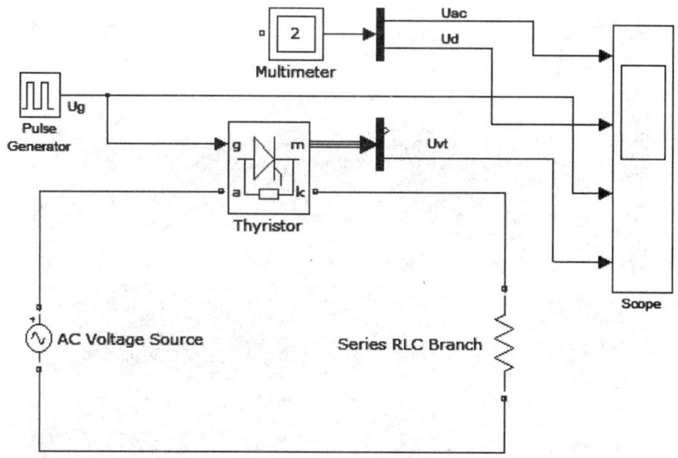

图 10－23 单相半波可控整流电路（电阻负载）仿真模型

Sample time：0。

Measurements：Voltage。

（2）晶闸管（Thyristor）参数。

Resistance Ron（Ohms）：0.001。

Inductance Lon（H）：0。

Forward voltage Vf（V）：0.8。

Initial current Ic（A）：0。

Snubber resistance Rs（Ohms）：500。

Snubber capacitance Cs（F）：250e-9。

Show measurement port：选中。

（3）串联 RLC 支路（Series RLC Branch）参数。

Resistance（Ohms）：1。

Inductance（H）：0。

Capacitance（F）：inf。

（4）脉冲发生器（Pulse Generator）参数。

Amplitude：1。

Period（secs）：0.02。

Pulse width（% of period）：10。

Phase delay（secs）：45＊0.02/360（触发角为 45°时，对应的相角滞后时间）。

在仿真电路模型中U_{ac}为电源电压，U_d为电阻负载电压，U_g为触发脉冲电压，U_{vt}为晶闸管两端电压。单相半波可控整流电路（电阻负载）的仿真波形如图 10－24 所示。

2. 带阻感负载时的情况

在 MATLAB 中搭建如图 10－25 所示的仿真电路模型。图中各部分参数设置与电阻负载基本相同，只需把串联 RLC 支路的 Inductance（H）参数改为 0.005。其中，U_{ac}为电源电压，U_d为电阻负载电压，I_d为负载电流，U_g为触发脉冲电压，U_{vt}为晶闸管两端电压。单相半波可控整流电路（阻感负载）的仿真波形如图 10－26 所示。

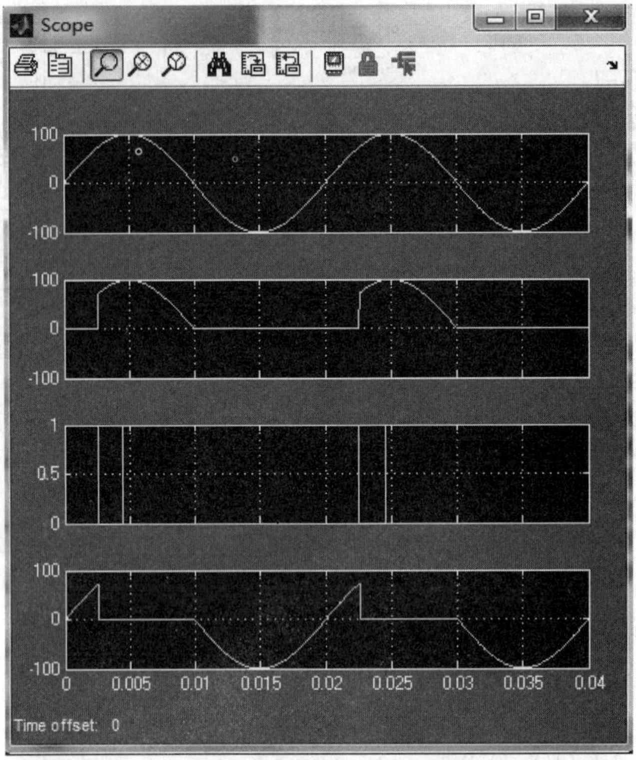

图 10－24　单相半波可控整流电路（电阻负载）的仿真波形

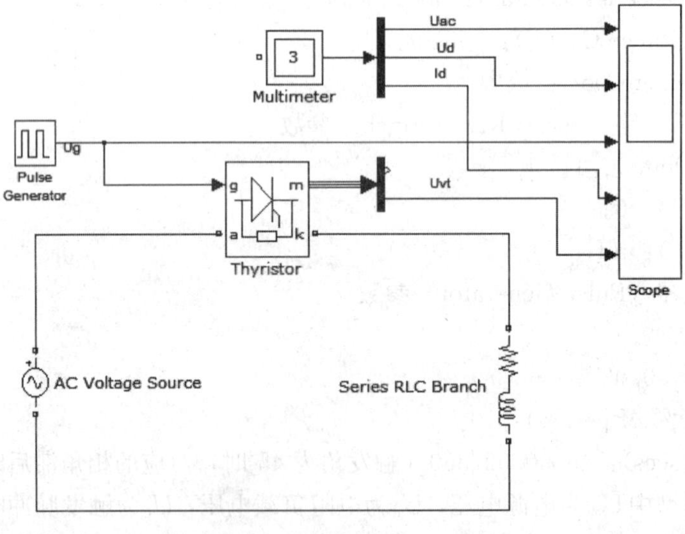

图 10－25　单相半波可控整流电路（阻感负载）仿真模型

3. 带阻感负载有续流二极管的情况

在 MATLAB 中搭建如图 10－27 所示的仿真电路模型，仿真模型中增加了续流二极管，其参数为默认参数，其他各部分参数与阻感负载时的设置相同。其中，U_{ac}为电源电压，U_d为电阻负载电压，I_d为负载电流，U_g为触发脉冲电压，U_{vt}为晶闸管两端电压，I_{vt}为流过晶闸管的电流。单相半波可控整流电路（阻感负载有续流二极管）的仿真波形如图 10－28 所示。

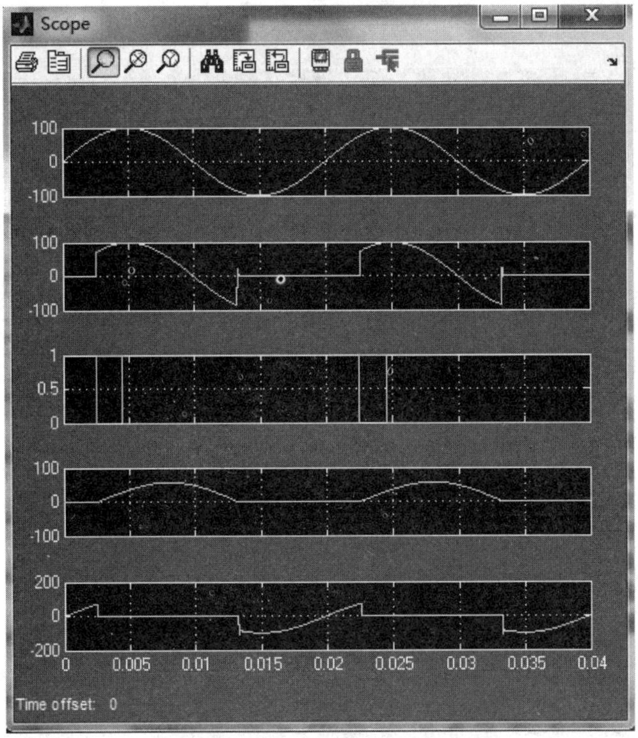

图 10－26　单相半波可控整流电路（阻感负载）仿真波形

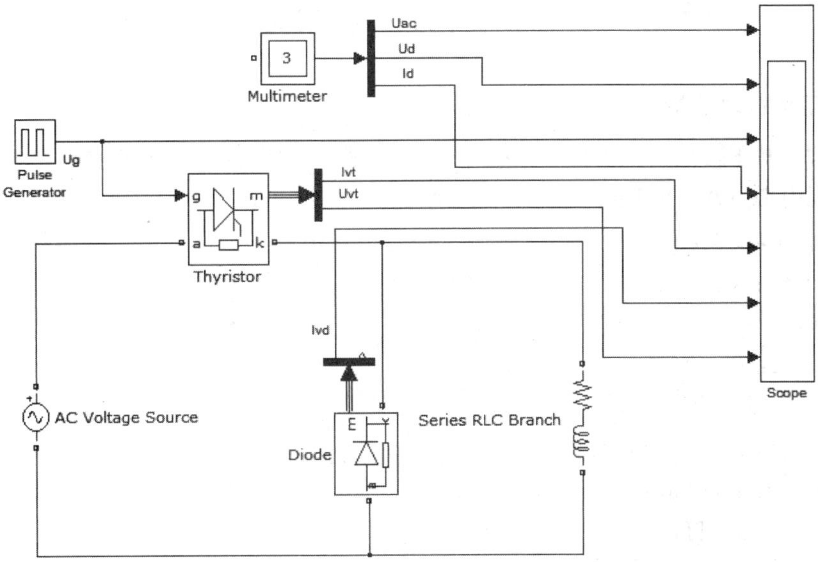

图 10－27　单相半波可控整流电路（阻感负载有续流二极管）仿真模型

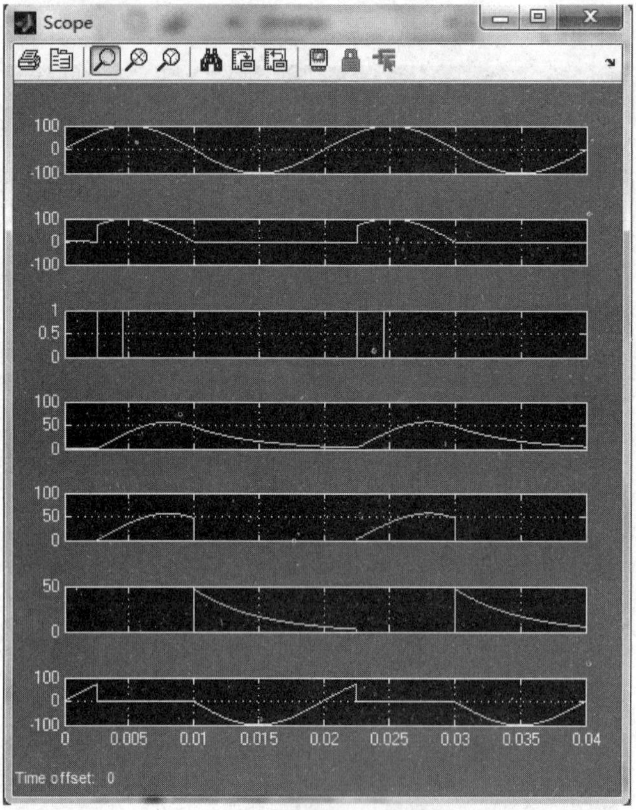

图 10 - 28 单相半波可控整流电路（阻感负载有续流二极管）仿真波形

10.3 单相桥式全控整流电路的仿真

1. 带电阻负载时的情况

在 MATLAB 中搭建如图 10 - 29 所示的仿真模型，图中各部分参数设置如下：

（1）交流电源（AC Voltage Source）参数。

Peak amplitude（V）：100。

Phase（deg）：0。

Frequency：50。

Sample time：0。

Measurements：Voltage。

（2）晶闸管（Thyristor）参数。

Resistance Ron（Ohms）：0.001。

Inductance Lon（H）：0。

Forward voltage Vf（V）：0.8。

Initial current Ic（A）：0。

Snubber resistance Rs（Ohms）：500。

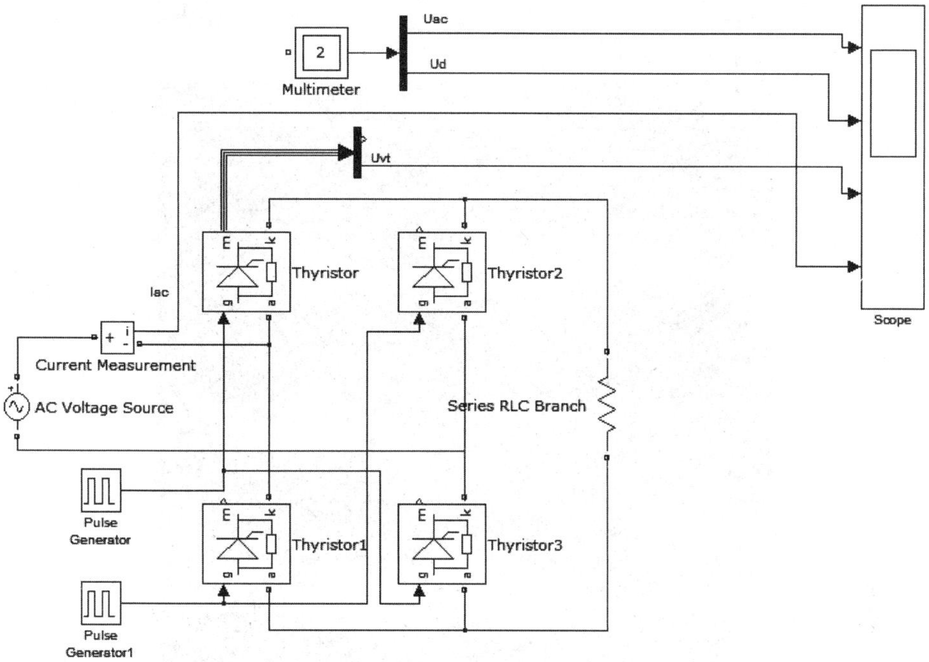

图 10－29 单相桥式全控整流电路（电阻负载）仿真模型

Snubber capacitance Cs（F）：250e-9。

Show measurement port：选中。

（3）串联 RLC 支路（Series RLC Branch）参数。

Resistance（Ohms）：1。

Inductance（H）：0。

Capacitance（F）：inf。

（4）脉冲发生器（Pulse Generator）参数。

Amplitude：1。

Period（secs）：0.02。

Pulse width（% of period）：10。

Phase delay（secs）：45＊0.02/360（另一个设为 45＊0.02/360＋0.01）。

在仿真电路模型中 U_{ac} 为电源电压，U_d 为电阻负载电压，I_{ac} 为电源电流，U_{vt} 为晶闸管两端电压。单相桥式全控整流电路（电阻负载）的仿真波形如图 10－30 所示。

2. 带阻感负载时的情况

在 MATLAB 中搭建如图 10－31 所示的仿真电路模型，图中各部分参数设置与电阻负载时基本相同，只需把串联 RLC 支路的 Resistance（Ohms）参数改为 10，Inductance（H）参数改为 0.03。单相桥式全控整流电路（阻感负载）的仿真波形如图 10－32 所示。

3. 带反电动势负载时的情况

在 MATLAB 中搭建如图 10－33 所示的仿真电路模型。仿真模型中增加了直流电压源，其参数 Amplitude（V）设为 20，其他各部分参数设置与电阻负载时基本相同。其中，U_{ac} 为电压源电压，U_d 为负载电压，I_d 为负载电流，其仿真波形如图 10－34 所示。

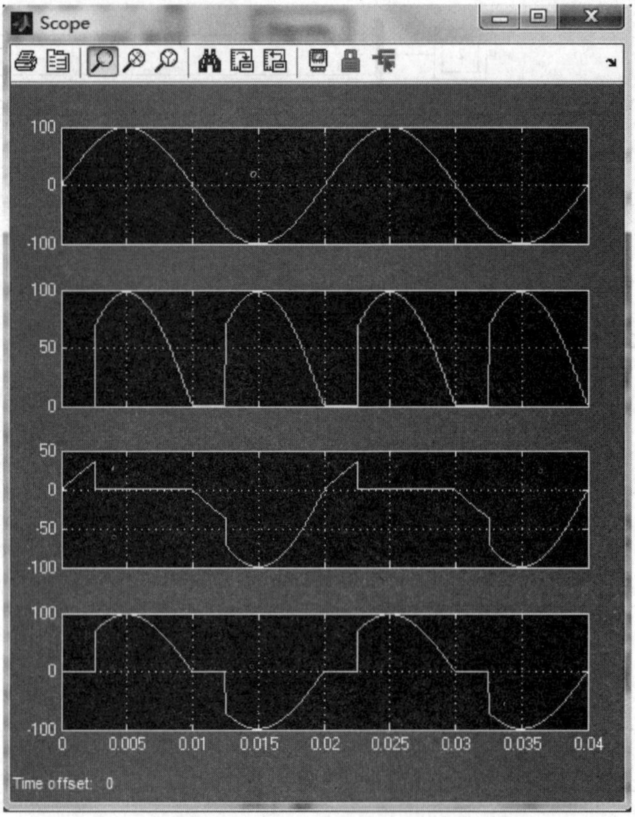

图 10-30 单相桥式全控整流电路（电阻负载）仿真波形

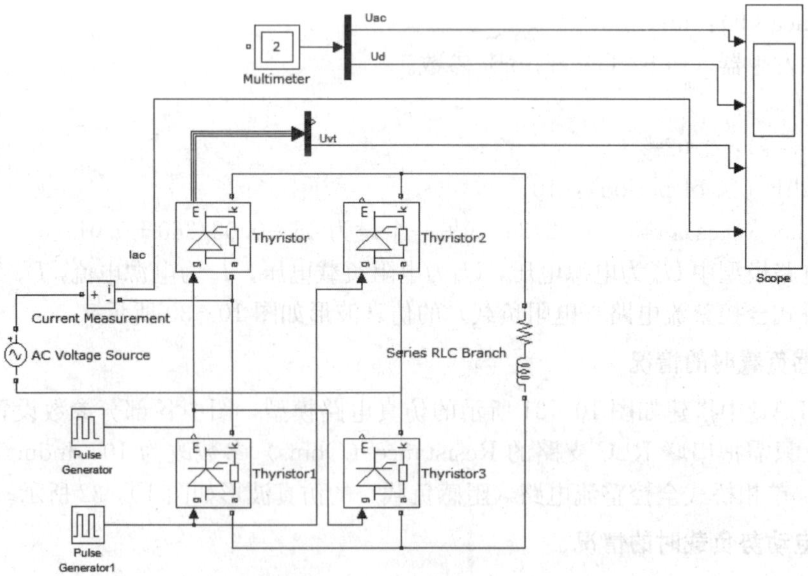

图 10-31 单相桥式全控整流电路（阻感负载）仿真模型

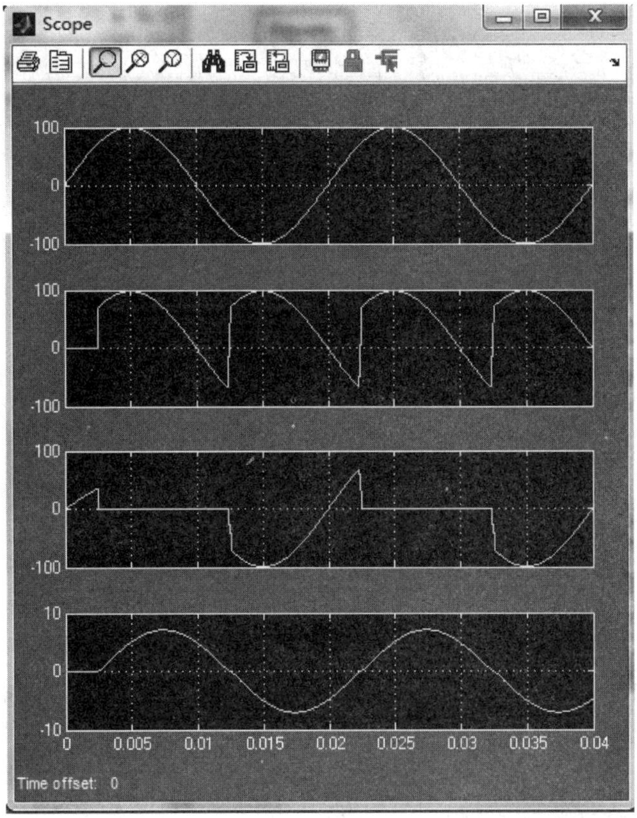

图 10-32　单相桥式全控整流电路（阻感负载）的仿真波形

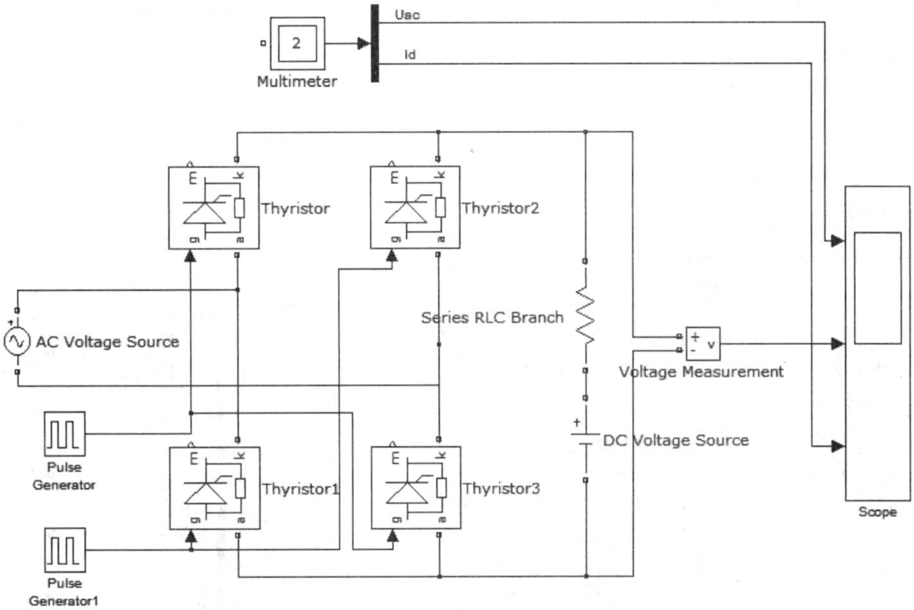

图 10-33　单相桥式全控整流电路（反电动势负载）仿真模型

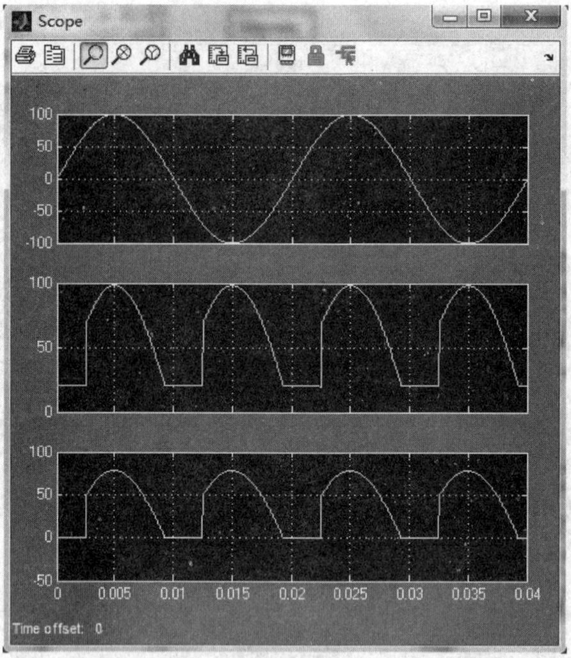

图 10-34　单相桥式全控整流电路（反电动势负载）的仿真波形

10.4　三相半波整流电路的仿真

1. 带电阻负载时的情况

在 MATLAB 中搭建如图 10-35 所示的仿真电路模型，图中各部分参数设置如下：

(1) 交流电源（AC Voltage Source）参数。

Peak amplitude（V）：100。

Phase（deg）：0（其余两个分别设为－120 和 120）。

Frequency（Hz）：50。

Sample time：0。

Measurements：Voltage。

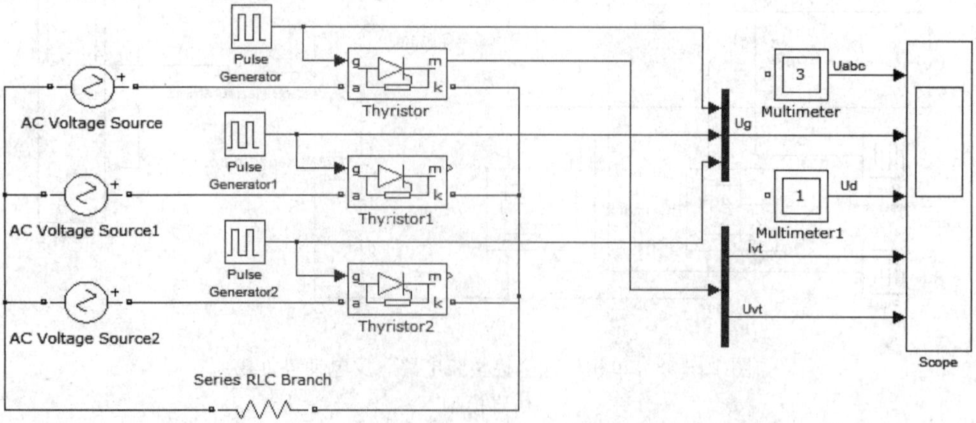

图 10-35　三相半波可控整流电路（电阻负载）仿真模型

(2) 晶闸管（Thyristor）参数。

Resistance Ron（Ohms）：0.001。

Inductance Lon（H）：0。

Forward voltage Vf（V）：0.8。

Initial current Ic（A）：0。

Snubber resistance Rs（Ohms）：500。

Snubber capacitance Cs（F）：250e-9。

Show measurement port：选中。

(3) 串联 RLC 支路（Series RLC Branch）参数。

Resistance（Ohms）：1。

Inductance（H）：0。

Capacitance（F）：inf。

(4) 脉冲发生器（Pulse Generator）参数。

Amplitude：1。

Period（secs）：0.02。

Pulse width（% of period）：10。

Phase delay（secs）：30 * 0.02/360（另外两个设为 150 * 0.02/360 和 270 * 0.02/360）。

在仿真电路模型中，U_{abc}为三相交流电压，U_g为脉冲电压，U_d为电阻负载电压，U_{vt}为晶闸管两端电压，I_{vt}为流过晶闸管的电流。三相半波可控整流电路（电阻负载，$\alpha=0°$）仿真波形如图 10-36 所示。

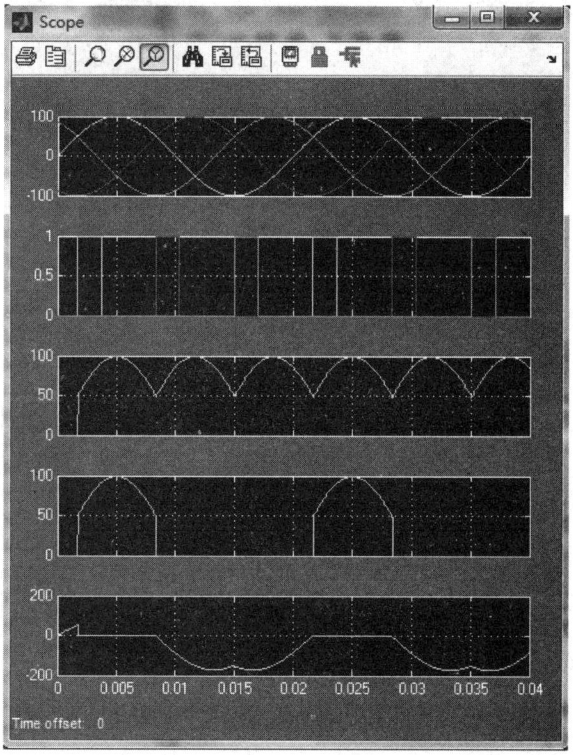

图 10-36 三相半波可控整流电路（电阻负载，$\alpha=0°$）的仿真波形

如要对三相半波可控整流电路（电阻负载，$\alpha=30°$）进行仿真，需要将脉冲发生器的 Phase delay（secs）参数分别设置为 60 * 0.02/360、180 * 0.02/360 和 300 * 0.02/360 即可，其仿真波形如图 10－37 所示。

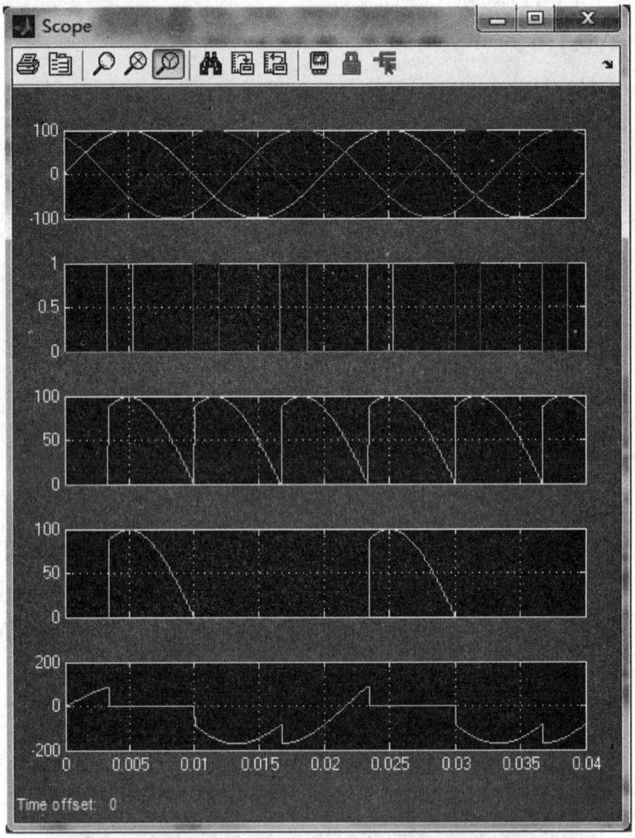

图 10－37　三相半波可控整流电路（电阻负载，$\alpha=30°$）的仿真波形

2. 带阻感负载时的情况

在 MATLAB 中搭建如图 10－38 所示的仿真电路模型，图中各部分参数设置与电阻负载时基本相同，只需把串联 RLC 支路的 Inductance（H）参数改为 0.005；脉冲发生器的 Phase

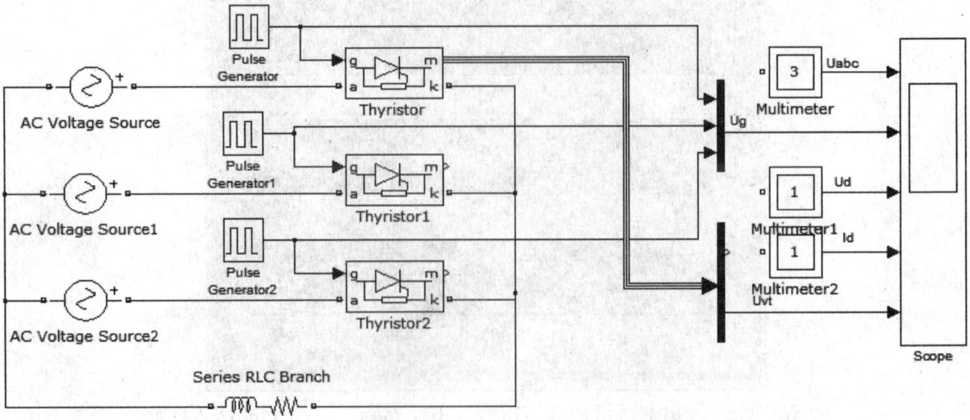

图 10－38　三相半波可控整流电路（阻感负载）仿真模型

delay（secs）参数分别设置为 90 * 0.02/360、210 * 0.02/360 和 330 * 0.02/360。三相半波可控整流电路（阻感负载，$\alpha=60°$）的仿真波形如图 10-39 所示。

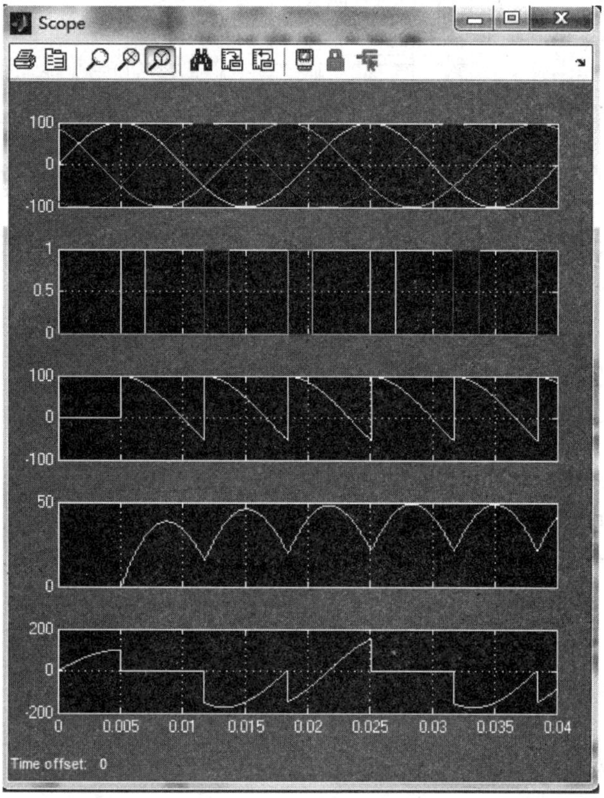

图 10-39　三相半波可控整流电路（阻感负载，$\alpha=60°$）的仿真波形

10.5　三相桥式整流电路的仿真

1. 带电阻负载时的情况

在 MATLAB 中搭建如图 10-40 所示的仿真电路模型，图中各部分参数设置如下：

(1) 交流电源（AC Voltage Source）参数。

Peak amplitude（V）：100。

Phase（deg）：0（其余两个分别设为－120 和 120）。

Frequency（Hz）：50。

Sample time：0。

Measurements：Voltage。

(2) 晶闸管（Thyristor）参数。

Resistance Ron（Ohms）：0.001。

Inductance Lon（H）：0。

Forward voltage Vf（V）：0.8。

Initial current Ic（A）：0。

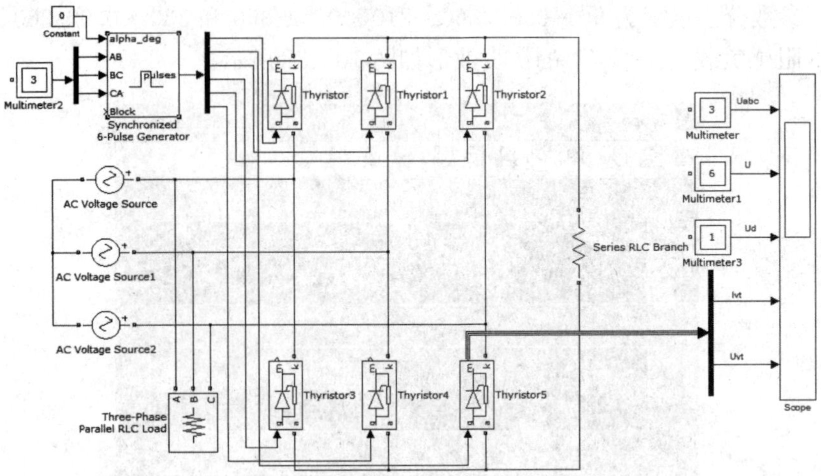

图 10 - 40　三相桥式全控整流电路（电阻负载）仿真模型

Snubber resistance Rs（Ohms）：500。

Snubber capacitance Cs（F）：250e-9。

Show measurement port：选中。

(3) 串联 RLC 支路（Series RLC Branch）参数。

Resistance（Ohms）：1。

Inductance（H）：0。

Capacitance（F）：inf。

(4) 同步 6 脉冲发生器（Synchronized 6-Pulse Generator）参数。

Frequency of synchronization voltage（Hz）：50。

Pulse width（degrees）：10。

其中，该模块的输入 alpha_deg 为触发脉冲移相控制角度输入端；输入 AB、BC、CA 是同步线电压的输入端；Block 为该模块使能端，当输入信号为 0 时，模块使能，当输入信号大于 0 时，模块被禁用。

(5) 三相并联 RLC 负载（Three-phase Parallel RLC Load）参数。

Configuration：Delta。

Nominal Phase-to-phase voltage Vn（Vrms）：1000。

Nominal frequency fn（Hz）：50。

Active power P（W）：10e3。

Inductive reactive power QL（positive var）：0。

Capacitive reactive power Qc（positive var）：0。

Measurements：Branch voltage。

在这个图 10 - 40 中，该模块的作用是检测三相线电压。

三相桥式全控整流电路（电阻负载，$\alpha=0°$）的仿真波形如图 10 - 41 所示，其中第一个图是三相相电压，第二个图是三相线电压，第三个图是直流侧负载电压，第四个图是晶闸管电流，第五个图是晶闸管两端电压。

对三相桥式全控整流电路（电阻负载，$\alpha=30°$）进行仿真，只需把同步 6 脉冲发生器的 alpha_deg 输入信号改为 30，其余参数不变。其仿真波形如图 10 - 42 所示。

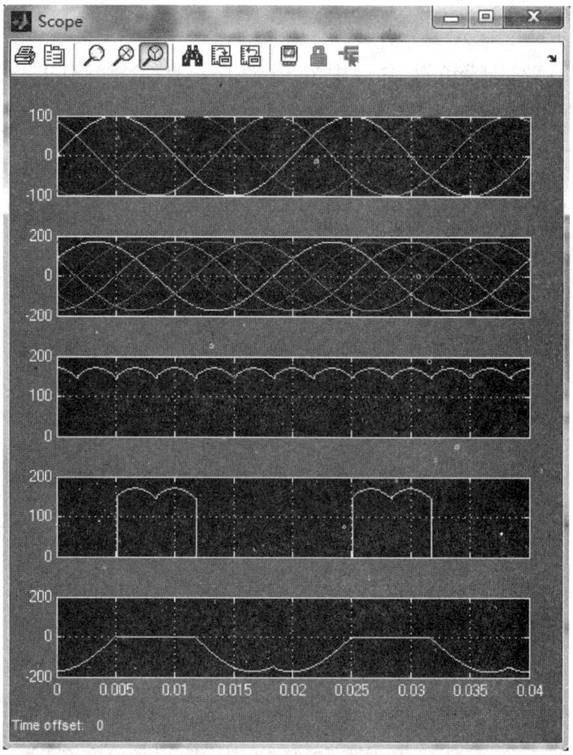

图 10－41　三相桥式全控整流电路（电阻负载，$\alpha=0°$）的仿真波形

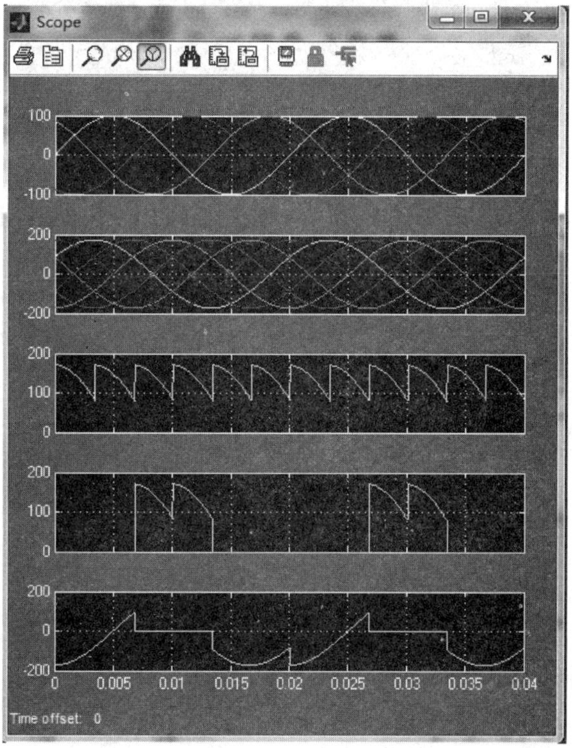

图 10－42　三相桥式全控整流电路（电阻负载，$\alpha=30°$）的仿真波形

2. 带阻感负载时的情况

三相桥式全控整流电路阻感负载仿真电路模型与电阻负载相同，只需把串联 RLC 支路的 Inductance（H）参数改为 0.05，同步 6 脉冲发生器的 alpha_deg 输入信号改为 90，其余参数不变。其仿真波形如图 10-43 所示。

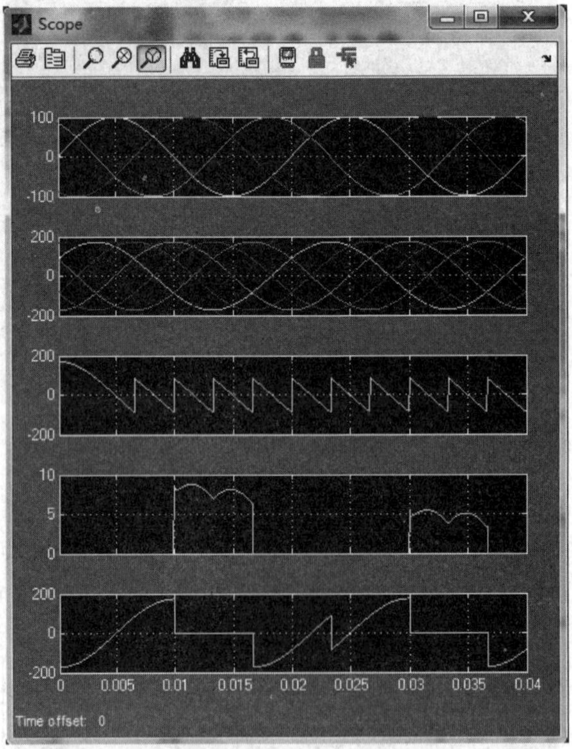

图 10-43　三相桥式全控整流电路（阻感负载，$\alpha=90°$）的仿真波形

10.6　带电容滤波的单相不可控整流电路

在 MATLAB 中搭建如图 10-44 所示的带电容滤波的单相不可控整流电路仿真模型，图中各部分参数设置如下：

(1) 交流电压源（AC Voltage Source）参数。

Peak amplitude（V）：100。

Phase（deg）：0。

Frequency（Hz）：50。

Sample time：0。

(2) 二极管（Diode）参数。

Resistance Ron（Ohms）：0.001。

Inductance Lon（H）：0。

Forward voltage Vf（V）：0.8。

Initial current Ic（A）：0。

Snubber resistance Rs（Ohms）：500。

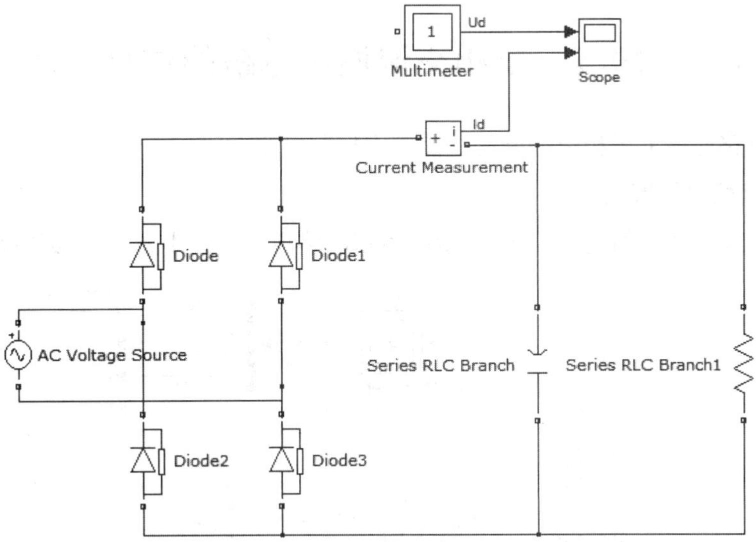

图 10－44　带电容滤波的单相不可控整流电路仿真模型

Snubber capacitance Cs（F）：250e-9。

（3）串联 RLC 支路（series RLC Branch）参数。

Resistance (Ohms)：0。

Inductance (H)：0。

Capacitance (F)：1e-2。

Measurement ：Branch voltage。

（4）串联 RLC 支路（series RLC Branch）参数。

Resistance (Ohms)：1。

Inductance (H)：0。

Capacitance (F)：inf。

在仿真模型中，U_d 为负载电压，I_d 为负载电流。带电容滤波的单相不可控整流电路的仿真波形如图 10－45 所示。

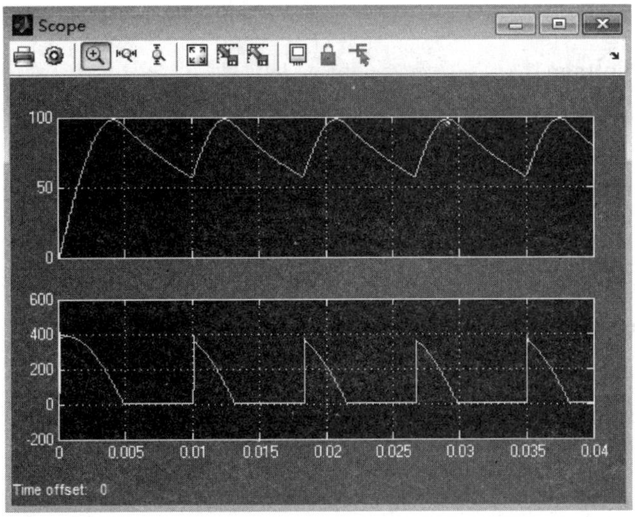

图 10－45　带电容滤波的单相不可控整流电路的仿真波形

10.7 单相交流调压电路的仿真

交流调压电路是指采用相位控制的交流电力控制电路。

1. 带电阻负载时的情况

在 MATLAB 中搭建如图 10-46 所示的仿真电路模型，图中各部分参数设置如下：

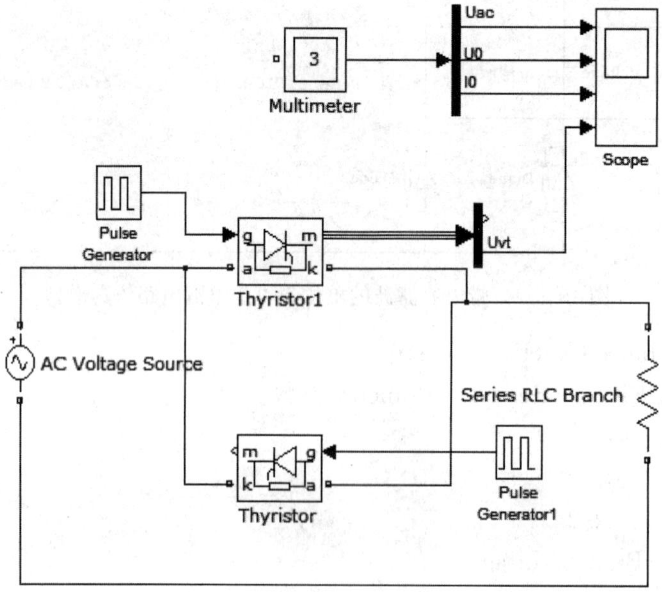

图 10-46 单相交流调压电路（电阻负载）仿真模型

(1) 交流电压源（AC Voltage Source）参数。

Peak amplitude（V）：100。

Phase（deg）：0。

Frequency（Hz）：50。

Sample time：0。

Measurement ：voltage。

(2) 晶闸管（Thyristor）参数。

Resistance Ron（Ohms）：0.001。

Inductance Lon（H）：0。

Forward voltage Vf（V）：0.8。

Initial current Ic（A）：0。

Snubber resistance Rs（Ohms）：500。

Snubber capacitance Cs（F）：250e-9。

(3) 串联 RLC 支路（series RLC Branch）参数。

Resistance (Ohms)：1。

Inductance (H)：0。

Capacitance (F)：inf。

Measurement：Branch voltage and current。

（4）脉冲发生器（Pulse Generator）参数。

Amplitude：1。

Period（secs）：0.02。

Pulse width（% of period）：10。

Phase delay（secs）：30 * 0.02/360（另一个设为 210 * 0.02/360）。

该仿真模型中，U_{ac}为交流电源电压，U_o 为负载电压，I_o 为负载电流，U_{vt}为晶闸管两端电压，仿真波形如图 10-47 所示。

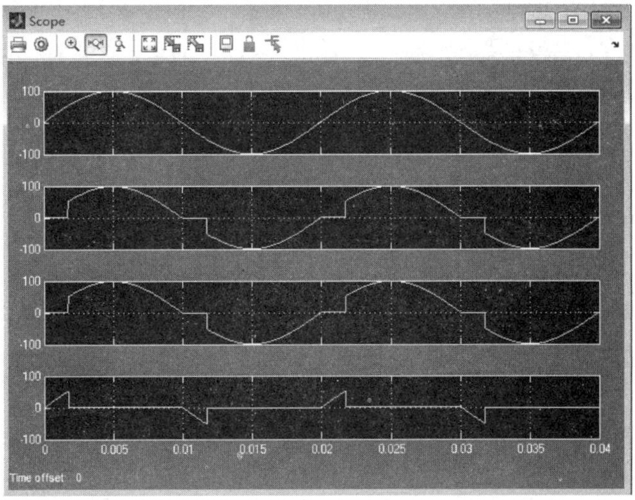

图 10-47　单相交流调压电路（电阻负载）的仿真波形

2. 带阻感负载时的情况

单相交流调压电路阻感负载仿真模型与电阻负载的相同，只需把串联 RLC 支路的 Inductance（H）参数设为 0.001，其他参数不变。其仿真波形如图 10-48 所示。

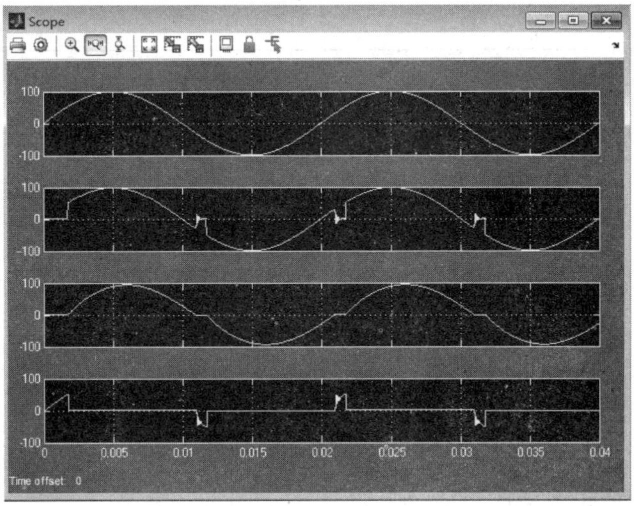

图 10-48　单相交流调压电路（阻感负载）的仿真波形

10.8　降压斩波电路的仿真

在 MATLAB 中搭建如图 10－49 所示的仿真电路模型，图中各部分参数设置如下：

（1）直流电源（DC Voltage Source）参数。

Amplitude（V）：100。

（2）IGBT 参数。

Resistance Ron（ohms）：0.001。

Inductance Lon（H）：1e-6。

Forward voltage Vf（V）：1。

Current 10% fall time Tf（s）：1e-6。

Current tail time Tt（s）：2e-6。

Initial current Ic（A）：0。

Snubber resistance Rs（ohms）：1e5。

Snubber capacitance Cs（F）：inf。

（3）二极管（Diode）参数。

Resistance Ron（Ohms）：0.001。

Inductance Lon（H）：0。

Forward voltage Vf（V）：0.8。

Initial current Ic（A）：0。

Snubber resistance Rs（Ohms）：500。

Snubber capacitance Cs（F）：250e-9。

（4）串联 RLC 支路（series RLC Branch）参数。

Resistance（Ohms）：1。

Inductance（H）：0.5。

Capacitance（F）：inf。

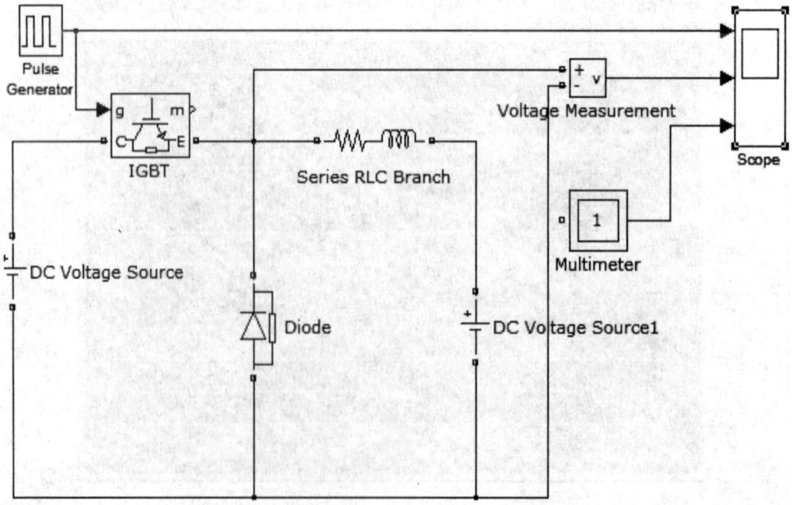

图 10－49　降压斩波电路（电阻负载）仿真模型

Measurement：Branch current。

(5) 脉冲发生器（Pulse Generator）参数。

Amplitude：1。

Period（secs)：2。

Pulse width（% of period)：80。

Phase delay（secs)：0。

(6) 用直流电源 EM 表示直流电动机反电动势。

Amplitude（V)：30。

在仿真电路图中，U_g 为脉冲电压，U_o 为负载电压，I_o 为负载电流。降压斩波电路电流连续时的仿真波形如图 10－50 所示。

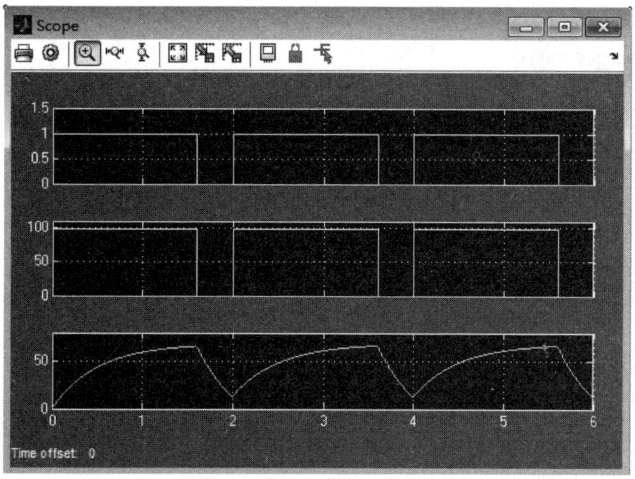

图 10－50　降压斩波电路电流连续时（80%占空比）的仿真波形

10.9　升降压斩波电路的仿真

在 MATLAB 中搭建如图 10－51 所示的仿真电路模型，图中各部分参数设置如下：

(1) 直流电源（DC Voltage Source）参数。

Amplitude（V)：100。

(2) IGBT 参数。

Resistance Ron（ohms)：0.001。

Inductance Lon（H)：1e-6。

Forward voltage Vf（V)：1。

Current 10% fall time Tf（s)：1e-6。

Current tail time Tt（s)：2e-6。

Initial current Ic（A)：0。

Snubber resistance Rs（ohms)：1e5。

Snubber capacitance Cs（F)：inf。

(3) 二极管（Diode）参数。

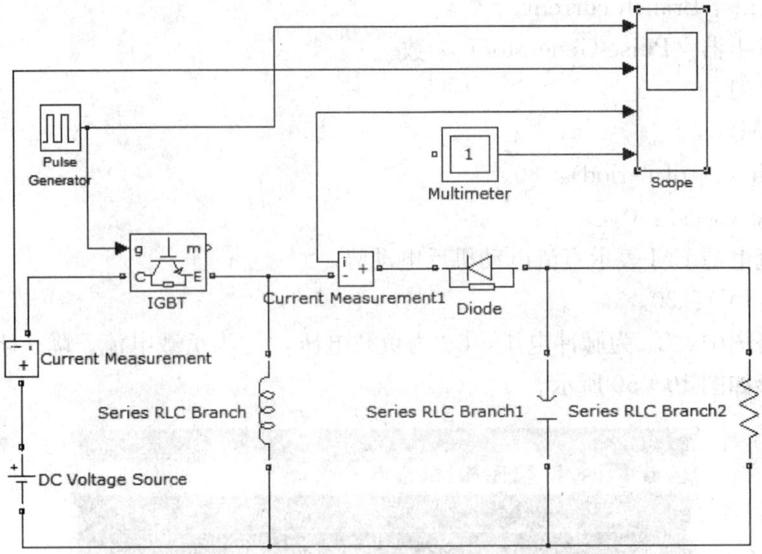

图 10-51　升降压斩波电路仿真模型

Resistance Ron（Ohms）：0.001。

Inductance Lon（H）：0。

Forward voltage Vf（V）：0.8。

Initial current Ic（A）：0。

Snubber resistance Rs（Ohms）：inf。

Snubber capacitance Cs（F）：inf。

(4) 串联 RLC 支路（series RLC Branch）参数。

Resistance (Ohms)：0。

Inductance (H)：0.8。

Capacitance (F)：inf。

Measurement：Branch current。

(5) 串联 RLC 支路 1（series RLC Branch1）参数。

Resistance (Ohms)：1。

Inductance (H)：0。

Capacitance (F)：inf。

Measurement：Branch current。

(6) 串联 RLC 支路 2（series RLC Branch2）参数。

Resistance (Ohms)：0。

Inductance (H)：0。

Capacitance (F)：1e-3。

Measurement：Branch current。

(7) 脉冲发生器（Pulse Generator）参数。

Amplitude：1。

Period（secs）：2。

Pulse width（% of period）：50。

Phase delay（secs）：1。

在仿真电路图中，U_g 为脉冲电压，U_o 为负载电压，I_1 为流过 IGBT 的电流，I_2 为流过二极管的电流，升降压斩波电路占空比为 30%的仿真波形如图 10－52 所示。

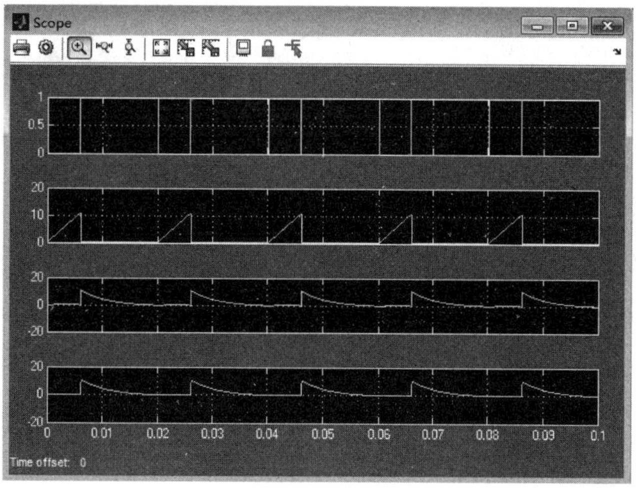

图 10－52　升降压斩波电路占空比为 30%的仿真波形

10.10　单相电压型逆变电路的仿真

1. 单相半桥电压型逆变电路的仿真

在 MATLAB 中搭建如图 10－53 所示的仿真电路模型，图中各部分参数设置如下：

(1) 直流电源（DC Voltage Source）参数。

Amplitude（V）：100。

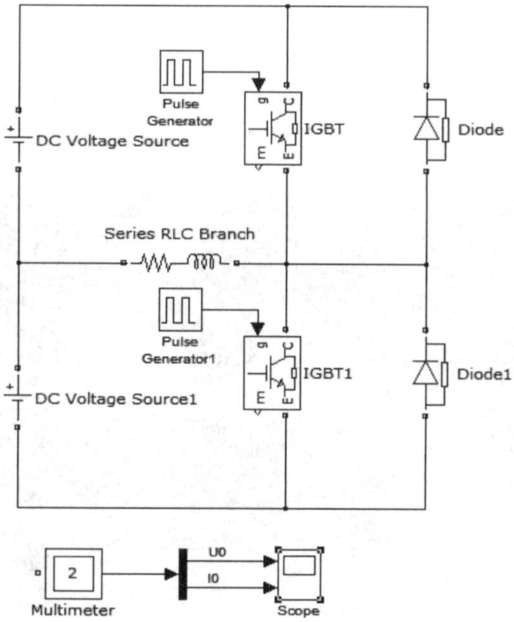

图 10－53　单相半桥电压型逆变电路仿真模型

(2) IGBT 参数。

Resistance Ron (ohms): 0.001。

Inductance Lon (H): 1e-6。

Forward voltage Vf (V): 1。

Current 10% fall time Tf (s): 1e-6。

Current tail time Tt (s): 2e-6。

Initial current Ic (A): 0。

Snubber resistance Rs (ohms): 1e5。

Snubber capacitance Cs (F): inf。

(3) 二极管 (Diode) 参数。

Resistance Ron (Ohms): 0.001。

Inductance Lon (H): 0。

Forward voltage Vf (V): 0.8。

Initial current Ic (A): 0。

Snubber resistance Rs (Ohms): 500。

Snubber capacitance Cs (F): 250e-9。

(4) 串联 RLC 支路 (series RLC Branch) 参数。

Resistance (Ohms): 1。

Inductance (H): 0.5。

Capacitance (F): inf。

Measurement : Branch voltage and current。

(5) 脉冲发生器 (Pulse Generator) 参数。

Amplitude: 1。

Period (secs): 2。

Pulse width (% of period): 50。

Phase delay (secs): 0 (另一个设置为 1)。

在仿真电路图中，U_o 为负载电压，I_o 为负载电路，其仿真波形如图 10－54 所示。

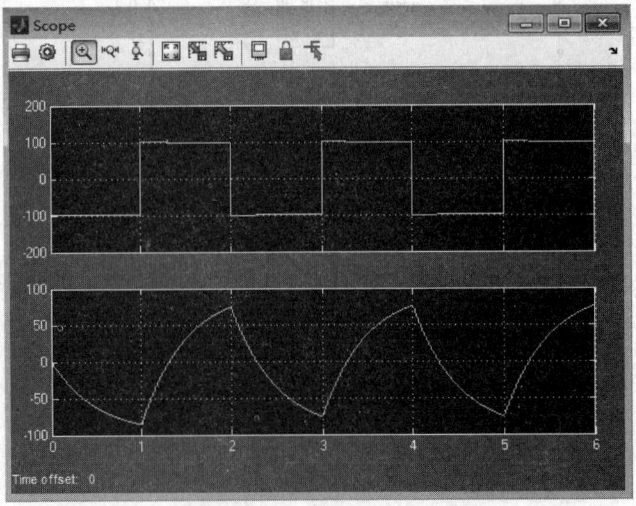

图 10－54　单相半桥电压型逆变电路的仿真波形

2. 单相全桥逆变电路的仿真

在 MATLAB 中搭建如图 10－55 所示的仿真电路模型，图中各部分的参数设置与单相半桥电压型逆变电路仿真模型的参数相同，其仿真波形如图 10－56 所示。

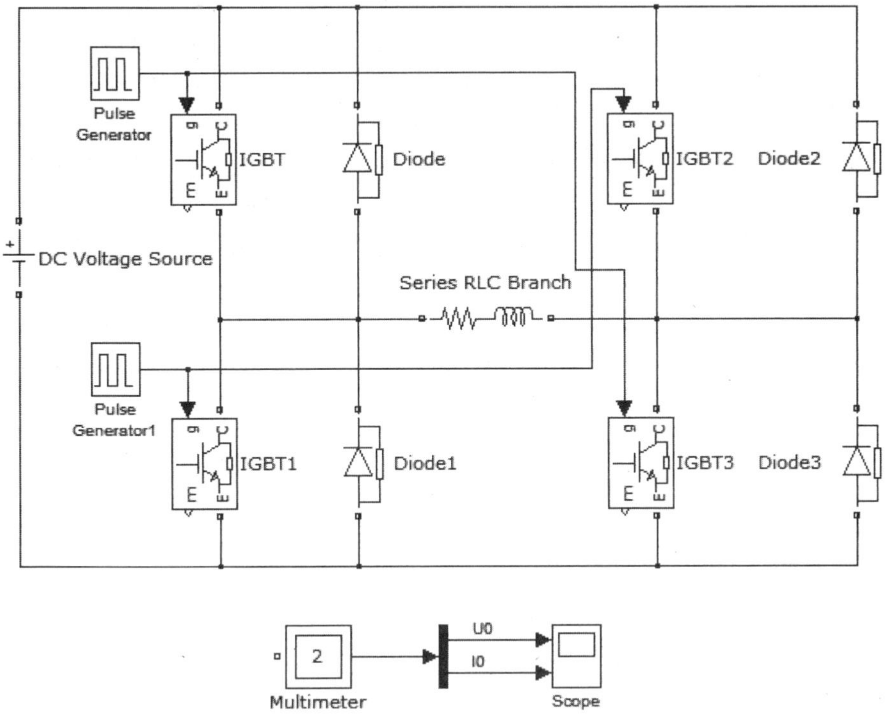

图 10－55　单相全桥逆变电路仿真模型

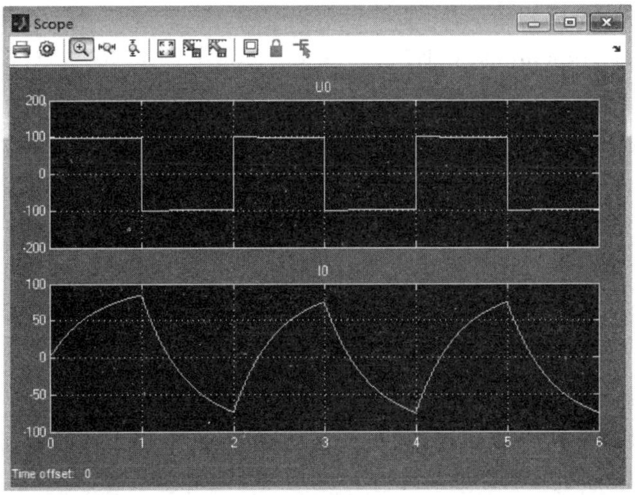

图 10－56　单相全桥逆变电路的仿真波形

3. 三相电压型桥式逆变电路的仿真

在 MATLAB 中搭建如图 10－57 所示的仿真电路模型，图中各部分的参数设置如下：

(1) 直流电源（DC Voltage Source）参数。

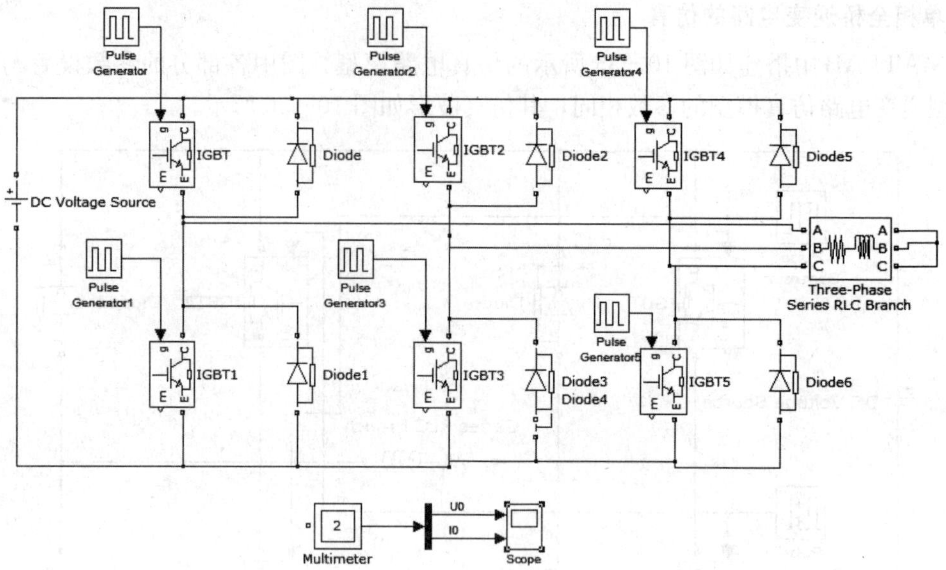

图 10-57　三相电压型桥式逆变电路仿真模型

Amplitude（V）：100。

（2）IGBT 参数。

Resistance Ron（ohms）：0.001。

Inductance Lon（H）：1e-6。

Forward voltage Vf（V）：1。

Current 10% fall time Tf（s）：1e-6。

Current tail time Tt（s）：2e-6。

Initial current Ic（A）：0。

Snubber resistance Rs（ohms）：1e5。

Snubber capacitance Cs（F）：inf。

（3）二极管（Diode）参数。

Resistance Ron（Ohms）：0.001。

Inductance Lon（H）：0。

Forward voltage Vf（V）：0.8。

Initial current Ic（A）：0。

Snubber resistance Rs（Ohms）：500。

Snubber capacitance Cs（F）：250e-9。

（4）三相串联 RLC 支路（Three - Phase series RLC Branch）参数。

Resistance（Ohms）：1。

Inductance（H）：0.1。

Capacitance（F）：inf。

Measurement ：Branch voltage and current。

（5）脉冲发生器（Pulse Generator）参数。

Amplitude：1。

Period (secs): 2。

Pulse width (% of period): 50。

Phase delay (secs): 上桥臂的分别为 0、120 * 2/360、240 * 2/360，下桥臂的分别为 1、1+120 * 2/360、1+240 * 2/360。

在仿真电路图中，U_o 为负载相电压，I_o 为负载相电压。三相电压型桥式逆变电路的仿真波形如图 10 - 58 所示。

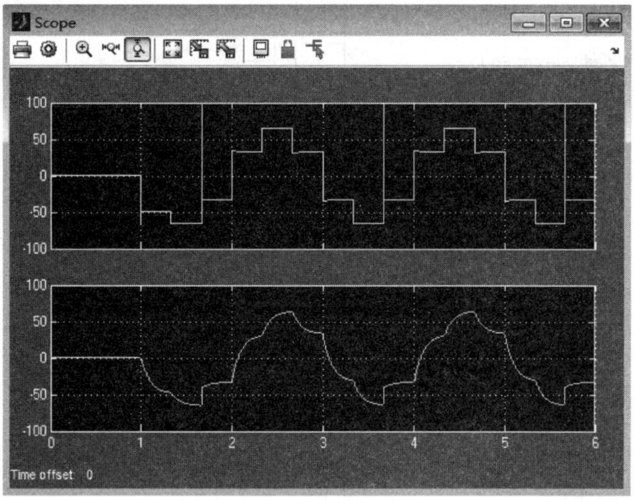

图 10 - 58 三相电压型桥式逆变电路的仿真波形

10.11 电流型逆变电路的仿真

1. 单相电流型逆变电路仿真

在 MATLAB 中搭建如图 10 - 59 所示的单相电流型逆变电路仿真模型，图中各部分的参数设置如下：

(1) 可控电流源 (Controlled Current Source)。

Source type: DC。

Initial amplitude (A): 10。

(2) 晶闸管 (Thyristor) 参数。

Resistance Ron (Ohms): 0.001。

Inductance Lon (H): 0。

Forward voltage Vf (V): 0.8。

Initial current Ic (A): 0。

Snubber resistance Rs (Ohms): 500。

Snubber capacitance Cs (F): 250e-9。

(3) 串联 RLC 支路 1 (Series RLC Branch1) 参数。

Resistance (Ohms): 1。

Inductance (H): 1e-2。

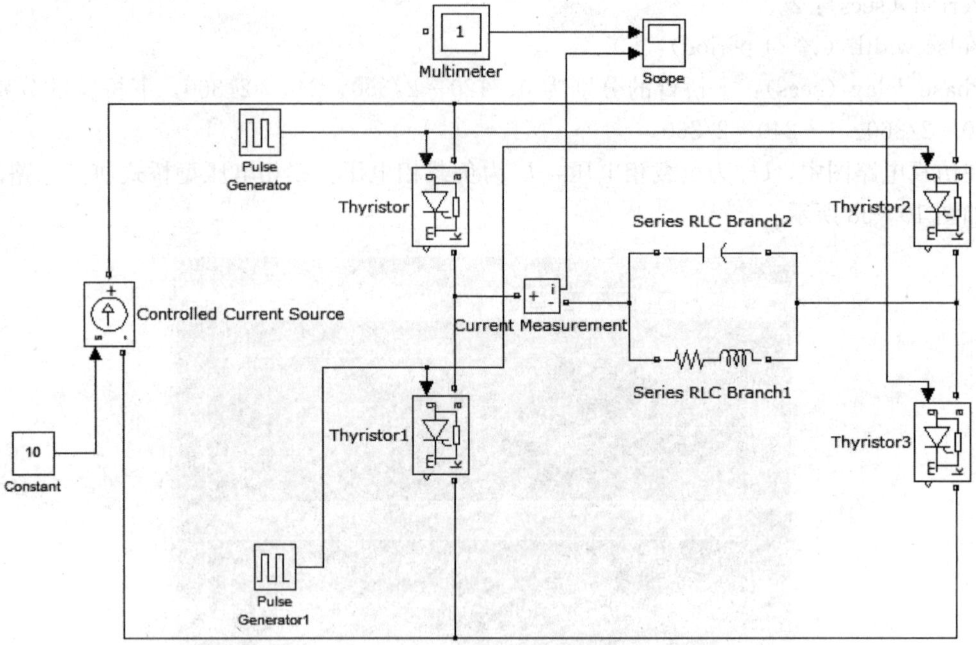

图 10-59 单相电流型逆变电路仿真模型

Capacitance (F)：inf。

Measurement ：Branch voltage。

(4) 串联 RLC 支路 2（Series RLC Branch2）参数。

Resistance (Ohms)：0。

Inductance (H)：0。

Capacitance (F)：1e-2/3。

(5) 脉冲发生器（Pulse Generator）参数。

Amplitude：1。

Period (secs)：0.02。

Pulse width (% of period)：50。

Phase delay (secs)：0（另一个设为 0.01）。

在仿真电路图中，I_o 为负载电压。单相电流型逆变电路的仿真波形如图 10-60 所示。

2. 三相电流型逆变电路仿真

在 MATLAB 中搭建如图 10-61 所示的三相电流型逆变电路仿真模型，图中各部分参数设置如下：

(1) 可控电流源（Controlled Current Source）。

Source type：DC。

Initial amplitude (A)：1。

Measurements：Current。

(2) Mosfet 参数。

Resistance Ron (Ohms)：0.001。

Inductance Lon (H)：1e-6。

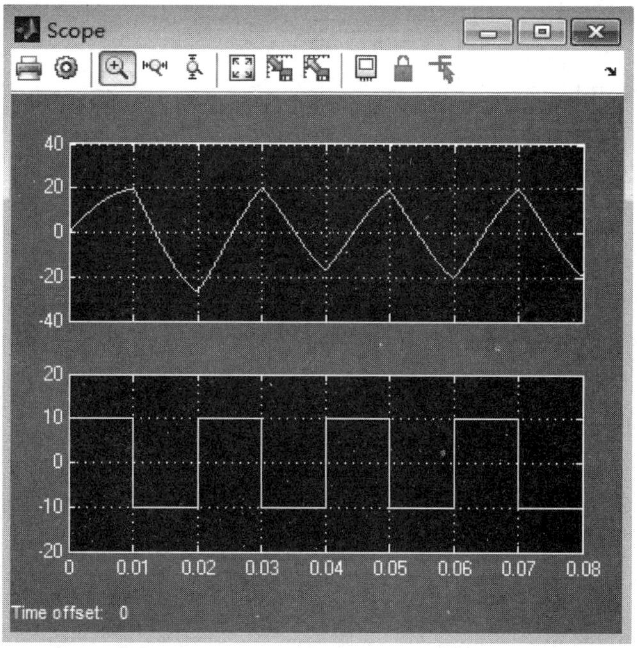

图 10－60　单相电流型逆变电路的仿真波形

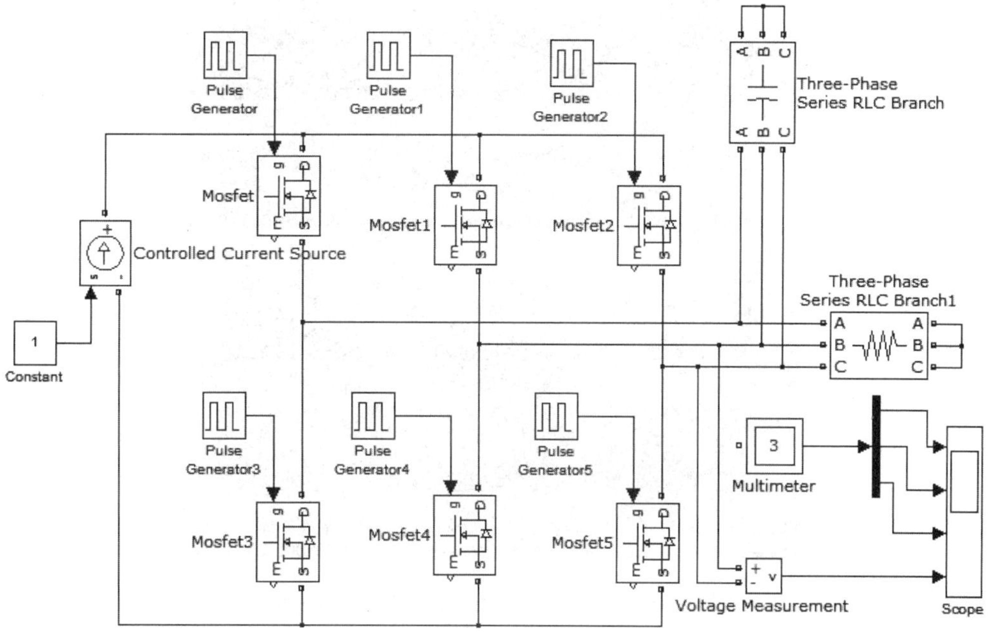

图 10－61　三相电流型逆变电路仿真模型

Internal diode resistance Rd（ohms）：0.001。

Initial current Ic（A）：0。

Snubber resistance Rs（Ohms）：1e5。

Snubber capacitance Cs（F）：inf。

（3）串联 RLC 支路 1（Series RLC Branch1）参数。

Resistance (Ohms): 1。

Inductance (H): 0。

Capacitance (F): inf。

Measurement : Branch currents。

(4) 串联 RLC 支路 2 (Series RLC Branch2) 参数。

Resistance (Ohms): 0。

Inductance (H): 0。

Capacitance (F): 1e-3。

(5) 脉冲发生器 (Pulse Generator) 参数。

Amplitude: 1。

Period (secs): 0.06。

Pulse width (% of period): 100/3。

Phase delay (secs): 上桥臂的分别是 0.01、0.03、0.05,下桥臂的分别是 0.04、0、0.02。

在仿真电路图中,I_a、I_b、I_c 为三相输出交流电流,U_{ab} 为负载线电压。三相电流型逆变电路的仿真波形如图 10-62 所示。

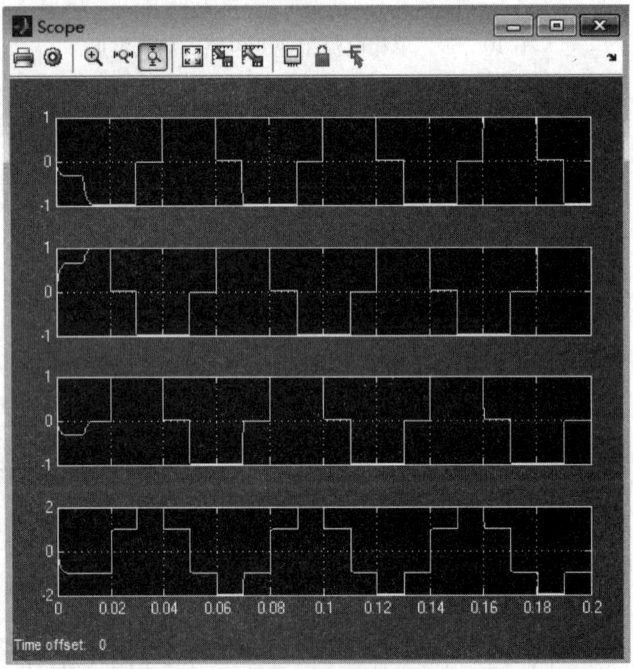

图 10-62 三相电流型逆变电路的仿真波形

10.12 PWM 变流电路的仿真

1. 单相桥式 PWM 逆变电路的仿真

在 MATLAB 中搭建如图 10-63 所示的单相桥式 PWM 逆变电路仿真模型,图中各部分参数设置如下:

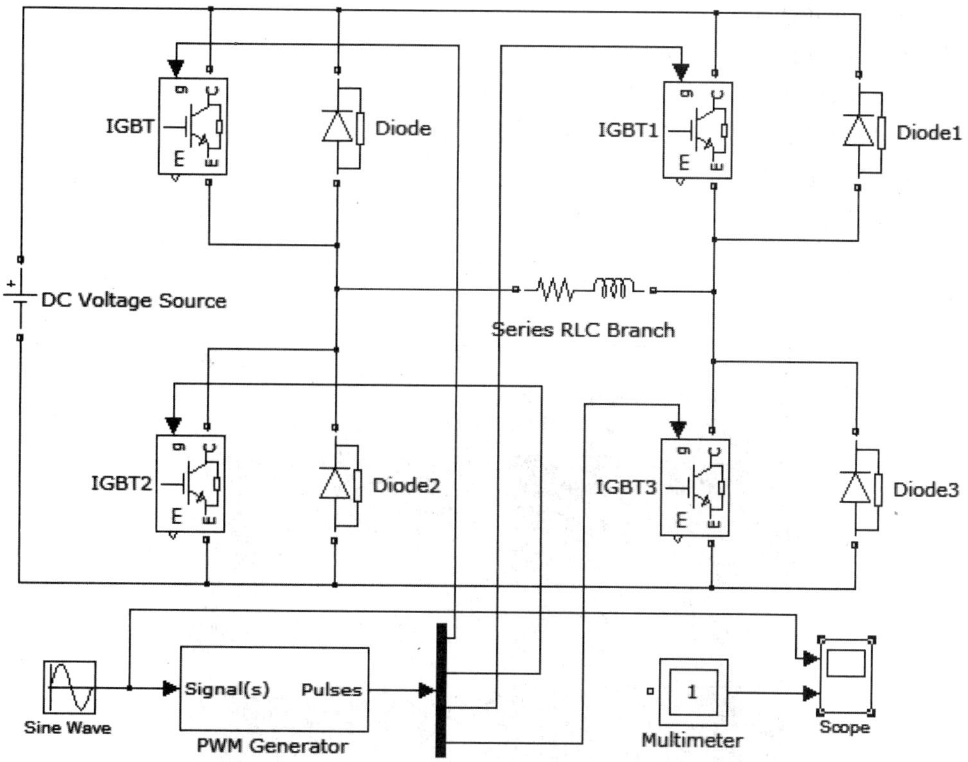

图 10-63　单相桥式 PWM 逆变电路仿真模型

(1) 直流电源 (DC Voltage Source) 参数。

Amplitude (V): 100。

(2) IGBT 参数。

Resistance Ron (Ohms): 0.001。

Inductance Lon (H): 1e-6。

Forward voltage Vf (V): 1。

Current 10% fall time Tf (s): 1e-6。

Current tail time Tt (s): 2e-6。

Initial current Ic (A): 0。

Snubber resistance Rs (Ohms): 1e5。

Snubber capacitance Cs (F): inf。

(3) 串联 RLC 支路 (Series RLC Branch) 参数。

Resistance (Ohms): 1。

Inductance (H): 1e-3。

Capacitance (F): inf。

Measurement : Branch voltage。

(4) 二极管 (Diode) 参数。

Resistance Ron (Ohms): 0.001。

Inductance Lon (H): 0。

Forward voltage Vf (V): 0.8。

Initial current Ic（A）：0。

Snubber resistance Rs（Ohms）：500。

Snubber capacitance Cs（F）：250e-9。

（5）PWM 发生器（PWM Generator）参数。

Generator Mode：2-arm bridge（4 pulses）。

Carrier frequency（Hz）：500。

在仿真电路图中，U_r 为信号波电压，U_d 为负载电压。单相桥式 PWM 逆变电路的仿真波形如图 10－64 所示。

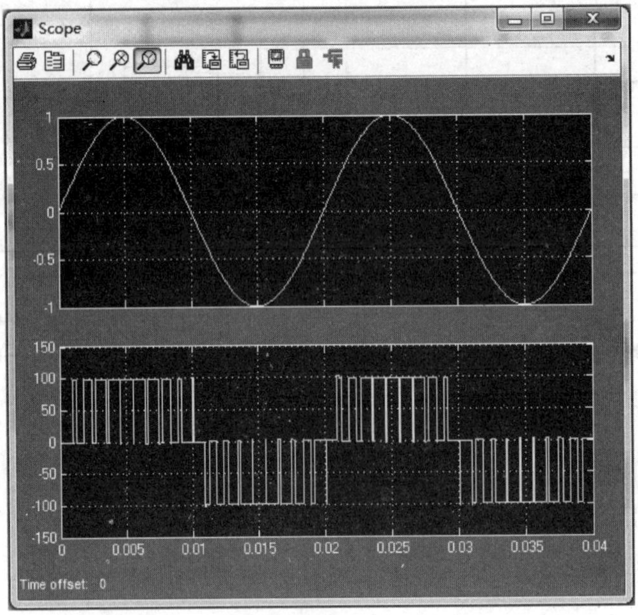

图 10－64　单相桥式 PWM 逆变电路的仿真波形

2. 三相桥式 PWM 逆变电路的仿真

在 MATLAB 中搭建如图 10－65 所示的三相桥式 PWM 逆变电路仿真模型，图中各部分参数设置如下：

（1）直流电源（DC Voltage Source）参数。

Amplitude（V）：100。

（2）IGBT 参数。

Resistance Ron（Ohms）：0.001。

Inductance Lon（H）：1e-6。

Forward voltage Vf（V）：1。

Current 10% fall time Tf（s）：1e-6。

Current tail time Tt（s）：2e-6。

Initial current Ic（A）：0。

Snubber resistance Rs（Ohms）：1e5。

Snubber capacitance Cs（F）：inf。

（3）三相串联 RLC 支路（Series RLC Branch）参数。

Resistance (Ohms)：1。

Inductance (H)：1e-3。

Capacitance (F)：inf。

Measurement ：Branch voltage。

(4) 二极管 (Diode) 参数。

Resistance Ron (Ohms)：0.001。

Inductance Lon (H)：0。

Forward voltage Vf (V)：0.8。

Initial current Ic (A)：0。

Snubber resistance Rs (Ohms)：500。

Snubber capacitance Cs (F)：250e-9。

(5) PWM 发生器 (PWM Generator) 参数。

Generator Mode：2-arm bridge (4 pulses) Carrier frequency (Hz)：500。

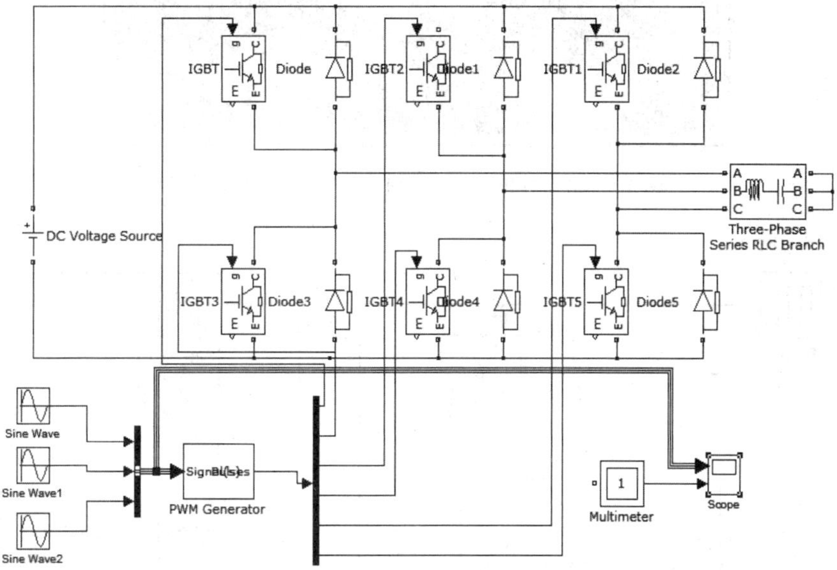

图 10-65 三相桥式 PWM 逆变电路仿真模型

在仿真电路图中，U_r 为信号波电压，U_d 为负载电压。三相桥式 PWM 逆变电路的仿真波形如图 10-66 所示。

3. PWM 整流电路的仿真

在 MATLAB 中搭建如图 10-67 所示的单相桥式 PWM 整流电路仿真模型，图中各部分参数设置如下：

(1) 交流电源 (DC Voltage Source) 参数。

Peak amplitude (V)：100。

Phase (deg)：0。

Frequency (Hz)：50。

Sample time：0。

Measurements：Voltage。

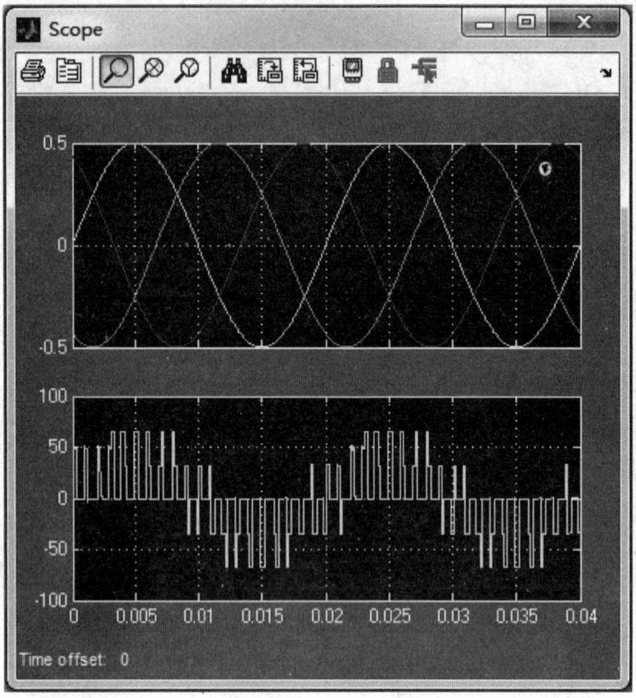

图 10-66　三相桥式 PWM 逆变电路的仿真波形

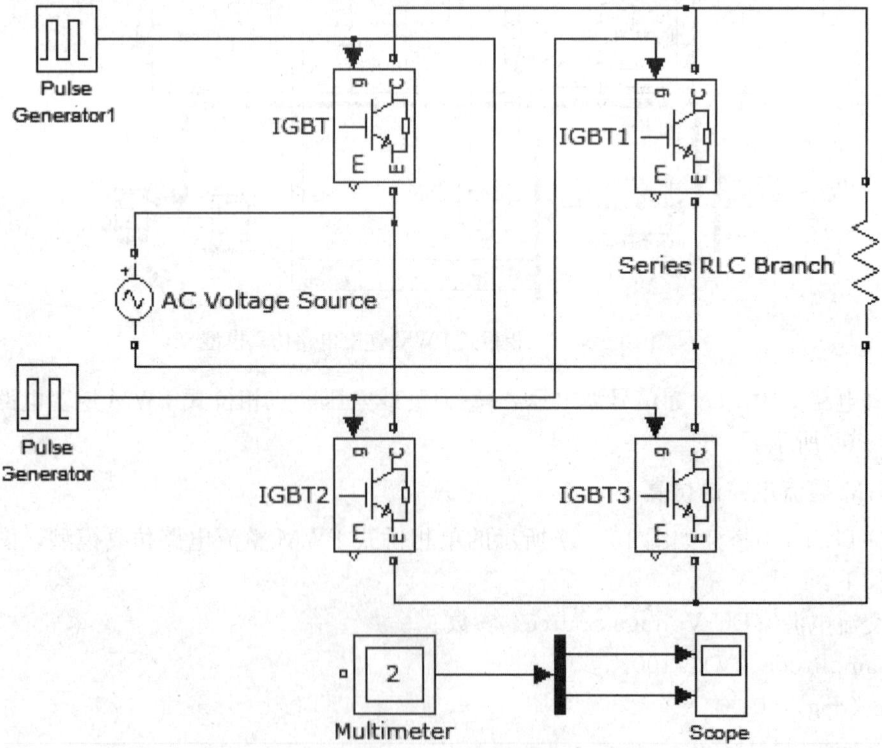

图 10-67　单相桥式 PWM 整流电路仿真模型

（2）IGBT 参数。

Resistance Ron（Ohms）：0.001。

Inductance Lon（H）：1e-6。

Forward voltage Vf（V）：1。

Current 10% fall time Tf（s）：1e-6。

Current tail time Tt（s）：2e-6。

Initial current Ic（A）：0。

Snubber resistance Rs（Ohms）：1e5。

Snubber capacitance Cs（F）：inf。

（3）串联 RLC 支路（Series RLC Branch）参数。

Resistance（Ohms）：1。

Inductance（H）：0。

Capacitance（F）：inf。

Measurement：Branch voltage。

（4）脉冲发生器（Pulse Generator）参数。

Amplitude：1。

Period（secs）：0.001。

Pulse width（% of period）：50。

Phase delay（secs）：0（另一个是 0.0005）。

在仿真电路图中，U_{ac}为电源电压，U_d 为负载电压。单相桥式 PWM 整流电路的仿真波形如图 10－68 所示。

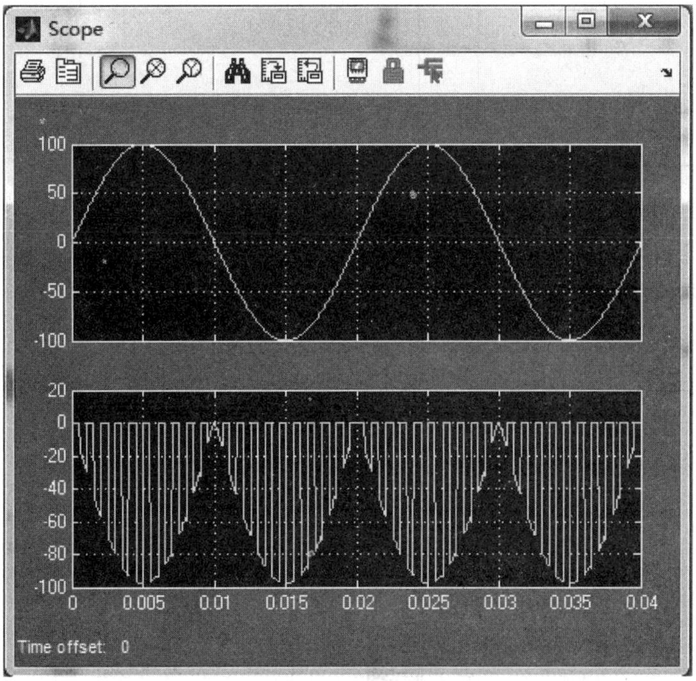

图 10－68　单相桥式 PWM 整流电路的仿真波形

10.13 软开关电路的仿真

1. 单端无源软开关电路的仿真

在 MATLAB 中搭建如图 10－69 所示的单端无源软开关电路仿真模型，图中各部分参数设置如下：

（1）直流电源（DC Voltage Source）参数。

Amplitude（V）：100。

（2）IGBT 参数。

Resistance Ron（Ohms）：0.001。

Inductance Lon（H）：1e-6。

Forward voltage Vf（V）：1。

Current 10% fall time Tf（s）：1e-6。

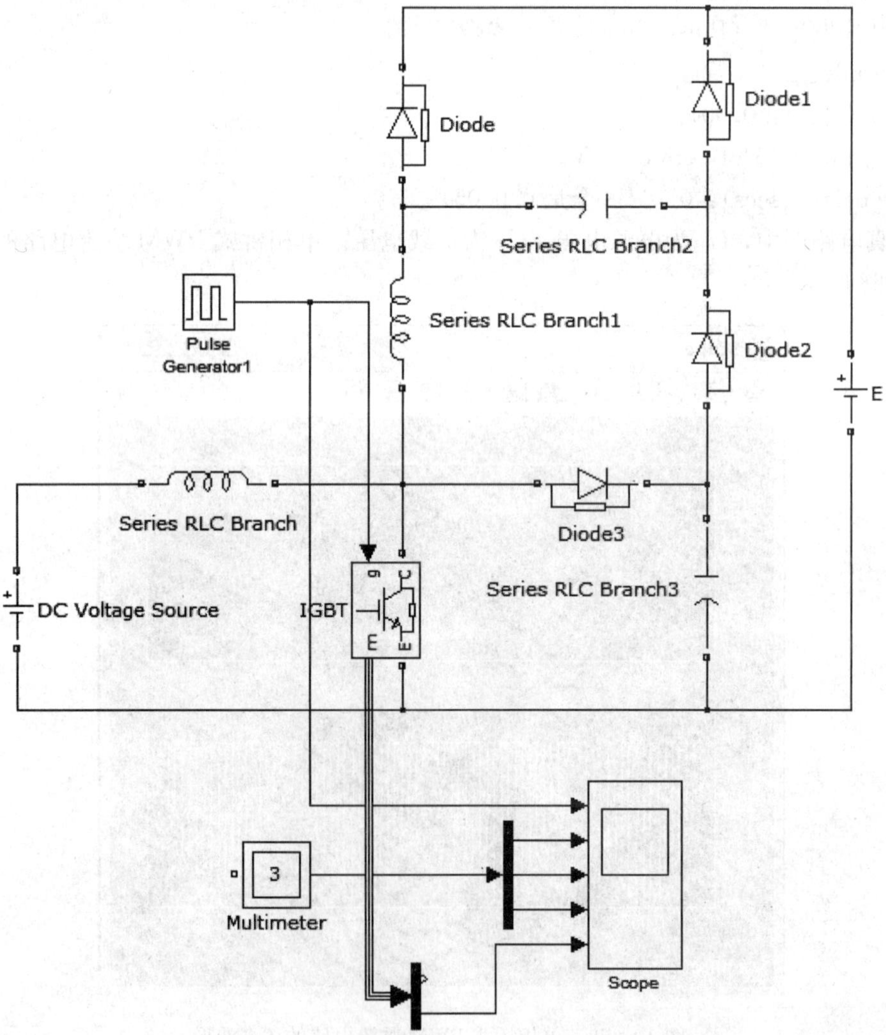

图 10－69 单端无源软开关电路仿真模型

Current tail time Tt（s）：2e-6。

Initial current Ic（A）：0。

Snubber resistance Rs（Ohms）：1e5。

Snubber capacitance Cs（F）：inf。

（3）串联 RLC 支路（Series RLC Branch）参数。

Resistance（Ohms）：1。

Inductance（H）：1e-3。

Capacitance（F）：inf。

Measurement ：Branch voltage。

（4）二极管（Diode）参数。

Resistance Ron（Ohms）：0.001。

Inductance Lon（H）：0。

Forward voltage Vf（V）：0.8。

Initial current Ic（A）：0。

Snubber resistance Rs（Ohms）：500。

Snubber capacitance Cs（F）：250e-9。

（5）PWM 发生器（PWM Generator）参数。

Generator Mode：2-arm bridge（4 pulses）。

Carrier frequency（Hz）：500。

在仿真电路图中，U_r 为信号波电压，U_d 为负载电压。单端无源软开关电路仿真波形如图 10－70 所示。

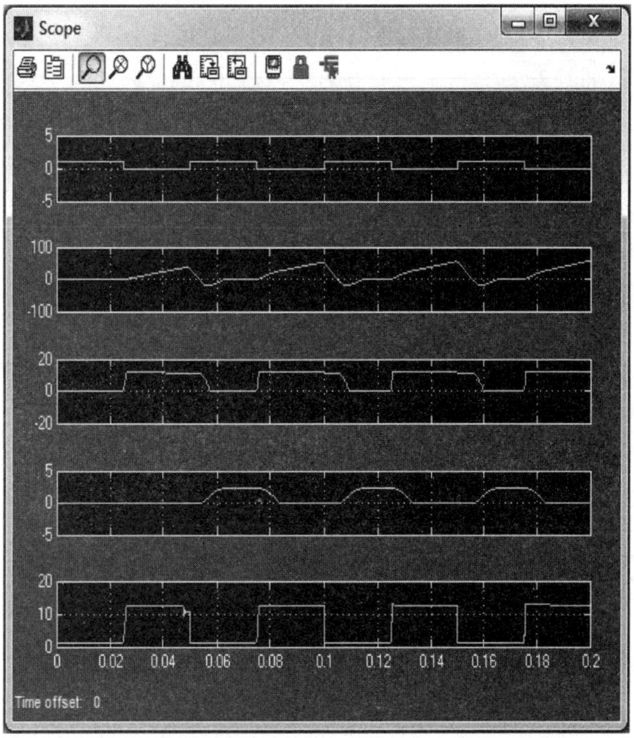

图 10－70　单端无源软开关电路的仿真波形

2. 双管正激变换器无源无损软开关电路

在 MATLAB 中搭建如图 10－71 所示的仿真电路模型，图中各部分参数设置如下：

(1) 直流电源 E (DC Voltage Source) 参数。

Amplitude (V)：10。

(2) MOSFET 参数。

Resistance Ron (ohms)：0.001。

Inductance Lon (H)：1e-6。

Internal dioxide resistance Rd (ohms)：0.001。

Initial current Ic (A)：0。

Snubber resistance Rs (ohms)：1e5。

Snubber capacitance Cs (F)：inf。

(3) 二极管 (Diode) 参数。

Resistance Ron (ohms)：0.001。

Inductance Lon (H)：0。

Forward voltage Vf (V)：0.8。

Initial current Ic (A)：0。

Snubber resistance Rs (ohms)：500。

Snubber capacitance Cs (F)：250e-9。

(4) Ls=5e-4H，Cs1=Cs2=C=1e-3F，C1=C2=5e-2，L=1e-4H，R=1 Ω。

(5) 线性变压器 (Linear Transformer) 参数。

Nominal power and frequency [Pn (VA) fu (Hz)]：[250e6 50]。

Winding 1 parameter [V1 (Vrms) R1 (pu) L1 (pu)]：[1000.0020.08]。

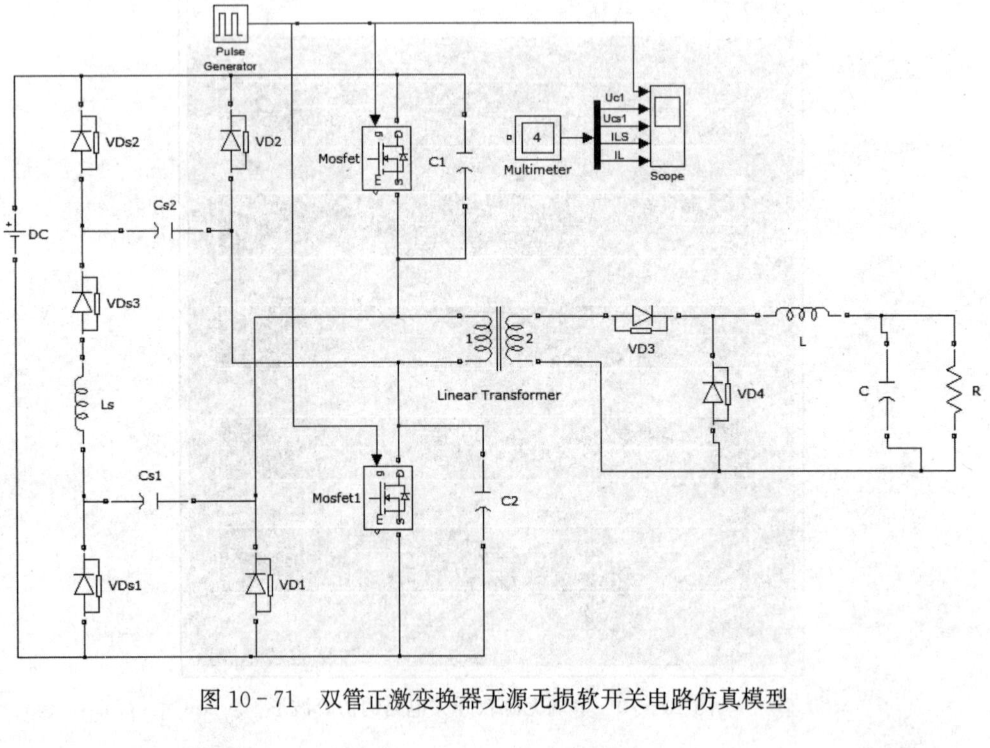

图 10－71 双管正激变换器无源无损软开关电路仿真模型

Winding 2 parameter [V2 (Vrms) R2 (pu) L2 (pu)]: [500.0020.08]。

Magnetization resistance and reactance [Rm (pu) Lm (pu)]: [500 500]。

(6) 脉冲发生器 (Pulse Generator) 参数。

Amplitude: 1。

Period (secs): 0.04。

Pulse Width (% of period): 40。

Phase delay (secs): 0。

在仿真电路图中，U_g 为脉冲电压，U_{C1} 为电容 C_1 两端电压，U_{Cs1} 为电容 C_{s1} 两端电压，I_{Ls} 为流过电感 L_s 的电流。双管正激变换器无源无损软开关电路的仿真波形如图 10－72 所示。

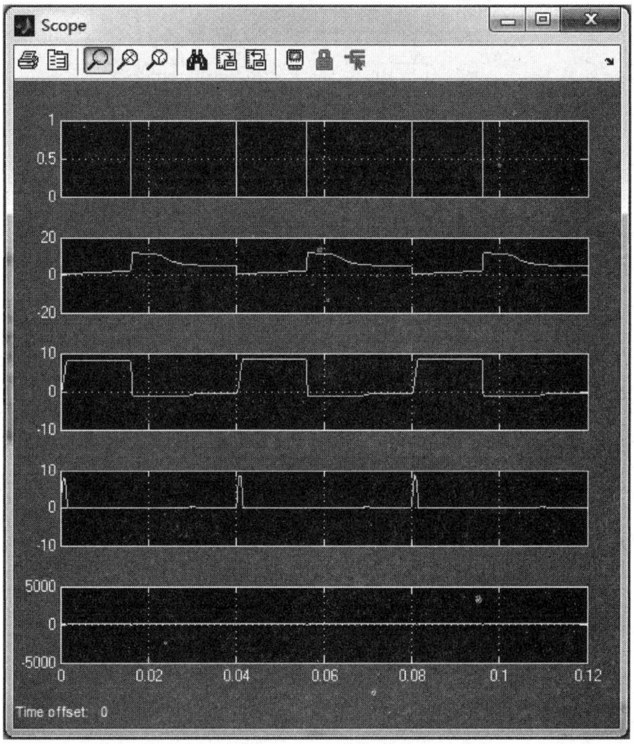

图 10－72　双管正激变换器无源无损软开关电路的仿真波形

10.14　有源软开关电路仿真

在 MATLAB 中搭建如图 10－73 所示的有源钳位的正激变换器电路仿真模型，图中各部分参数设置如下：

(1) 直流电源 E (DC Voltage Source) 参数。

Amplitude (V): 100。

(2) IGBT 参数。

Resistance Ron (ohms): 0.001。

Inductance Lon (H): 1e-6。

Forward voltage Vf (V): 1。

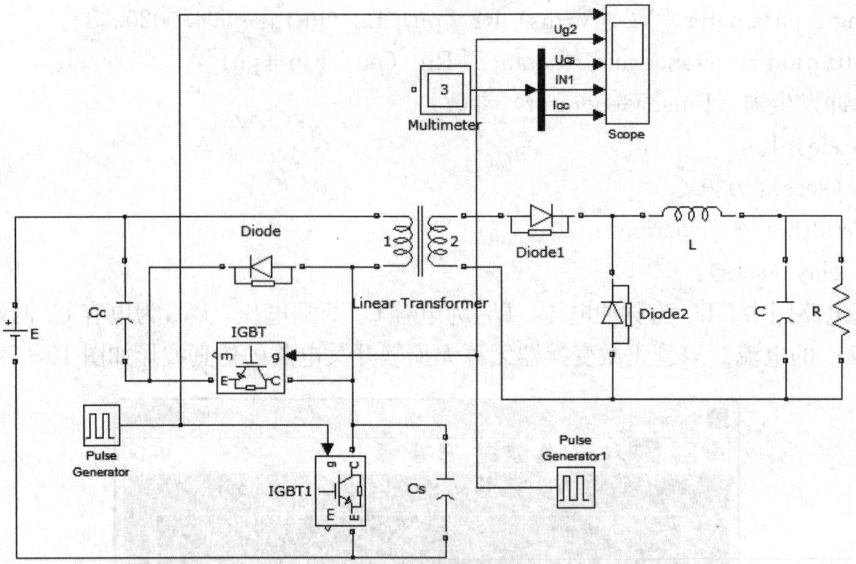

图 10-73 有源钳位的正激变换器电路仿真模型

Current 10% fall time Tf (s)：1e-6。

Current fall time Tt (s)：2e-6。

Initial current Ic (A)：0。

Snubber resistance Rs (ohms)：1e5。

Snubber capacitance Cs (F)：inf。

(3) 二极管 (Diode) 参数。

Resistance Ron (ohms)：0.001。

Inductance Lon (H)：0。

Forward voltage Vf (V)：0.8。

Initial current Ic (A)：0。

Snubber resistance Rs (ohms)：500。

Snubber capacitance Cs (F)：20e-9。

(4) Cc=2e-7F，Cs=1e-7，L=1e-6H，C=1e-6F，R=1 Ω 。

(5) 线性变压器 (Linear Transformer) 参数。

Nominal power and frequency [Pn (VA) fu (Hz)]：[250e6 50]。

Winding 1 parameter [V1(Vrms) R1(pu) L1(pu)]：[424.35e30.50.08]。

Winding 2 parameter [V2(Vrms) R2(pu) L2(pu)]：[181.87e30.002.08]。

Magnetization resistancd and reactance [Rm(pu) Lm(pu)]：[500 0.5]。

(6) 脉冲发生器 (Pulse Generator) 参数。

Amplitude：1。

Period (secs)：0.002。

Pulse Width (% of period)：75/2。

Phase delay (secs)：0 (另外一个为 0.001)。

在仿真电路图中，U_{g1}、U_{g2}为脉冲电压，U_{Cs}为电容 C_s 两端电压，I_{N1}为流过变压器一次侧的电流，I_{Cs}为流过电容 C_C的电流。有源钳位的正激变换器电路的仿真波形如图 10-74 所示。

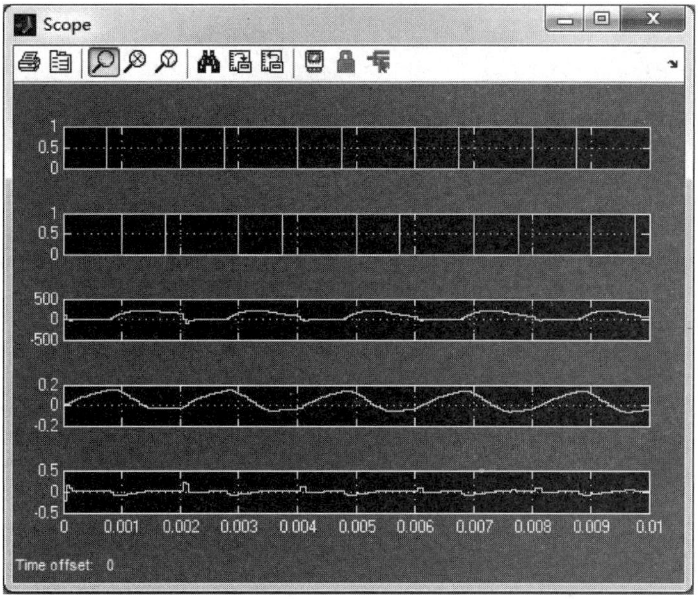

图 10－74　有源钳位的正激变换器电路的仿真波形

本章小结

现代计算机仿真技术为电力电子电路的分析提供了崭新的途径，可以使复杂的电力电子电路的分析和设计变得更加简单、有效，同时也是电力电子技术学习的重要手段。计算机仿真具有效率高、可靠性高、成本低等特点，不仅可以取代烦琐的人工分析，而且可以最大限度地降低设计成本，缩短系统研制周期。

MATLAB 仿真软件在电力电子电路的分析、建模和开发等领域都得到了广泛的应用。MATLAB 配备了电力系统仿真（SimPowerSystems）工具包，使得 MATLAB 可以用于电力电子仿真，其强大的数学运算功能使得 SimPowerSystems 的控制功能非常卓越。

习题与思考题

10.1　结合所学知识，要求完成三相交流调压电路的仿真。

10.2　参考课程内容，要求完成电流可逆斩波电路的仿真。

附录

名词术语中英文对照

变流技术　Power Conversion Technique
变压器　Frequency
变压变频　Variable Voltage Variable Frequency
并联谐振式逆变电路　Parallel-Resonant Inverter
触发　Trigger
触发角　Triggering Angle
触发延迟角　Triggering Delay Angle
磁心复位　Magnetic Core Reset
单相半波可控整流电路　Single-Phase Half-Wave Controlled Rectifier
单相半桥逆变电路　Single-Phase Half-Bridge Inverter
单相桥式全控整流电路　Single-Phase Full-Bridge Controlled Rectifier
单相全桥逆变电路　Single-Phase Full-Bridge Inverter
电力半导体器件　Power Semiconductor Device
电力变换　Power Conversion
电力场效应晶体管　Power MOSFET
电力二极管　Power Diode
电力电子器件　Power Electronic Device
电力电子系统　Power Electronic System
电力电子学　Power Electronics
电力晶体管　Giant Transistor，GTR
电流可逆斩波电路　Current Reversible Chopper
电压源（型）逆变电路　Voltage Source Inverter，VSI
电流源（型）逆变电路　Current Source Inverter，CSI
二次击穿　Second Breakdown
功率集成电路　Power Integrated Circuit，PIC
功率因数　Power Factor，PF
功率因数校正　Power Factor Correction，PFC
缓冲电路　Snubber Circuit
环流　Loop Current
换流　Commutation

基波因数　Fundamental Factor
集成门极环流晶闸管　Integrated Gate-Commutated Thyristor，IGCT
间接电流控制　Indirect Current control
间接直流变换电路 Indirect DC-DC Converter
降压斩波器　Buck Chopper，step down chopper
交流电力电子开关　AC Power Electronic Switch
交流电力控制　AC Power control
交流调功电路　AC Power Controller
交流调压电路　AC Voltage Controller
交交变频电路　AC/AC Frequency Converter
静电感应晶闸管　Static Induction Thyristor，SITH
静电感应晶体管　Static Induction Transistor，SIT
静止无功补偿器　Static Var Compensator，SVC
晶闸管　Thyristor
晶闸管控制电抗器　Thyristor Controlled Reactor，TCR
晶闸管投切电容器　Thyristor Switched Capacitor，TSC
矩阵式变频电路　Matrix Frequency Converter
绝缘栅双极晶体管　Insulated Gate Bipolar Transistor，IGBT
开通　Turn on
开关电源　Switching Mode Power Supply
开关损耗　Switching Loss
开关噪声　Switching Noise
门极关断晶闸管　Gate Turn-Off thyristor，GTO
控制电路　Control Circuit
脉冲宽度调制　Pulse Width Modulation，PWM
逆变　Inversion
逆导晶闸管　Reverse Conducting Thyristor，RCT
普通二极管　General Purpose Diode
器件换流　Device Commutation
擎住效应　Latching Effect
驱动电路　Driving Circuit
全波整流电路　Full Wave Rectifier
全桥电路　Full Bridge Converter
软开关　Soft Switching
三相半波可控整流电路　Three Phase Half Wave Controlled Rectifier
三相桥式可控整流电路　Three Phase Full Bridge Controlled Rectifier
升降压斩波电路　Boost Buck Chopper，Step Up&Down Chopper
升压斩波电路　Boost Chopper，Step Up Chopper
双极结型晶体管　Bipolar Junction Transistor，BJT
双向晶闸管　Triode AC Switch，TRIACA；Bi-directional Triode Thyristor

同步调制　Synchronous Modulation
同步整流电路　Synchronous Rectifier
推挽电路　Push-pull Converter
无源逆变　Reactive Invert
谐波　Harmonics
谐振　Resonation
异步调制　Asynchronous Modulation
硬开关　Hard Switching
有源逆变　Regenerative Invert
正弦 PWM　Sinusoidal PWM，SPWM
整流　Rectification
整流电路　Rectifier
整流二极管　Rectifier Diode
直交直电路　DC-AC-DC Converter
直接电流控制　Direct Current Control
直流/直流变换器　DC/DC Converter
直流斩波　DC Chopping
直流斩波电路　DC Chopping Circuit
主电路　Main Circuit，Power Circuit
准谐振　Quasi Resonant
自然采样法　Natural Sampling Method
Boost 变换器　Boost Converter
Buck 变换器　Buck Converter
Cuk 斩波电路　Cuk Chopper
MOS 控制晶闸管　MOS Controlled Thyristor，MCT
n 次谐波电流含有率　Harmonic Ratio for I_n
PWM 跟踪控制　PWM Tracking control
PWM 整流电路　PWM Rectifier
Sepic 斩波电路　Sepic chopper
Zeta 斩波电路　Zeta Chopper

参考文献

[1] 王兆安，刘进军. 电力电子技术 [M]. 5版. 北京：机械工业出版社，2013.

[2] 王兆安，黄俊. 电力电子技术 [M]. 4版. 北京：机械工业出版社，2000.

[3] 郭荣祥，崔桂梅. 电力电子应用技术 [M]. 北京：高等教育出版社，2013.

[4] 黄俊. 半导体变流技术实验与习题 [M]. 北京：机械工业出版社，1989.

[5] 徐德鸿，马皓，汪槱生. 电力电子技术 [M]. 北京：科学出版社，2006.

[6] 尹克宁. 电力工程 [M]. 北京：中国电力出版社，2008.

[7] 邵丙衡. 电力电子技术 [M]. 北京：中国铁道出版社，1997.

[8] 丁道宏. 电力电子技术（修订版）[M]. 北京：航空工业出版社，1999.

[9] 黄俊，等. 电力电子自关断器件及电路 [M]. 北京：机械工业出版社，1991.

[10] 应建平，林渭勋，黄敏超. 电力电子技术基础 [M]. 北京：机械工业出版社，2003.

[11] 林渭勋. 现代电力电子技术 [M]. 北京：机械工业出版社，2006.

[12] 陈坚. 电力电子学：电力电子变换和控制技术 [M]. 北京：高等教育出版社，2002.

[13] 洪乃刚. 电力电子技术基础 [M]. 北京：清华大学出版社，2008.

[14] 王兆安，张明勋. 电力电子设备设计与应用手册 [M]. 2版. 北京：机械工业出版社，2002.

[15] 叶斌. 电力电子应用技术 [M]. 北京：清华大学出版社，2006.

[16] 程汉湘. 电力电子技术 [M]. 北京：科学出版社，2007.

[17] 刘志刚. 电力电子学 [M]. 北京：清华大学出版社，2004.

[18] 李建林，许洪华. 风力发电中的电力电子变流技术 [M]. 北京：机械工业出版社，2008.

[19] 徐政. 基于晶闸管的柔性交流输电控制装置 [M]. 北京：机械工业出版社，2005.

[20] 王云亮. 电力电子技术 [M]. 北京：电子工业出版社，2004.

[21] 王兆安，杨君，刘进军，等. 谐波抑制和无功功率补偿 [M]. 2版. 北京：机械工业出版社，2006.

[22] 李金鹏，尹华杰. 直流开关电源的软开关技术及其新发展 [J]. 电工技术，2004（7）：75－79.

[23] 王维平. 现代电力电子技术及应用 [M]. 南京：东南大学出版社，2001.

[24] 陈伯时. 电力拖动自动控制系统 [M]. 北京：机械工业出版社，1999.

[25] 天津电气传动设计研究所. 电气传动自动化手册 [M]. 2版. 北京：机械工业出版社，2005.

[26] 周渊深. 电力电子技术与MATLAB仿真 [M]. 北京：中国电力出版社，2005.

[27] 林飞，杜欣. 电力电子应用技术与MATAB仿真 [M]. 北京：中国电力出版社，2009.